Haris Pargan

Peter Frommenwiler · Kurt Studer

Mathematik

für Mittelschulen

Geometrie

sauerländer
Cornelsen

Bibliografische Information der Deutschen Bibliothek
Die Deutsche Bibliothek verzeichnet diese Publikation in der
Deutschen Nationalbibliografie; detaillierte bibliografische Daten
sind im Internet über http://dnb.ddb.de abrufbar.

Peter Frommenwiler, Kurt Studer
Mathematik für Mittelschulen
Geometrie

ISBN 978-3-0345-0251-1

7., korrigierte Auflage 2008

Mathematik für Mittelschulen
Geometrie
Lösungen
ISBN 978-3-0345-0235-1

Sauerländer Verlage AG, Ausserfeldstrasse 9, 5036 Oberentfelden
www.sauerlaender.ch

Vorwort

Die vorliegende Aufgabensammlung wurde für den Mathematikunterricht an den Mittelschulen konzipiert. Die Aufgaben decken einen Teil der Themen (ausgenommen geometrische Konstruktionen) der Sekundarstufe II ab. Für die Umsetzung im Unterricht sind zusätzlich Materialien, Sequenzen und interdisziplinäre Anwendungen notwendig.

Die Aufgabensammlung enthält Übungsmaterial und praxisbezogene Beispiele. Aus Gründen der Übersichtlichkeit sind die Aufgaben in die Bereiche Planimetrie, Trigonometrie, Stereometrie und Vektorgeometrie eingeteilt. Aus methodischer Hinsicht ist es aber sinnvoll und möglich, die Themen in einer andern Reihenfolge zu behandeln.

Zu den Aufgaben:
Wichtig ist, dass Lehrerinnen und Lehrer, abgestimmt auf ihren individuellen Unterricht und angepasst an die unterschiedlichen Anspruchsniveaus der Schülerinnen und Schüler, aus der Vielfalt der Aufgaben eine Auswahl treffen.
Die Autoren erachten es als sinnvoll und notwendig, bestimmte Aufgaben mit einem Computerprogramm beziehungsweise einem grafikfähigen Rechner (Algorithmus, Formel) zu lösen.

■ Aufgaben, die ein elektronisches Hilfsmittel (z.B. grafikfähiger Rechner) erfordern.
Es werden z.B. Geräte von Texas Instruments empfohlen.

* Aufgaben mit erhöhtem Schwierigkeitsgrad

Unter den oben aufgeführten Gesichtspunkten ermöglicht die vorliegende Aufgabensammlung einen methodisch-didaktisch vielfältigen Einsatz.

Im Frühjahr 1997

Autoren und Verlag

Inhaltsverzeichnis

1. Planimetrie

1.1 Winkel

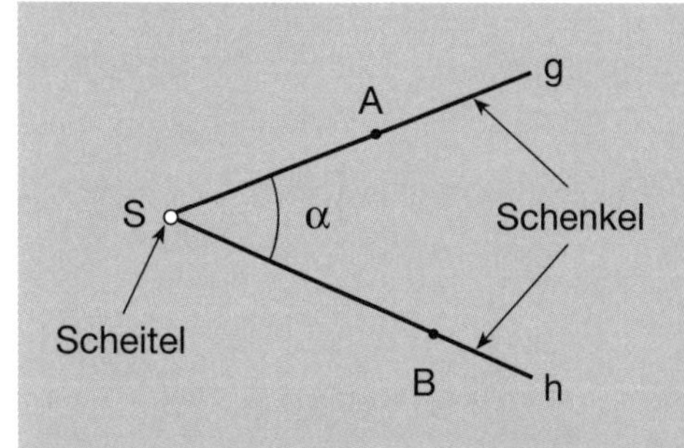

Bezeichnungen:

- $\alpha, \beta, \gamma, \delta, \varepsilon, \lambda, \tau, \varphi, \ldots$
- $\sphericalangle$ ASB oder $\sphericalangle$ BSA
- $\sphericalangle$ (g,h) oder $\sphericalangle$ (h,g)

Die Bezeichnungen werden sowohl für den *Winkel* (geometrische Figur) als auch für die *Winkelgrösse* verwendet.

1.1.1 Winkel an Parallelen, Winkel am Dreieck

Winkel an geschnittenen Parallelen

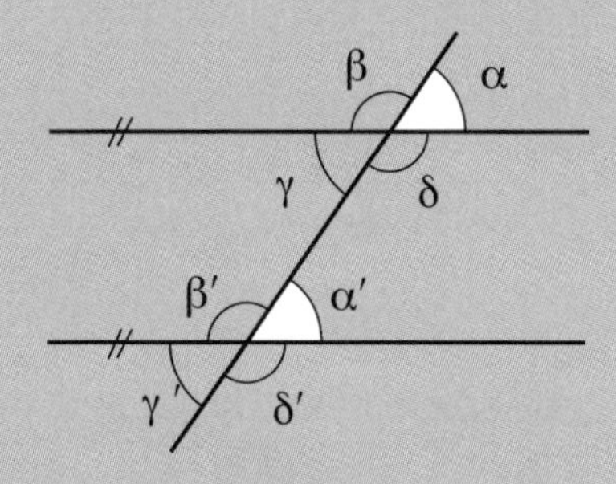

Stufenwinkel

$\alpha = \alpha'$

$\beta = \beta'$

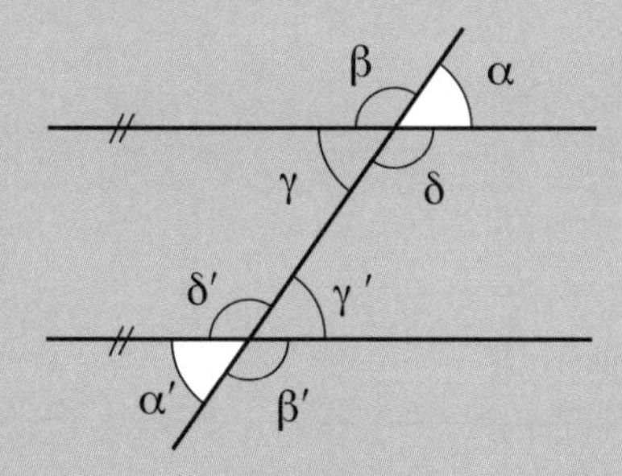

Wechselwinkel

$\alpha = \alpha'$

$\beta = \beta'$

Die zwei Parallelen

Es gingen zwei Parallelen
ins Endlose hinaus,
zwei kerzengerade Seelen
und aus solidem Haus.

Sie wollten sich nicht schneiden
bis an ihr seliges Grab:
Das war nun einmal der beiden
geheimer Stolz und Stab.

Doch als sie zehn Lichtjahre
gewandert neben sich hin,
da wards dem einsamen Paare
nicht irdisch mehr zu Sinn.

War'n sie noch Parallelen?
Sie wusstens selber nicht, -
sie flossen nur wie zwei Seelen
zusammen durch ewiges Licht.

Das ewige Licht durchdrang sie,
da wurden sie eins in ihm;
die Ewigkeit verschlang sie
als wie zwei Seraphim.

Christian Morgenstern

Winkel am Dreieck

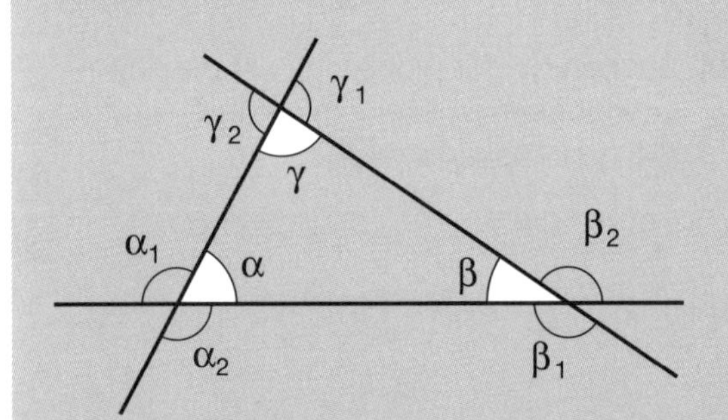

Innenwinkel: α, β, γ

Aussenwinkel: α_1, α_2
β_1, β_2
γ_1, γ_2

In jedem Dreieck beträgt die Summe der Innenwinkel 180°.

$$\alpha + \beta + \gamma = 180°$$

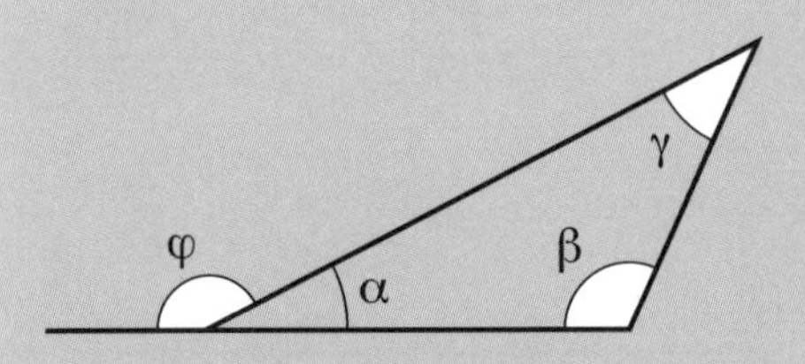

Jeder Aussenwinkel eines Dreiecks ist gleich der Summe der beiden nicht anliegenden Innenwinkel.

$$\varphi = \beta + \gamma$$

Spezielle Dreiecke

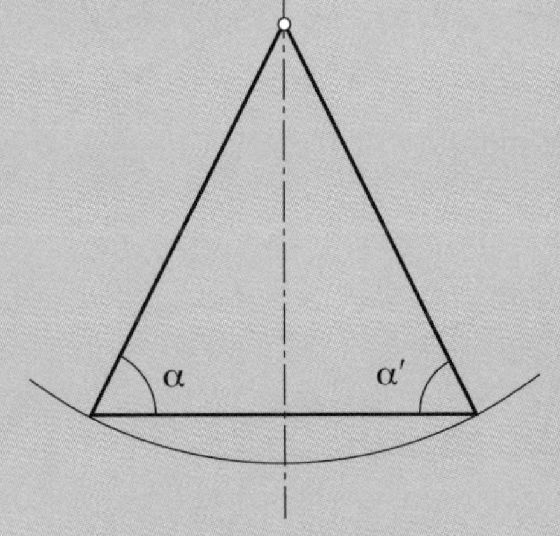

gleichschenklige Dreiecke
$\alpha' = \alpha$
Basiswinkel

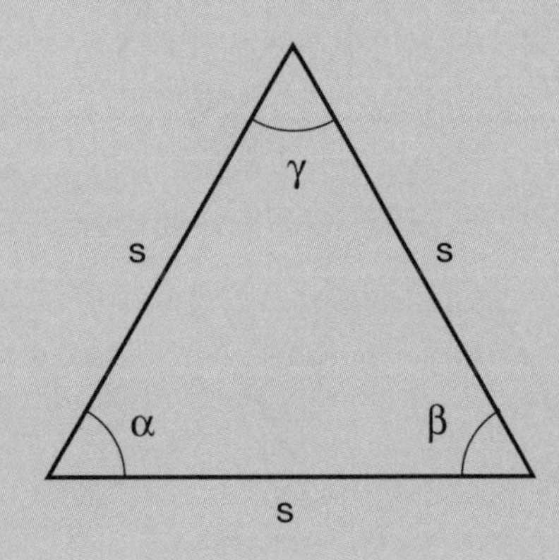

gleichseitige Dreiecke
$\alpha = \beta = \gamma = 60°$

Jede mathematische Formel in einem Buch halbiert die Verkaufszahl dieses Buches.

Stephen W. Hawking
1942, engl. Physiker

1.

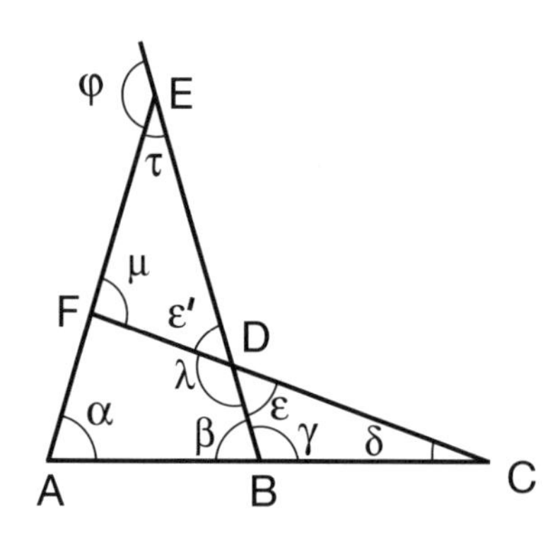

a) Wie viele Dreiecke enthält die Figur?

b) Suchen Sie für jedes Dreieck die angeschriebenen Aussenwinkel und wenden Sie den Aussenwinkelsatz an.

2. Berechnen Sie φ aus α und β:

a) für $\alpha = 36°$ und $\beta = 48°$

b) allgemein

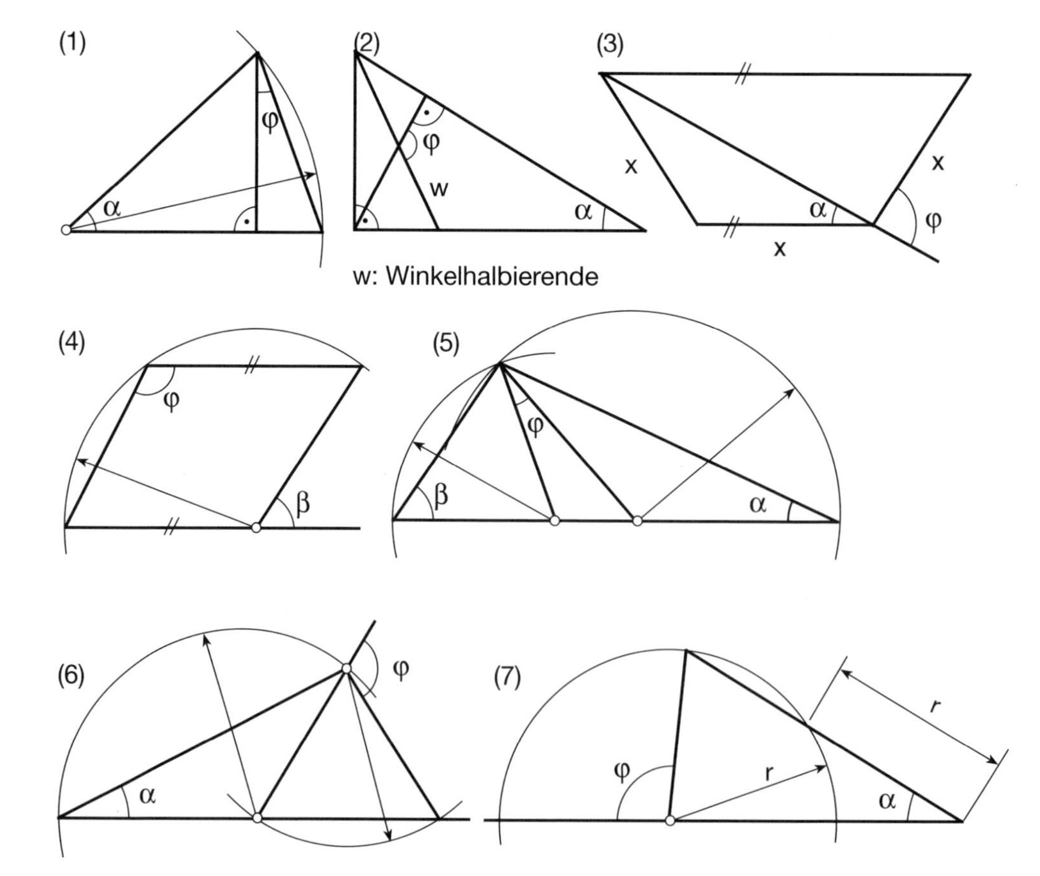

3. Berechnen Sie φ aus α bzw. β:
a) für $\alpha = 36°$ und $\beta = 74°$
b) allgemein

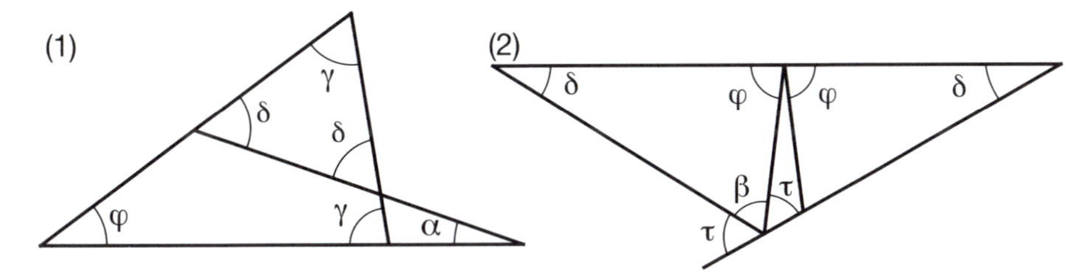

4. Im Viereck ABCD ist Folgendes gegeben:
- Winkel BAD = 114°
- Winkel DCB = 98°
- $\overline{DA} = \overline{AE}$; $\overline{DC} = \overline{CF}$
- Die Punkte A, E, F, C und D liegen auf einem Kreis im Mittelpunkt M.

Berechnen Sie den Winkel ABC.

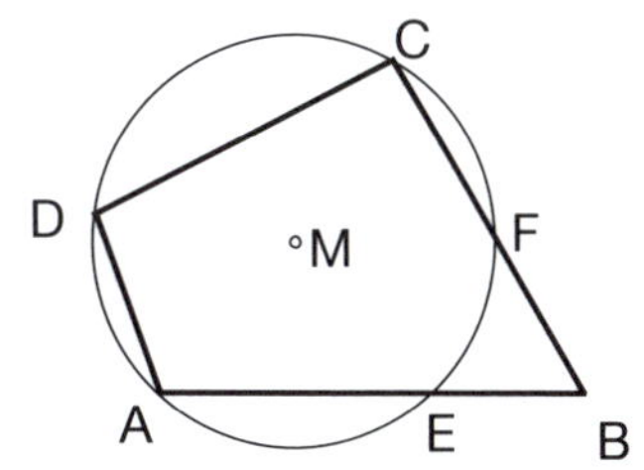

5. Im gleichseitigen Dreieck ABC seien M, N und P in dieser Reihenfolge die Mitten der Seiten BC, CA, AB. Ferner sei D der Schnittpunkt der Höhe aus A mit dem Mittellot der Strecke AP.
Berechnen Sie die Winkel des Vierecks MNDP.

6.

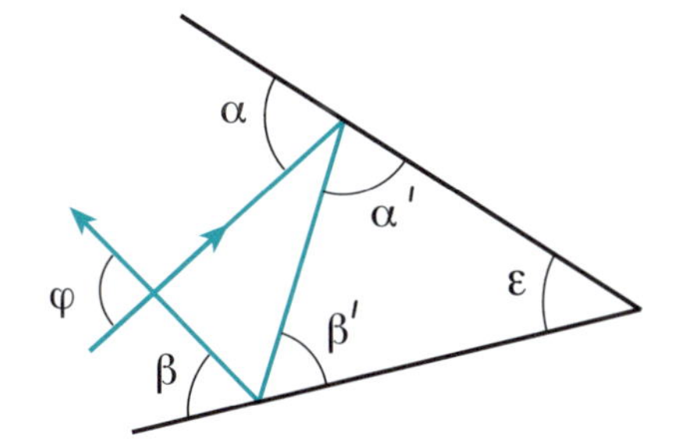

Ein Lichtstrahl wird an zwei Spiegeln reflektiert.

Berechnen Sie φ aus ε.
Es gilt: $\alpha' = \alpha$, $\beta' = \beta$

7.

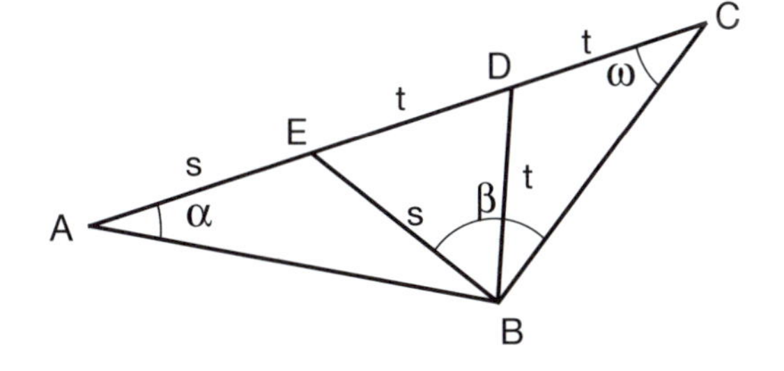

Berechnen Sie α und β aus ω.

8. In einem spitzwinkligen Dreieck ABC gilt: $\frac{\alpha}{2} + \beta > 90°$

Ein Lichtstrahl wird von A aus in Richtung der Winkelhalbierenden des Winkels α ausgesandt, an BC reflektiert und durch den Punkt D auf AC gehen.
Berechnen Sie den kleineren Winkel bei D aus α und β.

9. Gegeben ist ein allgemeines spitzwinkliges Dreieck ABC.
Es sei δ der spitze Winkel, unter dem sich die beiden Winkelhalbierenden von α und β schneiden.
Man drücke den stumpfen Winkel, unter dem sich die Mittelsenkrechten der Seiten a und b schneiden, durch δ aus.

10. In nebenstehender Figur gilt:
$\overline{AB} = \overline{BC} = \overline{CD} = \overline{DE} = \overline{EF}$

Drücken Sie β durch α aus.

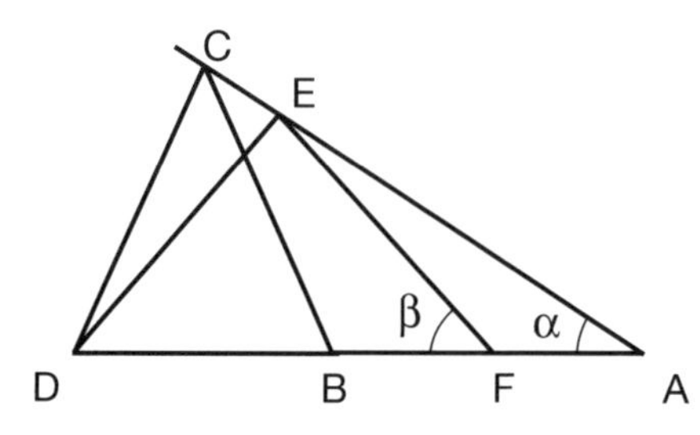

11.

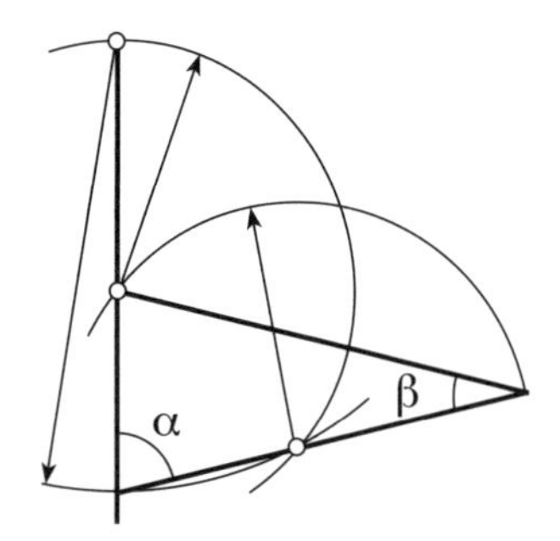

Berechnen Sie α aus β.

12. Berechnen Sie φ aus α und β.

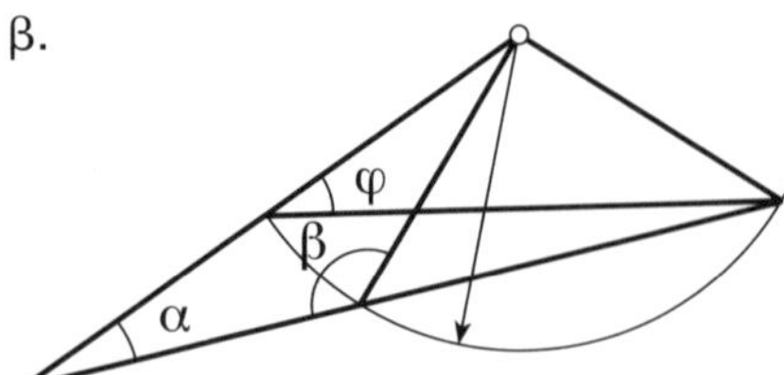

13. Ein spitzwinkliges, gleichschenkliges Dreieck ABC mit der Basis AB hat die Eigenschaft, dass es durch eine Gerade durch Punkt A in zwei gleichschenklige Teildreiecke zerlegt werden kann.
Berechnen Sie die Winkel des Dreiecks ABC.

14.

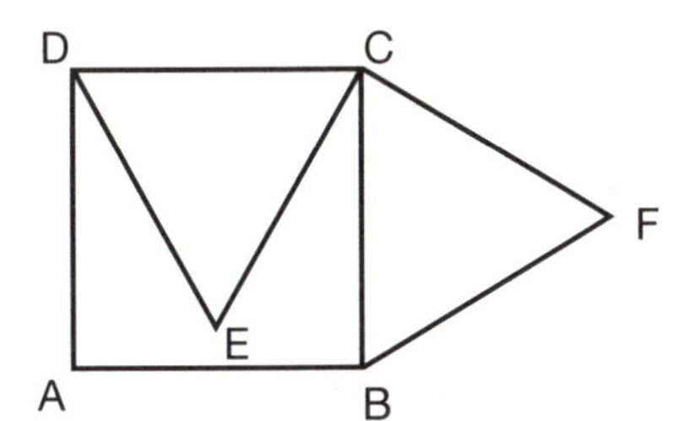

Das Viereck ABCD ist ein Quadrat und die Dreiecke CDE und BFC sind gleichseitig.

Beweisen Sie:
Die Punkte A, E und F liegen auf einer Geraden.

15. In einem Dreieck ABC ist der Winkel γ bekannt.
Unter welchem (spitzen) Winkel schneiden sich die Winkelhalbierenden von α und β?

16.

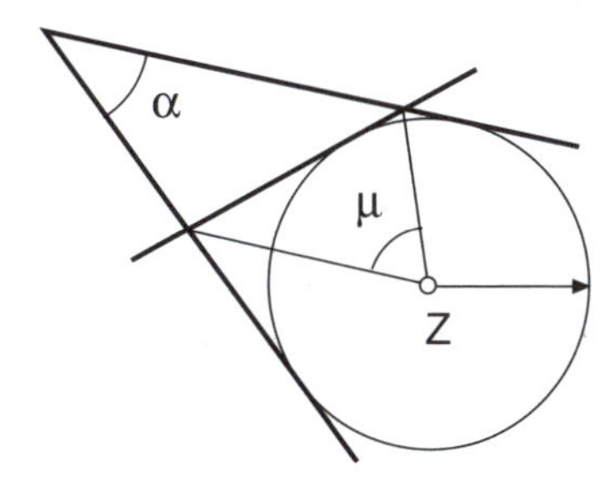

Berechnen Sie μ aus α.

17.

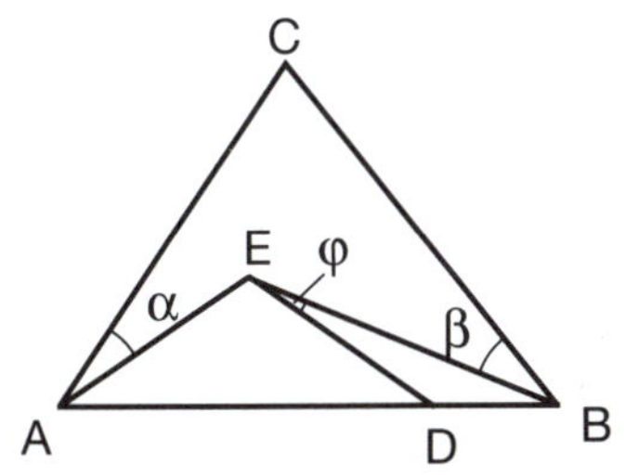

In der Figur gilt:
$\overline{CA} = \overline{CB}$ und $\overline{EA} = \overline{ED}$

Berechnen Sie φ aus α und β.

Es gibt Dinge, die den meisten Menschen unglaublich erscheinen, die nicht Mathematik studiert haben.

Archimedes, 287-212 v.Chr., Mathematiker

Konstruktionsaufgaben

18. Gegeben ist ein Dreieck ABC durch: $\overline{AB} = 12$ cm; $\overline{BC} = 10$ cm; $\overline{AC} = 7.5$ cm
Konstruieren Sie zwei Punkte X und Y so, dass Folgendes gilt:
- X auf $\overline{AC}$; Y auf $\overline{BC}$
- XY parallel AB und $\overline{AX} + \overline{BY} = \overline{XY}$.

19. Gegeben sind eine Strecke $\overline{AB} = 9$ cm und eine Gerade g durch den Punkt A.
Die Gerade g bildet mit der Strecke $\overline{AB}$ den Winkel 50°.
Konstruieren Sie die Punkte X auf g und Y auf $\overline{AB}$ so, dass $\overline{AX} = \overline{XY} = \overline{YB}$ wird.

20.* Konstruieren Sie ein Dreieck ABC aus:
$a = 6$ cm; $b = 13$ cm; $\beta - \alpha = 100°$

1.1.2 Winkel am Kreis

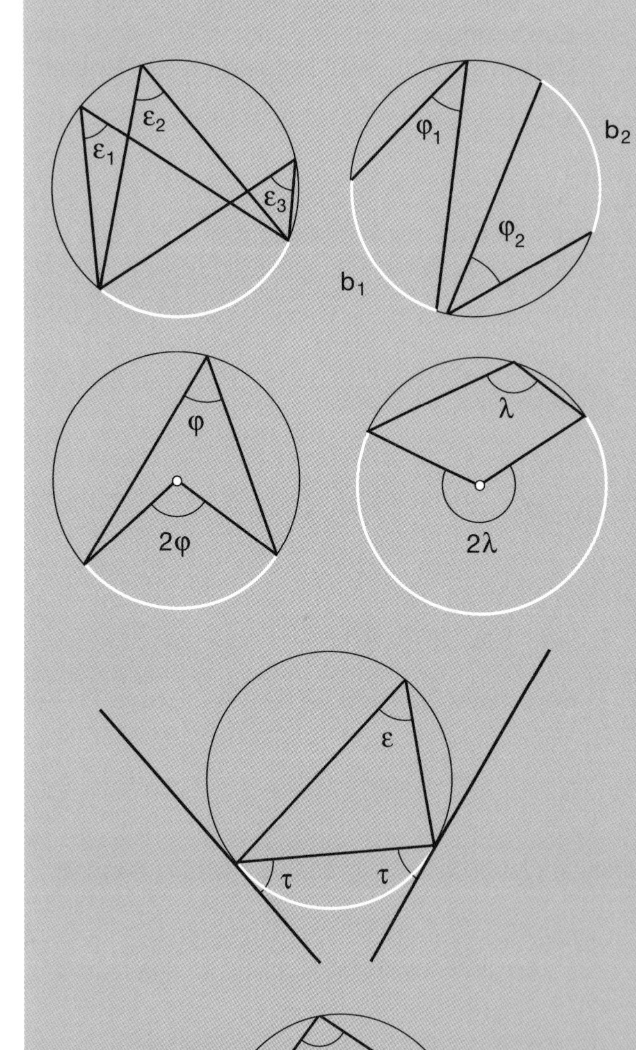

Alle **Periferiewinkel** über gleichem Bogen sind gleich gross.

$\varepsilon_1 = \varepsilon_2 = \varepsilon_3$

$b_1 = b_2 \Rightarrow \varphi_1 = \varphi_2$

Ein **Periferiewinkel** ist halb so gross wie der **Zentriwinkel** über gleichem Bogen.

Ein **Sehnentangentenwinkel** ist gleich gross wie ein Periferiewinkel über dem eingeschlossenen Bogen.

$\tau = \varepsilon$

Sehnenviereck

Ein Viereck, das einen Umkreis hat, heisst Sehnenviereck.

Im Sehnenviereck beträgt die Summe zweier gegenüberliegender Winkel 180°.

$\alpha + \gamma = 180°$
$\beta + \delta = 180°$

Der Satz des Thales

Ein Kreisdurchmesserendpunkt meint,
daß seine Lage nutzlos scheint.
Dies ihn verdriesst. Drum er sich rafft
zum Ausbruch auf auf Wanderschaft.
Er geht in froher Art und Weise
entlang des Umfangs von dem Kreise.

Und weil es sich beim Wandern schickt,
daß man in die Umgebung blickt,
bemerkt er, seine Heimatstatt,
sieht stets er unter 90 Grad!
«Guck an», sagt er ganz unbekümmert
und sich des Thalessatz' erinnert...

K. Näther

21. Drücken Sie α, β, γ, δ und ε durch die gegebenen Winkel η, λ, μ und τ aus:

a)

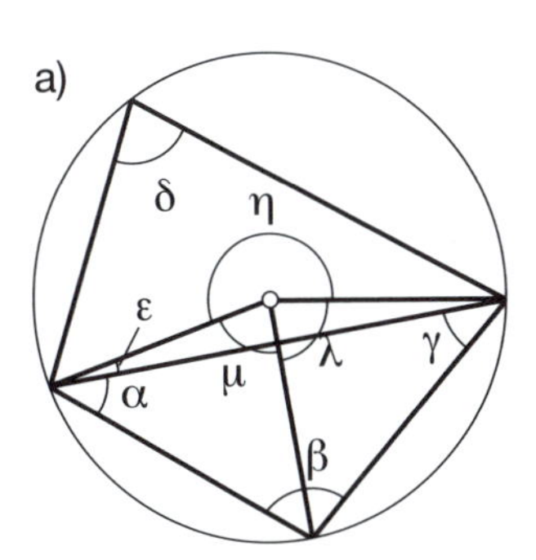

b)

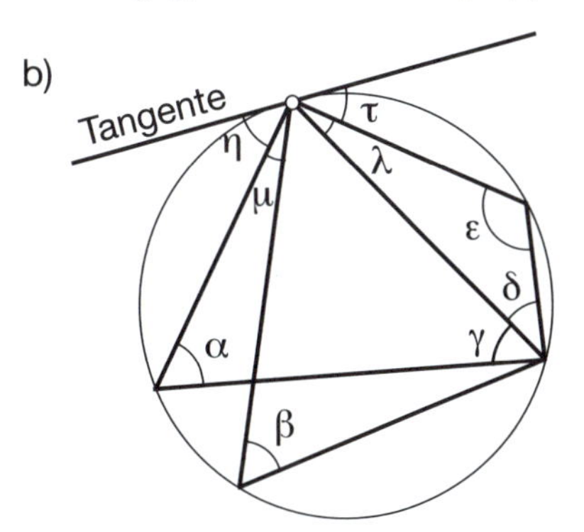

Ich weiss, dass ich an der Geometrie das Glück zuerst kennen gelernt habe.

Rudolf Steiner, 1861–1925, Begründer der Anthroposophie

22. Beweisen Sie mit Hilfe des Sehnentangenten-Winkelsatzes:
In jedem Dreieck beträgt die Summe der Innenwinkel 180°.

Die Bedeutung der Geometrie beruht nicht auf ihrem praktischen Nutzen, sondern darauf, dass sie ewige und unwandelbare Gegenstände untersucht und danach strebt, die Seele zur Wahrheit zu erheben.

Platon, 427–347 v. Chr.
Griechischer Philosoph

23. Berechnen Sie ε.

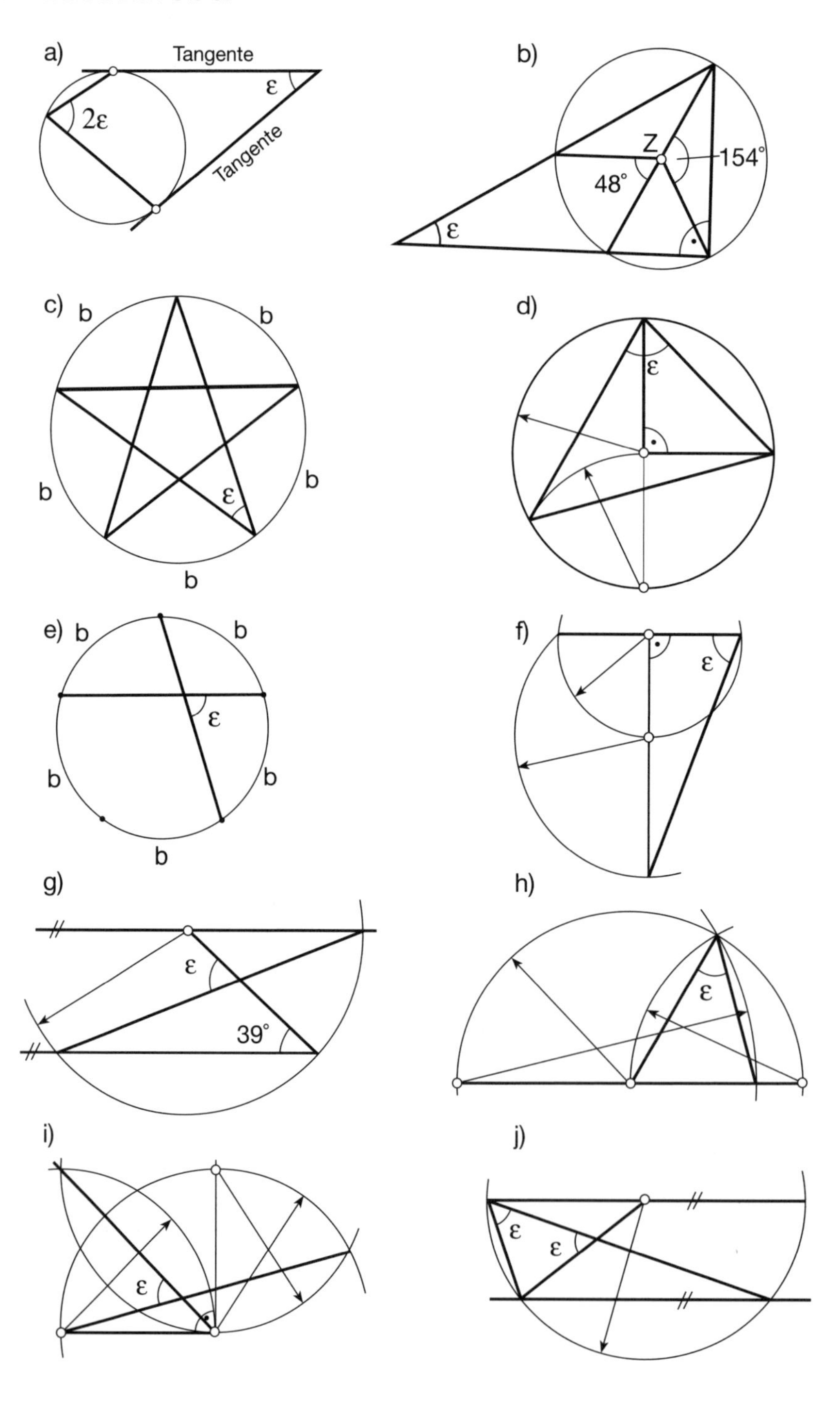

24. Im Punkt A des Dreiecks ABC ist die Tangente an den Umkreis des Dreiecks gezeichnet. Welchen Winkel bildet diese Tangente mit der Geraden BC?

25. Zwei aufeinander folgende Seiten eines Sehnenvierecks sind gleich lang, und der von den beiden andern Seiten eingeschlossene Winkel ist 70°. Die Diagonalen schneiden sich unter einem Winkel von 50°.
Berechnen Sie die übrigen Winkel des Sehnenvierecks.

26. Zeichnen Sie ein Quadrat ABCD samt seinem Umkreis. Der Punkt P halbiert den Kreisbogen AB.
Welchen Winkel bildet die Gerade PB mit der Kreistangente durch C?

27. Das Viereck ABCD hat einen Umkreis mit dem Durchmesser DB und dem Mittelpunkt M.
Der Diagonalenschnittpunkt ist E.
Zudem gilt: $\overline{EC} = \overline{EM}$, $\angle DBA = 42°$

Berechnen Sie den Winkel CAD.

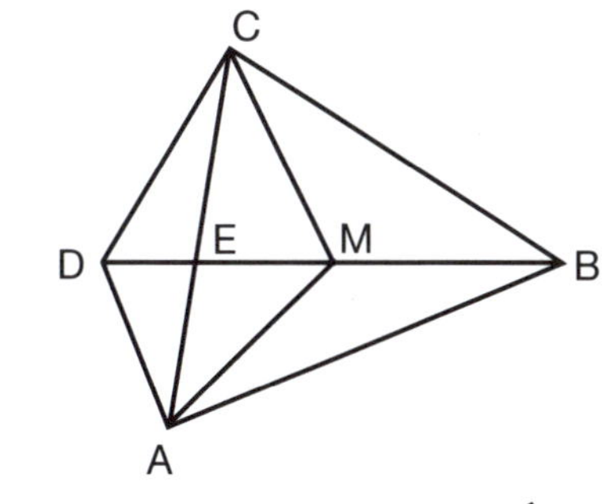

28. Die Geraden g und h gehen je durch die Schnittpunkte A und B der beiden Kreise.

Beweisen Sie:
Die Geraden CD und EF sind parallel.

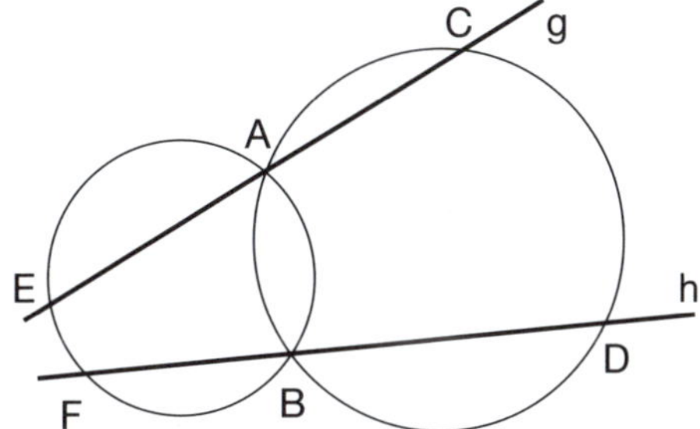

Gebildet ist, wer Parallelen sieht, wo andere etwas völlig Neues zu erblicken glauben.

Graff

29. Berechnen Sie φ aus ε.

a)

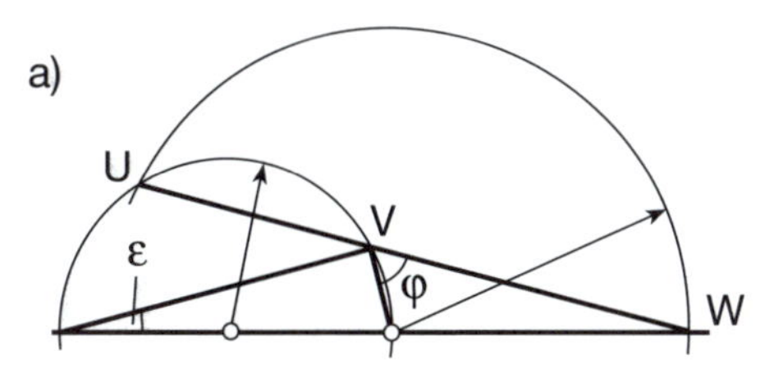

U, V und W liegen auf einer Geraden.

b)

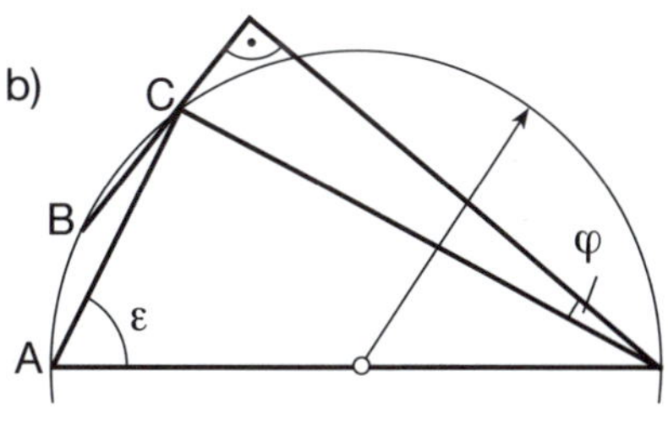

$\widehat{AB} = \widehat{BC}$

30. Berechnen Sie δ aus α.

a)

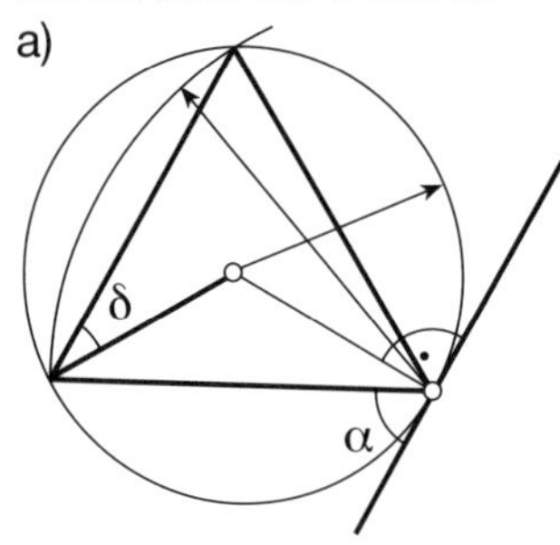

b)

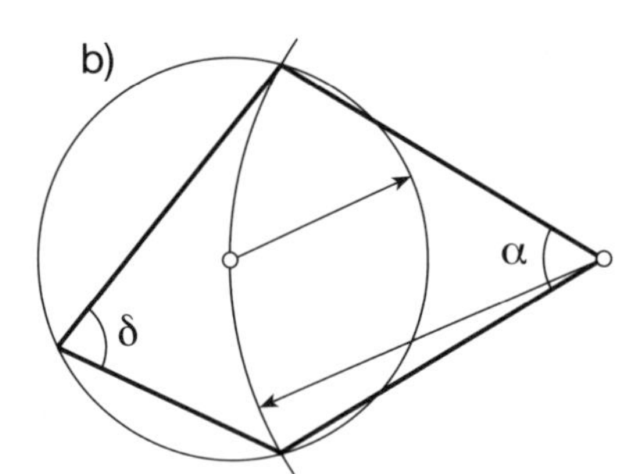

31.

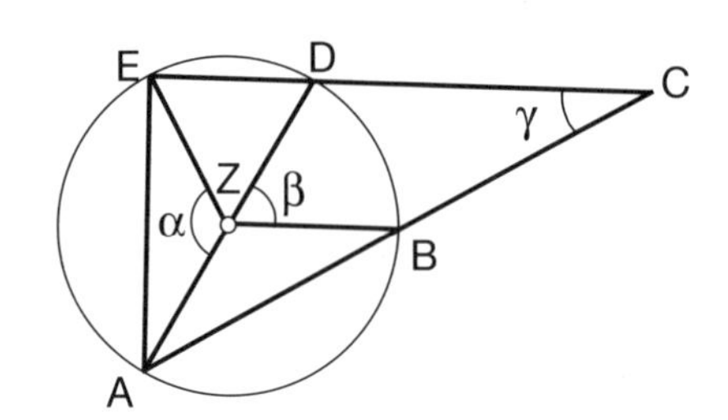

AD ist ein Kreisdurchmesser. Berechnen Sie γ aus α und β.

32. Berechnen Sie δ aus α bzw. α und β.

a)

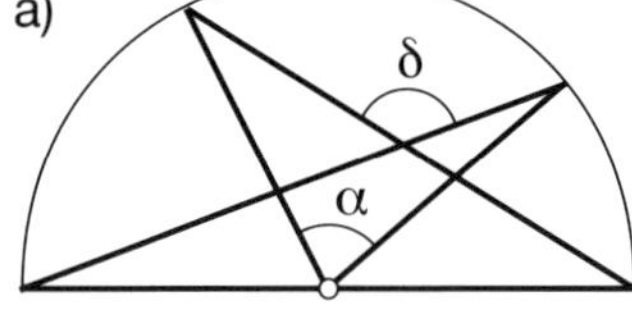

b)

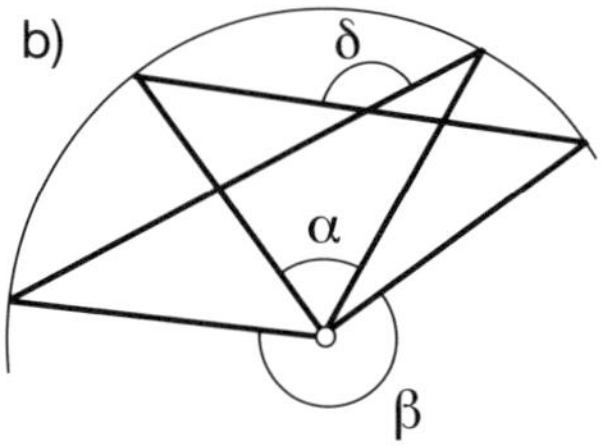

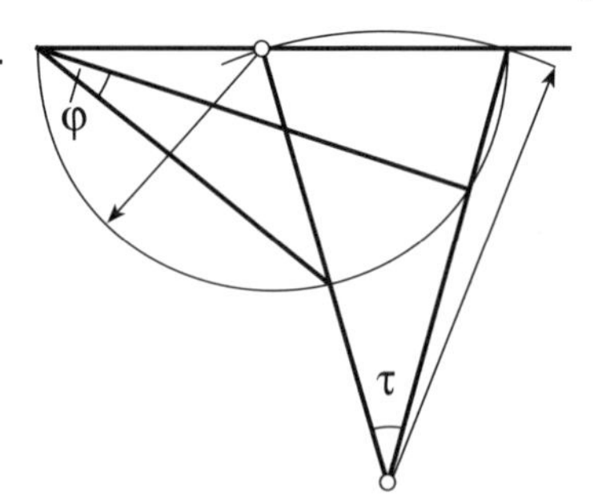

33. Berechnen Sie φ aus τ.

34. Im Dreieck ABC liegen die Punkte A, D und E auf einer Geraden. Berechnen Sie γ aus β.

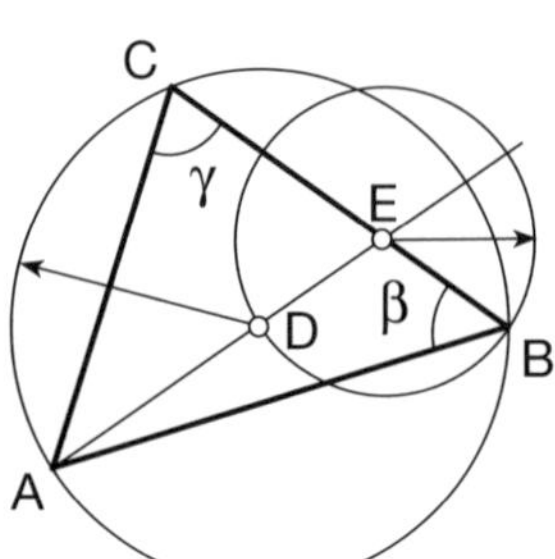

35.

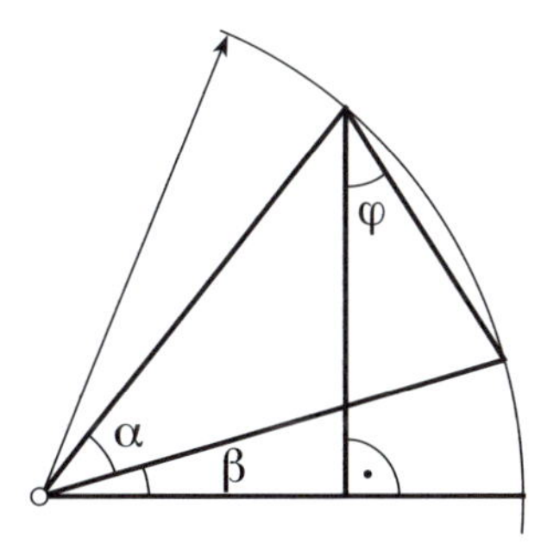

Drücken Sie φ durch α und β aus.

36.

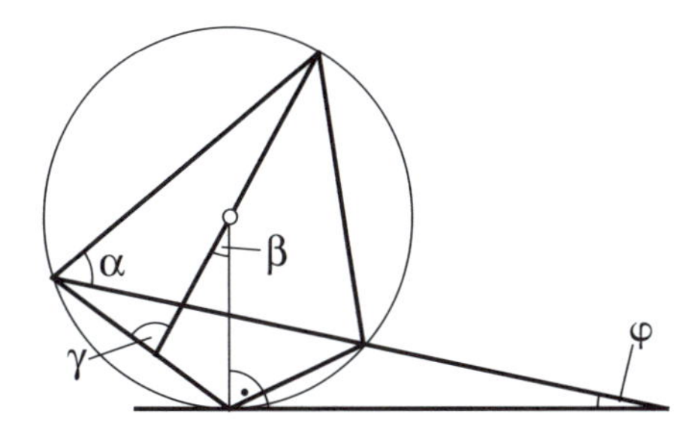

Berechnen Sie φ aus α, β und γ.

37. Gegeben ist ein allgemeines Dreieck ABC mit den Winkeln α, β und γ.
Die Berührungspunkte des Ankreises an die Seite BC heissen:
U auf $\overline{BC}$, V auf der Verlängerung von $\overline{AC}$, W auf der Verlängerung von $\overline{AB}$.
Drücken Sie den Winkel WUV durch α aus.

38. Die vier Bogenstücke PQ, QR, RS und ST sind gleich lang.
Berechnen Sie τ aus φ und ε.

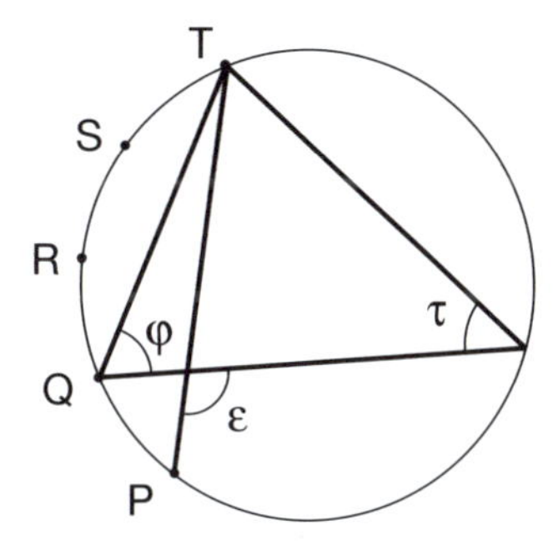

39. In einem Kreis k befindet sich eine feste Sehne PQ und eine frei bewegliche Sehne der Länge s. Verbindet man je die Endpunkte der beiden Sehnen, so schneiden sich die Verbindungsstrecken bzw. deren Verlängerungen in den Punkten U und V.
Welches sind die geometrischen Örter von U und V?

> Also dass es einer aus meinen Gedanken ist, ob nicht die ganze Natur und alle himmlischen Zierlichkeit in der Geometria symbolisirt sey.
>
> Johannes Kepler, 1571–1630, deutscher Astronom

Konstruktionsaufgaben

40.

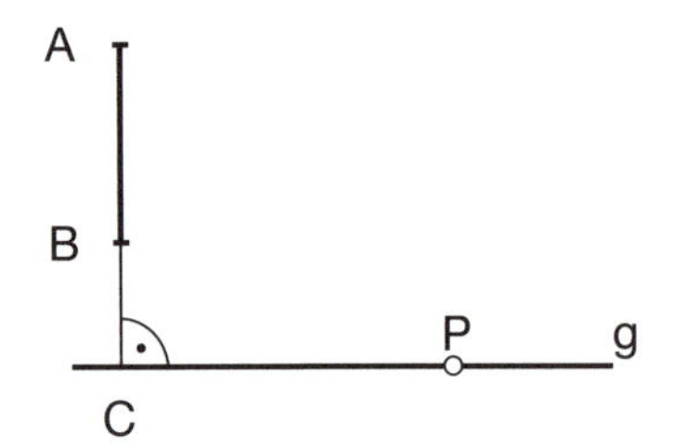

Gegeben: $\overline{AB} = 4$ cm; $\overline{BC} = 3$ cm
P ist ein auf g wandernder Punkt.

Konstruieren Sie einen Punkt P auf g so, dass der Winkel APB maximal wird.

41. Konstruieren Sie ein Sehnenviereck ABCD aus:
$\overline{AB} = 9$ cm; $\overline{AD} = 5$ cm; $\angle ACB = 55°$; $\angle CAD = 30°$

42.

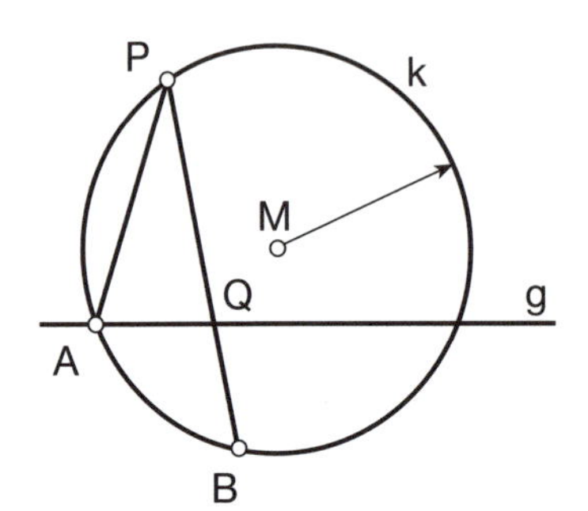

Gegeben: Kreis k (M; r = 4 cm)
Sekante g ($\overline{Mg} = 1.5$ cm)
Punkt $B \in k$ ($\overline{AB} = 5$ cm)

Konstruieren Sie den Punkt P auf k so, dass gilt: $\overline{PA} = \overline{PQ}$
Q ist der Schnittpunkt von g mit BP.

43. Gegeben ist das Dreieck ABC mit $a = 9$ cm, $b = 14$ cm und $c = 10$ cm.
Konstruieren Sie auf der Seite c den Punkt P und auf der Seite b den Punkt Q so, dass das Viereck PBCQ einen Umkreis hat und $\overline{PB} = \overline{PQ}$ ist.

44.* Gegeben ist das Dreieck mit den Seiten $a = 8$ cm, $b = 12$ cm und $c = 10$ cm.
Konstruieren Sie eine Gerade, welche vom Dreieck ein Viereck abschneidet, das sowohl Sehnen- als auch Tangentenviereck ist.

Beweisaufgaben

> Behauptung ist nicht Beweis. — William Shakespeare

45. Beweisen Sie den Satz:
In einem Trapez mit drei gleich langen Seiten halbieren die Diagonalen die Winkel, die an der vierten Seite anliegen.

46. Gegeben ist ein spitzwinkliges Dreieck ABC ($\alpha > \beta$) mit Umkreismittelpunkt M.
Zeichnen Sie die Mittelsenkrechte über AB, sie schneidet BC in D.
Beweisen Sie: Das Viereck AMDC hat einen Umkreis.

47. Beweisen Sie:
Drei Kreise, die je durch einen Eckpunkt des Dreiecks ABC gehen und sich je zu zweien auf den Dreiecksseiten schneiden, haben einen Punkt gemeinsam.

48. Beweisen Sie:
Im spitzwinkligen Dreieck fallen die Höhen mit den Winkelhalbierenden des Höhenfusspunkt-Dreiecks zusammen.

49. Zwei Kreise berühren sich von innen im Punkt T. Eine Sehne PQ im grossen Kreis berührt den kleinen Kreis im Punkt R.
Beweisen Sie: TR halbiert den Winkel PTQ.

50. Über den Seiten eines Sehnenvierecks sind Kreise gezeichnet, die je durch zwei Eckpunkte gehen.
Beweisen Sie, dass die vier Schnittpunkte dieser Kreise wiederum ein Sehnenviereck bilden.

quod erat demonstrandum q.e.d. (was zu beweisen war)
Schlussformel aller seiner mathematischen Beweisführungen
Euklid, um 325–283 v. Chr., griechischer Mathematiker

51. Beweisen Sie:
Die Umkreisradien zu den Ecken eines Dreiecks stehen senkrecht zu den entsprechenden Seiten des Höhenfusspunkt-Dreiecks.

52. Beweisen Sie:
Fällt man von einem Punkt des Umkreises eines Dreiecks die Lote auf die Seitengeraden, so liegen die drei Fusspunkte auf einer Geraden.

53. PQ und PR sind zwei Sehnen in einem Kreis. Durch Q werde die Parallele p zur Tangente in P gezeichnet. Der Schnittpunkt von p und PR sei S.
Beweisen Sie, dass der Umkreis des Dreiecks QSR die Gerade PQ in Q berührt.

54. In einem Dreieck werden die Höhen gezeichnet und bis zum Umkreis verlängert.
Beweisen Sie:
Jede Dreiecksseite halbiert je den Höhenabschnitt zwischen Höhenschnittpunkt und Umkreis.

55. Die Strecke PQ liegt mit ihren Endpunkten je auf den Schenkeln eines Winkels.
Fällt man das Lot von P und Q jeweils auf den andern Schenkel, so entstehen die Fusspunkte U und V.
Beweisen Sie:
Lässt man die Strecke PQ mit ihren Endpunkten je auf den Schenkeln des Winkels gleiten, so bleibt $\overline{UV}$ immer gleich lang.

Der Beweis ist das Erb-Unglück des Denkens. Elias Canetti

1.2 Berechnungen am Dreieck und Viereck

Das rechtwinklige Dreieck

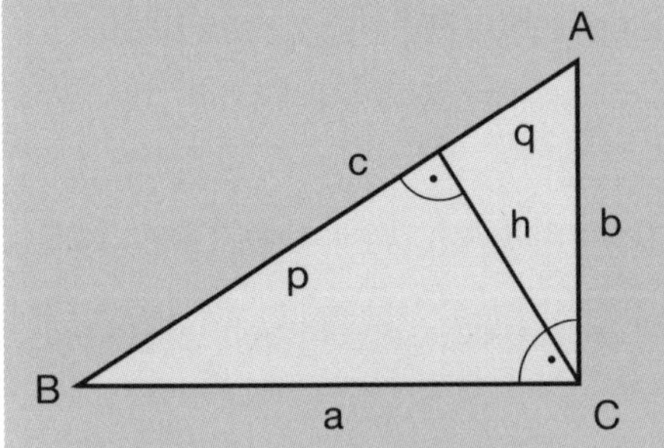

a , b	Katheten
c	Hypotenuse
p , q	Hypotenusenabschnitte

Satz des Pythagoras: $a^2 + b^2 = c^2$

Satz des Euklid (Kathetensatz):

$a^2 = p \cdot c$
$b^2 = q \cdot c$

Höhensatz:

$h^2 = p \cdot q$

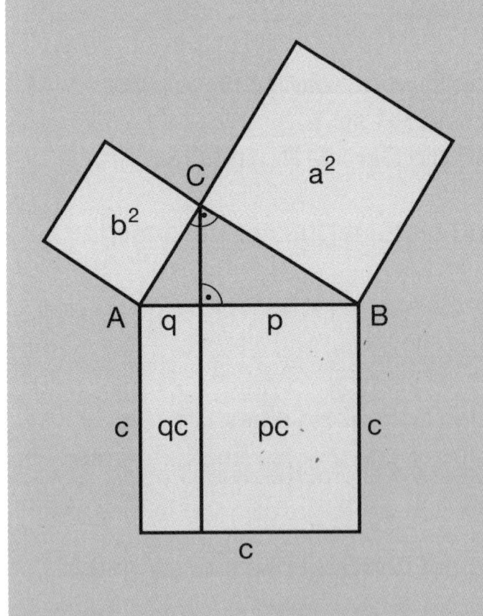

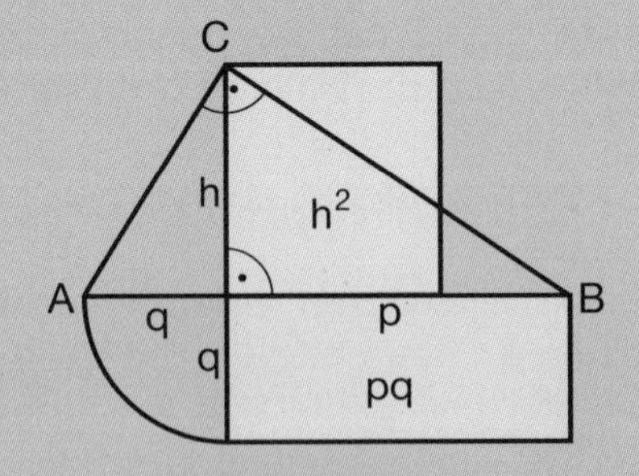

1.2.1 Einfache Aufgaben zu Pythagoras, Katheten- und Höhensatz

Es ist oft sinnvoll, eine Aufgabe zuerst grafisch zu lösen.

Beispiel: (Nr. 56)
- Konstruktion der Figur mit z.B. a = 3 cm
- Strecke x messen: $x \approx 8.5$ cm
- $x = k \cdot a \Rightarrow k = \frac{x}{a} \approx \frac{8.5\text{ cm}}{3\text{ cm}} \approx 2.8$
- Lösung: $x \approx 2.8\,a$

56. Drücken Sie x durch a aus.

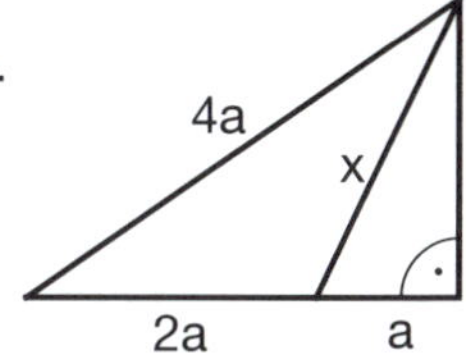

57. Ein Rhombus ist durch die beiden Diagonalen e und f gegeben.
Berechnen Sie die Seite a.

58. Die Hypotenuse c eines rechtwinkligen Dreiecks sei gegeben.
Berechnen Sie beide Katheten, wenn die eine dreimal so lang ist wie die andere.

59. Berechnen Sie die fehlenden Strecken.
(Lösungen exakt angeben).

	u	v	w	x	y	z
a)	2 cm	1 cm	2.23	1.79	0.44	0.89
b)	4 cm	2.98	4.99	3 cm	2.34	2.65
c)	3.1	6 cm	10.88	7.58	3.3	5 cm
d)	$\sqrt{10}$ e	2.5e	5e	2e	3e	$\sqrt{6}$ e

(e = beliebige Strecke)

w y v x z u

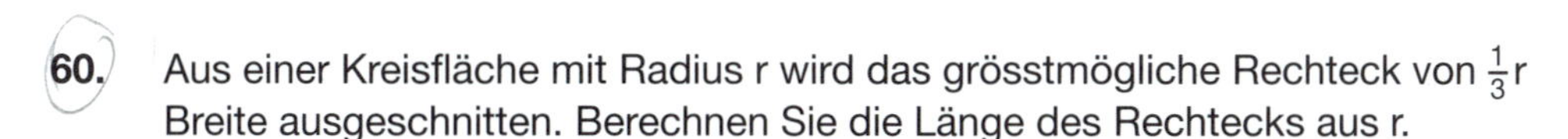

60. Aus einer Kreisfläche mit Radius r wird das grösstmögliche Rechteck von $\frac{1}{3}r$ Breite ausgeschnitten. Berechnen Sie die Länge des Rechtecks aus r.

61. Gegeben sind ein Kreis mit dem Radius 7.3 cm und in ihm zwei parallele Sehnen der Länge 9.6 cm und 11.0 cm.
Berechnen Sie den Abstand der Sehnen.

62. Ein Durchmesser eines Kreises wird auf einer Seite um die Strecke a verlängert.
Vom so erhaltenen Endpunkt werden Tangenten an den Kreis gezogen, die Tangentenabschnitte haben je die Länge t.
Berechnen Sie den Durchmesser des Kreises
a) für a = 12 cm und t = 26 cm
b) allgemein

63. Im Rechteck ABCD mit $\overline{AB} = a$ und $\overline{BC} = \frac{2}{3}a$ sind über $\overline{AB}$ und $\overline{CD}$ Halbkreise gezeichnet, die sich in P und Q schneiden.
Berechnen Sie $\overline{PQ}$ aus a.

Pythagoras muss eine sehr bestimmende Persönlichkeit gewesen sein, denn er begann seine Reden stets mit dem Satz: Nein, bei der Luft, die ich atme, nein, bei dem Wasser, das ich trinke, ich gestatte keinen Widerspruch zu dem, was ich sage.

64. Berechnen Sie x
a) für $s = 75$ cm und $p = 12$ cm
b) allgemein

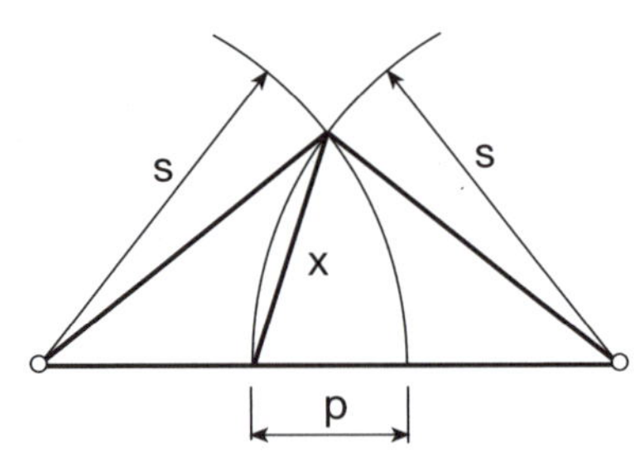

65.

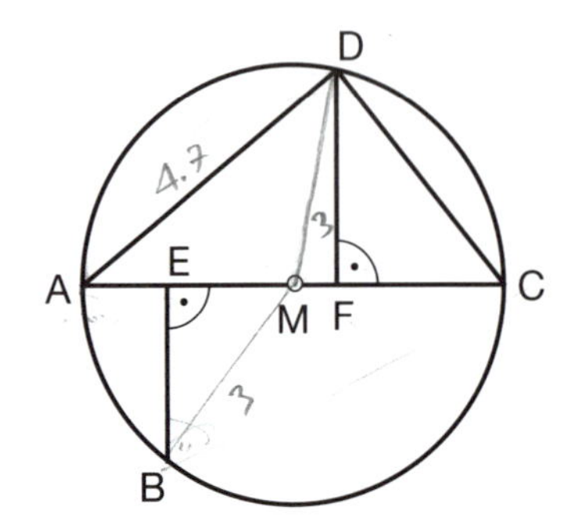

Berechnen Sie $\overline{EB}$, wenn Folgendes bekannt ist:

Umkreisradius 3.0 cm;
$\overline{AD} = 4.7$ cm ; $\overline{EF} = 2.7$ cm

66. Berechnen Sie die Seite a aus b.

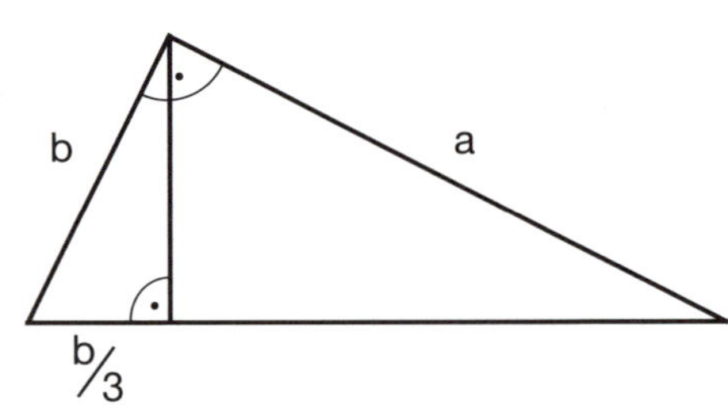

67. Ein rechtwinkliges Dreieck ABC hat die Katheten $a = 8.0$ cm und $b = 6.0$ cm.
Der Höhenfusspunkt D auf der Hypotenuse c ist Mittelpunkt des Kreises k mit Radius $r = h_c$. (h_c : Höhe auf Seite c)
Der Schnittpunkt von k mit c sei E.
Berechnen Sie die Strecke $\overline{EB}$.

Die Geometrie birgt zwei grosse Schätze: der eine ist der Satz von Pythagoras, der andere ist die Teilung nach dem extremen und dem mittleren Verhältnis. Den ersteren können wir mit einem Scheffel Gold vergleichen, den zweiten dürfen wir ein kostbares Juwel nennen.

Johannes Kepler 1571-1630 in seinem Mysterium Cosmographicum

1.2.2 Spezielle Dreiecke

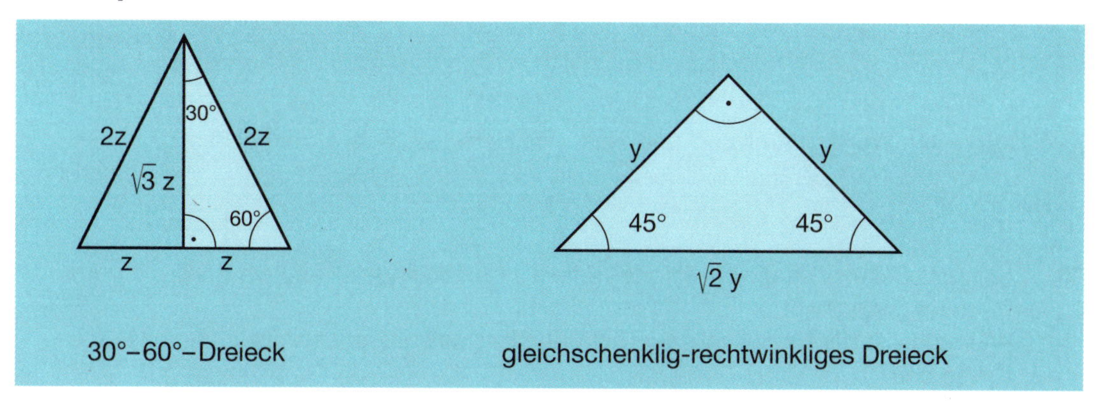

Nr. 68 bis 77: Resultate exakt angeben.

68. Berechnen Sie den Inkreisradius eines gleichseitigen Dreiecks aus der Seitenlänge s.

69. Von einem Dreieck ABC ist Folgendes bekannt:
Seite b ; $\beta = 60°$; $\gamma = 45°$
Drücken Sie die Seite a durch b aus.

70. Gegeben sei der Umfang U
a) eines rechtwinklig-gleichschenkligen Dreiecks
b) eines 30°–60°-Dreiecks
Berechnen Sie die Katheten und die Hypotenuse.

71. Berechnen Sie aus t den Radius r des Kreisbogens. Die Geraden a und b sind Tangenten an den Kreis.

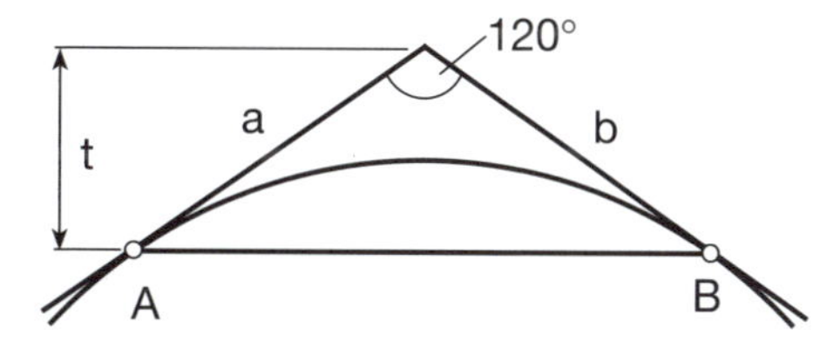

72. Von einem Trapez ABCD mit den Parallelseiten $\overline{AB}$ und $\overline{CD}$ sind gegeben:
$\alpha = 45°$; $\beta = 150°$; $\overline{AD} = d$; $\overline{CD} = 3d$
Berechnen Sie die Seite $\overline{AB}$ aus d.

73. Einem Quadrat mit der Seitenlänge a ist das grösstmögliche, gleichseitige Dreieck einbeschrieben, wobei ein Eckpunkt des Dreiecks mit einem Eckpunkt des Quadrates zusammenfällt.
Berechnen Sie die Seite des Dreiecks in Abhängigkeit von a.

74. Gegeben ist das Quadrat ABCD mit der Seitenlänge a.
Berechnen Sie den Radius jenes Kreises, der die Quadratseiten $\overline{AD}$ und $\overline{CD}$ berührt und durch den Punkt B geht.

Man soll schweigen oder Dinge sagen, die noch besser sind als Schweigen.
Pythagoras

Die kürzesten Wörter, nämlich ja und nein, erfordern das meiste Nachdenken.
Pythagoras

75. Um jede Ecke eines gleichseitigen Dreiecks (Seitenlänge s) wird ein Kreis mit dem Radius s gezeichnet.
Wie gross ist der Radius (ausgedrückt durch s) des grössten Kreises, der alle drei Kreise berührt?

76. Berechnen Sie den Flächeninhalt des Dreiecks ABC, ausgedrückt durch r.

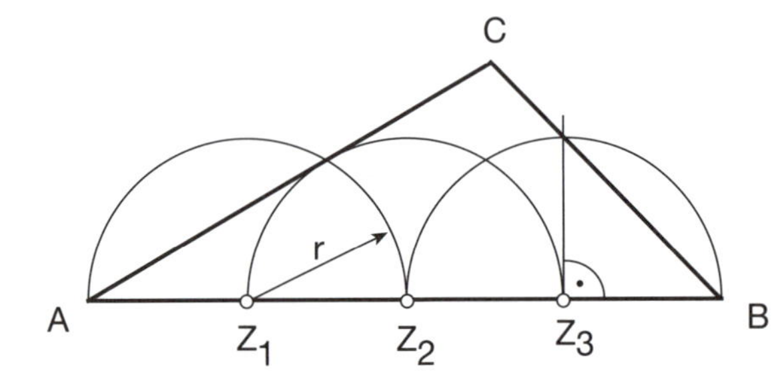

77. Einem 60°-Sektor mit Radius r ist der grösstmögliche Halbkreis so einbeschrieben, dass der Durchmesser auf einem Schenkel liegt und der Kreisbogen den andern Schenkel berührt.
Berechnen Sie den Radius des Halbkreises aus r.

Der Satz des Pythagoras

Ein Dreieck, lebend voll des Dünkels
des Habens eines rechten Winkels,
sich die Quadrate, artvertraut,
sofort auf jede Seite baut.
Ganz aufgetakelt tut es stehen
und meint, schön sei es anzusehen.
Denn die Katheten, so quadriert
und danach beide aufsummiert,
sind gleich dem – nach des Satzes
Flusse –
Quadrat von der Hypotenuse.

Und der Beweis läuft ohne Mühe
ganz einfach unter'm Wörtchen siehe:

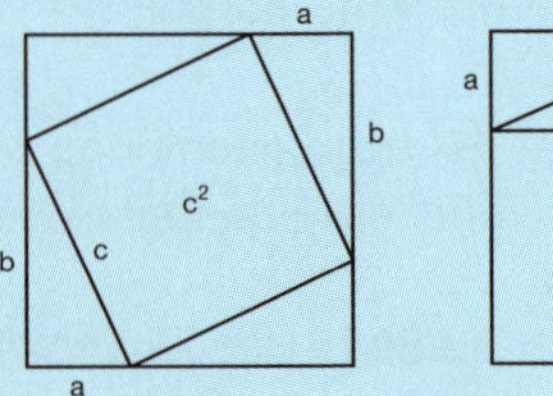

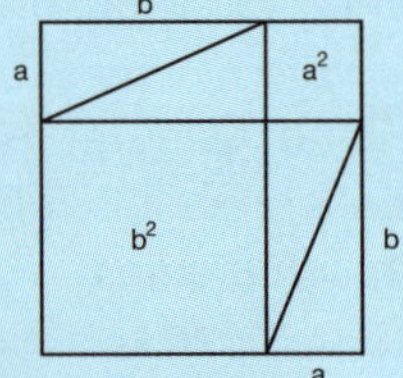

Pythagoras, verehrt, bewundert,
so lebte v. Chr. fünfhundert. K. Näther

1.2.3 Kreisberührungsaufgaben

78. An zwei gleich grosse, einander berührende Kreise vom Radius r ist eine gemeinsame äussere Tangente gelegt.
Berechnen Sie
a) für r = 8 cm
b) allgemein
den Radius desjenigen Kreises, der zwischen den Kreisen und der Tangente einbeschrieben werden kann.

79.

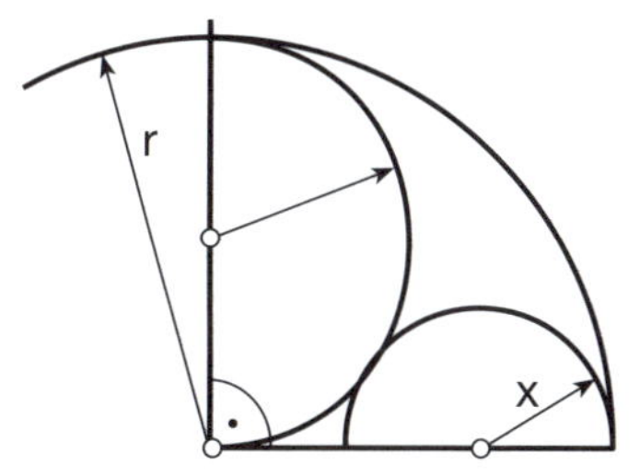

Drücken Sie x durch r aus.

80. Zwei Kreise, die sich von aussen berühren, haben die Radien R und r (r < R).
Die Berührungspunkte ihrer gemeinsamen Tangente haben die Entfernung t.
Bestimmen Sie den Radius r aus R und t.

81.

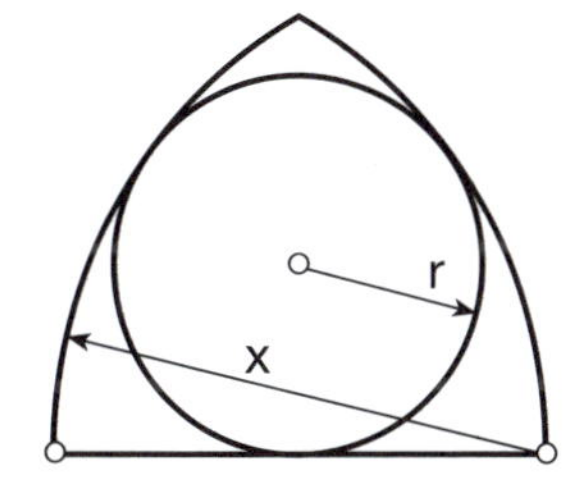

Berechnen Sie x aus r.

82. Berechnen Sie den Radius r des kleinen Kreises aus dem Durchmesser d des Halbkreises.

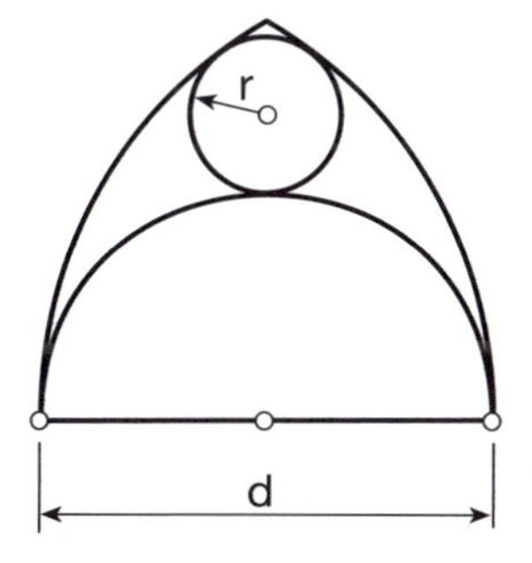

Das Schönste ist die Harmonie. Pythagoras, um 580 bis um 496 v. Chr.

83. Berechnen Sie im Quadrat mit der Seitenlänge 3a den Radius r aus a.

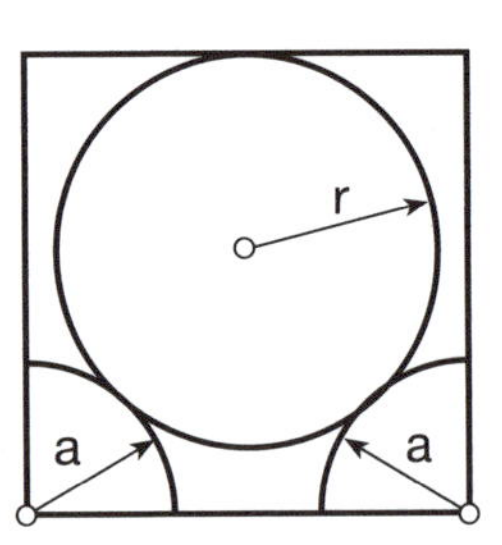

Die ganze Welt ist Harmonie und Zahl. Pythagoras

84.

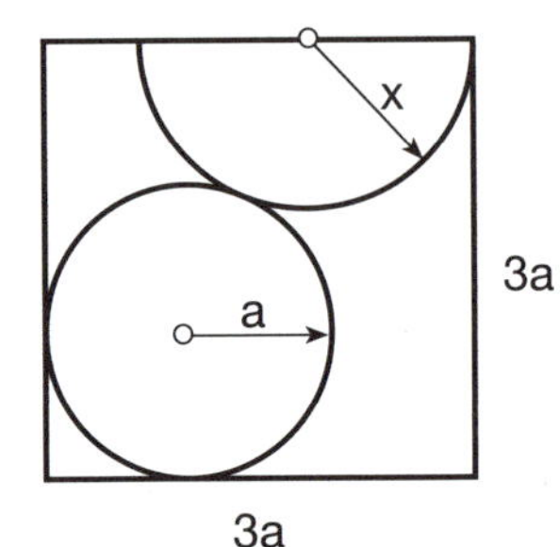

Wie gross ist der Radius x des Halbkreises?

85. In einem Quadrat mit der Seitenlänge a sind 5 gleiche, möglichst grosse Kreise einbeschrieben. Berechnen Sie den Radius dieser Kreise.

86. Berechnen Sie den Radius x aus a.

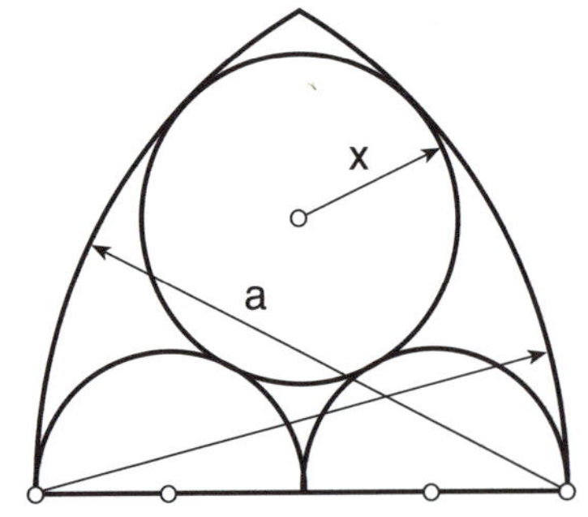

Es gibt zehn Urbegriffe:
Begrenzt und Unbegrenzt. Gnade und Ungnade.
Eins und Vieles. Rechts und Links.
Männlich und Weiblich. In Ruhe und Bewegt.
Gerade und Krumm. Licht und Dunkel.
Gut und Schlecht. Viereckig und anders geformt.
(Rational und Irrational)

Pythagoras, griechischer Philosoph um 580 bis um 496 v. Chr.

1.2.4 Berechnung von Flächeninhalten und Abständen

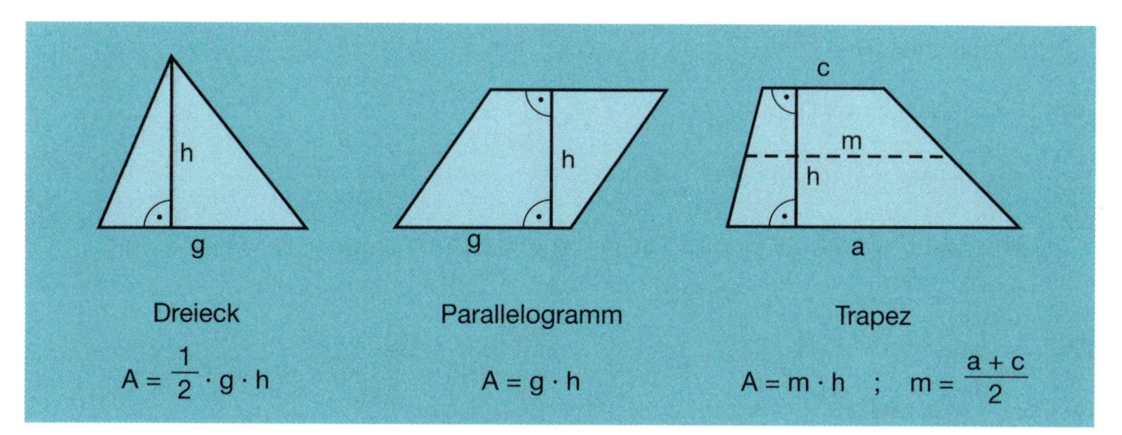

87. Die Hypotenuse c eines rechtwinkligen Dreiecks sei gegeben.
Von den beiden Katheten ist die eine 2.5-mal so lang wie die andere.
Berechnen Sie den Flächeninhalt des Dreiecks aus c.

88. Gegeben:
Rechteck mit der Länge a und der Breite b.

Berechnen Sie den Flächeninhalt des gefärbten Quadrates.

89. In der Figur gilt:
$\overline{EF} = 5$ m
$\overline{BC} = 8$ m , $\overline{DM} = \overline{MC}$

Berechnen Sie den Flächeninhalt des Rechtecks ABCD.

90. Berechnen Sie den Inhalt des gefärbten, gleichschenkligen Dreiecks aus a.
(Lösung exakt angeben)

91. Im Quadrat ABCD mit der Seitenlänge a liegt ein Dreieck EFG:

E liegt auf $\overline{AB}$ mit $\overline{EB} = \frac{1}{3}a$,

F liegt auf $\overline{CD}$ mit $\overline{DF} = \frac{1}{3}a$,

und G liegt auf $\overline{AC}$ mit $\overline{GA} = \frac{1}{4}\overline{AC}$.

Welchen Bruchteil der Quadratfläche macht die Dreiecksfläche aus?

92.

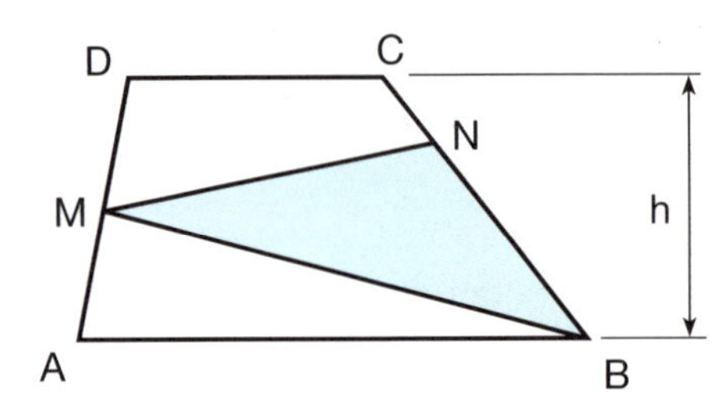

Im Trapez ABCD gilt:
$h = 10$ cm ; $\overline{AB} = 12$ cm
$\overline{DC} = 6$ cm
$\overline{AM} = \overline{MD}$; $\overline{CN} = \frac{1}{4}\overline{CB}$

Berechnen Sie den Inhalt der gefärbten Fläche.

Kann das wahr sein?
Die Einzelteile in der oberen und unteren Figur sind exakt dieselben!

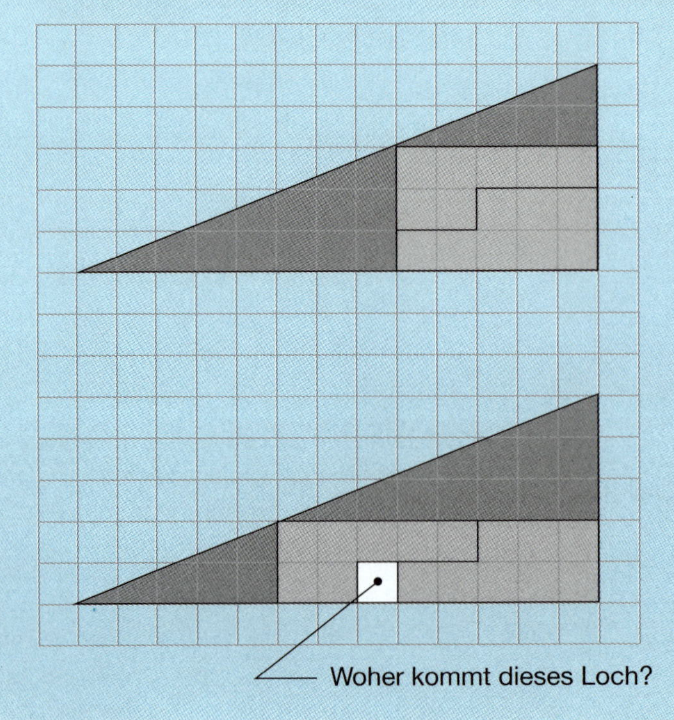

93. Von einem gleichschenkligen Trapez kennt man die beiden parallelen Seiten a und c. Die Schenkel haben je die gleiche Länge wie die Mittellinie des Trapezes. Wie gross ist der Flächeninhalt des Trapezes?

94.

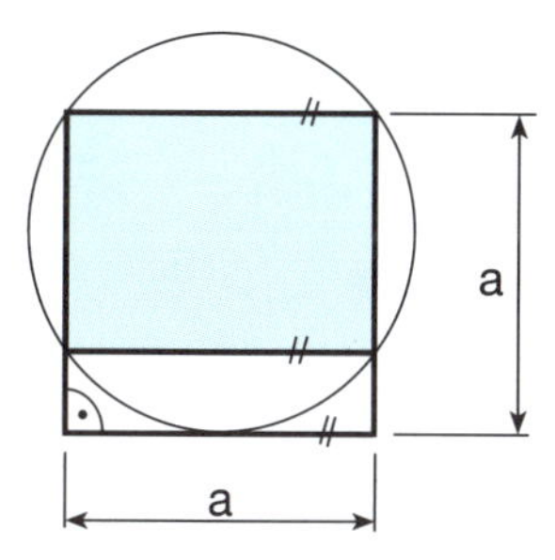

Berechnen Sie den Inhalt der gefärbten Fläche aus a.

95. Innerhalb eines Kreises liegt ein Quadrat mit 40 cm^2 Flächeninhalt so, dass zwei benachbarte Ecken auf einem Durchmesser und die andern auf dem Kreis liegen. Wie gross ist der Flächeninhalt eines zweiten Quadrates, von dem alle Ecken auf dem Kreis liegen?

96. Berechnen Sie den Flächeninhalt eines Dreiecks mit den Seitenlängen 6 cm, 8 cm und 11 cm (ohne Formel von Heron).
Hinweis: Berechnen Sie zuerst den Abstand eines Höhenfusspunktes von einer Ecke.

> Die Philosophie ist geschrieben in dem grossen Buche, das uns immer vor Augen liegt, wir können es jedoch nicht verstehen, wenn wir nicht zuvor dessen Sprache und Zeichen lernen; diese Sprache ist die Mathematik, und die Zeichen sind Dreiecke, Kreise und andere geometrische Figuren.
>
> Galileo Galilei, 1564–1642, Physiker und Astronom

97. Von einem Dreieck sind der Flächeninhalt A sowie die Seitenlängen b und c bekannt. Berechnen Sie die Seitenlänge a

a) für $A = 34.64\ cm^2$, $b = 10$ cm und $c = 13$ cm

b) allgemein

98. Gegeben ist das Dreieck ABC: $\overline{AB} = 21$ cm ; $\overline{BC} = 20$ cm und $\overline{AC} = 13$ cm.
Auf der Seite AB liegt ein Punkt D so, dass die Umfänge der Dreiecke ADC und BCD gleich sind.
Berechnen Sie den Flächeninhalt des Dreiecks BCD.

> Es ist unglaublich, wie unwissend die studierende Jugend auf Universitäten kommt, wenn ich nur 10 Minuten rechne oder geometrisiere, so schläft 1/4 derselben sanft ein.
>
> Georg C. Lichtenberg, 1742–1799, Prof. f. Physik

99. Das Dreieck ABC ist gleichseitig und hat die Seitenlänge c. Berechnen Sie den Inhalt der gefärbten Fläche BDEF aus c.

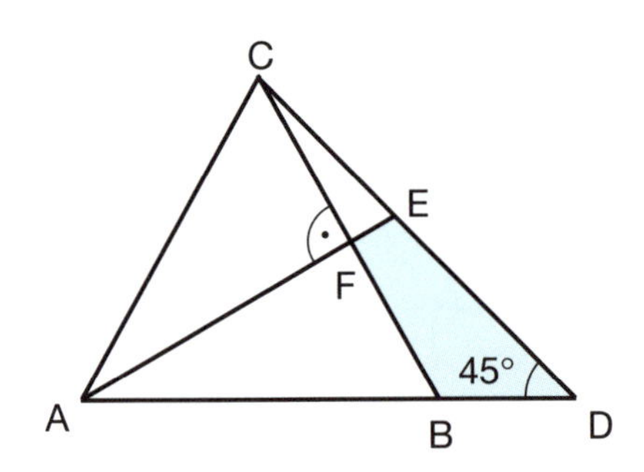

100. Berechnen Sie den Inhalt des gefärbten Vierecks aus der Seite c.

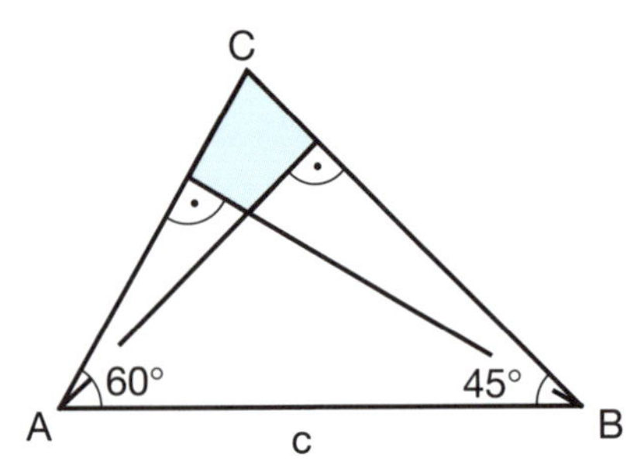

Abstände

101.

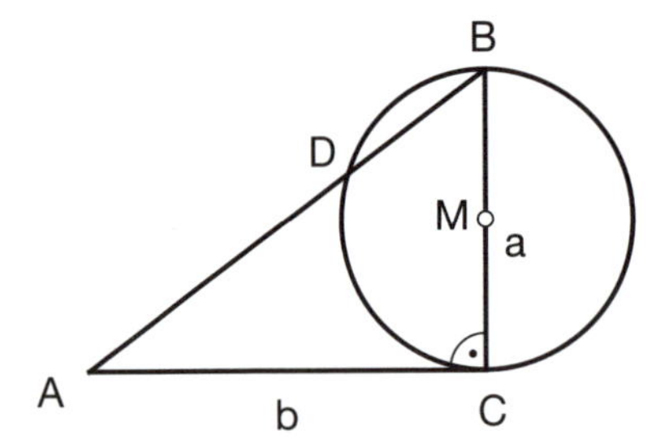

Vom rechtwinkligen Dreieck ABC kennt man die Katheten a und b.

Drücken Sie die Strecke $\overline{CD}$ durch a und b aus.

102. Gegeben ist ein Rechteck mit der Länge p und der Breite q. Berechnen Sie den Abstand eines Eckpunktes von der Diagonalen

a) für p = 60 cm und q = 40 cm

b) allgemein

103.

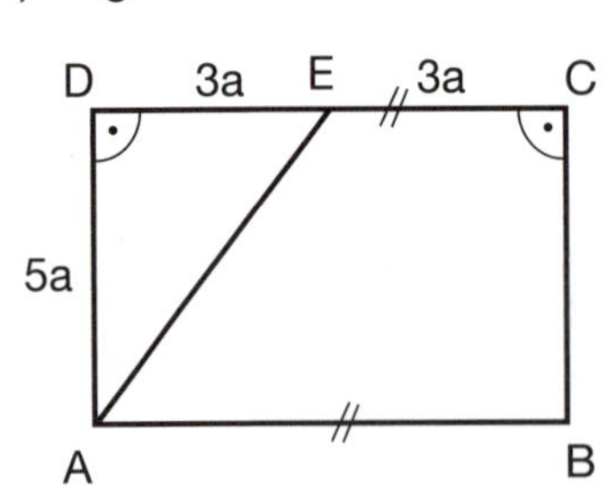

Berechnen Sie den Abstand der Ecke B von der Geraden AE, ausgedrückt durch a.

104. Auf der Basis $\overline{AB} = 18$ cm eines gleichschenkligen Dreiecks ABC mit der Schenkellänge 12 cm liegt ein Punkt D so, dass der Flächeninhalt des Dreiecks ADC 25 cm^2 beträgt.

a) Wie gross ist der Abstand des Punktes D von der Geraden AC?

b) Berechnen Sie die Strecke $\overline{CD}$.

1.2.5 Tangentenabschnitte, Tangentenviereck

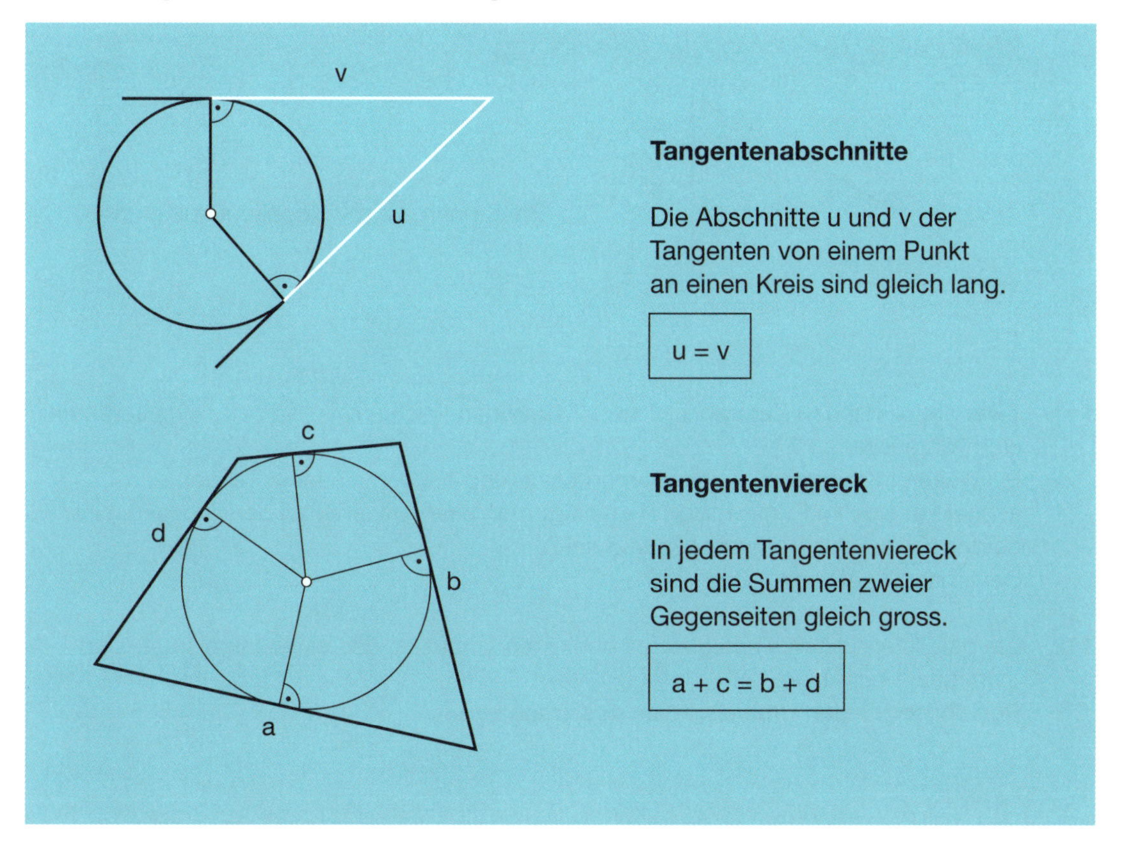

Tangentenabschnitte

Die Abschnitte u und v der Tangenten von einem Punkt an einen Kreis sind gleich lang.

$u = v$

Tangentenviereck

In jedem Tangentenviereck sind die Summen zweier Gegenseiten gleich gross.

$a + c = b + d$

105. Welche Tangentenvierecke sind
a) axialsymmetrisch?
b) punktsymmetrisch?

106. Von einem gleichschenkligen Trapez sind der Flächeninhalt A und der Inkreisradius r bekannt.
Berechnen Sie die Schenkellänge des Trapezes.

107.

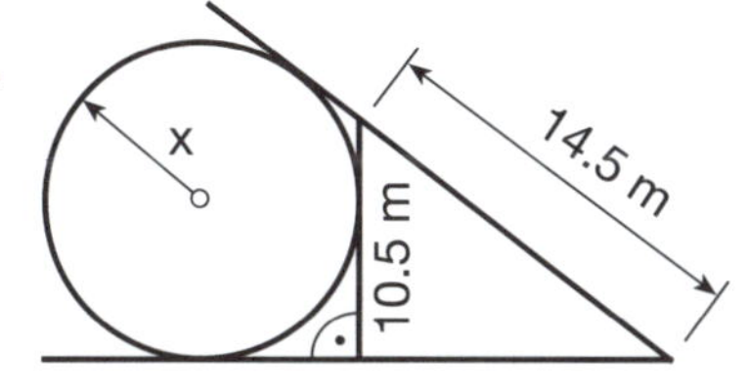

Berechnen Sie x.

108. Berechnen Sie den Flächeninhalt eines allgemeinen Tangentenvierecks aus den Seiten a, c und dem Inkreisradius r.

109. Von einem Viereck kennt man den Inkreisradius r und den Flächeninhalt $A = 4.75r^2$.
Berechnen Sie den Umfang des Vierecks.

110.

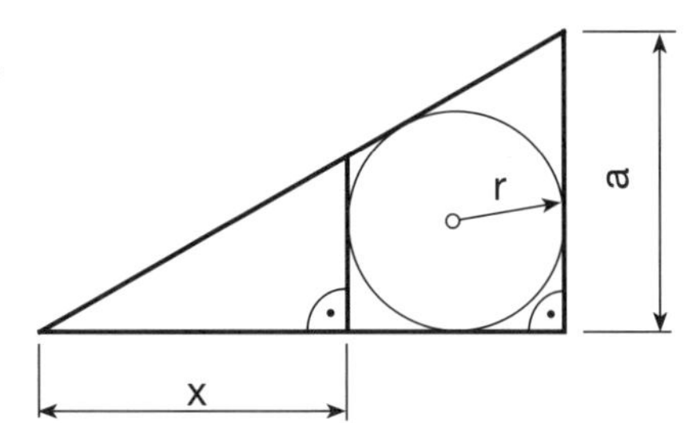

Berechnen Sie die Strecke x aus a und r.

111. Zwei Kreise mit den Zentren Z_1 und Z_2 und den Radien r_1 und r_2 ($r_1 \neq r_2$) berühren sich von aussen in T.
Ein weiterer Kreis mit $\overline{Z_1Z_2}$ als Durchmesser und die gemeinsame Tangente in T schneiden sich im Punkt P. Von P aus legt man eine Tangente an den grösseren der beiden Kreise, der Berührungspunkt sei A.
Berechen Sie $\overline{AP}$ aus r_1 und r_2.

112. Die parallelen Seiten eines gleichschenkligen Trapezes, das einen Inkreis hat, sind 8 cm und 18 cm lang.
Berechnen Sie den Umkreisradius des Trapezes.

1.2.6 Vermischte Aufgaben

113.

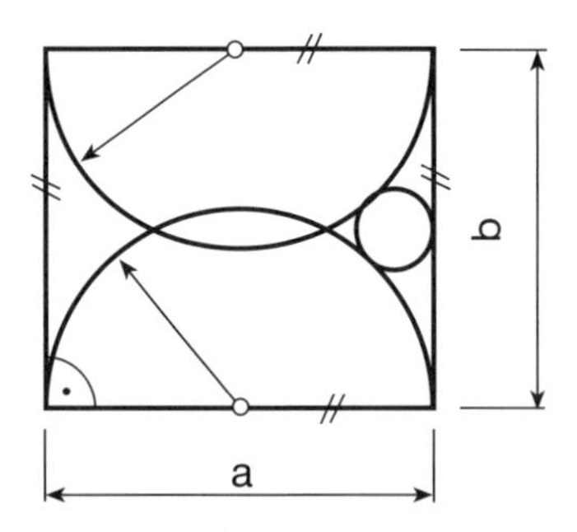

Berechnen Sie den Radius des kleinen Kreises aus a und b.

114. Die Tangentenabschnitte von einem Punkt an einen Kreis mit dem Radius 9.6 cm messen je 12.8 cm.
Wie lang ist die Sehne zwischen den Berührungspunkten?

115.

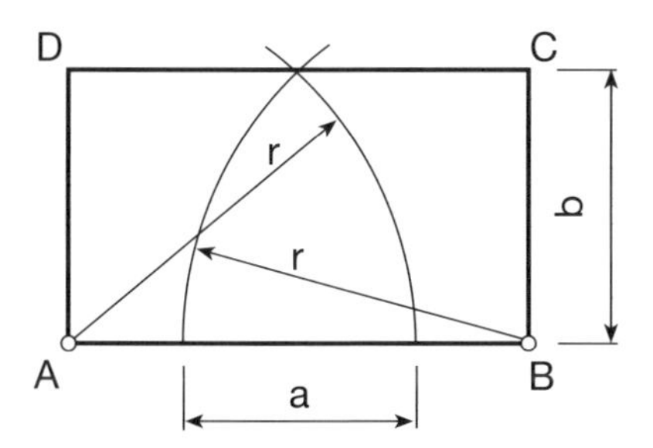

Drücken Sie im Rechteck ABCD den Radius r durch a und b aus.

116. Gegeben ist ein Kreis mit Zentrum Z und Radius r sowie ein Punkt P $\left(\overline{PZ} = 2 \cdot r\right)$. Eine Sekante durch P schneidet den Kreis in den Punkten A und B so, dass $\overline{PA} = \overline{AB}$ ist. Berechnen Sie die Sehne $\overline{AB}$ aus r.

117.

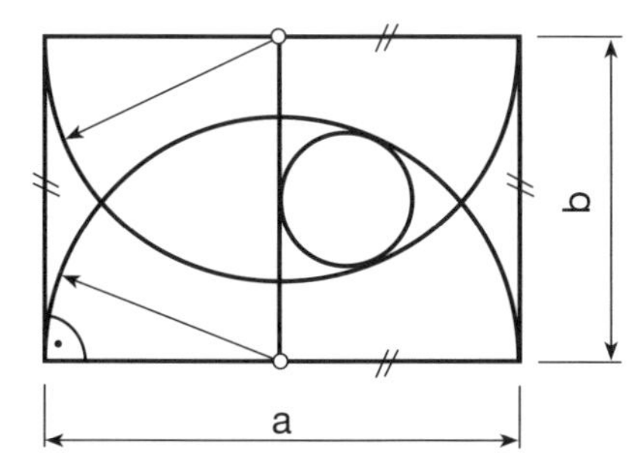

Berechnen Sie den Radius des kleinen Kreises aus a und b.

118. Einem gleichschenklig-rechtwinkligen Dreieck mit den Katheten der Länge s wird durch eine Parallele zur Hypotenuse ein Dreieck abgeschnitten.
Der Umfang dieses abgeschnittenen Dreiecks soll gleich sein wie derjenige des verbleibenden Trapezes.
Berechnen Sie die Hypotenuse des abgeschnittenen Dreiecks.

119. Berechnen Sie den Tangentenabschnitt x sowie die Strecken y und z aus r.

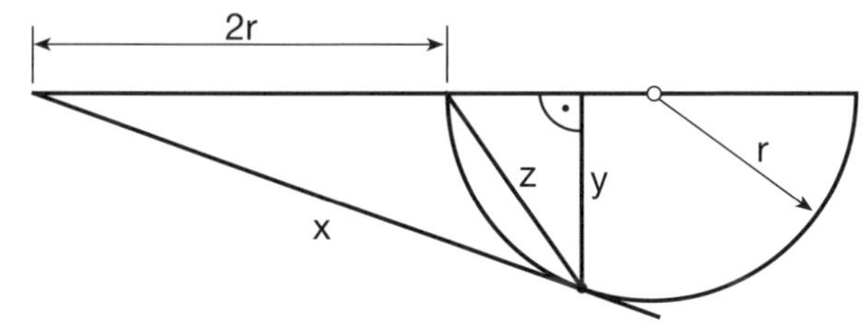

120.

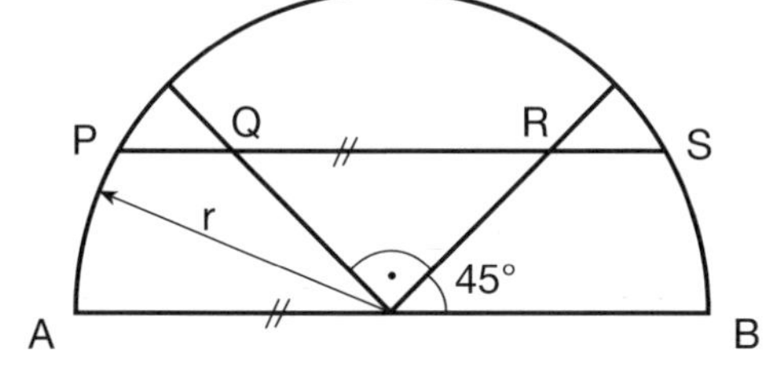

Berechnen Sie den Abstand der Sehne $\overline{PS}$ vom Durchmesser $\overline{AB}$, wenn gilt: $2 \cdot \overline{PQ} = \overline{QR} = 2 \cdot \overline{RS}$

121. Drücken Sie den Inhalt der gefärbten Fläche im regulären Achteck durch die Seitenlänge a aus.

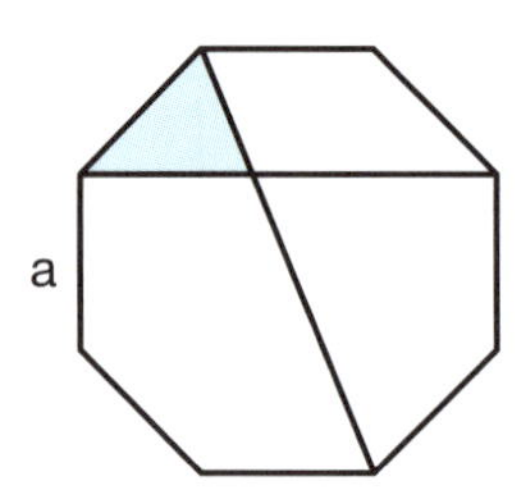

122. Auf der Seite AC eines Dreiecks ABC liegt der Punkt D so, dass gilt: $\overline{AD} = 2 \cdot \overline{DC}$. Zudem halbiert Punkt E die Seite BC.
In welchem Verhältnis stehen die Flächeninhalte der beiden Dreiecke ABC und DEC zueinander?

123. In einem gleichseitigen Dreieck ABC ist ein Quadrat so einbeschrieben, dass eine Quadratseite auf einer Dreiecksseite liegt.
Berechnen Sie die Dreiecksseite aus der Quadratseite a.

124. Gegeben ist ein Kreis mit Radius r und Zentrum M.
Zur exakten Einbeschreibung eines regelmässigen Fünfecks lautet die Konstruktionsbeschreibung wie folgt:
1) Zwei zueinander senkrecht stehende Kreisdurchmesser AB und CD zeichnen.
2) Den Radius $\overline{AM}$ halbieren gibt Z.
3) Kreis um Z durch C schneidet die Strecke $\overline{MB}$ in E.
4) $\overline{CE}$ ist Seitenlänge s des regelmässigen Fünfecks.
Berechnen Sie die Seitenlänge s aus r.

125.

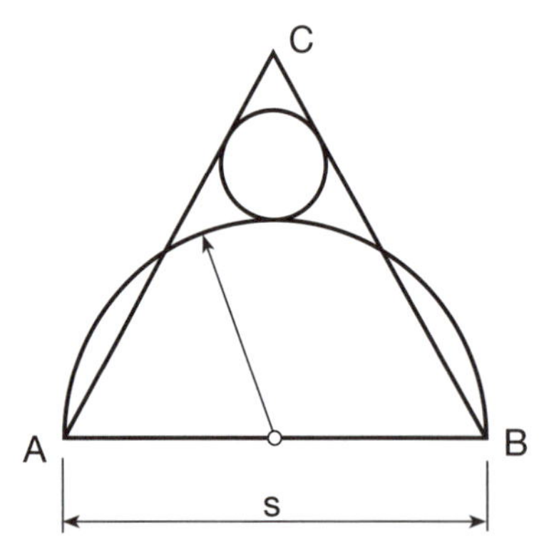

Das Dreieck ABC ist gleichseitig.

Drücken Sie den Radius des kleinen Kreises durch s aus.

126. Der Umfang eines in einem Kreis einbeschriebenen Quadrates beträgt 4s.
Berechnen Sie den Umfang eines im gleichen Kreis einbeschriebenen regulären Achtecks.

127. 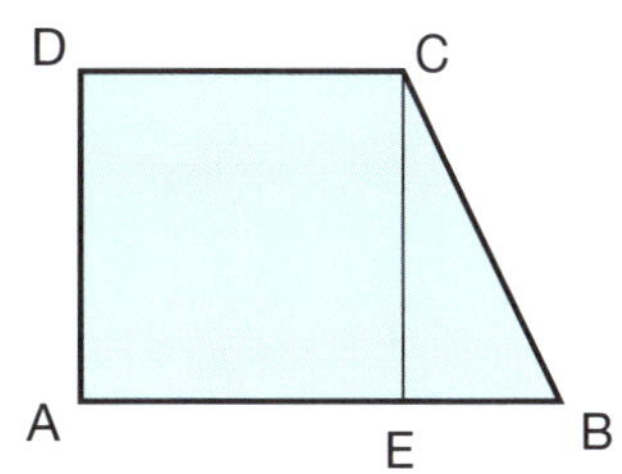

Das Viereck AECD sei ein Quadrat mit der Seitenlänge a.
Der Umfang des Trapezes ABCD hat die Länge 5a.
Berechnen Sie den Flächeninhalt des Trapezes.

128. Im gegebenen Kreis mit dem Radius r wird die Sehne s durch zwei zueinander senkrecht stehende Durchmesser im Verhältnis 1 : 3 : 2 geteilt.
Berechnen Sie die Sehnenlänge s aus dem gegebenen Radius r.

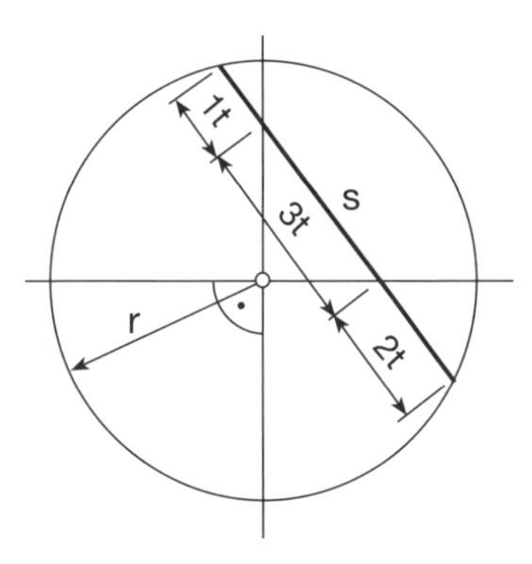

129. Einem Kreissektor mit dem Zentriwinkel 30° und dem Radius r ist ein Quadrat einbeschrieben, so dass eine Seite auf einem Schenkel des Sektors liegt.
Berechnen Sie die Seitenlänge dieses Quadrates aus dem Radius r.

130. Die längere Grundlinie eines gleichschenkligen Trapezes misst 16 cm, die Höhe 9 cm und der Flächeninhalt beträgt 117 cm^2.
Berechnen Sie den Abstand des Umkreismittelpunktes von der gegebenen Grundlinie.

> Wer die Geometrie begreift, vermag in dieser Welt alles zu verstehen.
>
> Galileo Galilei, 1564–1642, Physiker und Astronom

131. Im gleichseitigen Dreieck ABC mit der Seitenlänge a liegt auf der Seite AC der Punkt E mit $\overline{EC} = \frac{1}{5}a$ und auf der Verlängerung der Seite AB der Punkt D mit $\overline{BD} = \frac{1}{5}a$.
Berechnen Sie die Entfernung zwischen den Punkten E und D ausgedrückt durch a.

132. 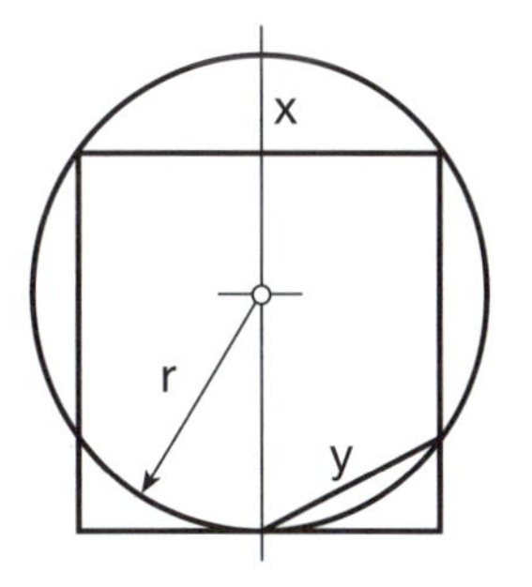

Berechnen Sie aus der Seitenlänge a des Quadrates den Radius r, die Bogenhöhe x und die Sehnenlänge y.

133.

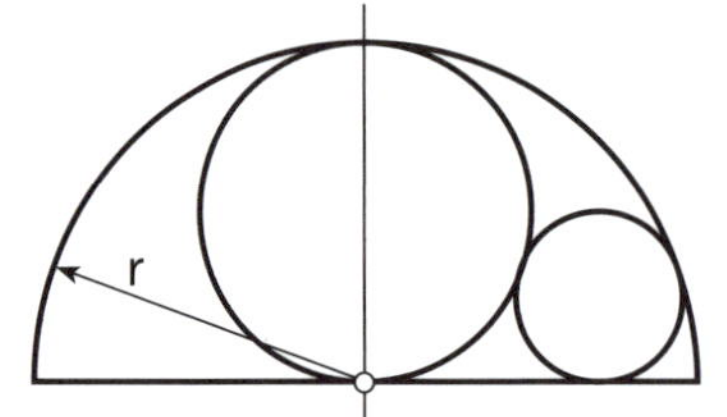

Berechnen Sie den Radius des kleinen Kreises aus r.

134.

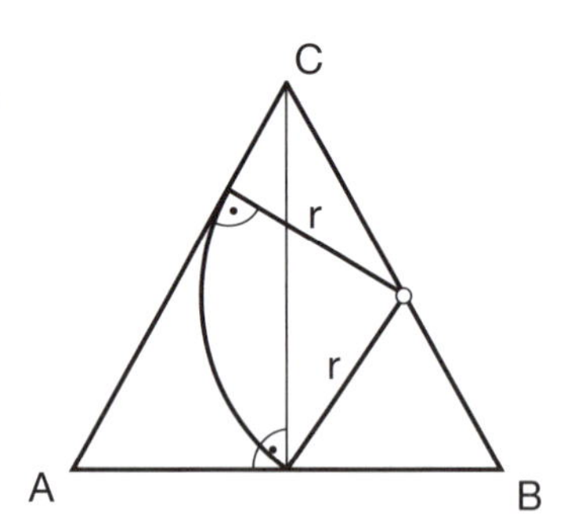

Einem gleichseitigen Dreieck ABC mit einer Seitenlänge 10 cm wird ein Kreissektor gemäss Skizze einbeschrieben.

Berechnen Sie den Radius r dieses Kreissektors.

135.

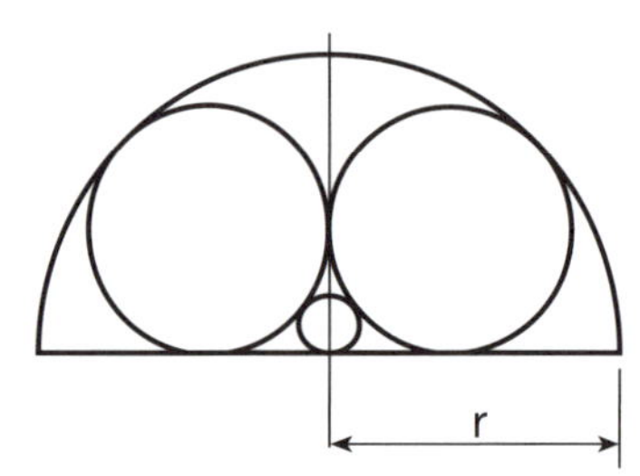

Berechnen Sie den Radius des kleinen Kreises aus r.

Mathematiker, Physiker und Soziologe sitzen im Zug und passieren die Landesgrenze. Sie sehen zwei schwarze Schafe.
Da meint der Soziologe: *Ich schätze, alle Schafe in diesem Lande sind schwarz.*
Doch der Physiker antwortet: *Das können Sie nicht sagen. Man kann höchstens behaupten: Zwei Schafe in diesem Lande sind schwarz.*
Der Mathematiker schüttelt darauf den Kopf und meint: *Auch das können Sie nicht behaupten. Man kann lediglich sagen: Zwei Schafe in diesem Lande sind auf einer Seite schwarz.*

Zwei Männer haben sich auf einer Ballonfahrt im Nebel verirrt. Durch den Dunst sehen sie plötzlich einen weiteren Ballonfahrer vorbeischweben und rufen ihm zu: *Können Sie uns sagen, wo wir sind?*
Der Angesprochene überlegt lange und antwortet schliesslich:
Sie sind im Korb eines Ballons!
Die beiden Verirrten sehen sich verblüfft an, dann sagt der eine: *Der ist Mathematiker! – Wieso? – Erstens hat er lange nachgedacht, zweitens ist seine Antwort hundertprozentig richtig, und drittens ist sie für uns vollkommen nutzlos!*

136.

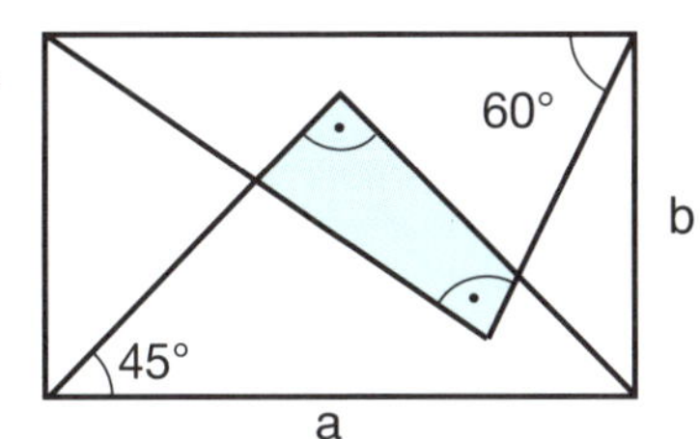

Gegeben ist das Rechteck mit den Seitenlängen a und b, wobei b = 0.6a.

Berechnen Sie den Flächeninhalt der gefärbten Figur aus a.

137. Ein gleichseitiges Dreieck mit der Seitenlänge s wird um 30° um seinen Mittelpunkt gedreht. Als Schnittfigur entsteht ein Sechseck.
Berechnen Sie den Umfang dieses Sechsecks aus s.

138.

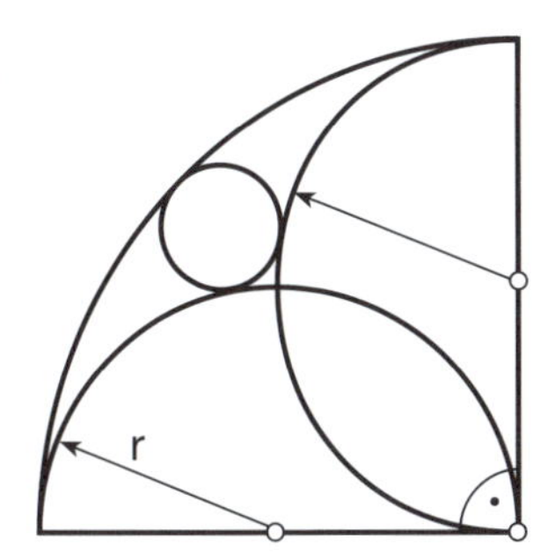

Berechnen Sie den Radius des kleinen Kreises aus r.

139.

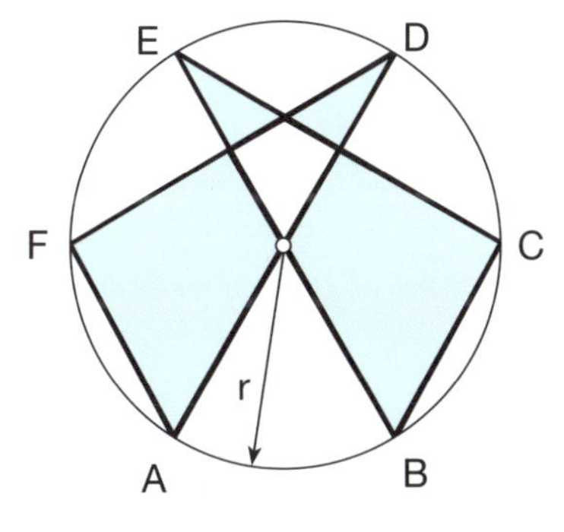

A, B, C, D, E und F sind die Ecken eines regelmässigen Sechsecks.

Berechnen Sie den Inhalt der gefärbten Figur aus r.

140.

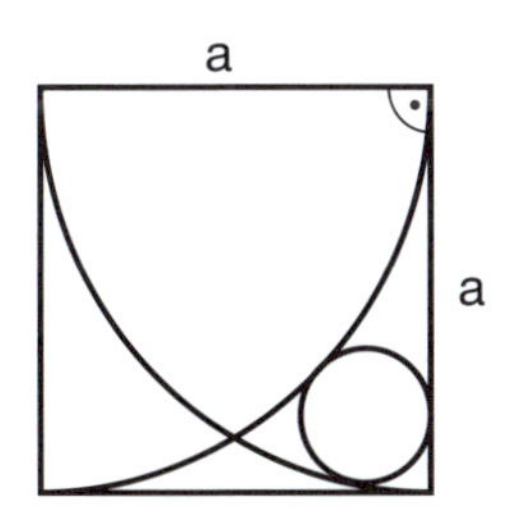

Berechnen Sie den Radius des kleinen Kreises aus der Länge a der Quadratseite.

141. Die Seiten des gleichseitigen Dreiecks ABC haben die Länge a.
Auf der Seite AC liegt der Punkt P mit $\overline{AP} = 0.6a$ und auf der Seite BC der Punkt Q mit $\overline{BQ} = \frac{2}{3}a$. Berechnen Sie $\overline{PQ}$.

142. Ein rechtwinkliges Dreieck ABC ist durch seine Katheten a und b gegeben, wobei $a < b$ gilt. Der Fusspunkt der Höhe h_c ist Mittelpunkt eines Kreises k durch C.
Der Schnittpunkt von k mit der Hypotenuse c sei E.
Berechnen Sie die Länge der Strecke $\overline{EB}$ aus a und b.

143. Von einem rechtwinkligen Dreieck ABC kennt man die Katheten a und b.
Berechnen Sie den Radius r des Ankreises, der die Hypotenuse c berührt.

144. 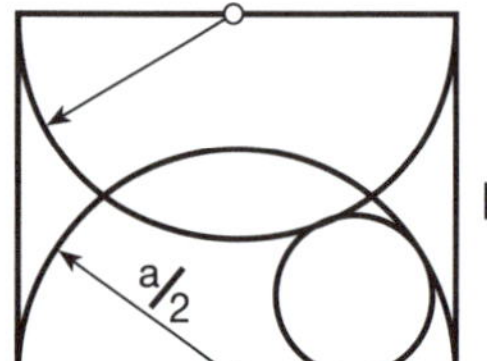

Gegeben sind die Seitenlängen a und b des Rechtecks.

Berechnen Sie den Radius des kleinen Kreises.

145. Auf einem Kreisdurchmesser sind zwei Punkte A und B in gleicher Entfernung a vom Mittelpunkt gegeben.
Zeigen Sie, dass für jeden Punkt P auf der Kreisperiferie die Summe $\overline{AP}^2 + \overline{BP}^2$ konstant ist.

146. Berechnen Sie den Radius x aus r und d.

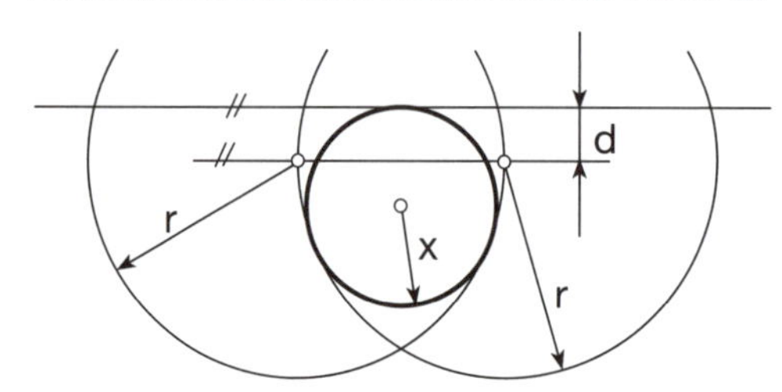

147. Berechnen Sie den Radius des kleinen einbeschriebenen Kreises aus R, wenn $r = \frac{2}{3}R$.

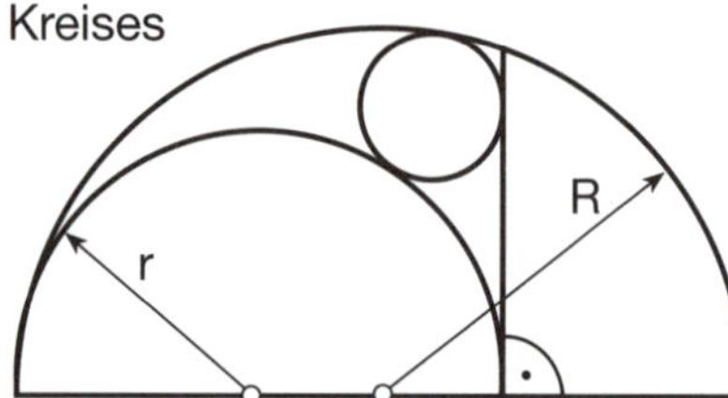

Mein Geometrielehrer war manchmal spitz und manchmal stumpf, aber er hatte immer recht.

148. Berechnen Sie den Radius x aus r, c und d.

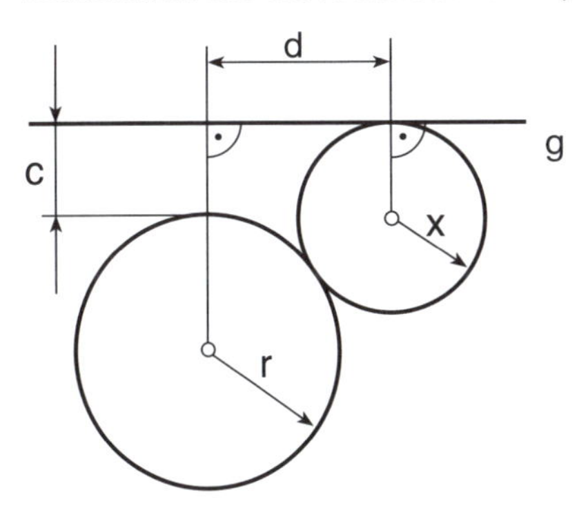

Es gibt keine Königstrasse, die zur Geometrie führt.
(zu König Ptolemäus, der die Geometrie auf eine abgekürzte Weise erlernen wollte)

Euklid, um 325–283 v. Chr., griechischer Mathematiker

Nr. 149–155:
Aufgaben, die auf eine quadratische Gleichung bzw. Wurzelgleichung führen können.

149.

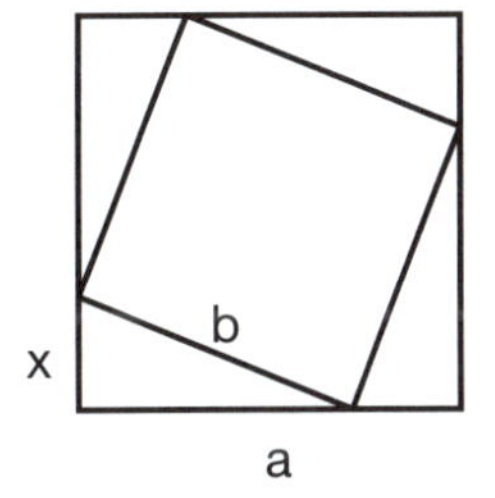

Einem Quadrat mit der Seitenlänge a ist ein kleineres mit der Seitenlänge b so einbeschrieben wie die Figur zeigt.

Berechnen Sie x aus a und b.

150. Berechnen Sie den Flächeninhalt der ganzen Figur, die aus einem Quadrat, einem Rechteck und zwei Dreiecken besteht.
s = 24 cm, a = 10 cm;
Umfang der ganzen Figur U = 132 cm

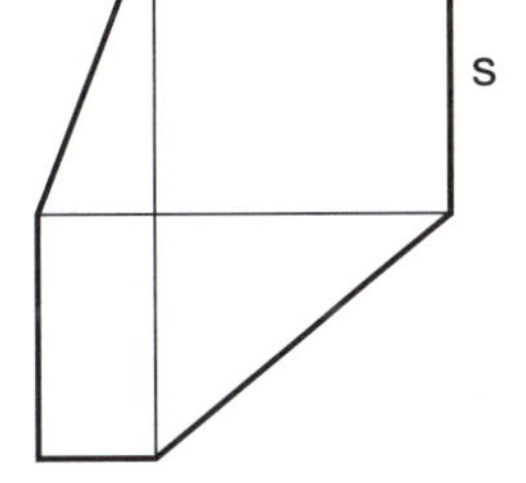

«Die Ehe des Professors soll sehr unglücklich sein, habe ich gehört!»
«Wundert mich nicht. Er ist Mathematiker und sie unberechenbar.»

151. Berechnen Sie den Radius x bei folgenden Aufgaben:
$r = 7$ m, $d = 1.5$ m

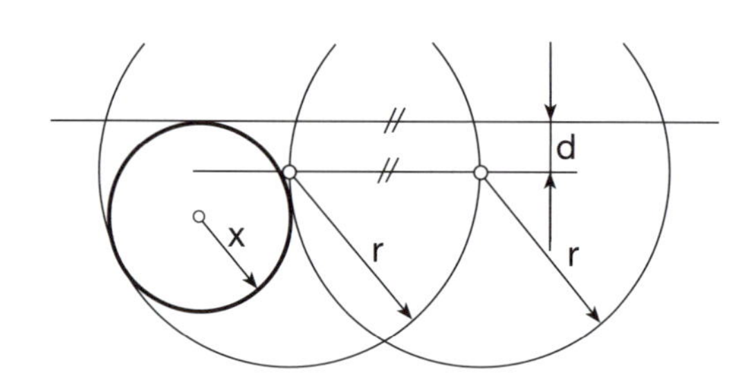

152. Berechnen Sie den Inkreisradius, wenn $\overline{AB} = 96$ cm, $\overline{BD} = 24$ cm und $\angle ACB = 90°$ messen.

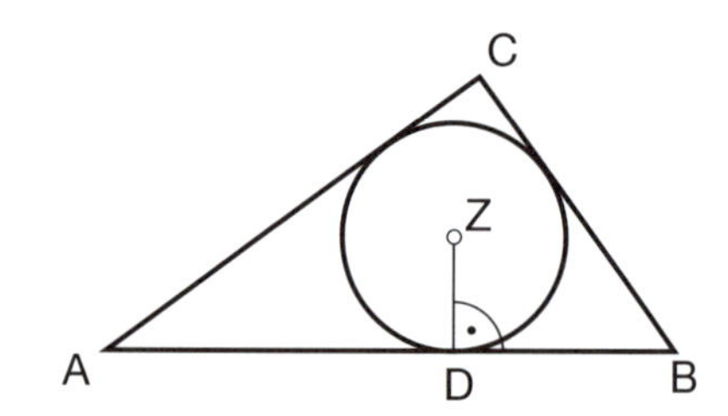

153. Berechnen Sie y aus r.

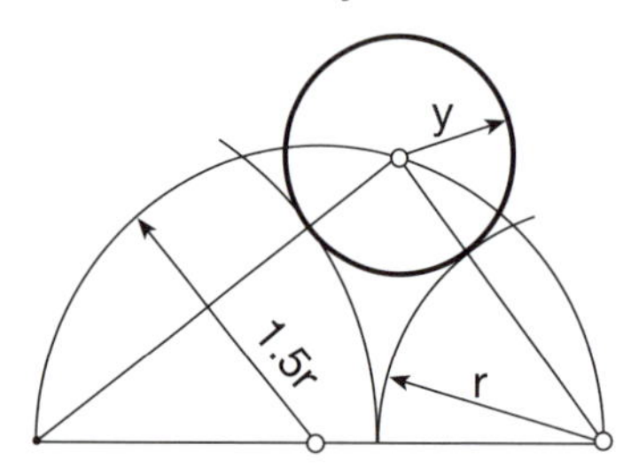

154. Eine Platte soll durch zwei Röhren durchgeschoben werden.

Bestimmen Sie die Dicke d der Platte aus r.

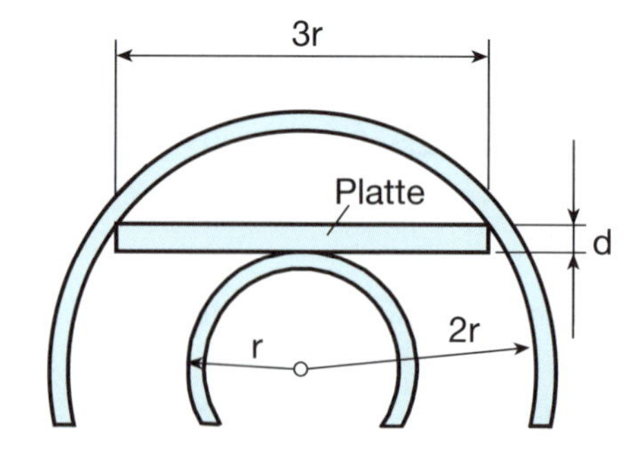

155. Berechnen Sie den Radius des einbeschriebenen Kreises, wenn $\overline{AB}$ 7 cm misst und $\overline{AC} = \overline{BC}$ ist.

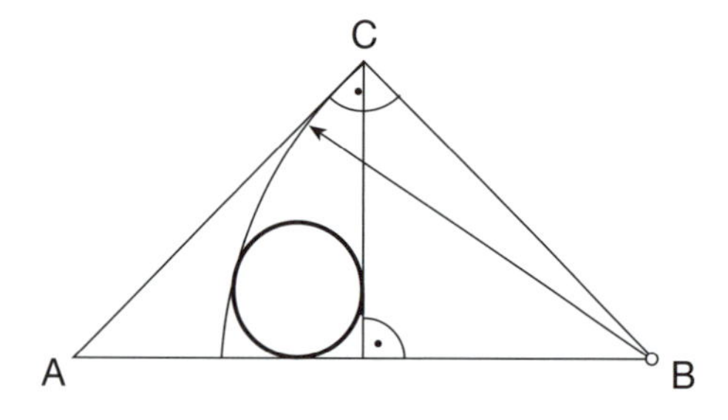

1.3 Berechnungen am Kreis

1.3.1 Kreis und Kreisring

Kreis

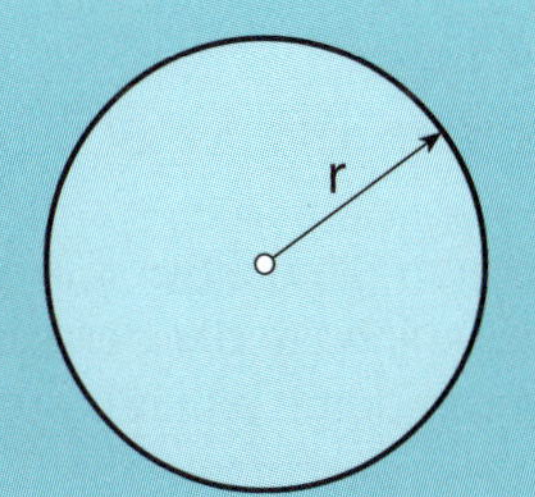

Umfang: $u = 2\pi r$

Flächeninhalt: $A = \pi r^2$

Kreisring

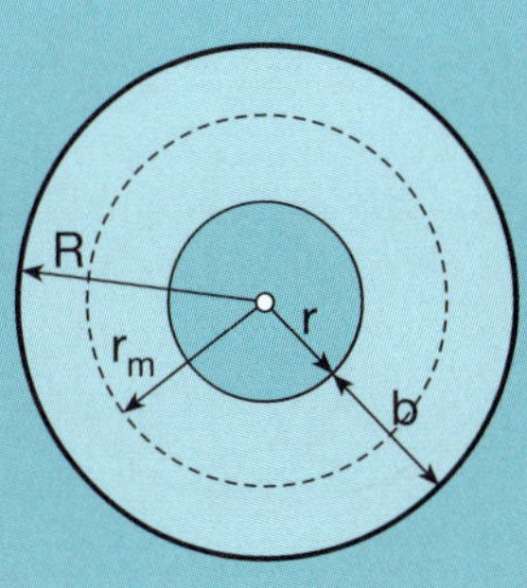

Ringbreite: $b = R - r$

Flächeninhalt: $A = \pi (R^2 - r^2)$

$A = 2\pi r_m \cdot b$

$r_m = r + \dfrac{b}{2}$

156. Berechnen Sie den Flächeninhalt eines Kreises aus dem Umfang u.

157. Man denke sich ein Seil um den Erdäquator gelegt (dabei werde die Erde als Kugel mit dem Radius r idealisiert). Anschliessend werde das Seil um 10 m verlängert und so um die Erde «gelegt», dass es überall denselben Abstand von der Erdoberfläche hat. Berechnen Sie diesen Abstand.

158. Näherungskonstruktion des Kreisumfanges:

a) Berechnen Sie $\overline{BC}$ aus r.

b) Vergleichen Sie $\overline{BC}$ mit dem halben Kreisumfang. Wie gross ist der relative Fehler in Prozent?

Was ewig ist, ist kreisförmig, und was kreisförmig ist, ist ewig.

Aristoteles, griech. Philosoph, 384-347 v. Chr.

159. Der Radius eines Kreises werde um p% vergrössert.
Um wie viele Prozente vergrössert sich dabei die Kreisfläche?

160. Ein Quadrat, ein gleichseitiges Dreieck und ein Kreis haben den gleichen Umfang.
Berechnen Sie das Flächenverhältnis $A_{\text{Quadrat}} : A_{\text{Dreieck}} : A_{\text{Kreis}}$.
Geben Sie die Lösung in der Form 1 : x : y an.

161.

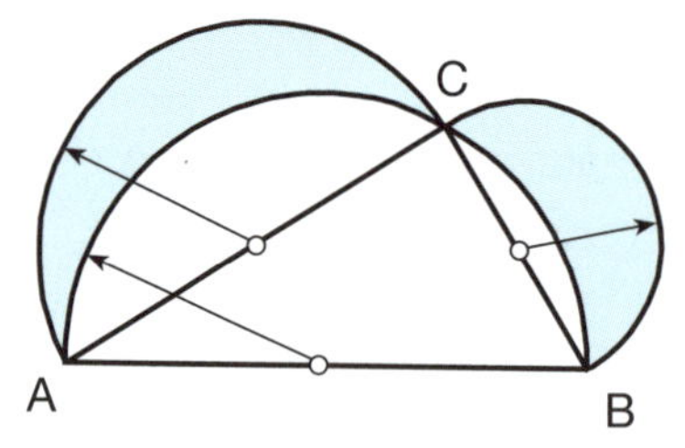

Gegeben sind $a = \overline{BC}$ und $b = \overline{AC}$.

Drücken Sie die Summe der Flächeninhalte der beiden gefärbten Figuren durch a und b aus.

162. Archimedes berechnete, dass die gefärbte, sichelförmige Figur den gleichen Flächeninhalt hat wie der Kreis, dessen Durchmesser gleich gross ist wie die Halbsehne im Berührungspunkt der kleinen Halbkreise. Beweisen Sie dies.

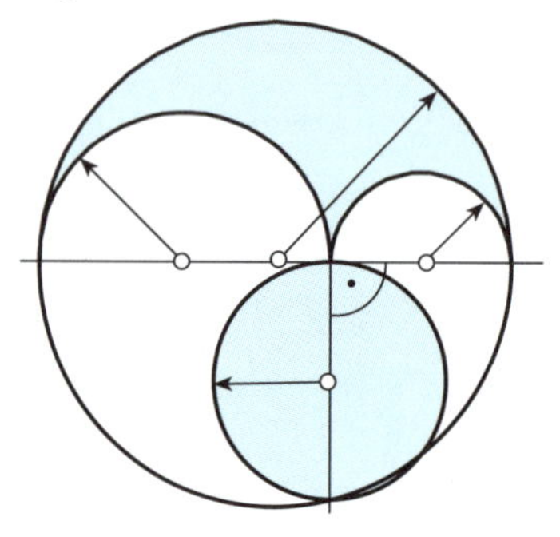

163.

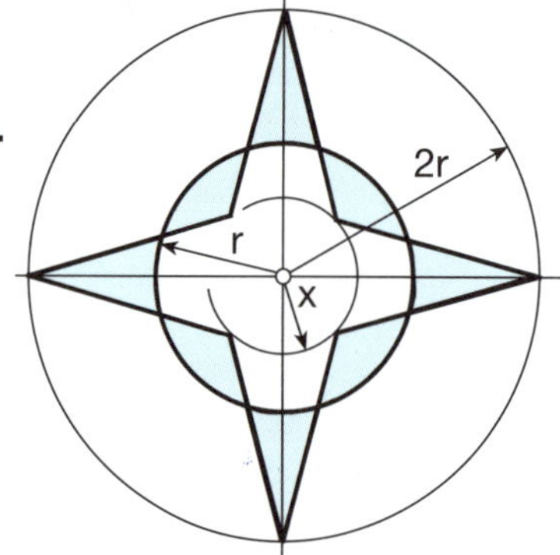

Die gefärbten Flächen innerhalb und ausserhalb des inneren Kreises sind gleich gross.

Berechnen Sie den Radius x aus r.

Man nehme einen Taschenrechner, tippe 2143 ein, dividiere durch 22 und drücke anschliessend zweimal die Quadratwurzel.

164. Die Figur ist so aus Halbkreisen zusammengesetzt, dass der eingezeichnete Durchmesser in fünf gleiche Strecken geteilt wird.

Berechnen Sie den Inhalt der fünf Teilflächen aus r.

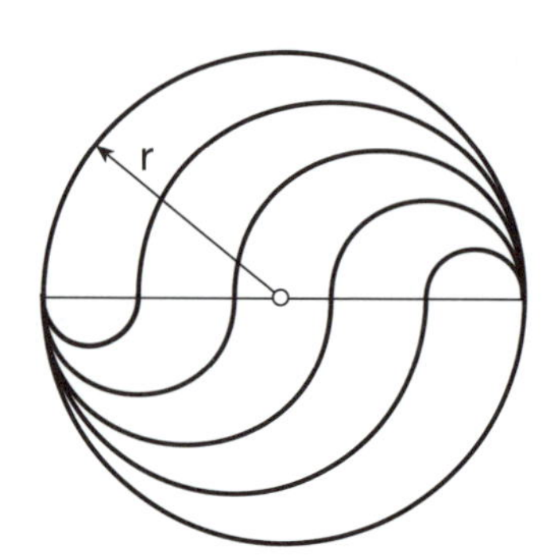

165.

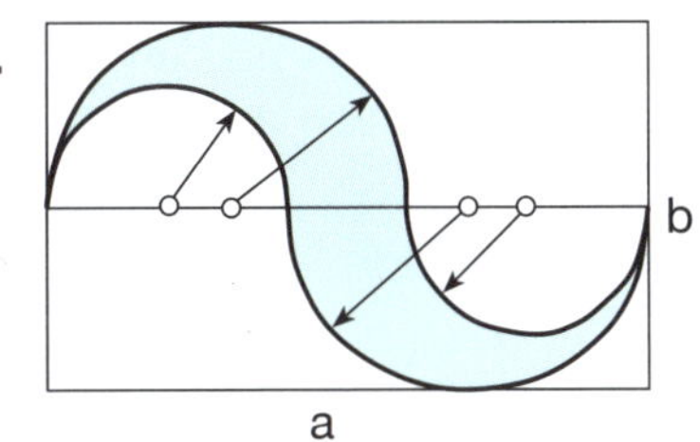

a) Berechnen Sie den Inhalt der gefärbten Figur aus a und b.

b) Unter welcher Bedingung für a und b existiert die gefärbte Figur?

Der Kreisring

166. Berechnen Sie den Flächeninhalt $A = \bar{A} \pm \Delta A$ eines Kreisringes mit den Radien $r = (8.25 \pm 0.05)$ cm und $R = (14.80 \pm 0.05)$ cm.

167. Beweisen Sie die Flächenformel $A = 2\pi\, r_m\, b$.

168.

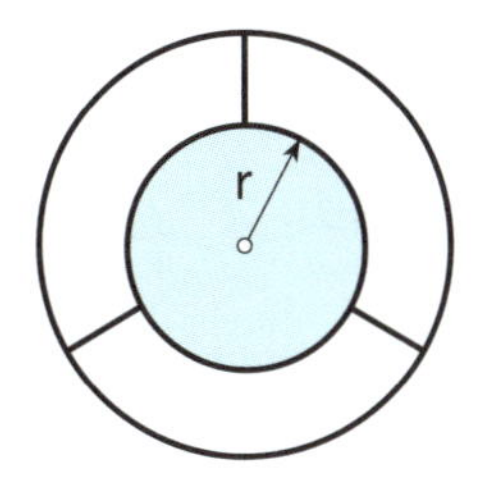

Jeder der drei Kreisringteile hat denselben Flächeninhalt wie der innere Kreis.

Berechnen Sie die Breite des Kreisringes aus r.

169. Der In- und Umkreis eines regulären Sechsecks bilden einen Kreisring. Berechnen Sie dessen Flächeninhalt aus der Seitenlänge a des Sechsecks.

170.

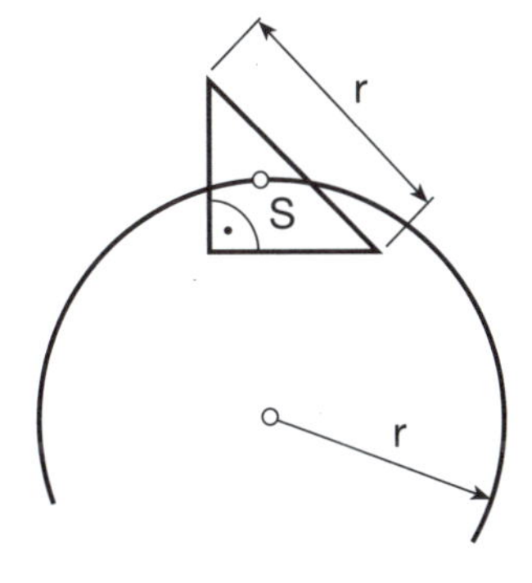

Das Dreieck ist gleichschenklig und rechtwinklig, sein Schwerpunkt S liegt auf der Kreislinie. Dieses Dreieck kann sich um S beliebig drehen, und S kann dabei auf der ganzen Kreislinie bewegt werden. Führt man mit dem Dreieck alle diese Bewegungen aus, so überstreicht es eine gewisse Fläche. Berechnen Sie deren Inhalt aus r.

171. Der äussere Kreis eines Ringes enthält eine Sehne der Länge s. Wie gross ist der Flächeninhalt des Kreisringes, wenn die Sehne den inneren Kreis berührt?

172. Gegeben sind vier konzentrische Kreise mit den Radien r, $r + b$, $r + 2b$ und $r + 3b$. Die Figur besteht also aus drei aneinander liegenden Kreisringen von derselben Breite b.
Beweisen Sie: Der Flächeninhalt des mittleren Ringes ist gleich dem arithmetischen Mittel der beiden andern Ringflächen.

173. Auf einer Spule mit dem Radius r ist ein Tonband mit der Dicke d bis zum Radius R aufgewickelt.
a) Wie viele Umdrehungen sind zum Abwickeln des Bandes nötig?
b) Wie lang ist das Band?
c) Berechnen Sie die Banddicke einer 2 x 45 min-Kassette aus den folgenden Grössen: $r = 10.5$ mm, $R = 26.0$ mm,
Bandgeschwindigkeit beim Abspielen: $4.75\ \frac{\text{cm}}{\text{s}}$.

1.3.2 Das Bogenmass

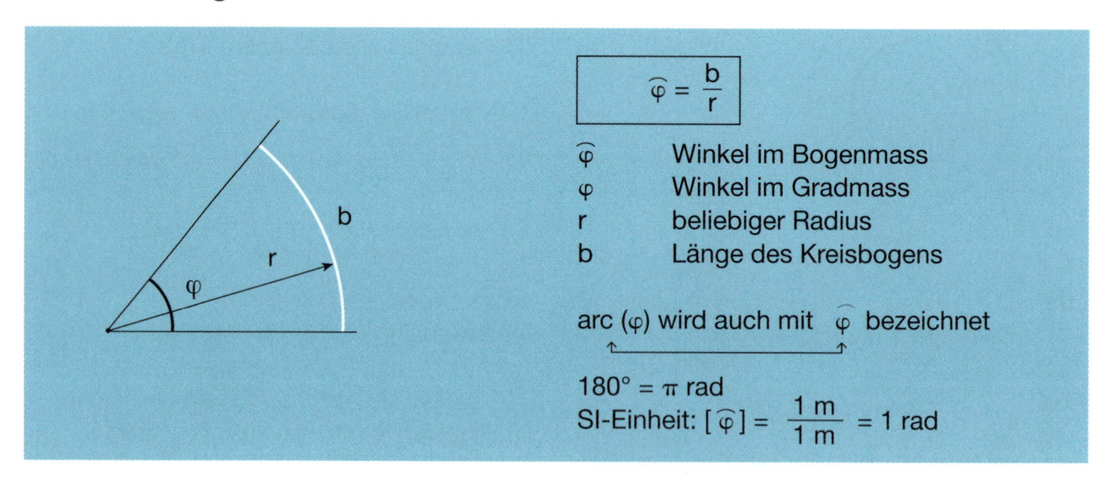

174. a) Warum kann man den Quotienten $\frac{b}{r}$ als Winkelmass verwenden?
b) Welche Dimension und welche Masseinheit hat das Bogenmass?

175. Geben Sie den Winkel im Bogenmass als Vielfaches von π an.

a) 360°	b) 90°	c) 10°	d) 3°	e) 120°	f) 270°
g) 18°	h) 100°	i) 27°	j) 67°	k) 0.5°	l) 36.6°

176. Geben Sie den Winkel im Gradmass an (auf 1 Dezimale runden).

a) 2 rad	b) $\frac{2}{7}$ rad	c) 1.7 rad	d) 0.234 rad
e) $\frac{5}{8}$ rad	f) $\frac{5}{8}\pi$ rad	g) $\sqrt{2}$ rad	h) $\sqrt{\pi}$ rad
i) $\frac{22}{7}$ rad			

177. Anstelle der Drehzahl eines rotierenden Körpers verwendet man auch die so genannte *Winkelgeschwindigkeit*. Bei gleichförmig rotierenden Körpern ist sie wie folgt definiert:

$$\omega = \frac{\overset{\frown}{\varphi}}{t}$$

ω : Winkelgeschwindigkeit in $\frac{\text{rad}}{\text{s}}$
$\overset{\frown}{\varphi}$: Drehwinkel in rad
t : Zeit in s

Berechnen Sie die Winkelgeschwindigkeit (in $\frac{\text{rad}}{\text{s}}$)

a) einer Scheibe, die für eine Umdrehung 0.28 s braucht.
b) eines Karussells, das in einer Sekunde $\frac{1}{3}$ Umdrehungen macht.
c) des Sekundenzeigers einer Uhr.
d) des Minutenzeigers einer Uhr.
e) eines Wagenrades mit 66 cm Durchmesser, wenn sich der Wagen mit 40 $\frac{\text{km}}{\text{h}}$ bewegt.

178.

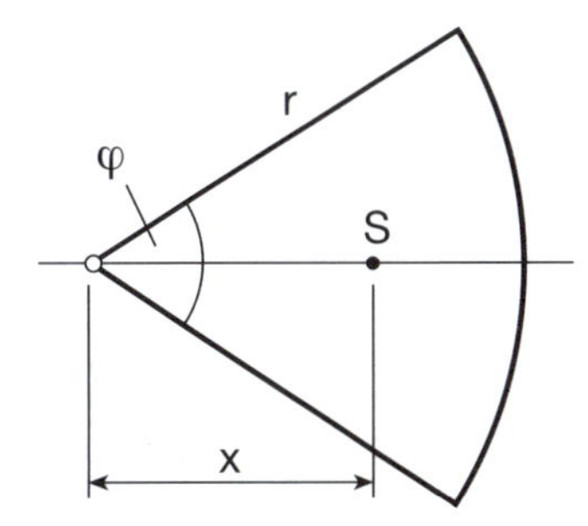

Der Schwerpunkt eines Kreissektors mit dem Radius r und dem Zentriwinkel φ kann mit der folgenden Formel berechnet werden:

$$x = \frac{4 \sin\left(\frac{\overset{\frown}{\varphi}}{2}\right)}{3\,\overset{\frown}{\varphi}}$$

a) Berechnen Sie die Strecke x für die folgenden Zentriwinkel und $r = 10$ cm:
10°; 45°; 60°; 90°; 180°; 270°
b) Gilt die Formel auch für den ganzen Kreis?
c) Zeichnen Sie den Graphen der Funktion
$x = f(\overset{\frown}{\varphi})$ für $r = 1$ m und $0 < \overset{\frown}{\varphi} < 2\pi$.

Wir wollen die Feinheit und Strenge der Mathematik in alle Wissenschaften hineintreiben, soweit dies nur irgend möglich ist; nicht im Glauben, dass wir auf diesem Wege die Dinge erkennen werden, sondern um damit unsere menschliche Relation zu den Dingen festzustellen. Die Mathematik ist nur das Mittel der allgemeinen und letzten Menschenkenntnis.

Friedrich Nietzsche, 1844–1900, Philosoph

1.3.3 Der Sektor

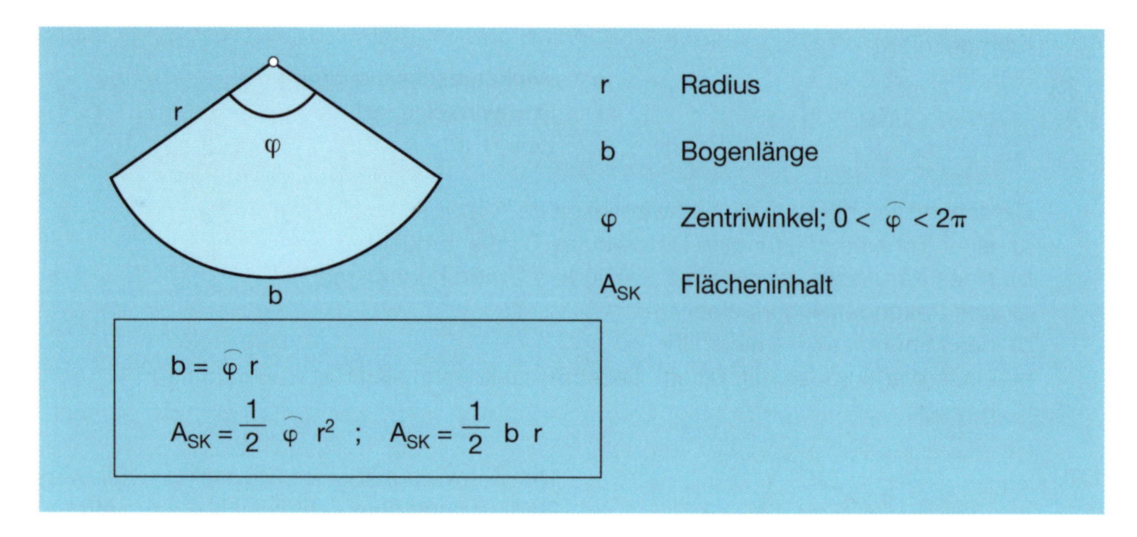

Gesuchte Winkel im Bogenmass angeben.

179. Wie gross ist der Zentriwinkel eines Sektors, dessen Bogen 4-mal so lang ist wie der Radius?

180. Rom mit der geografischen Breite 41.9° und Kopenhagen mit 55.7° liegen auf dem gleichen Meridian. Berechnen Sie die Entfernung der beiden Städte auf der Erdoberfläche, wenn der Meridian den Radius 6360 km hat.

181. Berechnen Sie für einen Sektor die fehlenden zwei Grössen mit den zugehörigen absoluten Fehlern.

a) $r = (52.0 \pm 0.5)$ m ; $b = (12.0 \pm 0.5)$ m
b) $r = (8.1 \pm 0.1)$ mm ; $A = (44 \pm 1)$ mm^2
c) $\varphi = (1.80 \pm 0.08)$ rad ; $A = (210 \pm 2)$ m^2
d) $b = (10.20 \pm 0.06)$ km ; $\varphi = (0.612 \pm 0.005)$ rad

182. Für einen Sektor sollen die Grössen φ, r, b, A_{SK} und u (Umfang) betrachtet werden. Notieren Sie alle Aufgabentypen und lösen Sie diese. (Tabelle!)

183. Ein Quadrat mit der Seitenlänge a soll in einen flächengleichen Sektor mit dem Radius $r = a$ verwandelt werden. Wie gross wird der Zentriwinkel des Sektors?

184. Ein Sektor und ein Kreis haben denselben Radius und denselben Umfang. Wie gross ist der Zentriwinkel des Sektors?

185. Ein gleichseitiges Dreieck mit der Seitenlänge a und ein Sektor mit dem Radius $r = 2a$ haben denselben Flächeninhalt.
Wie gross sind der Zentriwinkel und die Bogenlänge des Sektors?

186.

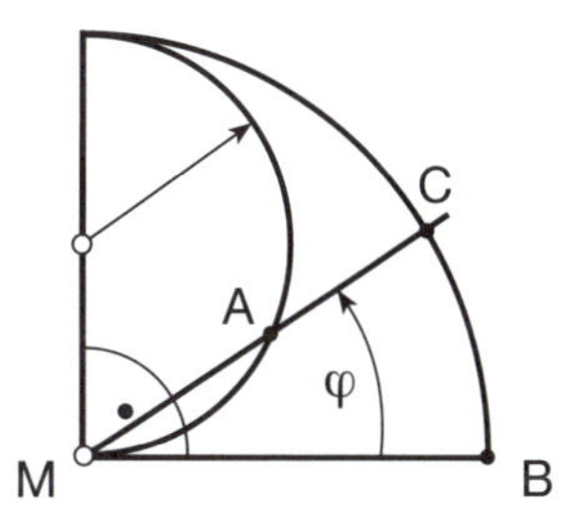

Vom Punkt M aus wird ein beliebiger Strahl gezeichnet ($\varphi < \pi/2$). Er schneidet den Halbkreis in A und den Viertelskreis in C. Berechnen Sie das Verhältnis
Bogen MA : Bogen BC.

187. Eine Schnur der Länge 2a ist im Punkt P befestigt.

Wie gross ist der Flächeninhalt jenes Gebietes, das mit dem Schnur-Ende erreicht werden kann?

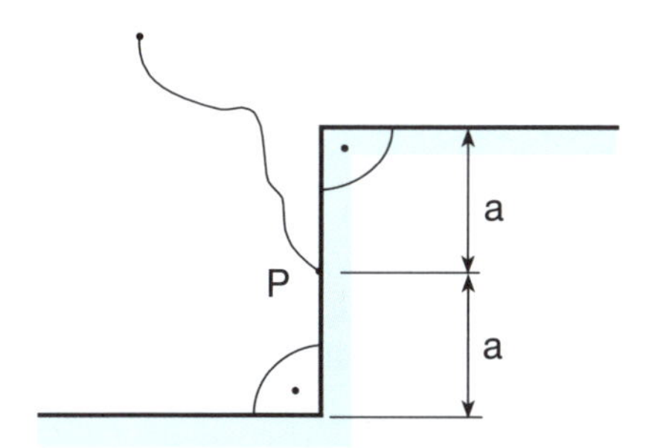

188.

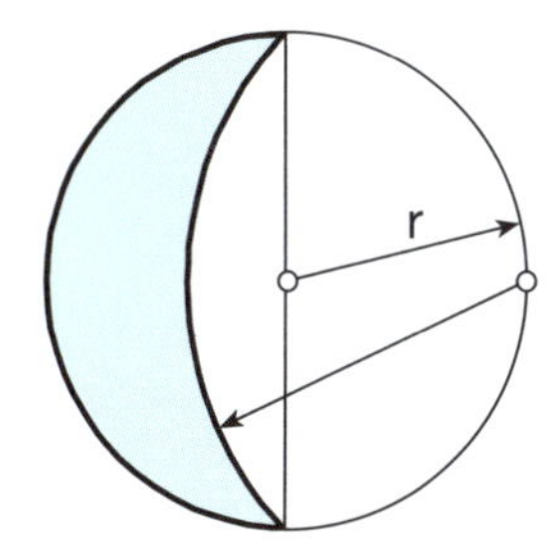

Der Inhalt der gefärbten Fläche soll durch r ausgedrückt werden.

189. Berechnen Sie den Flächeninhalt des Sektors MAB aus r.

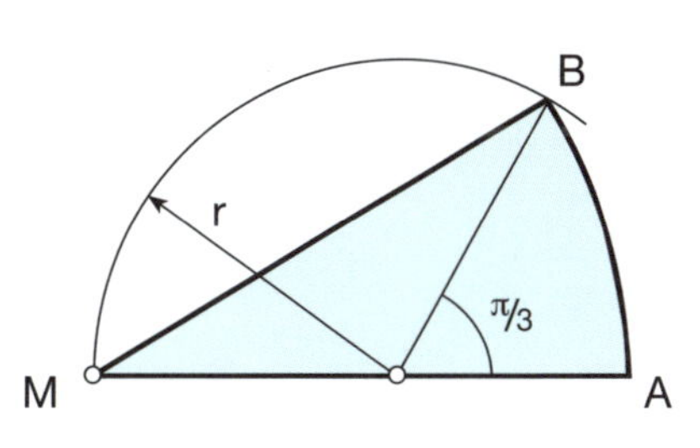

190.

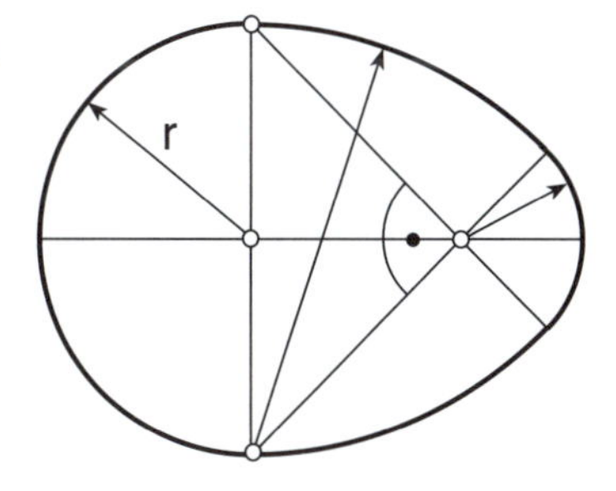

Berechnen Sie den Umfang und den Flächeninhalt der eiförmigen Figur aus r.

191. Berechnen Sie den Winkel α so, dass der Strahl s die gefärbte Fläche halbiert.

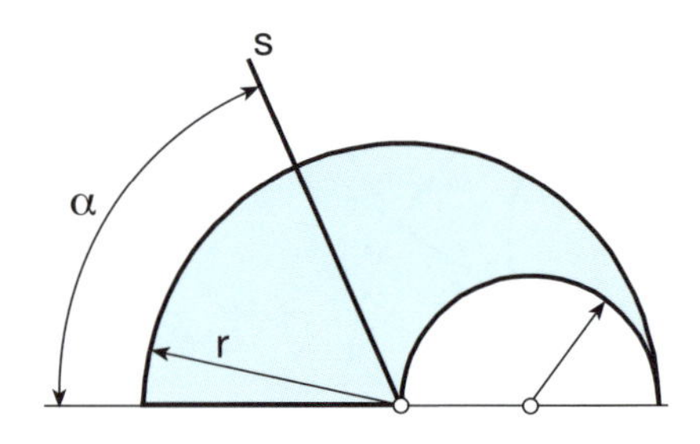

192. Die Figur besteht aus drei Kreisbogen und einem Tangentenabschnitt.

Berechnen Sie den Umfang und den Flächeninhalt dieser Figur aus r.

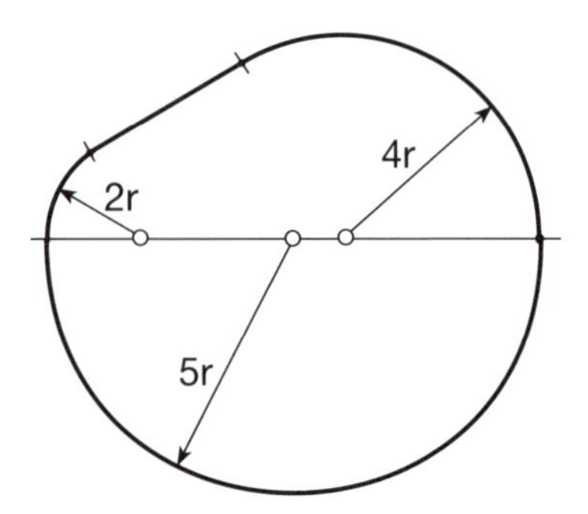

193. Ein Kreissektor mit dem Zentriwinkel $\varphi = \pi/3$ wird durch eine Senkrechte zur Winkelhalbierenden von φ so in zwei Teile zerlegt, dass deren Umfänge gleich gross werden. Wie gross ist das Verhältnis der Teilflächen $A_{Dreieck} : A_{Restfläche}$?

194. Gegeben ist das rechtwinklig-gleichschenklige Dreieck mit der Hypotenuse 2a. Gesucht ist der Radius r des Halbkreises, so dass die gefärbten Flächen ausserhalb und innerhalb des Halbkreises gleich gross sind.

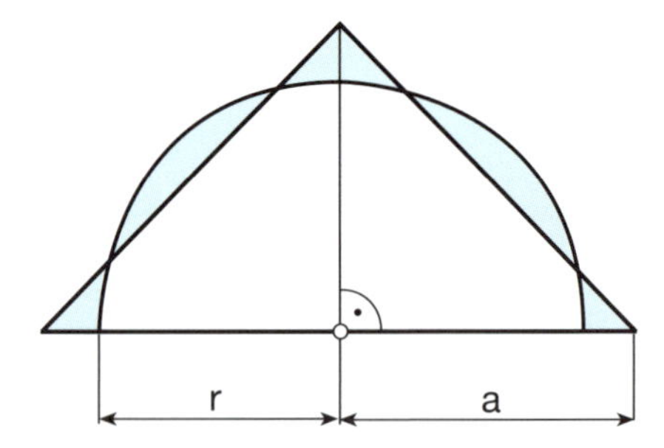

195. Der Umfang eines Sektors misst 6 m und sein Flächeninhalt 1.2 m^2. Berechnen Sie den Radius und den Zentriwinkel.

196. Mit einem 60 cm langen Faden soll ein Kreissektor gebildet werden. Bei welchem Radius und Zentriwinkel wird die Sektorfläche maximal?

> Zu wissen, dass π irrational ist, kann praktisch nicht von Nutzen sein, doch wenn wir es wissen können, wäre es sicher unerträglich, es nicht zu wissen.
>
> E.C. Titchmarsh, Mathematiker

1.3.4 Das Segment

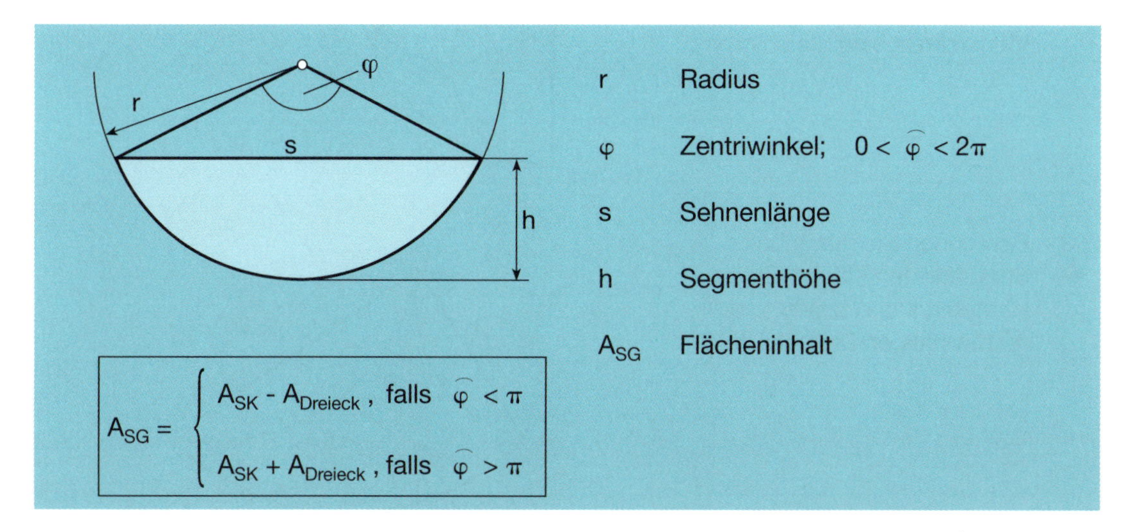

197. Berechnen Sie den Flächeninhalt eines Segmentes aus dem Radius r und dem Zentriwinkel $\widehat{\varphi}$.

a) $\widehat{\varphi} = \frac{\pi}{3}$ rad b) $\widehat{\varphi} = \frac{\pi}{2}$ rad c) $\widehat{\varphi} = \frac{5\pi}{6}$ rad d) $\widehat{\varphi} = \frac{5\pi}{3}$ rad

198. Wie gross ist der Radius eines Segmentes, wenn sein Umfang 81.5 cm und der Zentriwinkel $\frac{2\pi}{3}$ rad messen?

199. Berechnen Sie den Radius eines Segmentes mit 12.6 cm^2 Flächeninhalt und einem Zentriwinkel von $\frac{\pi}{6}$ rad.

200. Berechnen Sie den Radius eines Segmentes aus der Höhe h und der Sehnenlänge s.

201. Für den Flächeninhalt eines Segmentes mit der Höhe h und der Sehnenlänge s gilt die Näherungsformel

$$A_{SG} \approx \frac{2}{3}sh + \frac{h^3}{2s}$$

Wie gross ist der relative Fehler (in %) für ein Segment mit dem Zentriwinkel $\widehat{\varphi}$, wenn man die Näherungsformel verwendet?

a) $\widehat{\varphi} = \frac{\pi}{3}$ rad b) $\widehat{\varphi} = \frac{2}{3}\pi$ rad c) $\widehat{\varphi} = \pi$ rad

Berechnete Dezimalstellen von Pi: **206 158 430 000** Stellen
[206 Milliarden 158 Millionen 430 Tausend Stellen]

Im September 1999 von Prof. Y. Kanada berechnet.
Kanada Laboratory, University of Tokyo

202. Beweisen Sie:
Die beiden gefärbten Flächen im Viertelskreis sind gleich gross.

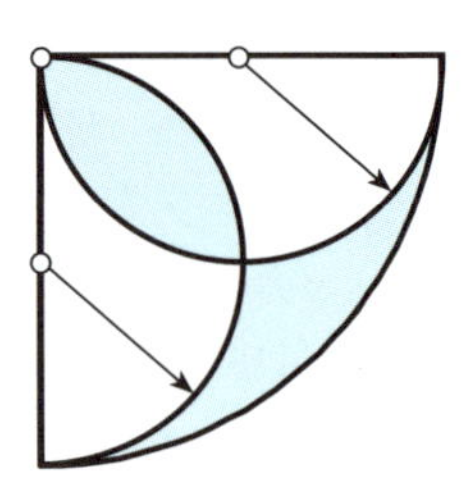

203. Berechnen Sie den Inhalt der gefärbten Fläche aus den Katheten a und b des rechtwinkligen Dreiecks ABC.

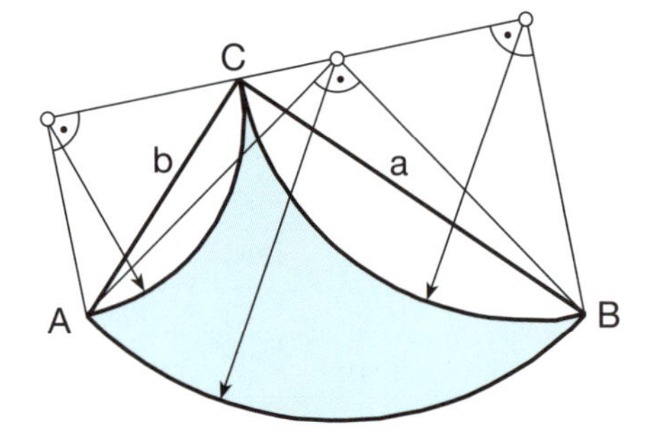

204.

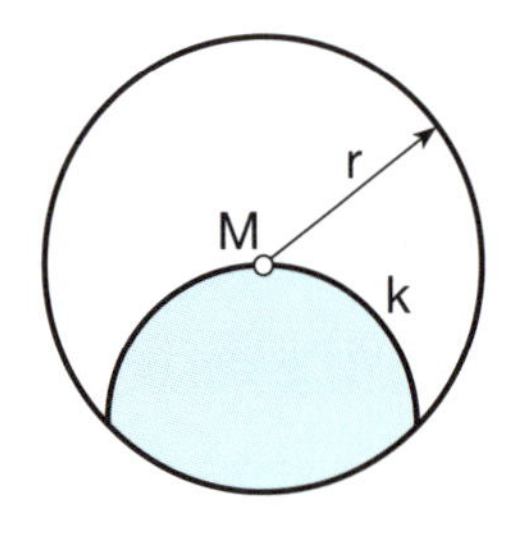

Wie gross ist der Inhalt der gefärbten Fläche, wenn k ein Halbkreis ist, der durch M geht?

205. Berechnen Sie den Inhalt der gefärbten Fläche aus der Sehnenlänge s.

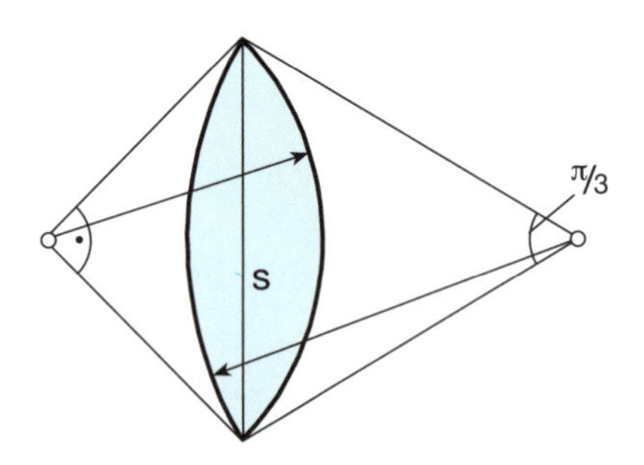

206. Berechnen Sie den Flächeninhalt der gefärbten Figur aus r.

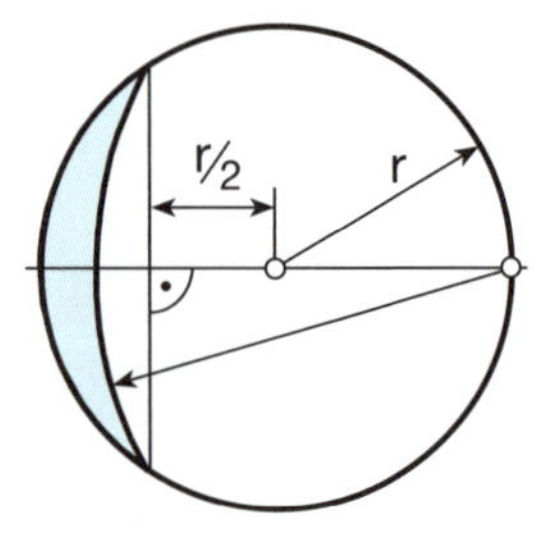

1.3.5 Vermischte Aufgaben

207. Um jeden Eckpunkt eines gleichseitigen Dreiecks mit der Seitenlänge a wird ein Kreisbogen durch die beiden andern Ecken gezeichnet.
Berechnen Sie den Flächeninhalt des entstandenen Kreisbogendreiecks.

208.

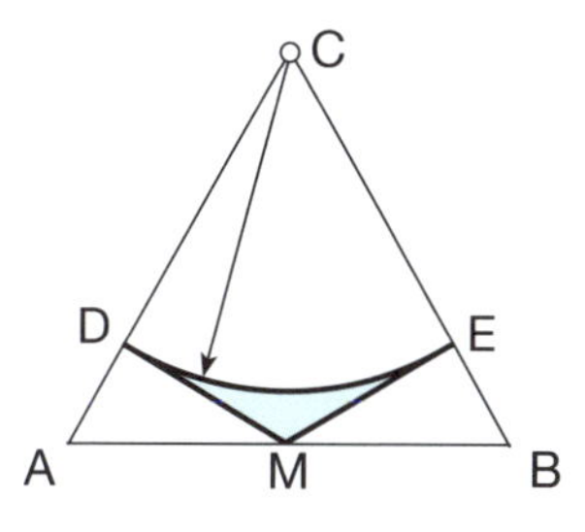

Das Dreieck ABC ist gleichseitig und hat die Seitenlänge a. DM und EM sind Tangenten an den Kreisbogen mit dem Zentrum C. Berechnen Sie den Flächeninhalt der gefärbten Figur aus a.

209. Berechnen Sie den Inhalt der gefärbten Figur aus c.

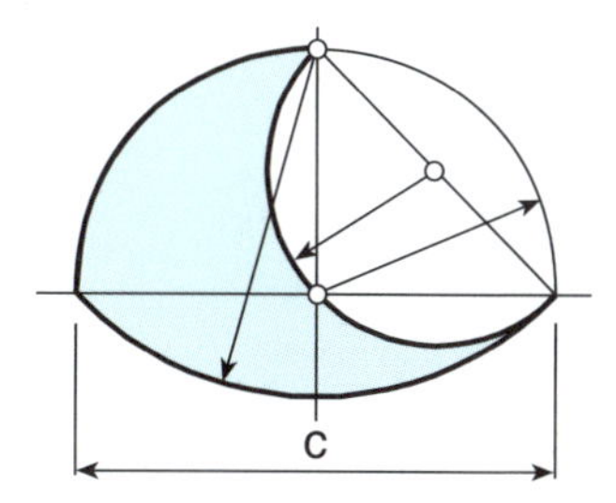

210.

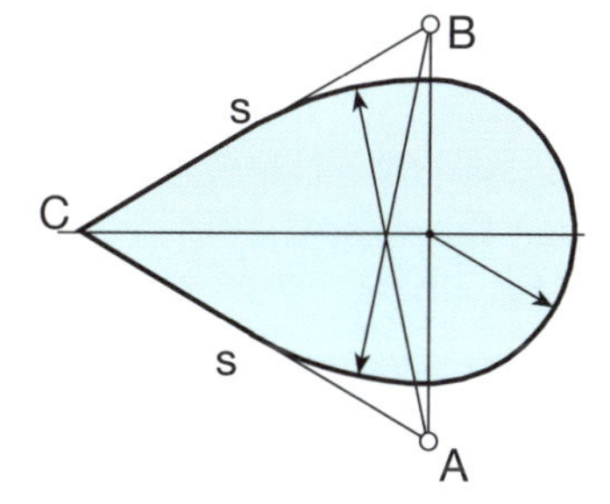

Das Dreieck ABC ist gleichseitig und hat die Seitenlänge s.
Die Kreise mit den Zentren A und B berühren BC bzw. AC.
Wie gross ist der Inhalt der gefärbten Figur?

211. Die drei Kreise berühren sich gegenseitig. Ihre Zentren bilden ein rechtwinklig-gleichschenkliges Dreieck mit der Schenkellänge s.
Berechnen Sie den Inhalt der markierten Figur aus s.

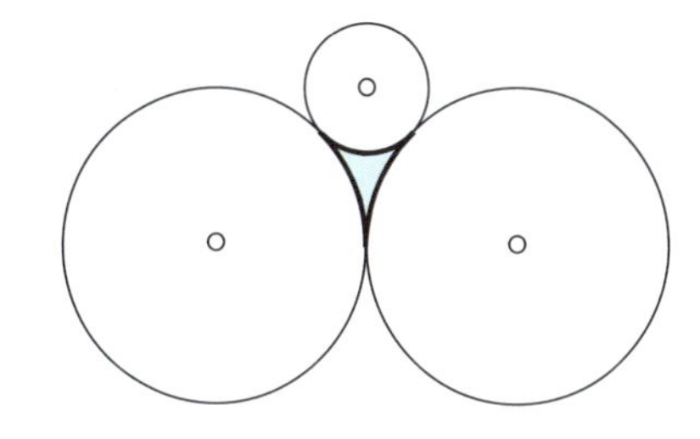

212. Wie gross ist der Flächeninhalt der gefärbten Figur?

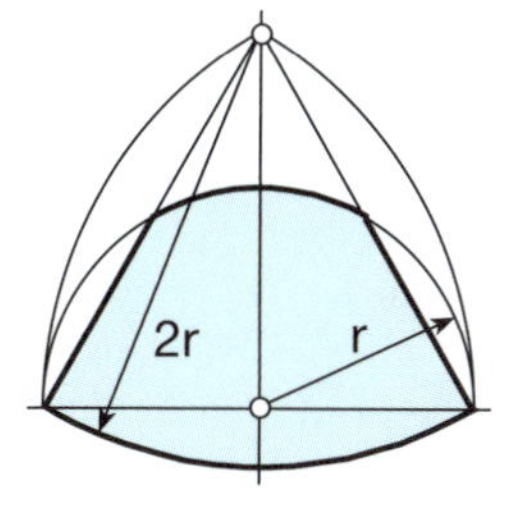

213.

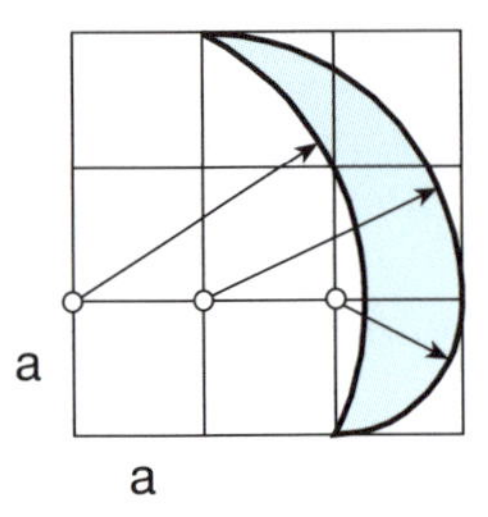

Die Parallelen des Rasters haben den Abstand a. Berechnen Sie den Inhalt der gefärbten Figur aus a.

214. Wie gross ist der Inhalt der gefärbten Fläche, wenn c bekannt ist?

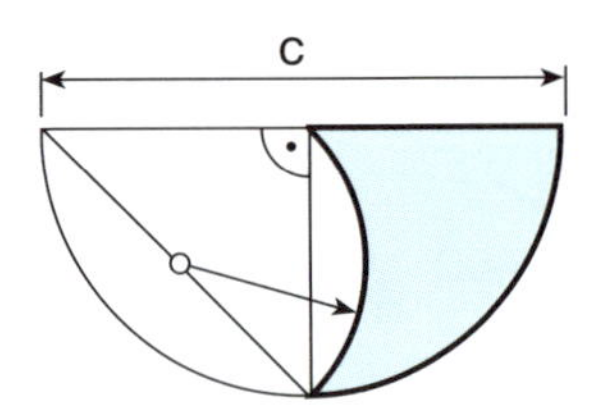

215. Das Dreieck ABC ist gleichseitig. Berechnen Sie den Inhalt der gefärbten Fläche aus r.

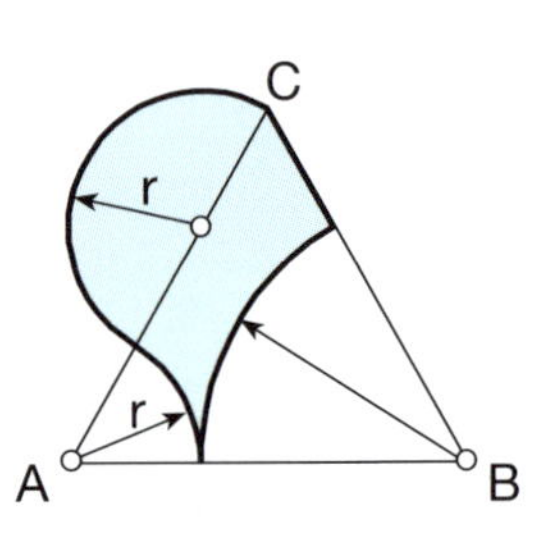

216.

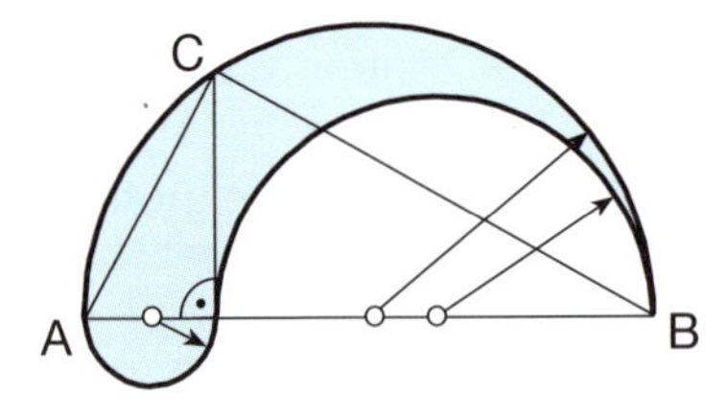

Berechnen Sie den Inhalt der gefärbten Fläche aus den Strecken $\overline{BC} = a$ und $\overline{AC} = b$.

217. Eine Blechlehre hat die in der Figur dargestellte Form. Berechnen Sie deren Umfang aus den Durchmessern $d_1 = 10$ mm und $d_2 = d_3 = 30$ mm.

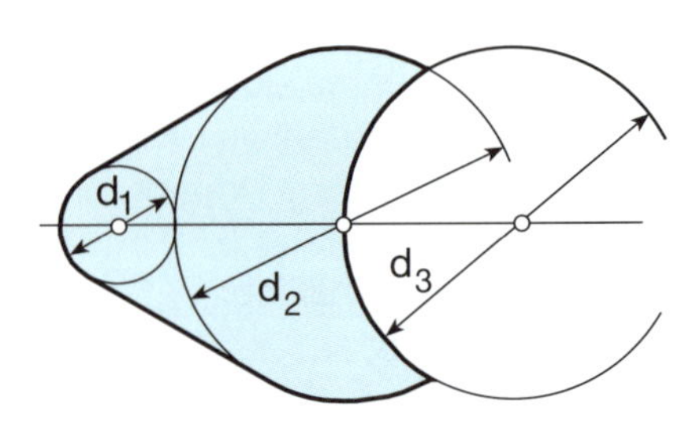

218.

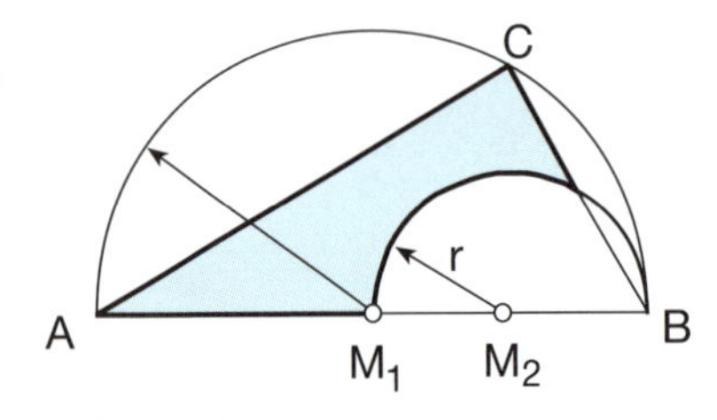

Berechnen Sie den Inhalt der gefärbten Figur aus r, wenn gilt $\overline{AM_1} = \overline{BC}$.

219. Berechnen Sie den Inhalt der gefärbten Figur aus der Quadratseite a.

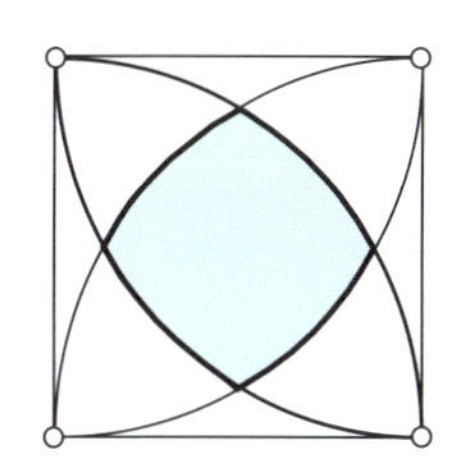

220.

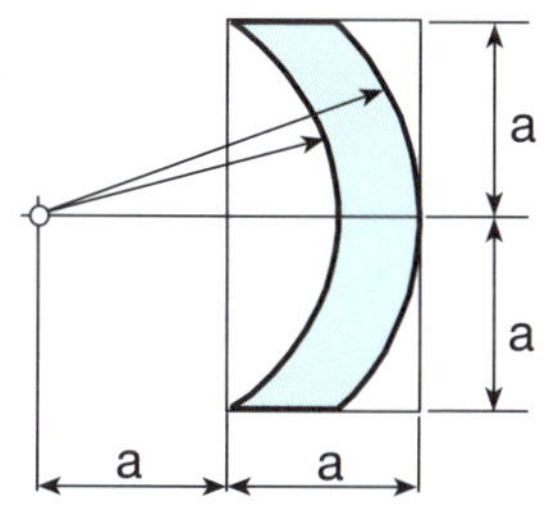

Wie gross ist der Flächeninhalt der gefärbten Figur?

221. In der nebenstehenden Figur haben alle Kreise den Radius r.
Wie gross ist der Inhalt der von den äussersten Kreisbogen gebildeten Figur?

222.

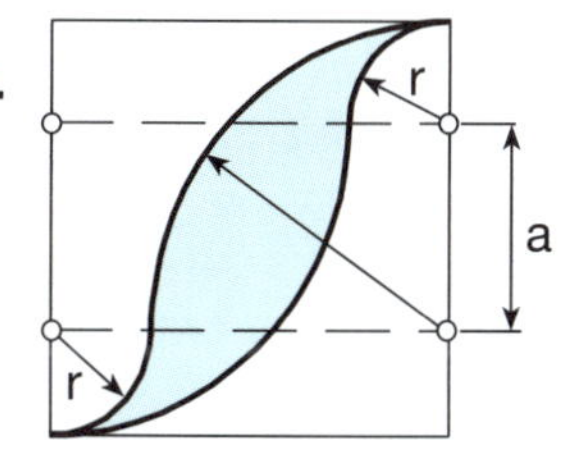

Berechnen Sie den Inhalt der markierten Figur aus r und a.

223. Gegeben ist der Kreis mit dem Radius r.
Berechnen Sie die Diagonale e des Rhombus so, dass die gefärbten Flächen innerhalb und ausserhalb des Kreises gleich gross sind.

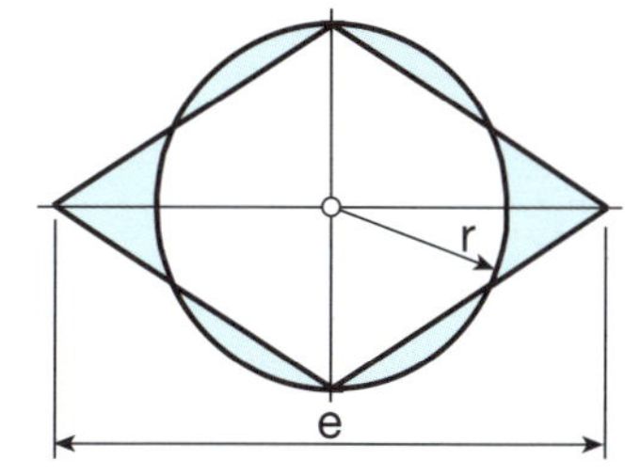

224.

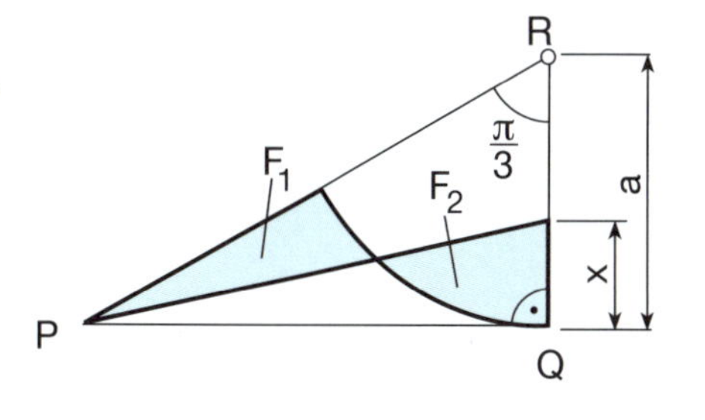

Im gegebenen rechtwinkligen Dreieck PQR mit dem Kreisbogen um R wird von P aus eine Halbgerade so gezeichnet, dass die beiden markierten Figuren F_1 und F_2 flächengleich werden.
Berechnen Sie die Strecke x aus a.

1.4 Strahlensätze

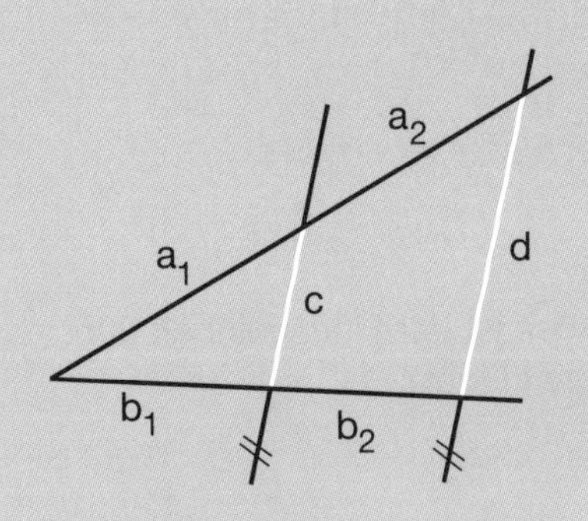

a_n, b_n heissen **Strahlenabschnitte**

c, d heissen **Parallelenabschnitte**

Erster Strahlensatz (ohne Parallelenabschnitte)

$$\boxed{\frac{a_1}{a_2} = \frac{b_1}{b_2}} \quad \text{oder} \quad \frac{a_1}{a_1 + a_2} = \frac{b_1}{b_1 + b_2}$$

Zweiter Strahlensatz (mit Parallelenabschnitten)

$$\boxed{\frac{c}{d} = \frac{a_1}{a_1 + a_2}} \quad \text{oder} \quad \frac{c}{d} = \frac{b_1}{b_1 + b_2}$$

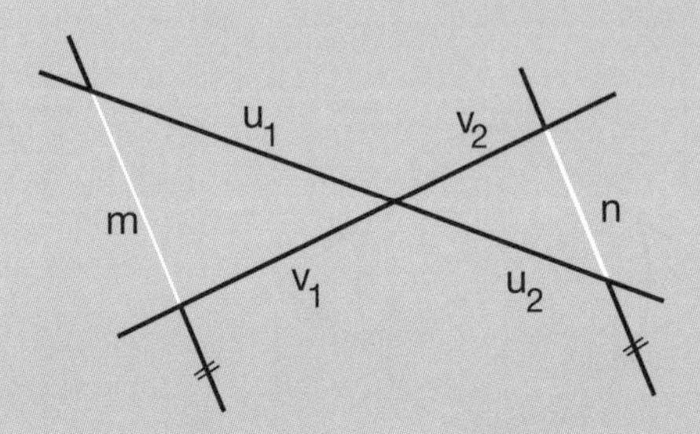

Erster Strahlensatz (ohne Parallelenabschnitte)

$$\frac{u_1}{u_2} = \frac{v_1}{v_2}$$

Zweiter Strahlensatz (mit Parallelenabschnitten)

$$\frac{m}{n} = \frac{u_1}{u_2} \quad \text{oder} \quad \frac{m}{n} = \frac{v_1}{v_2}$$

225. a) Gegeben: a, b, c, d, e

Gesucht: w, x, y, z

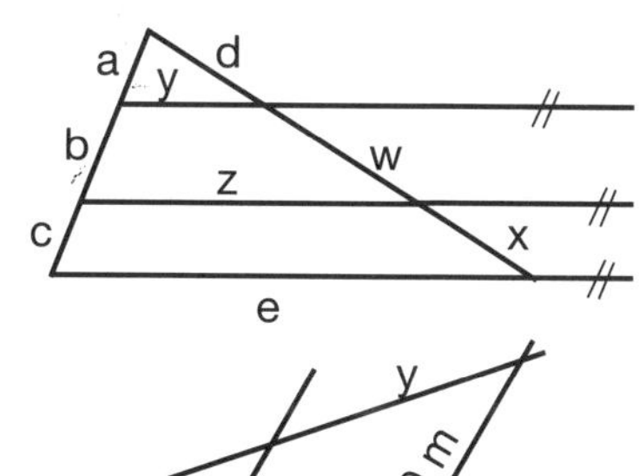

b) Berechnen Sie x und y.

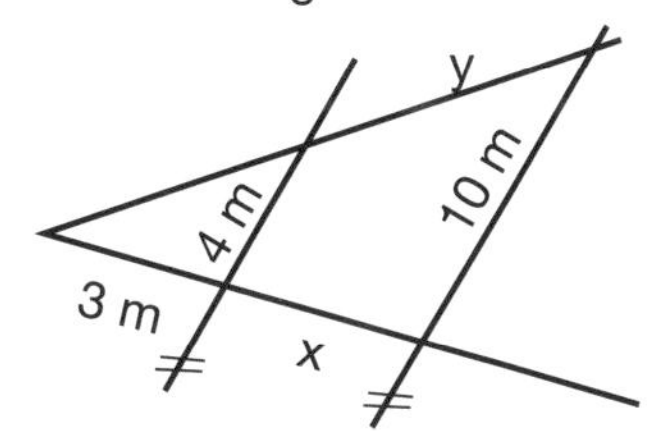

226. Gegeben sind a, b, c, d und e.
Berechnen Sie x, y und z.

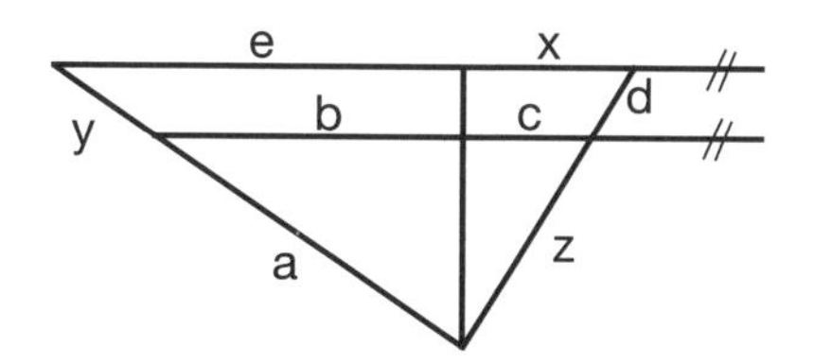

227. a) Formulieren Sie die Umkehrung des ersten Strahlensatzes.
b) (1) Formulieren Sie die Umkehrung des zweiten Strahlensatzes.
(2) Zeigen Sie mit Hilfe eines Gegenbeispiels (Figur), dass diese Umkehrung falsch ist.

228. In einem allgemeinen Dreieck ABC seien M und N die Mittelpunkte der Seiten AB bzw. BC. Beweisen Sie den Satz über die *Mittellinien* im Dreieck:
(1) MN parallel AC und (2) $\overline{MN} = \frac{1}{2}\overline{AC}$.

229. Im allgemeinen, konvexen Viereck ABCD seien P, Q, R, S die Mittelpunkte der Seiten.
a) Beweisen Sie, dass das Viereck PQRS ein Parallelogramm ist.
b) Berechnen Sie das Flächenverhältnis $A_{PQRS} : A_{ABCD}$.

230. Gegeben sind u, v und c = $\overline{CD}$.
AB ist parallel zu CD.
Berechnen Sie $\overline{DF}$ so, dass sich die Geraden AD, EF und BC in einem Punkt schneiden.

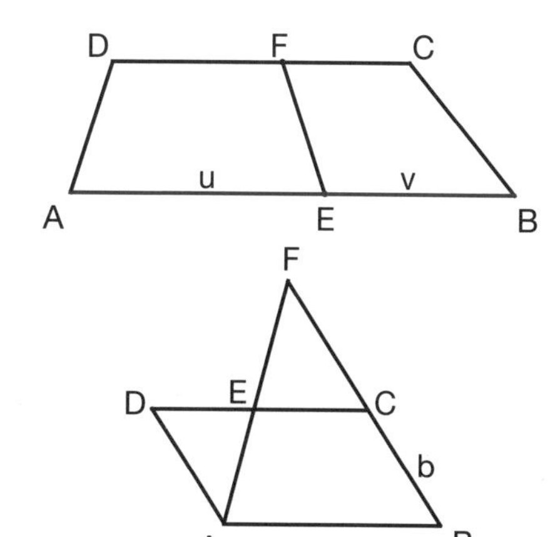

231. Berechnen Sie $\overline{CF}$ aus den Seiten a und b des Parallelogramms ABCD, wenn $\overline{DE} = \frac{1}{n}a$ $(n \in \mathbb{N})$ ist.

232. Gegeben ist ein Rechteck ABCD mit $\overline{AB} = a$ und $\overline{BC} = b$ sowie der Punkt P mit $\overline{DP} = 3b$. Von P aus wird eine Halbgerade so gelegt, dass der Flächeninhalt des Trapezes T_1 n-mal so gross wird wie jener des Trapezes T_2.
a) Berechnen Sie $\overline{AQ}$ für $n = 2$.
b) Wie gross ist n für den Grenzfall Q = B ?

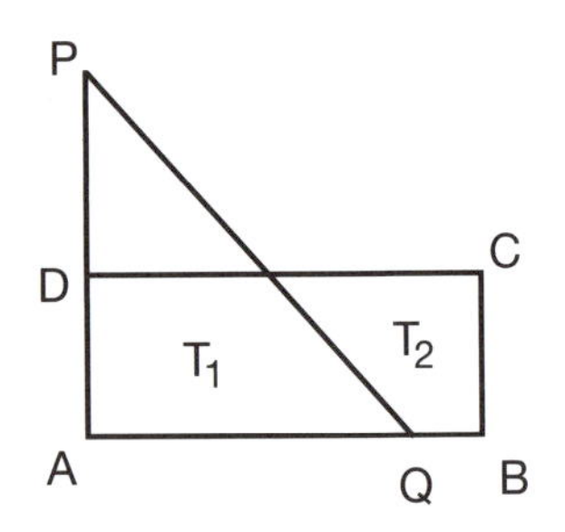

233. Einem allgemeinen Dreieck ABC mit den Seitenlängen a, b, c ist ein Rhombus so einbeschrieben, dass eine Ecke mit C zusammenfällt und die andern drei Rhombusecken auf den Dreiecksseiten liegen.
Berechnen Sie
a) die Länge der Rhombusseiten.
b) den Abstand der Rhombusecke auf der Seite AB von A aus gemessen.

234. In die beiden sich berührenden Halbkreise werden zwei beliebige aber parallele Radien r und R gezeichnet. Die Gerade VW schneidet die Gerade AB in P. Berechnen Sie die Länge der Strecke $\overline{AP}$ aus r und R.

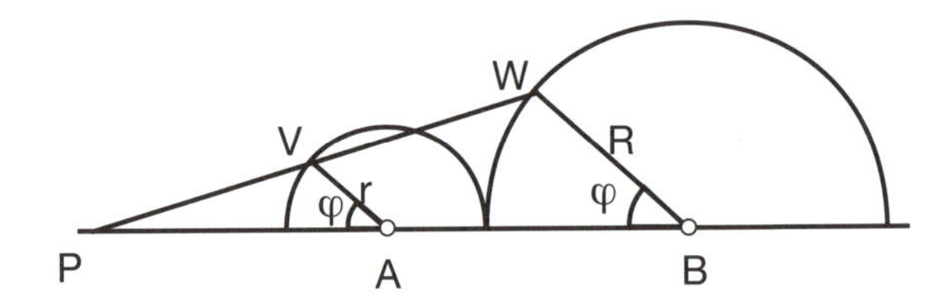

235. Im allgemeinen Dreieck ABC mit den Seitenlängen a, b und c wird eine Parallele zur Seite a gezeichnet, sie schneidet die Seite c im Punkt E und b in F.
Berechnen Sie $\overline{BE}$ so, dass gilt $\overline{BE} : \overline{EF} = 3 : 4$.

236. Ein ungleichseitiges, spitzwinkliges Dreieck ABC ist durch die Seiten a, b und c gegeben. Die Strecke $\overline{EF}$ liegt so parallel zu AB, dass gilt: $\overline{AE} = \overline{FC}$; E liegt auf $\overline{AC}$ und F auf $\overline{BC}$.
Berechnen Sie $\overline{EF}$ aus a, b und c.

237. Berechnen Sie die Länge x des mittleren Stabes aus den Stablängen s und t sowie den Abständen a und b.

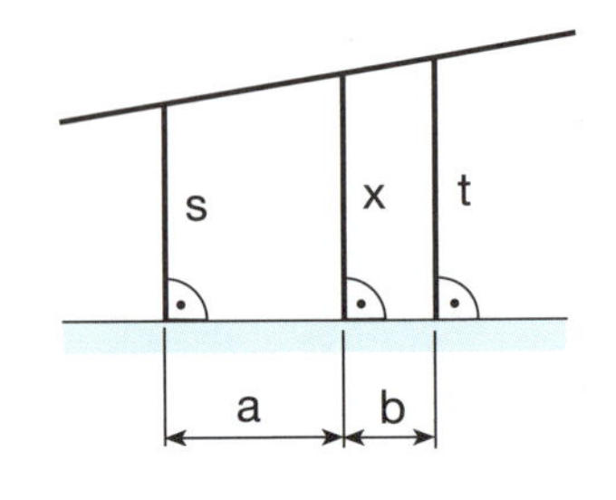

Eine mathematische Aufgabe kann manchmal ebenso unterhaltsam sein wie ein Kreuzworträtsel und angespannte geistige Arbeit kann eine ebenso wünschenswerte Übung sein wie ein schnelles Tennisspiel.

George Polya
1887–1985, Prof. f. Mathematik

238.

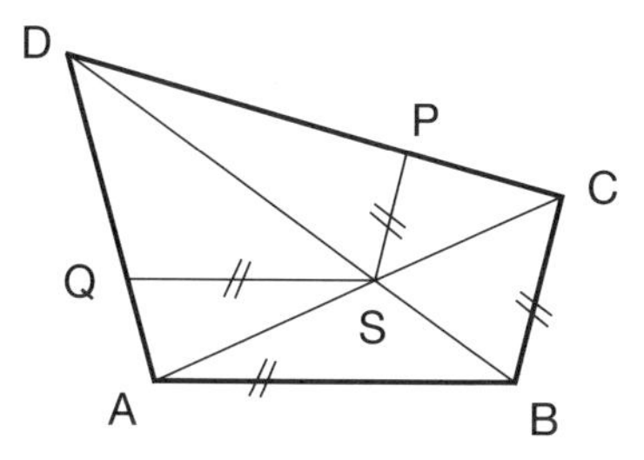

$\overline{AB} = 10$ cm, $\overline{BC} = 4$ cm,
$\overline{CD} = 12$ cm, $\overline{AD} = 8$ cm, $\overline{PC} = 5$ cm
S ist der Schnittpunkt von AC und BD.
Berechnen Sie $\overline{AQ}$ und $\overline{QS}$.

239. E ist ein beliebiger Punkt der Diagonale $\overline{AC}$.

Beweisen Sie:

$$\frac{x}{b} + \frac{y}{d} = 1$$

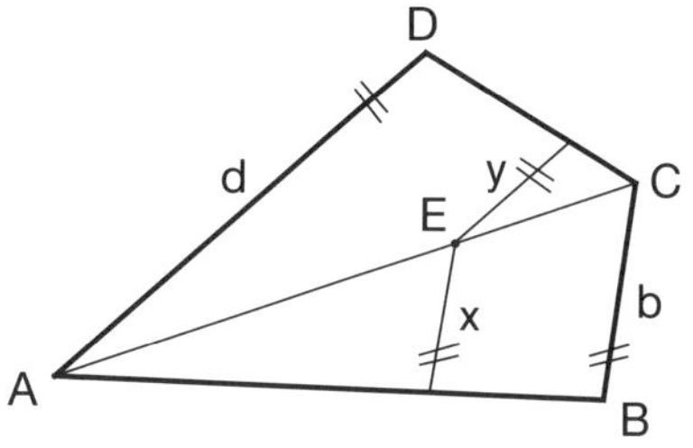

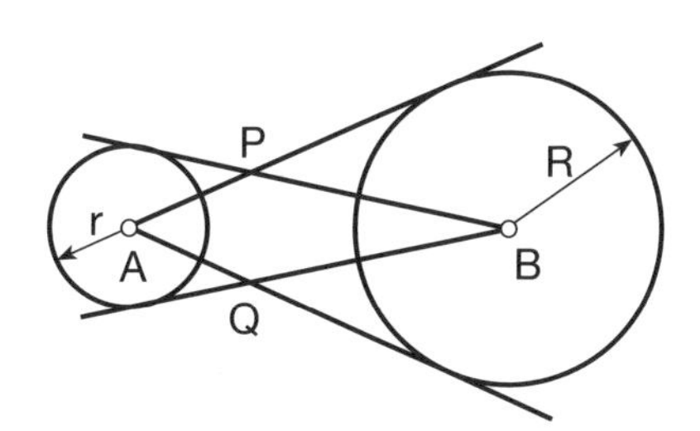

240. a) Warum hat das Viereck AQBP einen Inkreis?

b) Berechnen Sie den Radius dieses Inkreises aus dem Abstand $s = \overline{AB}$ und den Radien r und R.

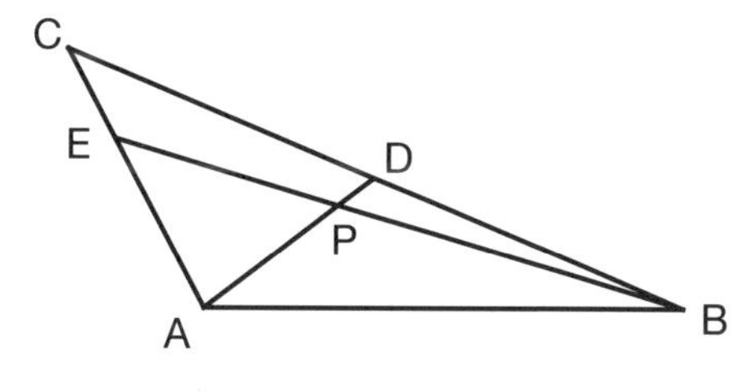

241. Im ungleichseitigen, stumpfwinkligen Dreieck ABC ist D der Mittelpunkt von $\overline{BC}$ und für E gilt $\overline{AE} = 2 \cdot \overline{EC}$.

Berechnen Sie
a) $\overline{AP} : \overline{PD}$ b) $\overline{BP} : \overline{PE}$

242. Im allgemeinen Dreieck ABC gilt:
$\overline{AE} : \overline{EC} = 1 : 2$ und
$\overline{CD} : \overline{DB} = 1 : 3$.

Berechnen Sie
a) $\overline{AP} : \overline{PD}$ b) $\overline{EP} : \overline{PB}$

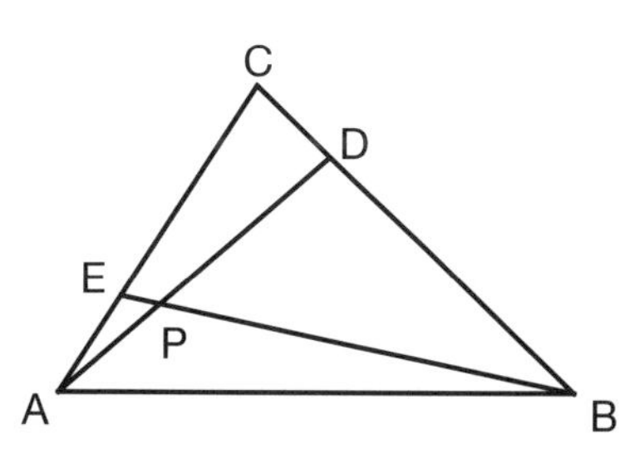

243. Das Viereck ABCD ist ein allgemeines Parallelogramm (Rhomboid).
(1) Berechnen Sie das Streckenverhältnis $x : y$.
(2) Welcher Bruchteil der Rhomboidfläche ist gefärbt?

a)

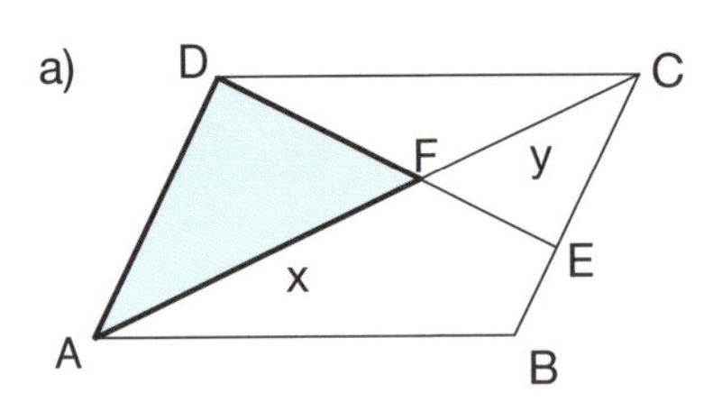

$\overline{BE} : \overline{EC} = 1 : 2$

b)

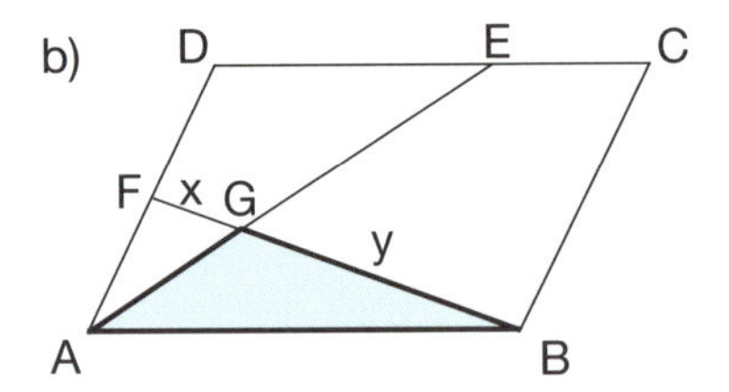

$\overline{CE} : \overline{ED} = 1 : 2$; $\overline{AF} = \overline{FD}$

Der Schwerpunkt eines Dreiecks

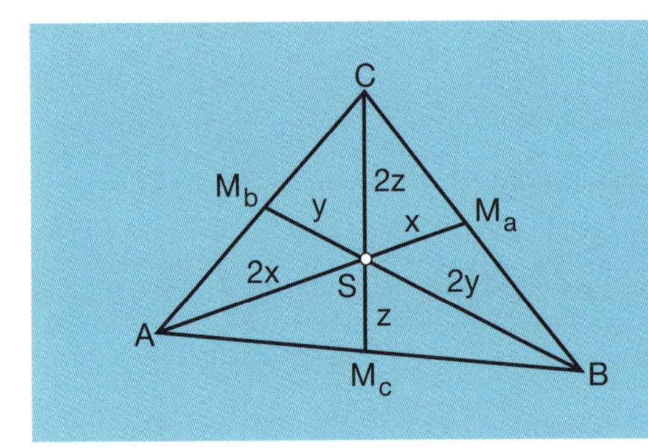

Der Schwerpunkt S eines beliebigen Dreiecks teilt jede Schwerlinie im Verhältnis 2 : 1.

244. Beweisen Sie den oben genannten Lehrsatz:
Der Schwerpunkt eines beliebigen Dreiecks teilt eine Schwerlinie im Verhältnis 2 : 1.

245. Gegeben ist ein Rhomboid ABCD, M sei der Mittelpunkt von $\overline{BC}$ und N jener von $\overline{CD}$. Beweisen Sie: Die Diagonale $\overline{BD}$ wird von den Geraden AM und AN in drei gleich lange Strecken geteilt.

246.

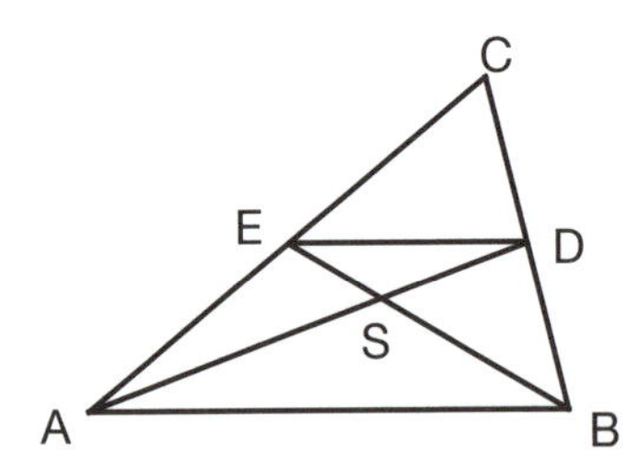

Der Punkt S sei der Schwerpunkt des allgemeinen Dreiecks ABC.
Berechnen Sie den Flächeninhalt der Dreiecke ABS, BDS, SDE, ASE und EDC als Bruchteil von $A = A_{ABC}$.

Die Winkelhalbierende im Dreieck

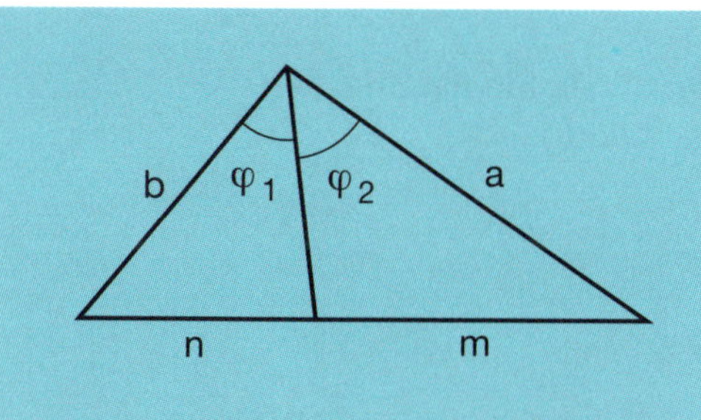

In jedem Dreieck gilt:

Eine Winkelhalbierende ($\varphi_1 = \varphi_2$) teilt die Gegenseite im Verhältnis der anliegenden Seiten.

$$\frac{m}{n} = \frac{a}{b}$$

247. Beweisen Sie den Satz über die Winkelhalbierende im Dreieck anhand der nebenstehenden Figur:
$\varphi_1 = \varphi_2$, $BF \perp EC$
und DF ist parallel zu EC

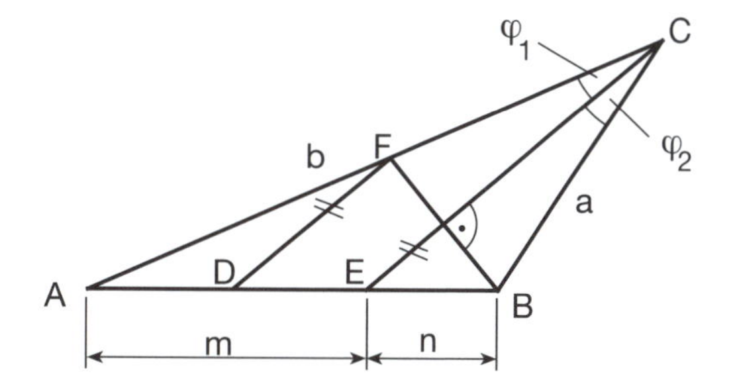

248. In einem rechtwinkligen Dreieck teilt die Halbierende des rechten Winkels die Hypotenuse in zwei Abschnitte von 9 cm und 12 cm Länge.
Berechnen Sie die Länge der beiden Katheten.

249. CD ist eine beliebige Sehne, die senkrecht zum Durchmesser AB steht.
P sei ein beliebiger Punkt auf dem Bogen AC.

Beweisen Sie:
$\overline{CE} : \overline{ED} = \overline{PC} : \overline{PD}$

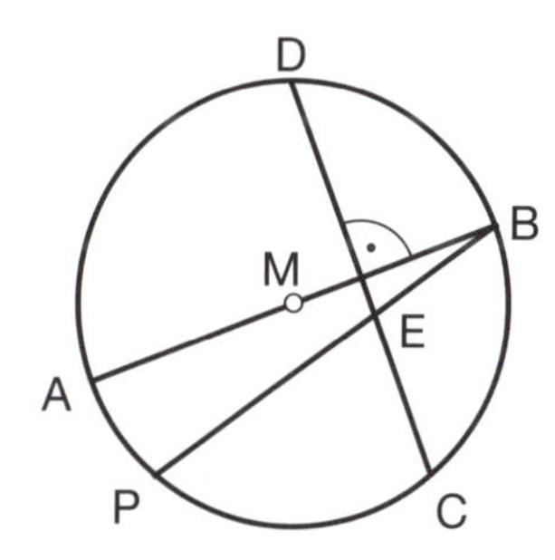

In der Mathematik gibt es keine Autoritäten. Das einzige Argument ist der Beweis.

K. Urbanik

250. Der Umfang eines Dreiecks ABC misst 25 cm. Die Winkelhalbierende von γ teilt die Seite c in die Abschnitte $\overline{AD} = 5.1$ cm und $\overline{DB} = 3.4$ cm.
Berechnen Sie die Länge aller Dreiecksseiten.

251. Die Seitenlängen a, b und c des Dreiecks ABC seien gegeben.

Berechnen Sie die Strecken r, s, x und y.

252. Von einem gleichschenklig-rechtwinkligen Dreieck ist die Winkelhalbierende w von einem der beiden spitzen Winkel gegeben.
Berechnen Sie die Länge einer Kathete aus w. Lösung exakt angeben!

253. Gegeben ist ein allgemeines Dreieck ABC mit den Seiten a, b und c ($c > a$). Die Parallele zur Winkelhalbierenden von β durch den Mittelpunkt der Seite b schneidet die Seite c im Punkt P und die Verlängerung der Seite a in Q.
Wie lang sind die Strecken $\overline{CQ}$ und $\overline{AP}$?

254. Berechnen Sie die Länge der Strecke $\overline{CD}$ aus u, wenn $\overline{AF} : \overline{FE} = 2 : 1$ ist.

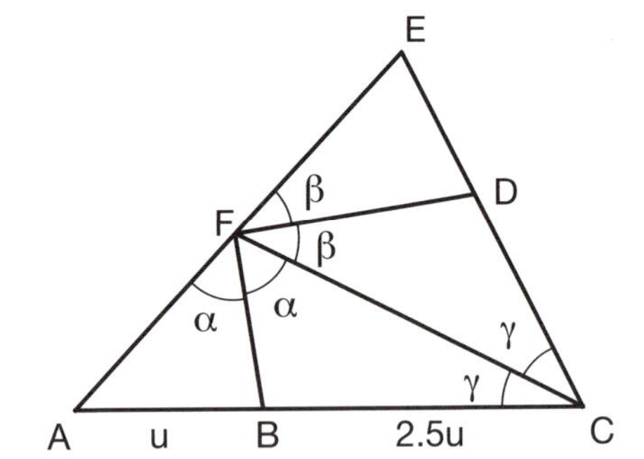

Bericht Plutarchs über Archimedes:

... dass er im Banne einer ihm wesenseigenen, stets in ihm wirksamen Verzauberung sogar das Essen vergass, jede Körperpflege unterliess, und wenn er mit Gewalt dazu gebracht wurde, sich zu salben und zu baden, geometrische Figuren auf die Kohlenbecken malte, und wenn sein Körper gesalbt war, mit den Fingern Linien darauf zog, ganz erfüllt von einem reinen Entzücken und wahrhaft von seiner Muse besessen.

Er war gerade dabei, eine mathematische Figur zu betrachten; und mit Augen und Sinnen ganz in die Aufgabe vertieft, bemerkte er gar nicht den Einbruch der Römer und die Eroberung der Stadt. Als da plötzlich ein Soldat zu ihm trat und ihm befahl, zu Marcellus mitzukommen, wollte er das nicht, bevor er die Aufgabe gelöst und zum Beweis geführt hätte. Da wurde der Soldat wütend, zog sein Schwert und schlug ihn tot.

1.5 Ähnliche Figuren

1.5.1 Die zentrische Streckung

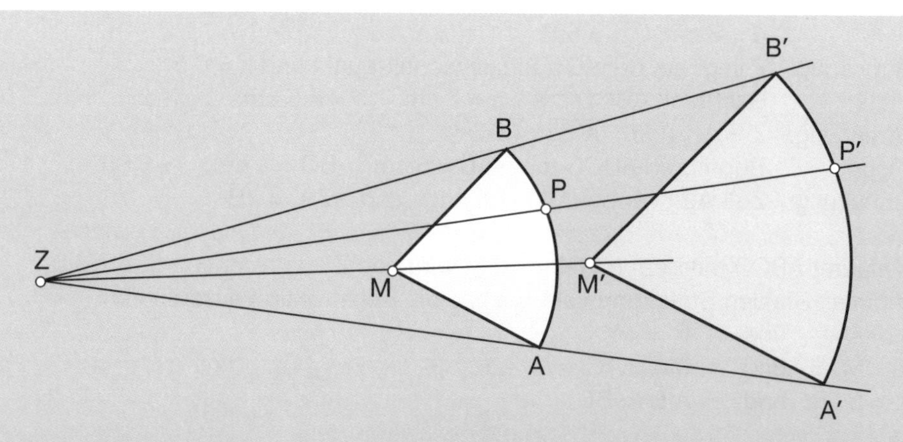

Eine Abbildung heisst **zentrische Streckung** mit dem **Streckungszentrum Z** und dem **Streckungsfaktor k** (k ist eine positive, reelle Zahl)[1], wenn folgende Bedingungen erfüllt sind:

- Der Bildpunkt P′ des Originalpunktes P liegt auf dem Strahl ZP
- $\overline{ZP}' = k \cdot \overline{ZP}$

$0 < k < 1$	Das Bild ist kleiner als das Original; *Verkleinerung*
$1 < k$	Das Bild ist grösser als das Original; *Vergrösserung*
$k = 1$	Bild und Original sind kongruent.

Eigenschaften der zentrischen Streckung

(1) Eine *Gerade* wird auf eine Gerade abgebildet. Gerade und Bildgerade sind parallel.
(2) Das Bild einer Strecke hat die k-fache Länge: $\mathbf{a' = k \cdot a}$
(3) *Winkel* werden auf gleich grosse Winkel abgebildet: $\alpha' = \alpha$
(4) Das Bild eines *Kreises* ist ein Kreis mit dem Radius $\mathbf{r' = k \cdot r}$
(5) Der *Flächeninhalt* der Bildfigur ist k^2-mal so gross wie der Flächeninhalt des Originals: $\mathbf{A' = k^2 \cdot A}$

[1] Die zentrische Streckung kann auch für $k < 0$ definiert werden.

255. Bilden Sie die gegebene Figur durch eine zentrische Streckung ab.

a) Figur: Dreieck ABC mit $a = 4$ cm, $b = 6$ cm, $c = 8$ cm
   Streckung: $Z = C$ und $k = 0.8$

b) Figur: Trapez ABCD (AB // CD) mit $a = 10$ cm, $c = 4$ cm, $d = 8$ cm, $\alpha = 50°$
   Streckung: Z liegt auf dem Diagonalenschnittpunkt und $k = 0.5$

c) Figur: Rechteck ABCD mit $a = 7$ cm, $b = 4.5$ cm
   Streckung: $Z = A$ und $\overline{A'C'} = \overline{AD}$

d) Figur: Rhomboid ABCD mit $\overline{AB} = 5$ cm, $\overline{BC} = 3$ cm, $\alpha = 60°$
   Streckung: $Z \in \overline{AB}$ wobei $\overline{AZ} = 1.8$ cm und $\overline{ZA'} = \overline{ZB}$

256. Ein Quadrat ABCD mit dem Mittelpunkt M wird von Z aus zentrisch gestreckt. Bestimmen Sie den Streckungsfaktor, ohne die Konstruktion auszuführen.

a) $Z = A$ und $C' = M$
b) $Z = M$ und $\overline{MA'} = \overline{AC}$
c) $Z = B$ und $\overline{A'B'} = \overline{BD}$

257. Gegeben ist das Trapez ABCD (a // c) mit
$a = 12$ cm, $h = 3$ cm, $\alpha = 60°$ und $\beta = 45°$.
Der Schnittpunkt der Geraden AD und BC sei das Streckungszentrum und der Punkt D das Bild von A ($A' = D$).

a) Konstruieren Sie das Bild des Trapezes.
b) Berechnen Sie den Streckungsfaktor. Lösung exakt angeben!

258. Gegeben sind die beiden Kreise
p_1 (M_1, $r_1 = 3.5$ cm) und p_2 (M_2, $r_2 = 1.5$ cm) mit $\overline{M_1M_2} = 6$ cm.

a) Konstruieren Sie das Streckungszentrum Z, von dem aus der eine Kreis auf den andern abgebildet werden kann.
b) Berechnen Sie den Streckungsfaktor, wenn
   (1) p_1 das Bild von p_2 ist.
   (2) p_2 das Bild von p_1 ist.
c) Berechnen Sie $\overline{ZM_2}$.

259. Wählen Sie die Anordnung der gegebenen Elemente etwa so wie die Figur zeigt:

a)

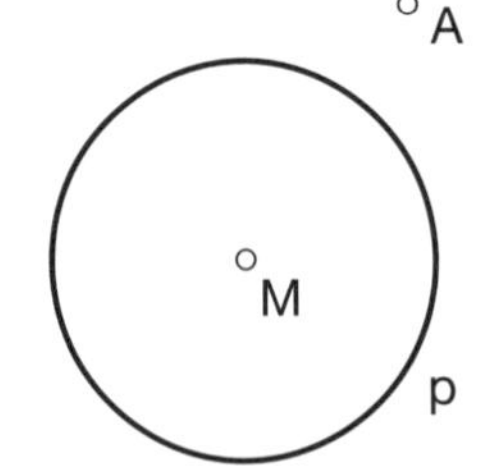

Strecken Sie den Kreis p von Z aus so, dass das Bild durch A geht.

Wie viele Lösungen hat die Aufgabe?

b)

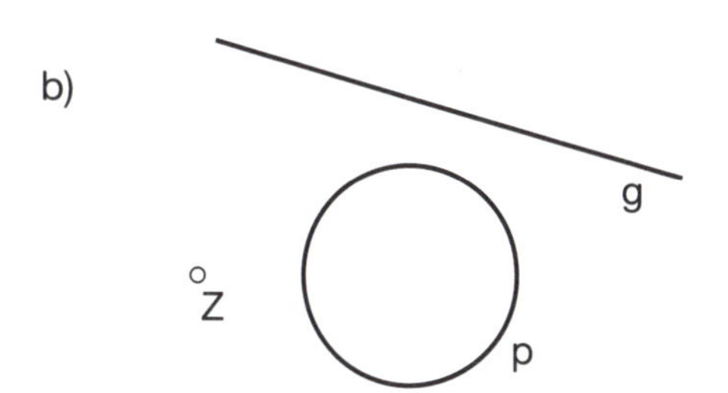

Strecken Sie den Kreis p von Z aus so, dass der Bildkreis die Gerade g berührt. (Nur eine Lösung zeichnen!)

260. Gegeben ist der Kreis p (M, r = 2.5 cm) und ein beliebiger Punkt Z mit $\overline{MZ} = a = 6.5$ cm.

a) Strecken Sie den Kreis p von Z aus so, dass das Bild den gegebenen Kreis p berührt. Alle Lösungen konstruieren.

b) Berechnen Sie den Streckungsfaktor k aus r und a.

261. a) Gegeben ist ein Kreis p (M, r) und ein beliebiger Punkt A auf p. Welches ist der geometrische Ort aller Punkte, welche die Kreissehnen, die durch A gehen, halbieren?

b)

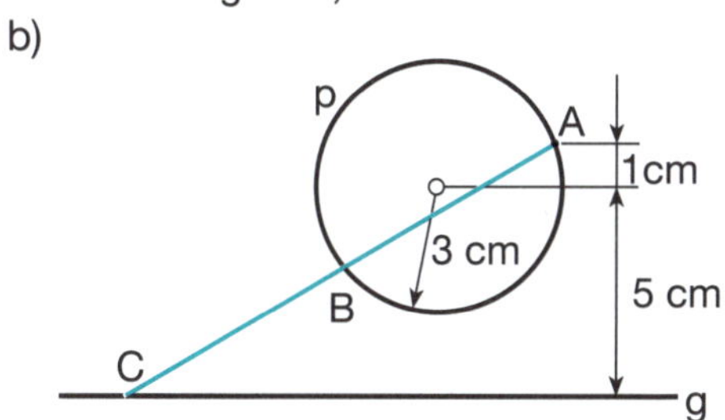

Gegeben: Kreis p, Punkt A auf p, Gerade g

Konstruieren Sie eine Gerade durch A, so dass gilt: $\overline{AB} = \overline{BC}$

262. Das Rechteck ABCD mit $\overline{AB} = 12$ cm und $\overline{BC} = 8$ cm wird vom Zentrum Z = A aus zentrisch gestreckt.
Berechnen Sie den Flächeninhalt des Bildes für

a) $\overline{A'B'} = \overline{BC}$ b) $\overline{A'B'} = \overline{AC}$

Ein Politiker, der einen Flug antreten muss, erkundigt sich bei einem Mathematiker, wie hoch die Wahrscheinlichkeit ist, dass eine Bombe im Flugzeug ist. Der Mathematiker rechnet eine Woche lang und verkündet dann:
Die Wahrscheinlichkeit ist ein Zehntausendstel!
Dem Politiker ist das noch zu hoch, und er fragt den Mathematiker, ob es nicht eine Methode gibt, die Wahrscheinlichkeit zu senken. Der Mathematiker verschwindet wieder für eine Woche und hat dann die Lösung. Er sagt: *Nehmen Sie selbst eine Bombe mit! Die Wahrscheinlichkeit, dass zwei Bomben an Bord sind, ist dann das Produkt (1/10 000) · (1/10 000) = Eins zu Hundertmillionen. Damit können Sie beruhigt fliegen!*

Ein guter mathematischer Scherz ist immer besser als ein ganzes Dutzend mittelmässiger Abhandlungen. J.E. Littlewood

263. 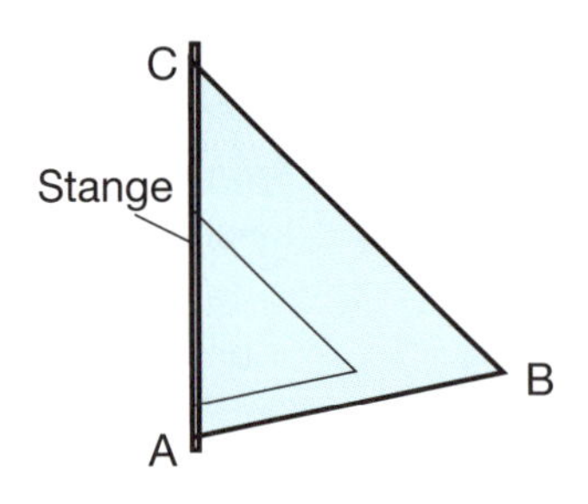

Die Skizze zeigt ein dreieckiges Segel ABC, das um eine Stange gewickelt werden kann. Dabei verkleinert sich die Segelfläche.

a) Warum kann die Segelfläche einer beliebigen Position als Bild der Segelfläche ABC bei einer zentrischen Streckung aufgefasst werden? Wo liegt das Streckungszentrum?
b) Ein Segel von 20 m^2 Flächeninhalt wird soweit aufgerollt, bis die Segelunterkante AB von 7 m auf 5 m verkürzt wird.
Wie gross ist die neue Segelfläche?
c) Ein 42 m^2 grosses Segel wird auf 18 m^2 verkleinert. Um welchen Faktor verkleinert sich der Abstand zwischen der Segelecke B und der Stange?

264. 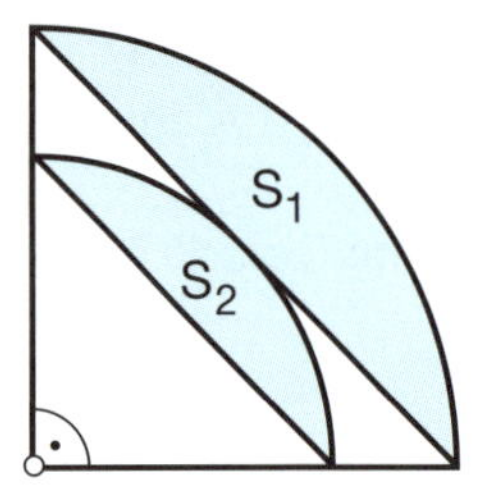

Das Segment S_2 sei das Bild von S_1 bei einer zentrischen Streckung.
a) Wo ist das Streckungszentrum?
b) Berechnen Sie den Streckungsfaktor. (Lösung exakt angeben)
c) Wie gross ist das Verhältnis der Segmentflächen $A_2 : A_1$?

265. Berechnen Sie den Flächeninhalt des gefärbten Sektors aus a. Lösung exakt angeben.

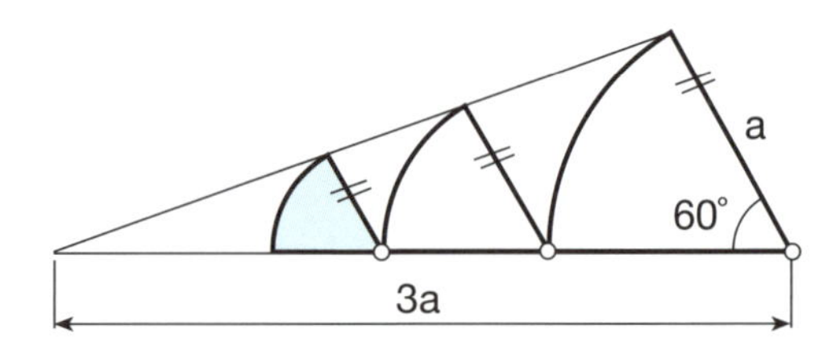

Ein Bus, der mit zehn Personen besetzt ist, hält an einer Haltestelle.
Elf Personen steigen aus. Drei Wissenschaftler kommentieren das Geschehen:
Ein Biologe: «Die müssen sich unterwegs vermehrt haben.»
Ein Physiker: «Was solls, zehn Prozent Messtoleranz müssen drin sein.»
Ein Mathematiker: «Wenn jetzt einer einsteigt, ist keiner drin.»

Konstruktionsaufgaben,
die mit Hilfe der zentrischen Streckung gelöst werden können.

266.

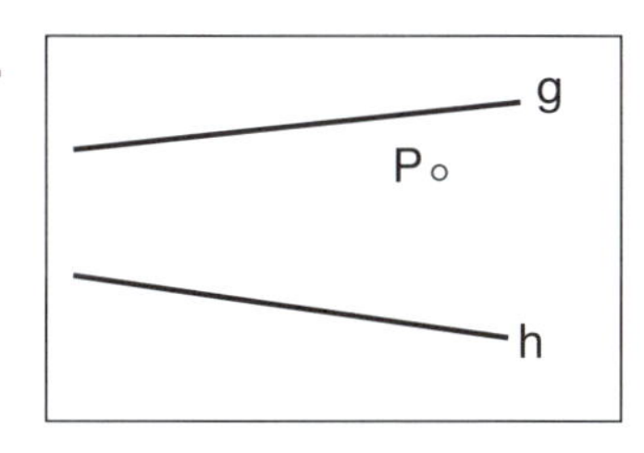

Konstruieren Sie durch einen gegebenen Punkt P eine Gerade, die durch den unzugänglichen Schnittpunkt von zwei gegebenen Geraden g und h geht.

267.

B

A

g

Gegeben: Gerade g, Punkte A und B (AB nicht parallel g)
Konstruieren Sie einen Kreis durch A und B, der die Gerade g berührt.

268. Gegeben: Dreieck ABC mit $a = 6$ cm, $b = 8.5$ cm, $c = 7.5$ cm.
Konstruieren Sie eine Gerade, welche die Seite $\overline{AB}$ in P und $\overline{AC}$ in Q so schneidet, dass gilt: $\overline{PB} = \overline{PQ} = \overline{QC}$.

> Die Mathematik ist es, die uns vor dem Trug der Sinne schützt und uns den Unterschied zwischen Schein und Wahrheit kennen lehrt.
>
> Leonhard Euler, Schweizer Mathematiker 1707–1783

269. Konstruieren Sie ein Dreieck ABC aus:

a) $b : c = 5 : 7$, $a = 7$ cm, $\alpha = 40°$
b) $a : b : c = 5 : 3 : 6$, $h_a = 5$ cm
c) $a : b = 5 : 6$, $\gamma = 60°$, Umkreisradius $r = 4.5$ cm
d) $a : r = 3 : 2$ (r: Umkreisradius), $\gamma = 60°$, $h_b = 6$ cm
e) $h_c : s_b = 10 : 11$, $\alpha = 50°$, Umkreisradius $r = 4$ cm
f) $h_a : h_b : h_c = 6 : 10 : 5$, $w_\beta = 9$ cm

270. Gegeben ist ein konvexes Viereck ABCD mit
$\overline{AB} = 9$ cm, $\overline{BC} = 7$ cm, $\overline{CD} = 6.5$ cm, $\overline{AD} = 2.5$ cm, $\overline{AC} = 8.5$ cm
sowie ein Punkt E auf $\overline{BC}$ mit $\overline{EC} = 2$ cm.
Konstruieren Sie einen Punkt P, für den die Abstände zu den Seiten $\overline{AB}$ und $\overline{CD}$ sowie zum Punkt E gleich sind.

Einbeschreibungsaufgaben

Ein konvexes Vieleck $\mathbb{A}$ heisst einer konvexen Figur $\mathbb{B}$ **einbeschrieben**, wenn jede Ecke von $\mathbb{A}$ auf dem Rand von $\mathbb{B}$ liegt.

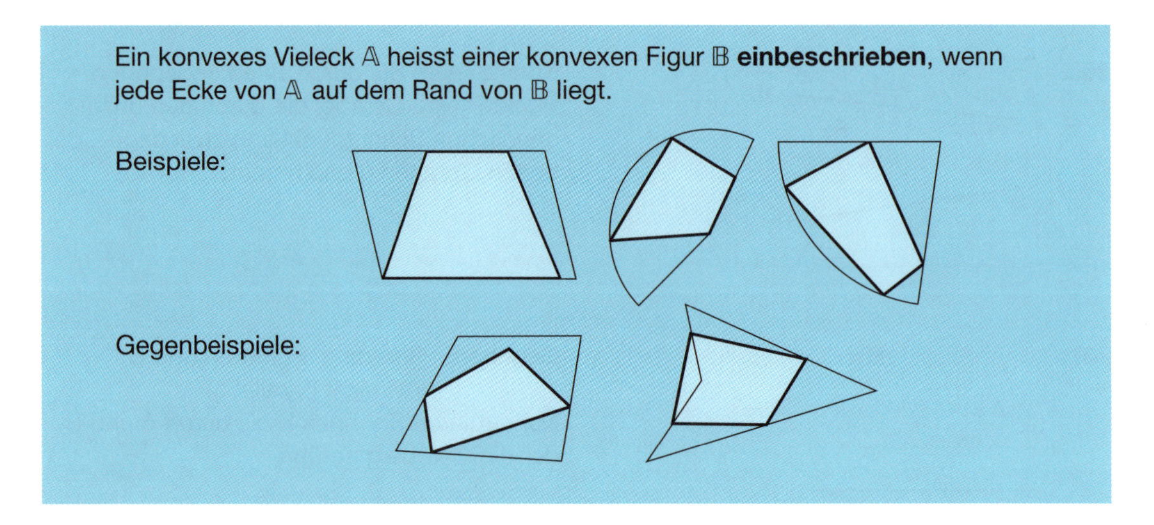

Nichts ist so praktisch wie eine gute Theorie.

Hermann von Helmholtz, Physiker u. Naturforscher 1821–1894

271. Einem Halbkreis mit Radius $r = 5$ cm soll ein Quadrat so einbeschrieben werden, dass zwei Ecken auf dem Durchmesser liegen und die beiden andern auf dem Kreisbogen.

272. Einem gleichseitigen Dreieck ABC mit der Seitenlänge $a = 10$ cm soll ein gleichseitiges Dreieck PQR so einbeschrieben werden, dass eine Seite senkrecht auf $\overline{AB}$ liegt.
a) Konstruieren Sie das Dreieck PQR in das gegebene Dreieck. (nur eine Lösung zeichnen).
b) Berechnen Sie die Seitenlänge des Dreiecks PQR aus a.

273. Einem allgemeinen spitzwinkligen Dreieck ABC soll ein Rhombus so einbeschrieben werden, dass eine Diagonale parallel zu BC verläuft und eine Seite auf $\overline{AB}$ liegt.

274. Zeichnen Sie das Dreieck ABC mit $a = 12$ cm, $b = 8$ cm, $c = 14$ cm sowie die Winkelhalbierende w_α.
Schreiben Sie dem Dreieck ABC ein Rechteck so ein, dass eine Diagonale parallel zu w_α verläuft und eine Seite auf $\overline{AB}$ liegt.

275.

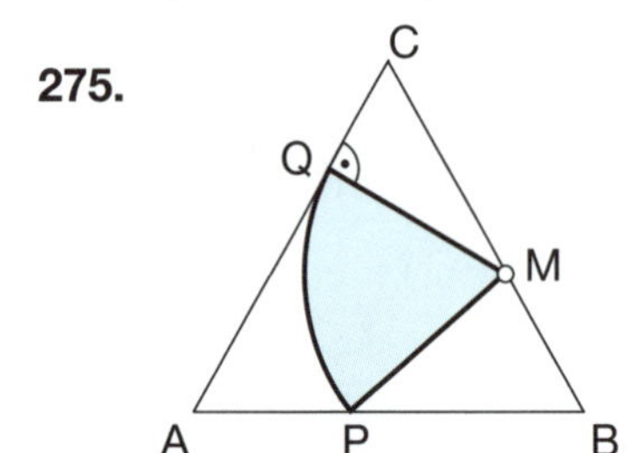

Dem gleichseitigen Dreieck ABC mit 10 cm Seitenlänge und $\overline{AP} = 4$ cm soll ein Sektor so einbeschrieben werden wie die Figur zeigt.
Konstruieren Sie M.

1.5.2 Ähnliche Figuren

Eine Figur $\mathbb{U}$ heisst **ähnlich** zu einer Figur $\mathbb{V}$, wenn man $\mathbb{U}$ mit Hilfe einer zentrischen Streckung so vergrössern oder verkleinern kann, dass sie zu $\mathbb{V}$ kongruent ist.
Symbol: $\mathbb{U} \sim \mathbb{V}$

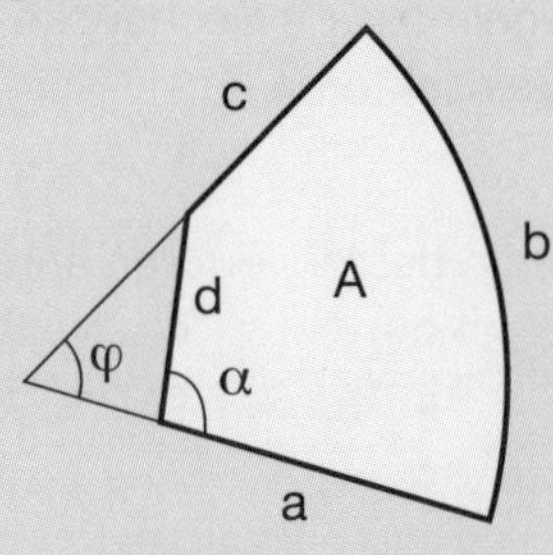

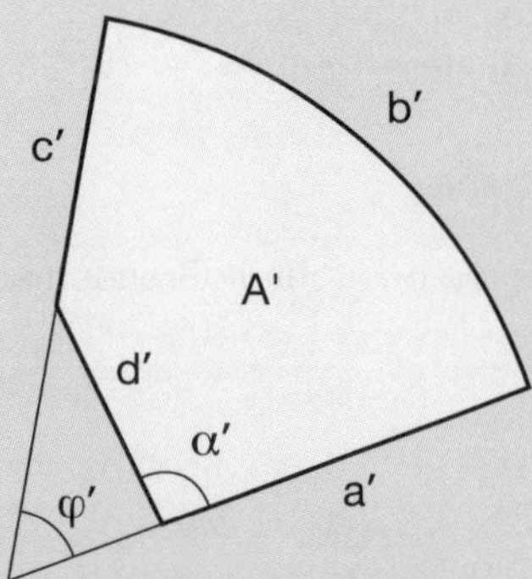

In ähnlichen Figuren sind alle entsprechenden Winkel gleich gross, und alle entsprechenden Strecken sowie Kurven haben dasselbe Längenverhältnis.

$$\mathbb{U} \sim \mathbb{V} \quad \Rightarrow \quad \begin{cases} \varphi' = \varphi, \quad \alpha' = \alpha \\ \dfrac{a'}{a} = \dfrac{b'}{b} = \dfrac{c'}{c} = \ldots\ldots = \dfrac{a' + b' + c' + d'}{a + b + c + d} = k \\ \dfrac{A'}{A} = k^2 \end{cases}$$

k Streckungsfaktor, $0 < k < \infty$

276. Widerlegen Sie folgende Aussage durch ein Gegenbeispiel:
«Stimmen zwei n-Ecke (n>3) in allen entsprechenden Innenwinkeln überein, dann sind sie ähnlich.»

277. Welche Figuren sind ähnlich?

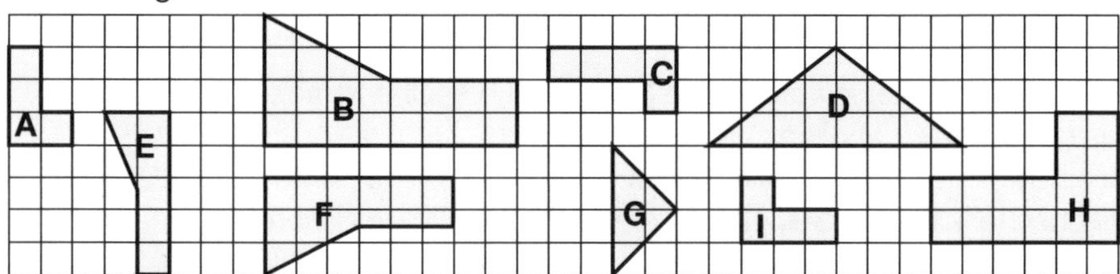

278. «Zwei beliebige x sind ähnlich.»
Ersetzen Sie den Platzhalter x durch die folgenden Begriffe, und bestimmen Sie den Wahrheitswert der entstandenen Aussage:

(1) Strecken
(2) gleichschenklige Dreiecke
(3) gleichseitige Dreiecke
(4) Quadrate
(5) Rechtecke
(6) Rhomben
(7) gleichschenklige Trapeze
(8) regelmässige Sechsecke
(9) Kreise
(10) Kreissektoren
(11) Kreissegmente

279. Berechnen Sie die gesuchten Grössen so, dass die beiden Figuren ähnlich sind.

a) Dreieck 1: $\alpha_1 = 40°$ $b_1 = 5$ cm $c_1 = 8$ cm
Dreieck 2: $\alpha_2 = ?$ $b_2 = 7$ cm $c_2 = ?$

b) Rechteck 1: $a_1 = 3.6$ dm $b_1 = 2.9$ dm
Rechteck 2: $a_2 = 3.0$ dm $b_2 = ?$

c) Rechteck 1: $a_1 = 24$ m $b_1 = 17$ m
Rechteck 2: $a_2 = ?$ $b_2 = ?$ $A_2 = 120\ m^2$

d) Kreisring 1: $r_1 = 5$ cm $R_1 = 6$ cm
Kreisring 2: $A_2 = 1\ dm^2$ Ringbreite $b_2 = ?$

e) Kreissektor 1: $r_1 = 8$ dm $A_1 = 1.5\ m^2$
Kreissektor 2: $r_2 = ?$ Bogenlänge $b_2 = 2.5$ m

280. Unter welchen minimalen Bedingungen sind zwei der folgenden Figuren ähnlich?

a) Dreiecke
b) Rechtecke
c) Rhomben
d) Trapeze
e) Kreissegmente
f) Vierecke

281.

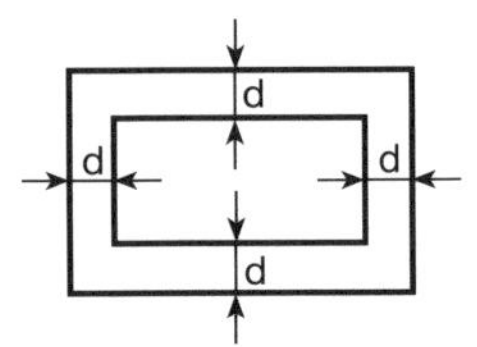

Sind die beiden Rechtecke ähnlich?
Antwort begründen!

282. Durch die Mittellinie wird ein Trapez in zwei Teiltrapeze zerlegt.
Sind diese Teiltrapeze ähnlich? Antwort begründen!

283. Die Papierformate A0, A1, ..., A9 sind wie folgt festgelegt:

- Alle Formate sind zueinander ähnlich.
- Ein Blatt des Formates A (n+1) geht durch Halbieren aus einem Blatt des Formates A(n) hervor.
- Das Ausgangsformat A0 hat einen Flächeninhalt von 1 m^2.

Berechnen Sie Länge und Breite der Formate A0 und A4.

284. Beim folgenden Vieleck werden alle Seiten um dieselbe Strecke verlängert.
Ist das neue Vieleck ähnlich zum gegebenen?

(1) Quadrat
(2) Rechteck
(3) allgemeines Dreieck
(4) gleichschenkliges Dreieck (nicht gleichseitig)
(5) Rhombus
(6) Rhomboid
(7) Trapez
(8) reguläres Sechseck

285. Die Seiten eines Vierecks ABCD messen $a = 3$ cm, $b = 5$ cm, $c = 6$ cm und $d = 8$ cm. Der Umfang eines ähnlichen Vierecks beträgt 33 cm.
a) Wie lang sind die Seiten des ähnlichen Vierecks?
b) Berechnen Sie den Flächeninhalt des ähnlichen Vierecks aus A_{ABCD}.

286. Beim folgenden Vieleck werden alle Seiten um
a) 15% b) p%
verlängert. Um wie viele Prozente nimmt der Flächeninhalt zu?
(1) Rechteck mit $a = 18$ m, $b = 12$ m
(2) Quadrat
(3) gleichseitiges Dreieck

287. Der Flächeninhalt eines Rechtecks soll so um 20% vergrössert werden, dass das neue Rechteck ähnlich zum gegebenen ist.
Um wie viele Prozente müssen die Seiten verlängert werden?

288. a) Von einem Kreisringsektor sind die beiden Bogenlängen $b_1 = 5.6$ m, $b_2 = 8.3$ m und der Radius $r = 4.1$ m bekannt. Bestimmen Sie die Ringbreite w, ohne den Zentriwinkel zu berechnen.
b) Berechnen Sie den Radius r aus b_1, b_2 und w.

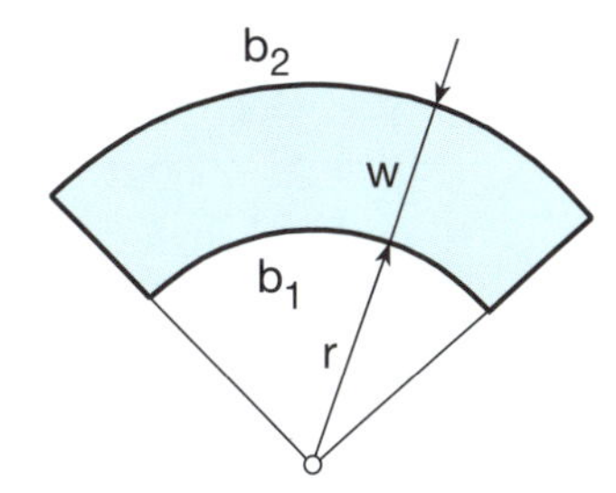

289. Vom Trapez ABCD kennt man die parallelen Seiten a und c sowie die Höhe h. Eine zu AB parallele Strecke p teilt das Trapez in zwei ähnliche Trapeze.
Berechnen Sie
a) die Länge von p.
b) die Höhe des grösseren der beiden Teiltrapeze.

290.

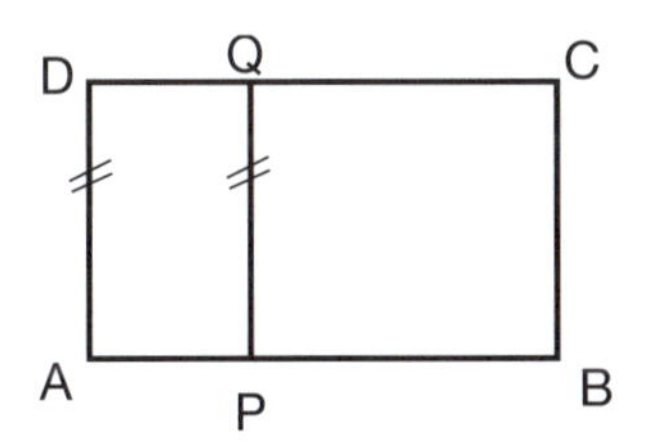

Berechnen Sie die Strecke $\overline{AP}$ aus $a = \overline{AB}$ so, dass gilt:
Rechteck APQD ~ Rechteck ABCD und $\overline{AQ} = \overline{BP}$.

291. Ein Rechteck ABCD mit $a = \overline{AB}$ und $b = \overline{BC}$ soll durch eine Parallele zu AD in zwei ähnliche, nicht kongruente Teilrechtecke zerlegt werden.
Wie gross ist der Abstand x ($x < \frac{a}{2}$) der Parallelen von der Seite AD zu wählen?
a) $a = 12$ cm, $b = 5$ cm
b) allgemein mit a und b; welche Bedingungen müssen a und b erfüllen, damit die Aufgabe lösbar ist?

1.5.3 Ähnliche Dreiecke

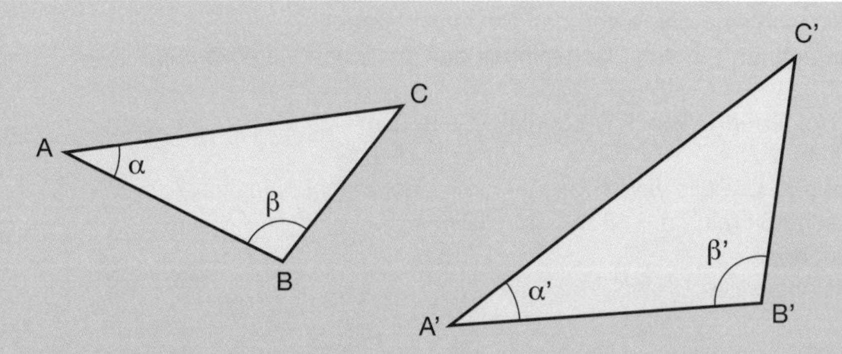

- Stimmen zwei Dreiecke in zwei Winkeln überein, dann sind sie ähnlich.

$$\alpha = \alpha' \wedge \beta = \beta' \quad \Rightarrow \quad \Delta ABC \sim \Delta A'B'C'$$

- Wenn zwei Dreiecke ähnlich sind, dann haben zwei entsprechende Strecken (z.B. Seiten, Höhen, Winkelhalbierende, Umkreisradien, Umfänge, ...) das gleiche Längenverhältnis.

$$\Delta ABC \sim \Delta A'B'C' \quad \Rightarrow \quad k = \frac{a'}{a} = \frac{h'}{h} = \frac{w'}{w} = \frac{r'}{r} = \ldots\ldots = \frac{u'}{u}$$

$$a' = k \cdot a, \quad h' = k \cdot h, \ldots\ldots$$

k: Streckungsfaktor $\Delta ABC \xrightarrow{k} \Delta A'B'C'$

- Die Flächeninhalte ähnlicher Dreiecke verhalten sich wie die Quadrate entsprechender Strecken.

$$\Delta ABC \sim \Delta A'B'C' \quad \Rightarrow \quad \frac{A_{A'B'C'}}{A_{ABC}} = \left(\frac{a'}{a}\right)^2 = \left(\frac{h'}{h}\right)^2 = \ldots\ldots = k^2$$

$$\Rightarrow \quad A_{A'B'C'} = k^2 \cdot A_{ABC}$$

... dass die Mathematik in irgendeiner Weise auf die Gebilde unserer Erfahrung passt, empfand ich als ausserordentlich merkwürdig und aufregend.

Werner Heisenberg, 1901-1976, Physiker

292. Finden Sie alle ähnlichen Dreiecke und beweisen Sie deren Ähnlichkeit. (t: Tangente)

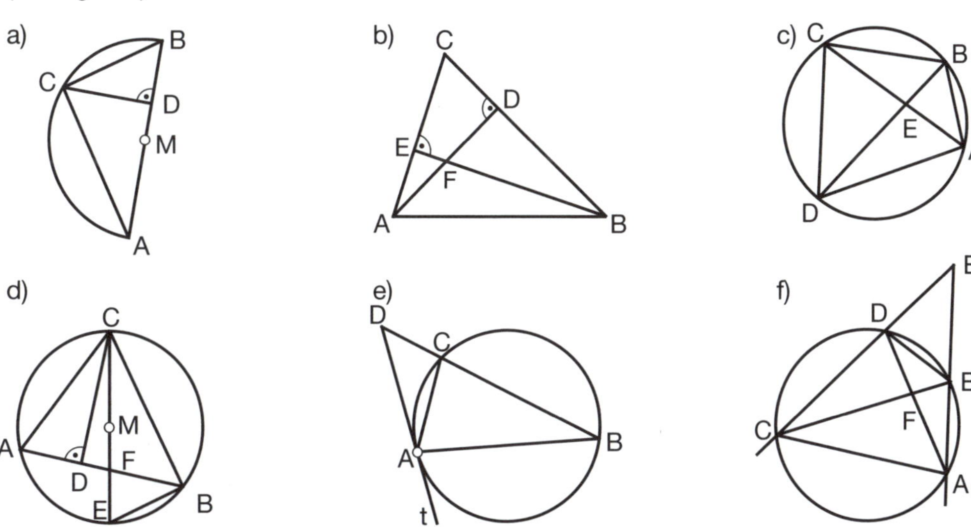

293. Finden Sie alle ähnlichen Dreiecke und beweisen Sie deren Ähnlichkeit. (t: Tangente)

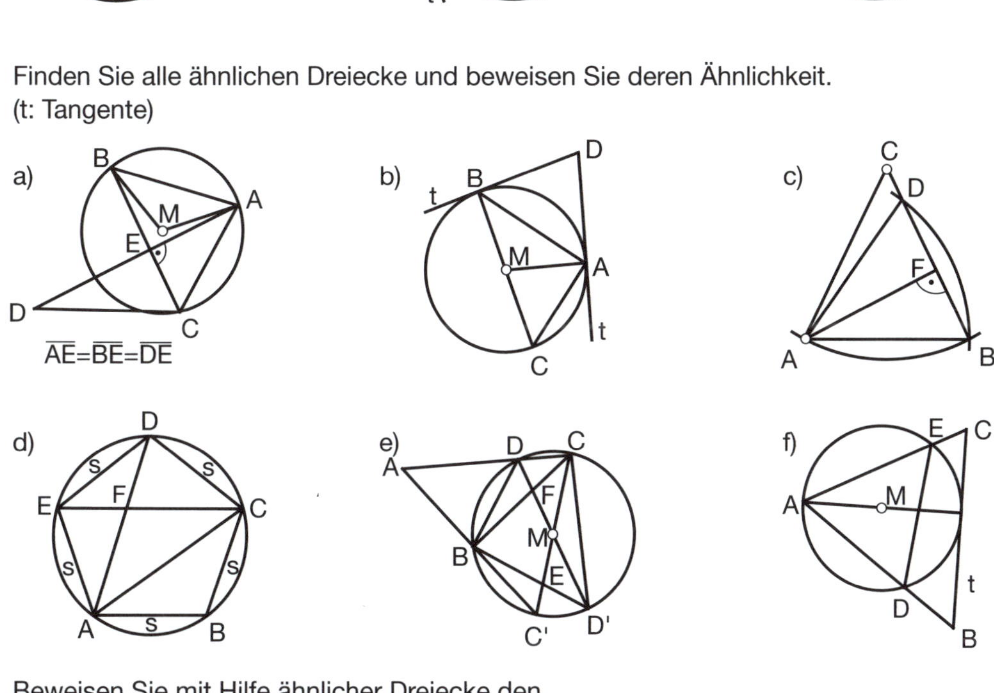

294. Beweisen Sie mit Hilfe ähnlicher Dreiecke den
a) Höhensatz b) Kathetensatz

> Seit man begonnen hat, die einfachsten Behauptungen zu beweisen, erwiesen sich viele von ihnen als falsch.
>
> Bertrand Russel, 1872-1970, Mathematiker u. Philosoph

Dreiecke in perspektiver Lage

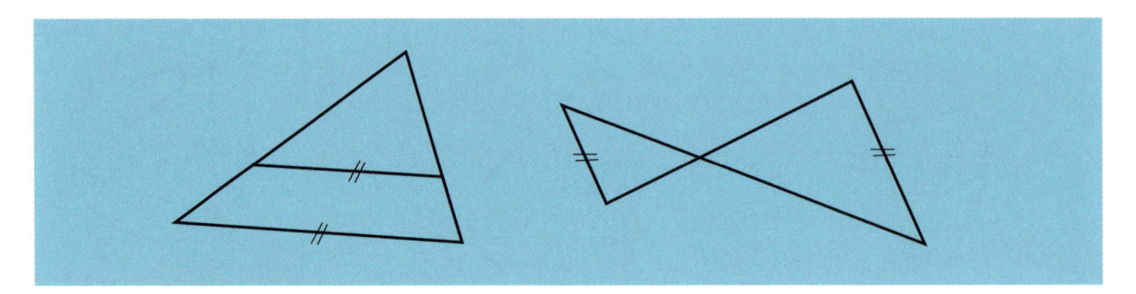

295. Die Seiten eines Dreiecks messen 18 cm, 24 cm und 30 cm.
Der Umfang eines ähnlichen Dreiecks beträgt 260 cm.
a) Wie gross sind die Seiten des ähnlichen Dreiecks?
b) Wie verhalten sich die Flächeninhalte?

296. Zwei Kreise k_1 und k_2 mit den Radien R und r ($r < R$) berühren sich von aussen in P.
Durch P wird eine beliebige Gerade gezeichnet, sie schneide den kleinen Kreis in A und den grossen in B.
Berechnen Sie das Verhältnis $\overline{PA} : \overline{PB}$.

297.

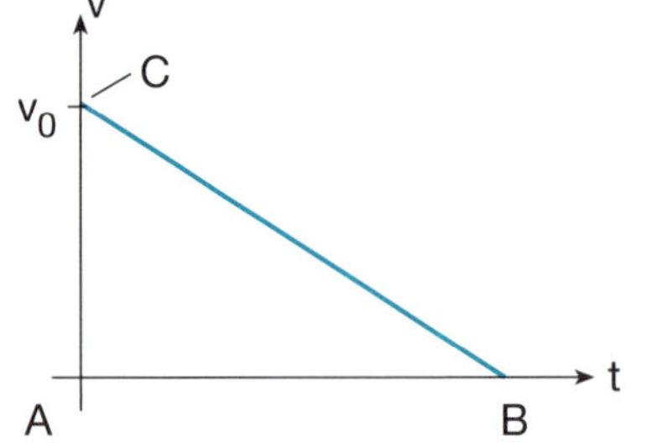

Ein Fahrzeug bremst mit einer konstanten Verzögerung bis zum Stillstand ab.
Wie gross ist die Geschwindigkeit beim Erreichen des halben Bremsweges, wenn die Anfangsgeschwindigkeit v_0 bekannt ist?

Beachte: Der Flächeninhalt des Dreiecks ABC entspricht dem Bremsweg.

298.

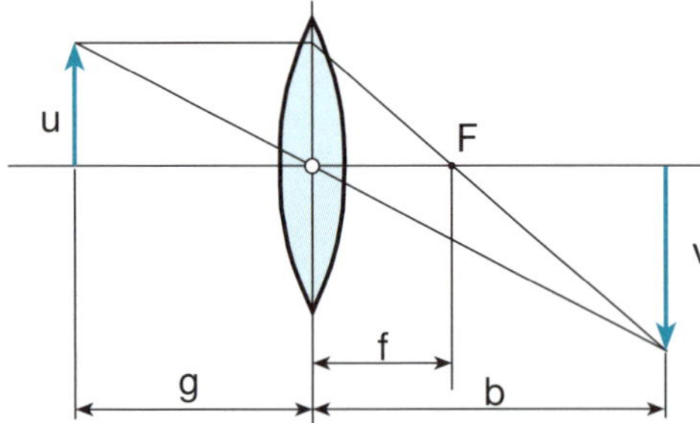

f Brennweite
g Gegenstandsweite
b Bildweite
F Brennpunkt

Eine Linse bildet einen Gegenstand der Länge u auf das Bild der Länge v ab.

Leiten Sie die Linsengleichung $\frac{1}{f} = \frac{1}{g} + \frac{1}{b}$ her.

299. Ein allgemeines Dreieck ABC mit der Höhe $h = h_c$ soll durch eine Parallele zur Seite AB halbiert werden.
In welchem Abstand von AB muss man die Parallele legen?

300. Ein Trapez soll durch eine Parallele p zu den Grundlinien a und c ($c < a$) in zwei flächengleiche Teiltrapeze zerlegt werden.
Berechnen Sie p aus a und c.

301.

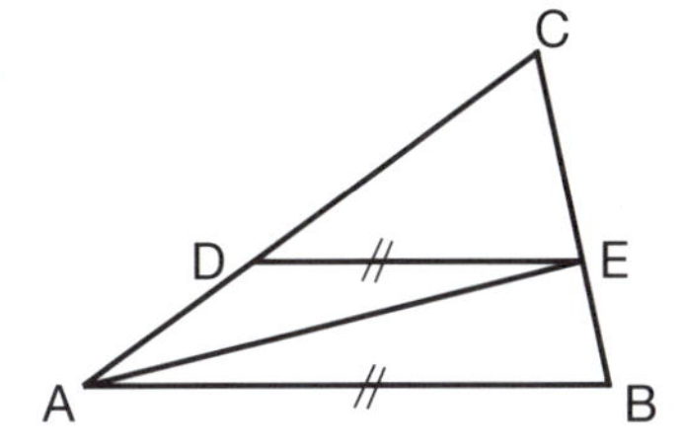

DE ist eine beliebige Parallele zur Seite AB des allgemeinen Dreiecks ABC.

Beweisen Sie: $A_{AEC} = \sqrt{A_{ABC} \cdot A_{DEC}}$

302.

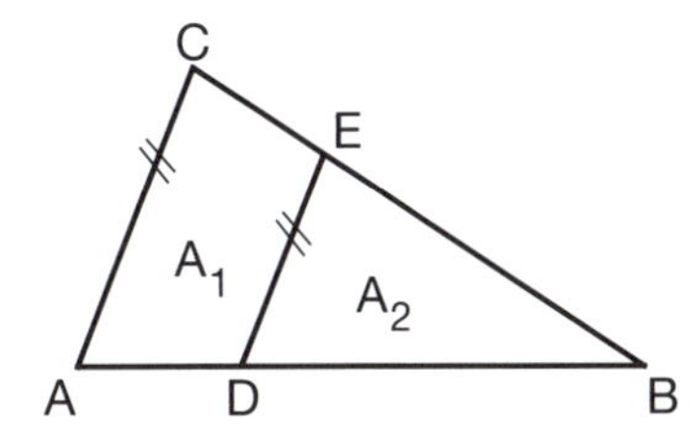

Gegeben: $\overline{AD} : \overline{DB} = 2 : 5$

Gesucht: $A_1 : A_2$
($A_1 = A_{ADEC}$, $A_2 = A_{DBE}$)

303. Zeichnen Sie ein allgemeines Dreieck mit der Parallelen zu einer Dreiecksseite durch den Schwerpunkt.
Berechnen Sie das Flächenverhältnis zwischen dem Teildreieck und dem Trapez.

> Wer die Sicherheit der Mathematik verachtet, stürzt sich in das Chaos der Gedanken.
>
> Leonardo da Vinci , 1452–1519, italienischer Maler

304. Im Rechteck ABCD mit den Seitenlängen a und b schneiden sich die Geraden AC und DM (M halbiert $\overline{AB}$) im Punkt P.
a) Berechnen Sie $\overline{PM}$ aus a und b.
b) Wie gross ist der Flächeninhalt des Dreiecks AMP?

305. In der Figur gilt: $\overline{AE} = \overline{BE}$
Welcher Bruchteil der Rechtecksfläche ist gefärbt?

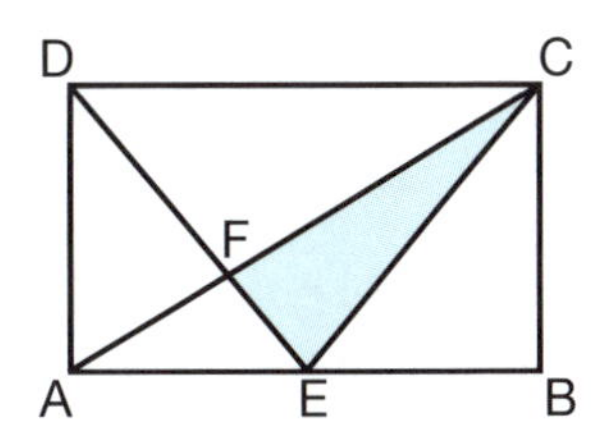

306.

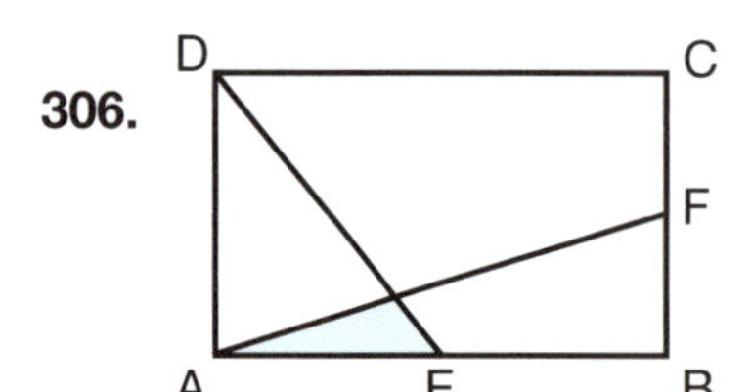

$\overline{AE} = \overline{EB}$, $\overline{BF} = \overline{FC}$

Welcher Bruchteil der Rechtecksfläche ist gefärbt?

307.

x
14 cm
20 cm

Berechnen Sie den Flächeninhalt des gefärbten Dreiecks als Funktion von x ($0\ \text{cm} \leq x \leq 20\ \text{cm}$) und stellen Sie diese grafisch dar.

308. Gegeben ist ein Dreieck ABC durch $c = 12$ cm, $h_c = 7$ cm, $\alpha = 55°$.
Diesem Dreieck soll ein rechtwinklig-gleichschenkliges Dreieck DEF so einbeschrieben werden, dass die Hypotenuse $\overline{EF}$ parallel zur Seite $\overline{AB}$ liegt; E, F $\notin \overline{AB}$.

a) Konstruieren Sie das Dreieck DEF.
b) Berechnen Sie die Hypotenuse $\overline{EF}$.

309. Einem Dreieck ist ein Halbkreis so einbeschrieben wie die Figur zeigt.

Berechnen Sie den Radius r aus a und h.

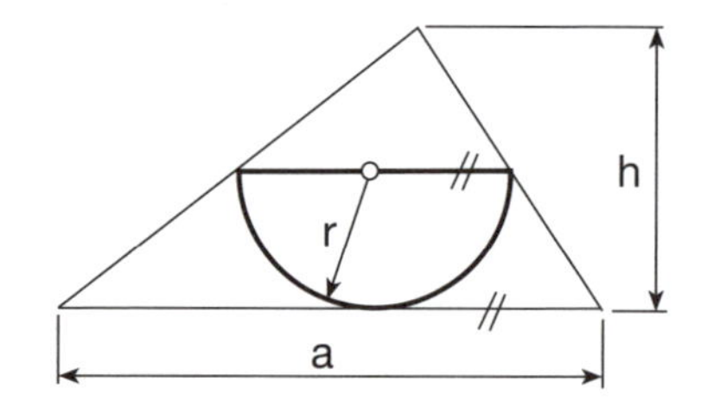

310.

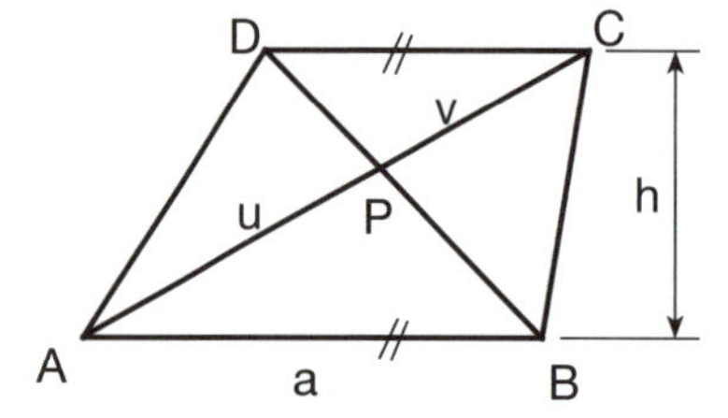

Berechnen Sie den Flächeninhalt des Dreiecks ABP aus a, h, u und v.

> Ich weiss, dass ich an der Geometrie das Glück zuerst kennengelernt habe.
>
> Rudolf Steiner, 1861-1925, Begründer der Anthroposophie

311. Von einem Trapez kennt man die parallelen Seiten a und c sowie die Höhe h.
Leiten Sie die Flächenformel des Trapezes her, indem Sie die Differenz von zwei Dreiecksflächen bilden. (Schnittpunkt der verlängerten Schenkel beachten.)

312. Gegeben ist ein Dreieck ABC mit $a = 20$ cm, $b = 12$ cm, $c = 18$ cm.
Eine zur Seite c parallele Strecke x teilt das Dreieck in ein kleineres Dreieck und in ein Trapez, so dass die Umfänge der beiden Teilflächen gleich gross sind.
Berechnen Sie die Länge der Strecke x.

313. Im Trapez ABCD mit den parallelen Seiten a und c wird durch den Diagonalenschnittpunkt S eine Parallele zur Seite a gezeichnet; sie schneidet AD im Punkt E und BC in F.

Berechnen Sie
a) $\overline{AE} : \overline{ED}$ und $\overline{BF} : \overline{FC}$
b) $\overline{ES}$ und $\overline{SF}$

314.

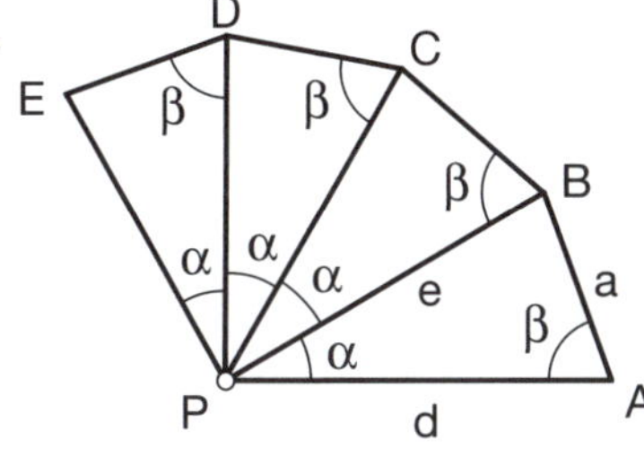

Berechnen Sie die Länge des Streckenzuges ABCDE
a) aus $\overline{PA} = 80$ mm, $\overline{AB} = 42$ mm und $\overline{BP} = 58$ mm
b) allgemein aus a, d und e.

315.

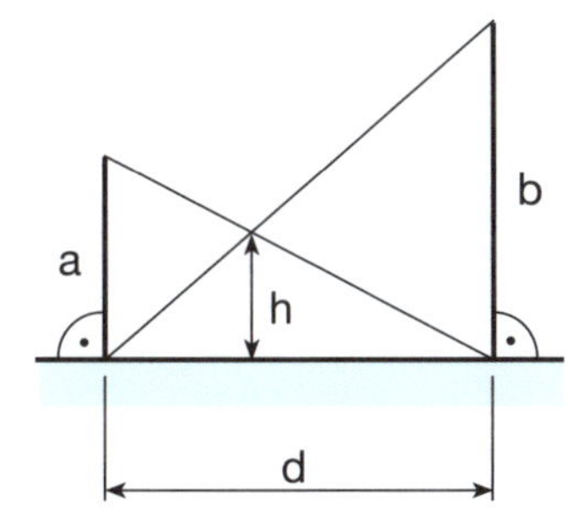

In einem Garten stehen zwei Pfähle mit den Höhen a und b im Abstand d. Jedes Pfahlende ist mit dem Fuss des andern Pfahles durch eine gespannte Schnur verbunden. In welcher Höhe h treffen sich die Schnüre?

316. Den Schwerpunkt S eines Trapezes erhält man als Schnittpunkt der Geraden EF und MN; M und N sind Mittelpunkte der entsprechenden Seite.
Berechnen Sie den Abstand des Schwerpunktes von der Seite AB aus a, c und h.

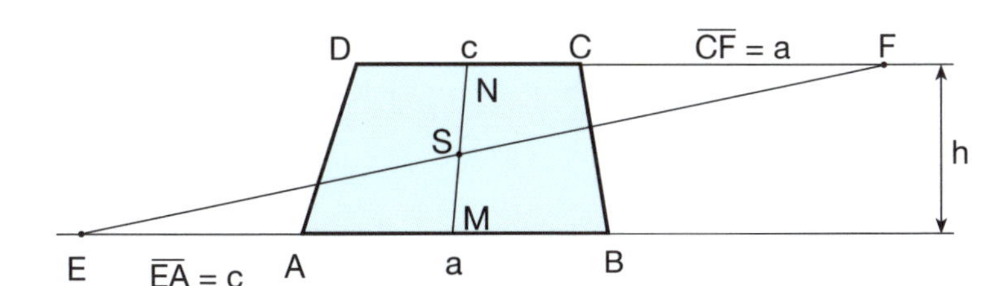

317.

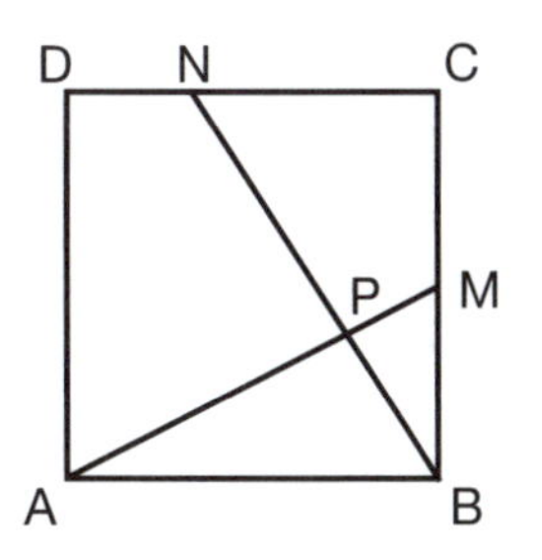

Im Quadrat ABCD mit der Seitenlänge a gilt:
M halbiert $\overline{BC}$ und $\overline{CN} = \frac{a}{n}$ $(n \in \mathbb{N})$

Berechnen Sie den Abstand des Punktes P von der Seite AB.

318. 

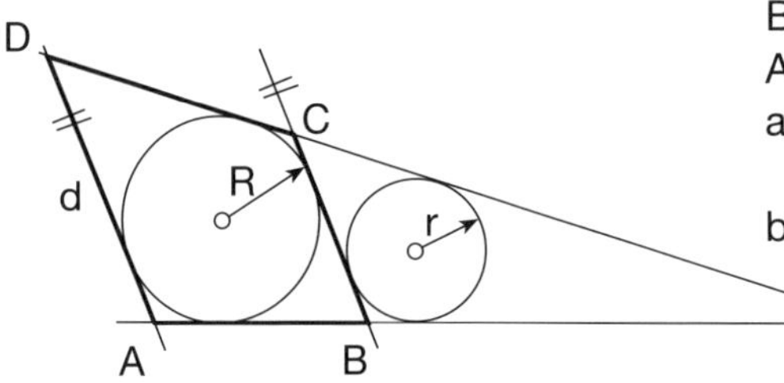

Berechnen Sie den Umfang des Vierecks ABCD

a) aus $d = 40$ cm, $r = 11$ cm und $R = 15$ cm

b) allgemein aus d, r und R

Dreiecke in allgemeiner Lage

319.

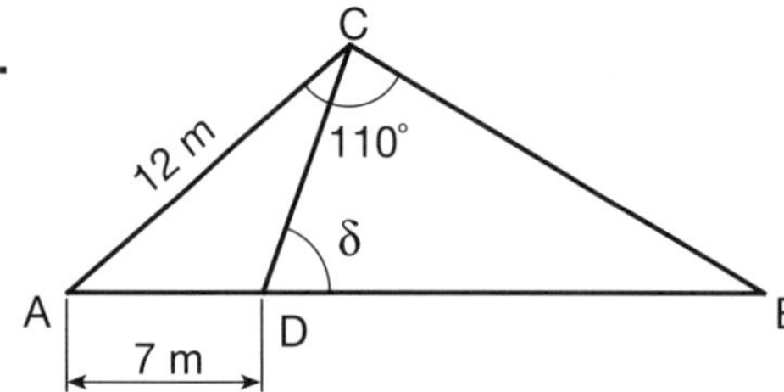

In der Figur gelte $\Delta ABC \sim \Delta ADC$.

Berechnen Sie δ und $\overline{BD}$.

320.

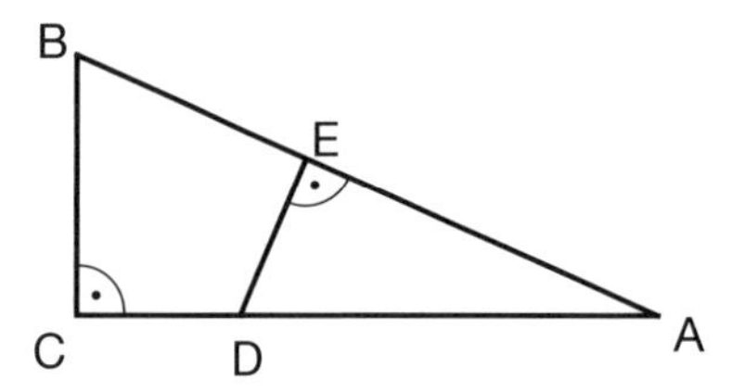

In der Figur sind folgende Strecken bekannt:
$\overline{CA} = 7$ cm, $\overline{CB} = 3$ cm, $\overline{CD} = 2$ cm

Berechnen Sie alle Seiten des Dreiecks DAE.

321. Zeichnen Sie ein Dreieck ABC mit den Seiten
$a = 4$ cm, $b = 5$ cm und $c = 6$ cm.
Ziehen Sie eine Parallele p zu $\overline{AC}$ durch B und in A die Tangente t an den Umkreis des Dreiecks. D sei der Schnittpunkt von p mit t.
(1) Beweisen Sie: $\Delta\ ABC \sim \Delta\ ADB$.
(2) Berechnen Sie $\overline{AD}$ und $\overline{BD}$.

322.

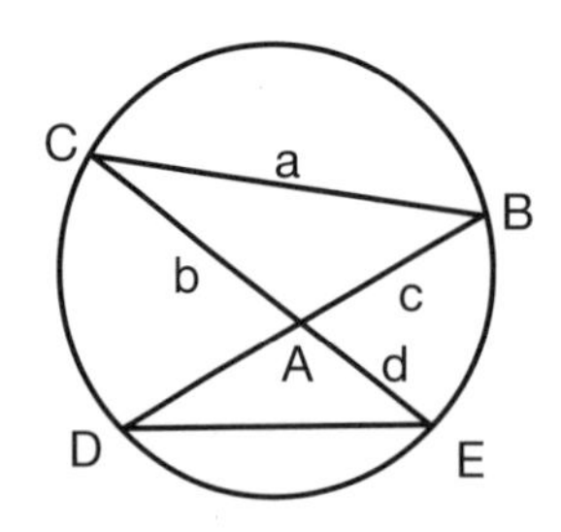

In der Figur sind die Strecken a, b, c und d gegeben.

Berechnen Sie $\overline{DE}$.

323.

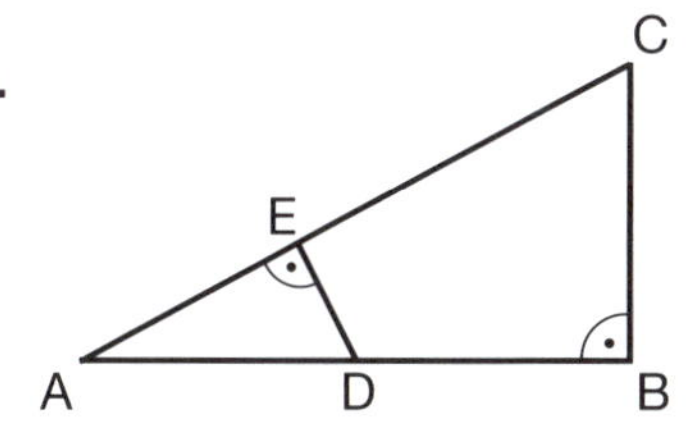

Gegeben ist das rechtwinklige Dreieck ABC durch $\overline{AB} = m$ und $\overline{BC} = n$.

Berechnen Sie $\overline{BD}$ so, dass der Flächeninhalt des Vierecks DBCE viermal so gross wird wie jener des Dreiecks ADE.

324. Beweisen Sie mit Hilfe ähnlicher Dreiecke: «In jedem Dreieck verhalten sich zwei Höhen umgekehrt wie die zugehörigen Seiten, z.B. $h_a : h_b = b : a$.»

325.

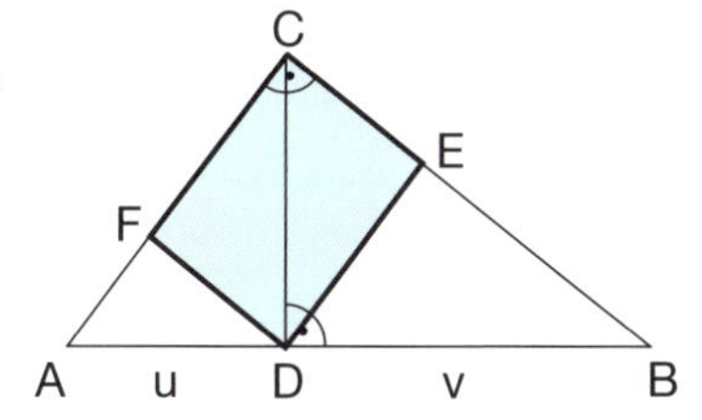

Berechnen Sie den Flächeninhalt des Rechtecks DECF

a) aus $u = 12$ cm und $v = 20$ cm

b) allgemein aus u und v

326. Im gleichschenkligen Dreieck ABC ($a = b$) ist $c = 8$ cm und $h_c = 10$ cm. Der Kreis um A mit $r = \overline{AB}$ schneidet die Seite $\overline{BC}$ in D. Berechnen Sie die Länge von $\overline{BD}$ und den Flächeninhalt A_{ABD}?

327.

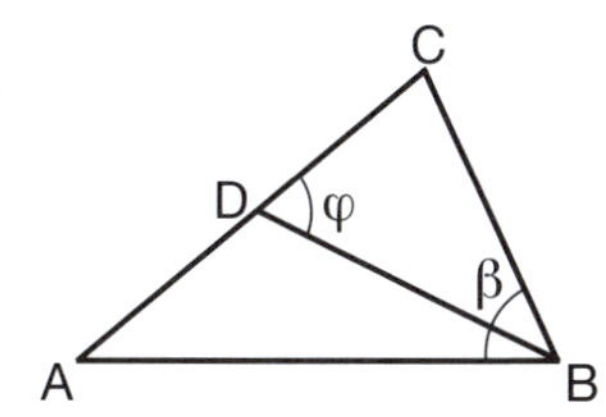

Das Dreieck ABC ist durch die drei Seiten a, b und c gegeben.

a) Berechnen Sie $\overline{CD}$, wenn $\varphi = \beta$ ist.

b) Wie gross ist das Flächenverhältnis $A_{BCD} : A_{ABC}$?

328. Berechnen Sie den Radius des Umkreises eines allgemeinen Dreiecks ABC aus den Seiten a und b sowie der Höhe h_c.

329. Berechnen Sie den Radius des Inkreises eines gleichschenkligen Dreiecks aus der halben Basis e und der Haupthöhe h (Höhe auf die Basis).

330.

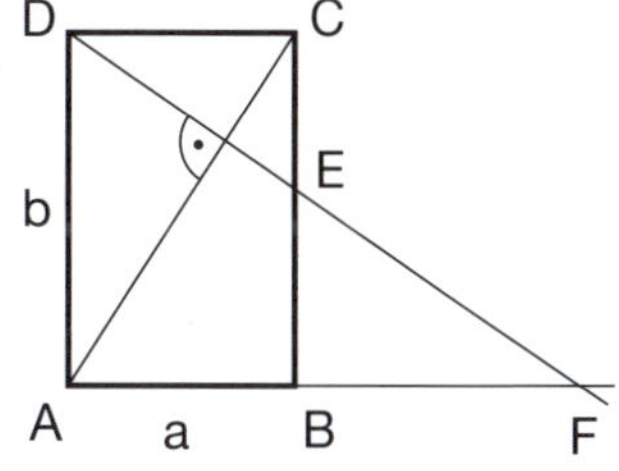

Das Rechteck ABCD ist durch die Seiten a und b ($b > a$) gegeben.
Berechnen Sie die Länge

a) der Strecke $\overline{EC}$

b) der Strecke $\overline{BF}$

331. Vom rechtwinkligen Dreieck ABC sind die Katheten a und b gegeben und D sei der Fusspunkt der Höhe h_c. Wie gross ist der Flächeninhalt des Dreiecks ADC?

332. Gegeben: u, v und e

Gesucht: x

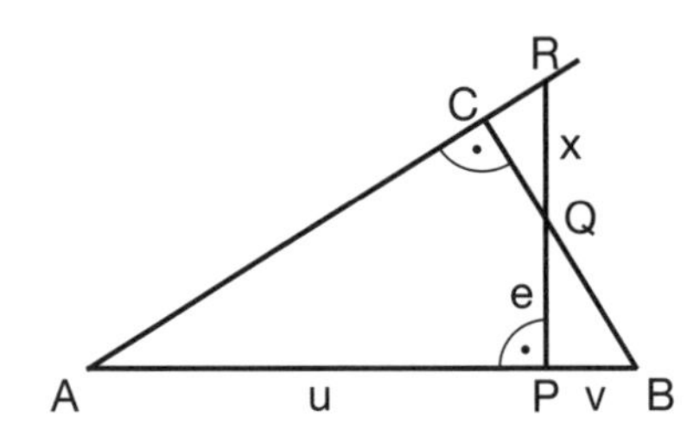

333. Berechnen Sie x und y aus a, b und m.

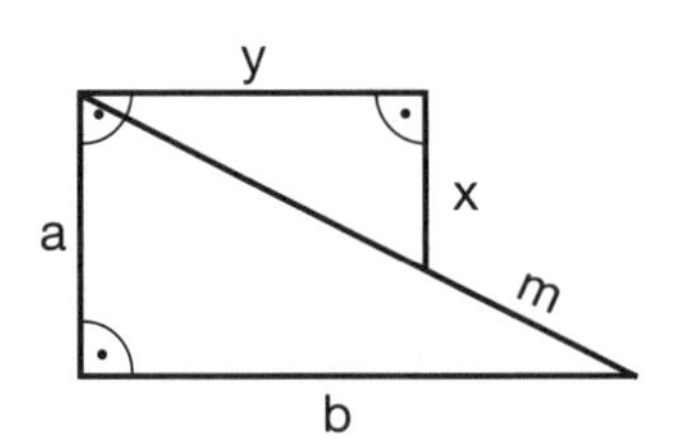

334. Das Trapez ABCD besteht aus zwei ähnlichen gleichschenkligen Dreiecken: $\overline{DA} = \overline{DB}$ und $\overline{CB} = \overline{CD}$
Berechnen Sie den Flächeninhalt des Trapezes
a) aus a = 12 cm und d = 10 cm
b) allgemein aus a und d

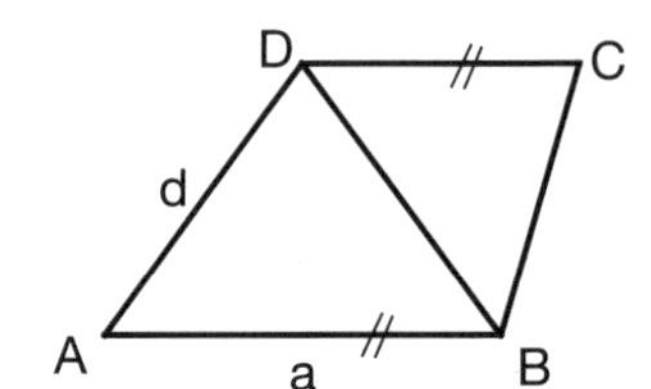

335. Berechnen Sie die Länge des Streckenzuges AEFG im Rechteck ABCD für folgende Masse:
$\overline{AB} = 100$ cm, $\overline{AD} = 68$ cm und $\overline{BE} = 20$ cm.

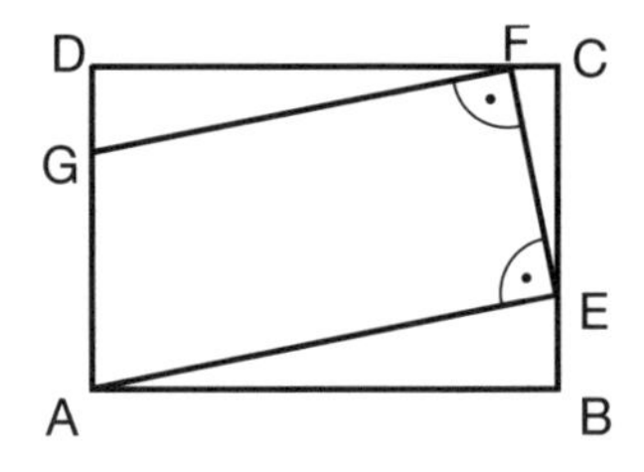

336. Berechnen Sie im Rechteck ABCD die Strecke $\overline{PB}$ so, dass gilt:
$\alpha = \alpha' = \alpha''$.
a) $\overline{AB} = 12$ cm und $\overline{BC} = 9$ cm.
b) allgemein für $\overline{AB} = a$ und $\overline{BC} = b$.

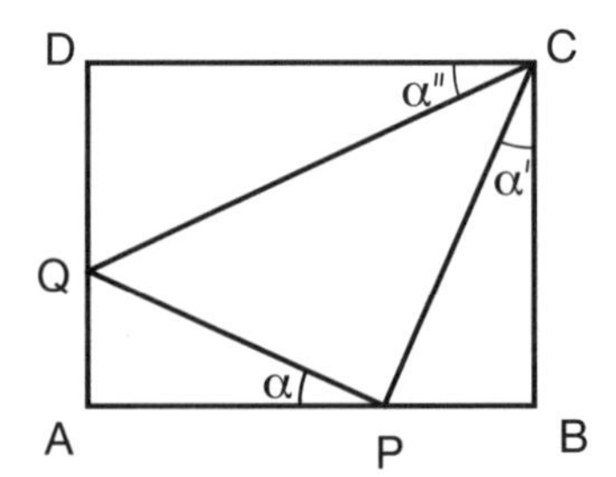

337. Im nebenstehenden Trapez ABCD ist $\overline{AD} = \overline{BC} = 4$ m und $\overline{CD} = 10$ m.
Für den Punkt E auf $\overline{BC}$ gilt $\overline{BE} = 1$ m.
Berechnen Sie die Länge von $\overline{DF}$, falls $\varphi = \gamma$ ist.

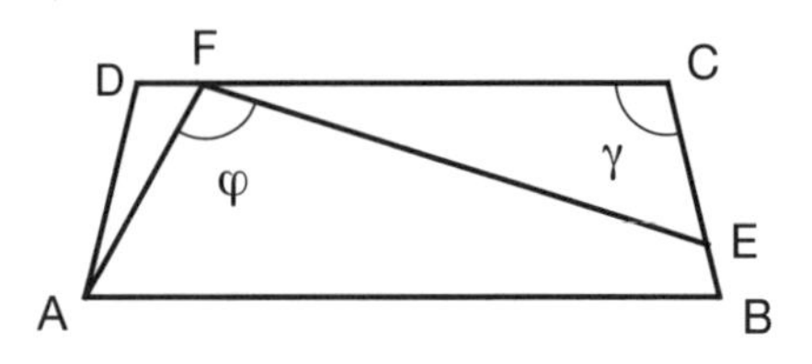

1.5.4 Ähnlichkeit am Kreis

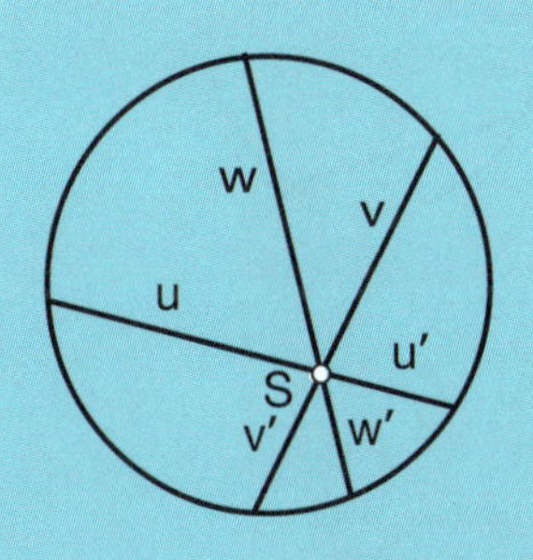

Sehnensatz

$uu' = vv' = ww'$

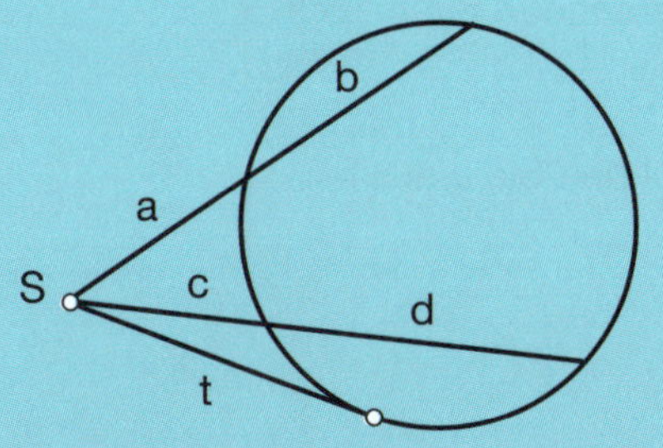

Sekanten-Tangentensatz

$a\,(a + b) = c\,(c + d) = t^2$

Zusammengefasst (Potenzsatz)

Für jede Transversale eines Kreises durch einen Punkt S ist das Produkt der Entfernungen zwischen S und den Schnittpunkten mit dem Kreis jeweils konstant. Liegt S ausserhalb des Kreises, so hat auch das Quadrat des Tangentenabschnittes denselben Wert.

338. In einem Kreis mit $r = 10$ cm liegt 3 cm vom Zentrum entfernt ein Punkt P. Berechnen Sie die Länge der kürzesten Sehne durch P.

339. Zwei sich schneidende Sehnen haben je die Abschnitte a und b sowie c und d.

a) $a = 3$ cm, $b = 12$ cm, $\frac{c}{d} = \frac{2}{3}$. Berechnen Sie c und d.

b) $a + b = 60$ m, $\frac{a}{b} = \frac{3}{5}$, $\frac{c}{d} = \frac{2}{7}$. Berechnen Sie a, b, c und d.

340. Berechnen sie x aus a und r.

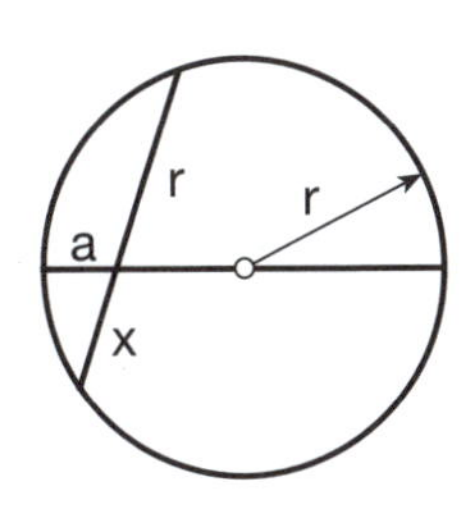

341. a) $a = 3.2$ cm , $b = 5.4$ cm , $c : d = 1 : 2$.
Berechnen Sie c und d.
b) $b = 4$ dm , $c = 3$ dm , $d = 5$ dm
Berechnen Sie a.

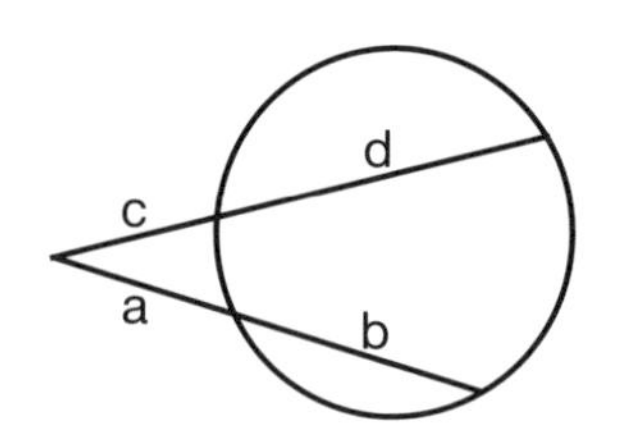

342.

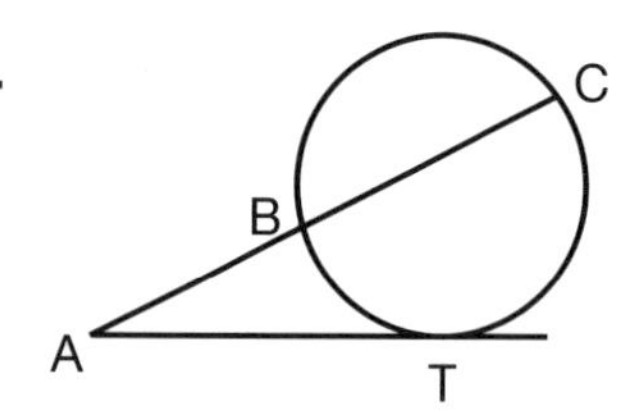

AT ist Tangente.
a) $\overline{BC} = 12$ m, $\overline{AT} : \overline{AB} = 7 : 3$
Berechnen Sie $\overline{AT}$ und $\overline{AB}$.
b) Gegeben: $\overline{AT} = \overline{BC} = a$
Berechnen Sie $\overline{AB}$ aus a.

343.

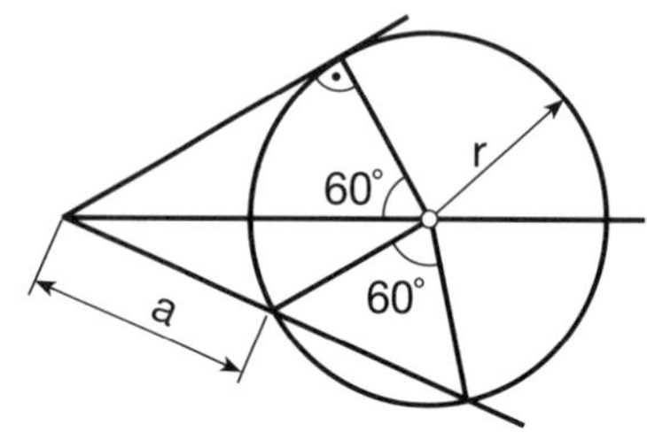

Berechnen Sie a aus r.

344.

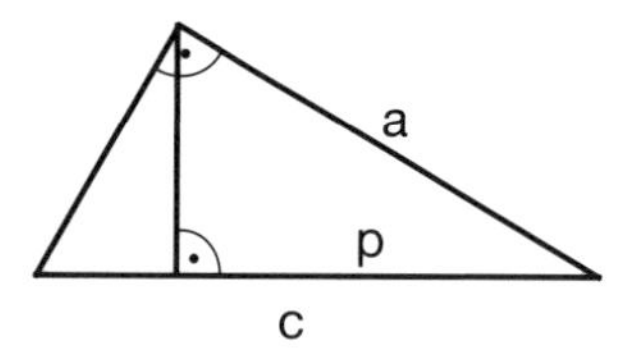

Beweisen Sie den Kathetensatz $a^2 = p \cdot c$
mit Hilfe des Sekanten-Tangentensatzes.

345. Beweisen Sie:
«In jedem spitzwinkligen Dreieck zerlegt der Höhenschnittpunkt die Höhen so, dass das Produkt der Höhenabschnitte bei allen drei Höhen konstant ist.»

346. Gegeben sind der Radius r und
$\overline{AD} = 2 \cdot \overline{DC}$.
Berechnen Sie $\overline{BC}$ aus r.

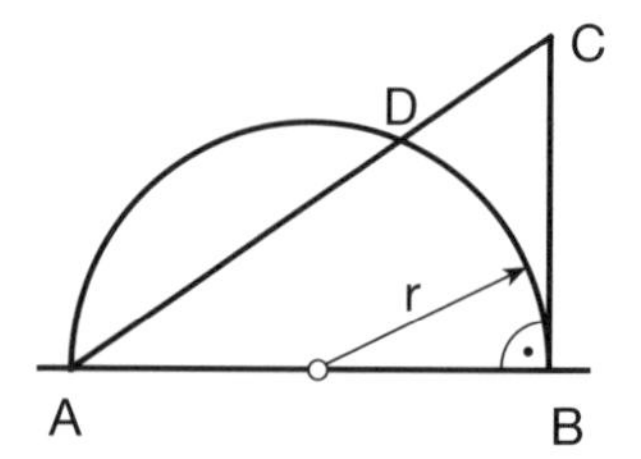

347. Berechnen Sie den Radius r, wenn
Folgendes gegeben ist:
$\overline{BE} = 9$ m, $\overline{EG} = 7$ m,
$\overline{AD} : \overline{DE} : \overline{EF} = 4 : 1 : 7$

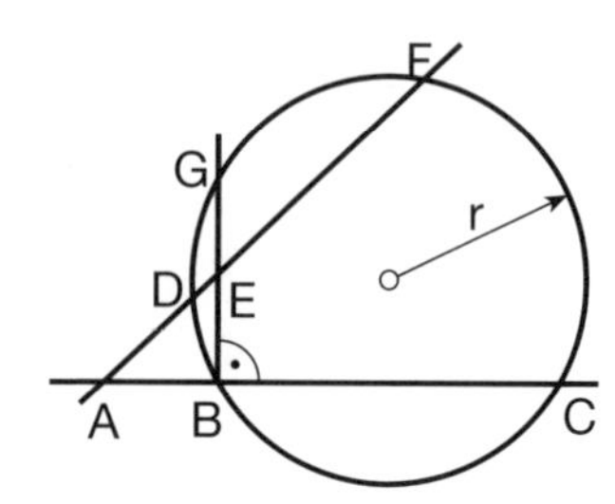

2. Trigonometrie

2.1 Das rechtwinklige Dreieck

Winkelfunktionen (0° < φ < 90°)

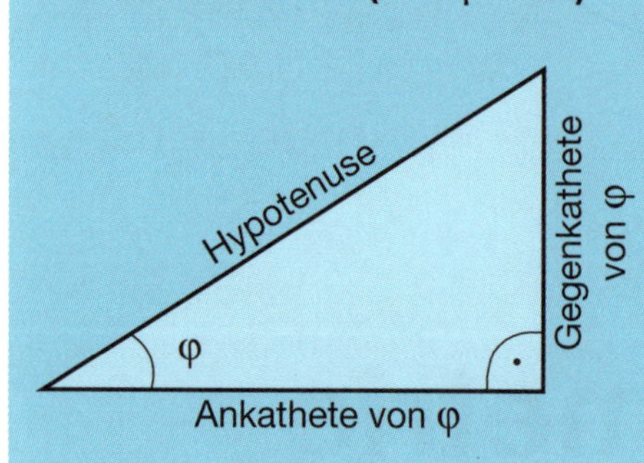

$$\sin\varphi = \frac{\text{Gegenkathete von }\varphi}{\text{Hypotenuse}}$$

$$\cos\varphi = \frac{\text{Ankathete von }\varphi}{\text{Hypotenuse}}$$

$$\tan\varphi = \frac{\text{Gegenkathete von }\varphi}{\text{Ankathete von }\varphi}$$

Arkusfunktionen

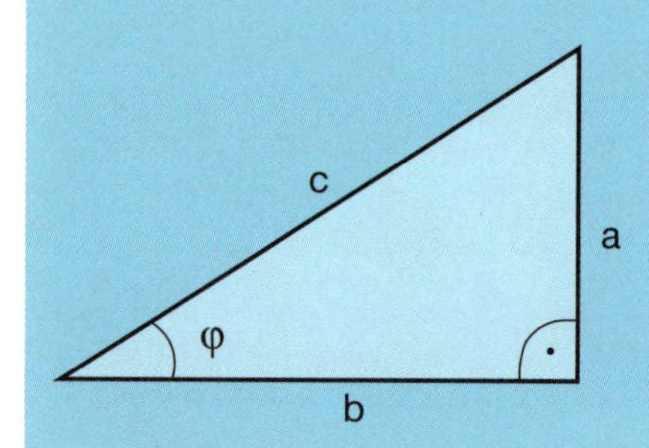

$$\sin\varphi = \frac{a}{c} \Rightarrow \varphi = \text{arc sin}\left(\frac{a}{c}\right)$$

$$\cos\varphi = \frac{b}{c} \Rightarrow \varphi = \text{arc cos}\left(\frac{b}{c}\right)$$

$$\tan\varphi = \frac{a}{b} \Rightarrow \varphi = \text{arc tan}\left(\frac{a}{b}\right)$$

2.1.1 Berechnungen am rechtwinkligen Dreieck

1. Bestimmen Sie sin φ, cos φ und tan φ.

a)

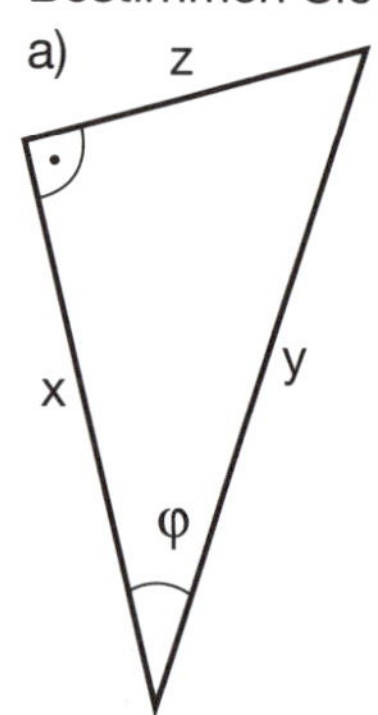

b)

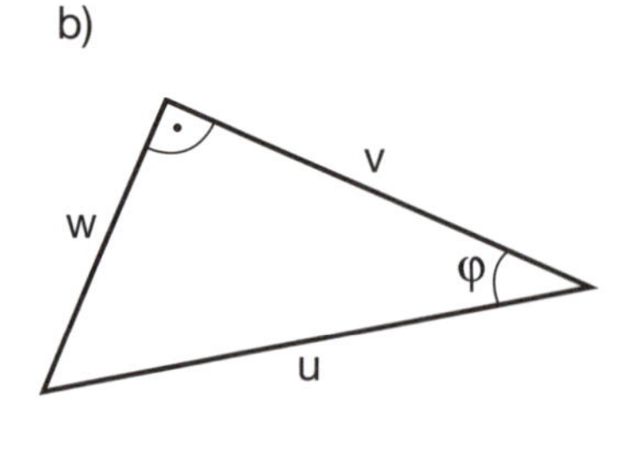

c)

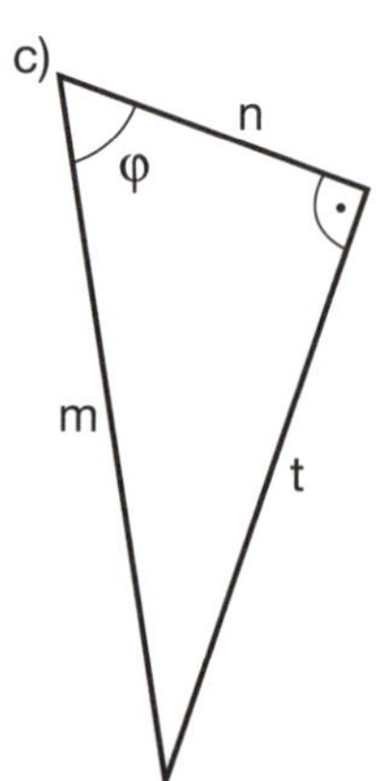

Wenn Dreiecke einen Gott hätten, würden sie ihn mit drei Ecken ausstatten.
Charles-Lois, Baron de Montesquien, franz. Philosoph, 1689–1755

2. Berechnen Sie die fehlenden Seiten und Winkel.
(c ist immer die Hypotenuse)
a) $a = 8.9$ cm , $\beta = 34.8°$
b) $b = 12.0$ cm , $\beta = 21.8°$
c) $c = 11.04$ m , $\alpha = 50.1°$
d) $c = 22.3$ dm , $\beta = 34.3°$

3. In einem rechtwinkligen Dreieck ist folgendes Seitenverhältnis bekannt:
(c ist immer die Hypotenuse)
a) $a : c = 3 : 7$
b) $b : a = 2 : 3$
c) $b : c = 17 : 28$
d) $a : b = 1 : 38$
e) $a : c = 39 : 31$
Berechnen Sie α und β.

4. Berechnen Sie die fehlenden Seiten und Winkel.
(c ist immer die Hypotenuse)
a) $a = 1.25$ m , $b = 0.53$ m
b) $a = 4.2$ cm , $c = 7.5$ cm
c) $b = 13.7$ dm , $c = 14.2$ dm
d) $a = 11.5$ cm , $b = 25.3$ cm

5. Berechnen Sie die fehlenden Seiten und Winkel.
(c ist immer die Hypotenuse)
a) $b = 31.4$ cm , $\beta = 68.4°$
b) $c = 13.8$ m , $\alpha = 51.2°$
c) $a = 38.7$ cm , $c = 36.3$ cm
d) $c = 25.4$ dm , $\beta = 85.1°$
e) $a = 54.3$ cm , $b = 18.2$ cm

6. Berechnen Sie die fehlenden Seiten und Winkel des Dreiecks ABC.
a) $a = 5.5$ cm , $p = 2.7$ cm
b) $b = 297$ m , $h = 232.2$ m
c) $q = 4.15$ m , $h = 5.84$ m
d) $p = 2.20$ dm , $\alpha = 66.3°$
e) $h = 15.57$ m , $\beta = 33.4°$
f) $p = 34.3$ cm , $q = 26.2$ cm
g) $b = 14.32$ m , $p = 12.74$ m

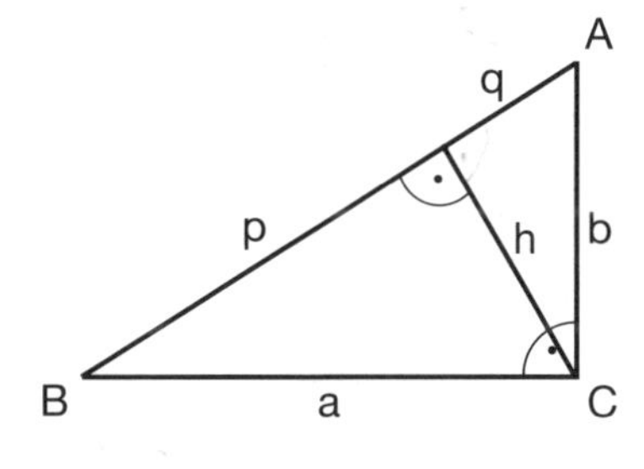

7. Geben Sie den absoluten Fehler mit zwei geltenden Ziffern an.
(Beachten Sie: Der Mittelwert $\bar{x}$ und der Fehler Δx haben dieselbe Anzahl Dezimalen.)
a) $c = (52 \pm 1)$ cm , $\alpha = (76 \pm 1)°$ — $a = \bar{a} \pm \Delta a = ?$
b) $c = (49.2 \pm 1.5)$ mm , $\alpha = (25.8 \pm 1.5)°$ — $b = \bar{b} \pm \Delta b = ?$
c) $a = (20.1 \pm 0.5)$ m , $b = (12.0 \pm 0.5)$ m — $\alpha = \bar{\alpha} \pm \Delta\alpha = ?$
d) $a = (82 \pm 1)$ cm , $c = (100 \pm 1)$ cm — $\beta = \bar{\beta} \pm \Delta\beta = ?$

8. Bestimmen Sie exakt und ohne Rechner.
a) sin 45°
b) tan 60°
c) cos 30°

9. Eine Ebene hat die Steigung 17 %. Berechnen Sie den Steigungswinkel.

10. Ein Punkt P hat vom Mittelpunkt eines Kreises mit dem Radius r den Abstand 6.5r. Berechnen Sie den Winkel zwischen den beiden Tangenten durch P.

11. Von einem gleichschenkligen Dreieck mit der Basis c sind bekannt:
$h_c = 45.3$ dm, $\gamma = 131.5°$
Berechnen Sie die fehlenden Seiten und Winkel.

12. Berechnen Sie in einem Kreis mit dem Durchmesser d = 350 mm die Sehne zum Periferiewinkel $\alpha = 38.5°$.

13. Von einem Rhombus kennt man:
Seite s = 23.4 cm , Diagonale e = 30.3 cm
Berechnen Sie die andere Diagonale und die Winkel.

14. Ein gleichschenkliges Trapez mit den Parallelseiten a = 3.46 m und c = 2.18 m und der Schenkellänge s = 2.56 m ist gegeben.
Berechnen Sie die Höhe und die Basiswinkel.

15. Berechnen Sie die Länge der Winkelhalbierenden w_α eines rechtwinkligen Dreiecks, wenn die Katheten a = 16.6 cm und b = 23.2 cm messen.

16. Unter welchem Winkel schneiden sich zwei Kreise mit den Radien 9.8 cm und 6.5 cm , wenn ihre gemeinsame Sehne 9 cm misst?
(Der Schnittwinkel zweier Kreise ist gleich dem Schnittwinkel ihrer Tangenten im Schnittpunkt.)

17. Unter welchem Winkel schneiden sich die gemeinsamen Tangenten zweier Kreise mit den Radien r = 4.5 cm und R = 5.5 cm , wenn die Kreismittelpunkte den Abstand 8 cm haben?

18. Zeichnen Sie ein Rechteck ABCD mit den Seiten $\overline{AB} = 14$ cm und $\overline{BC} = 3$ cm.
Der Punkt P befinde sich auf der Seite $\overline{AB}$ im Abstand 2 cm von A , der Punkt Q auf der Seite $\overline{CD}$ im Abstand 2 cm von C.
Spiegeln Sie das Rechteck ABCD an der Geraden PQ.
Berechnen Sie den Inhalt des Flächenstückes, das die beiden Rechtecke gemeinsam haben.

19. Von einem Dreieck ABC sind die Höhe $h_c = 6.3$ cm , die Winkelhalbierende $w_\gamma = 6.8$ cm und der Winkel $\gamma = 70°$ gegeben.
Berechnen Sie die Seite c sowie die Winkel α und β.

20. Gegeben ist ein gleichschenkliges Dreieck mit der Grundlinie von 70 dm und einer Schenkellänge von 55 dm.
Berechnen Sie den Abstand zwischen den Mittelpunkten von In- und Umkreis.

21.

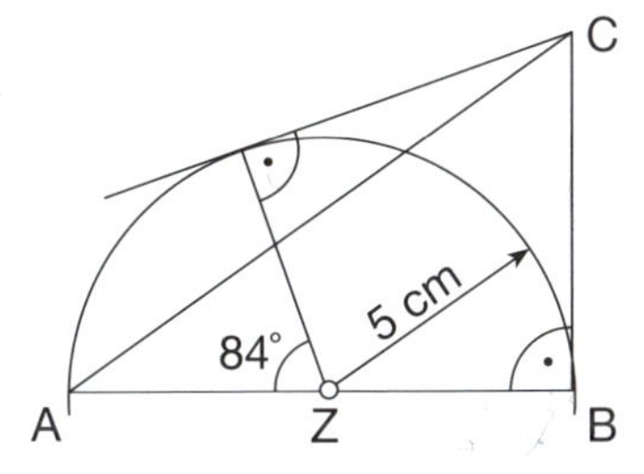

Berechnen Sie $\overline{AC}$.

22. Der Inkreisradius eines Rhombus mit 15 cm Seitenlänge beträgt 6.5 cm. Berechnen Sie die Winkel und die Länge der Diagonalen.

23.

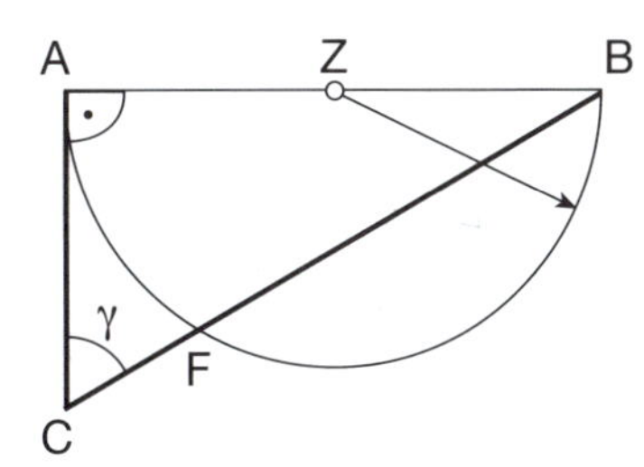

In der Figur gilt:
$\overline{BF} : \overline{FC} = 4 : 1$

Berechnen Sie γ.

24. Im Dreieck ABC gilt: $\tan\alpha = 2.56$
Bestimmen Sie
a) $\sin\alpha$ b) $\cos\beta$ c) $\tan\beta$

25. Beweisen Sie mit Hilfe der Definition der Winkelfunktionen:
a) $\sin(90° - \alpha) = \cos\alpha$; $\cos(90° - \alpha) = \sin\alpha$ und $\tan(90° - \alpha) = \dfrac{1}{\tan\alpha}$

b) $\tan\alpha = \dfrac{\ldots}{\ldots}$

c) $\dfrac{\sin\alpha}{\cos\alpha}$
$\sin^2(\alpha) + \cos^2(\alpha) = 1$

Unzählige haben (vergebens) bewiesen, dass Beweise überflüssig sind. So etwa charakterisierte der schwedische Schriftsteller Johan August Strindberg (1849–1912) die Beweissucht der Mathematiker als ein artiges Spiel der Leute, die nichts zu tun haben.

Dabei stellte bereits Leonhard Euler (1707–1783) fest:
«Euklid hätte uns vergebens die schönsten Wahrheiten der Geometrie gezeigt, hätte er nicht zu unserer Überzeugung hinlängliche Beweise hinzugesetzt, denn auf sein Wort allein hätten wir uns niemals verlassen.»

26. Berechnen Sie u und v.

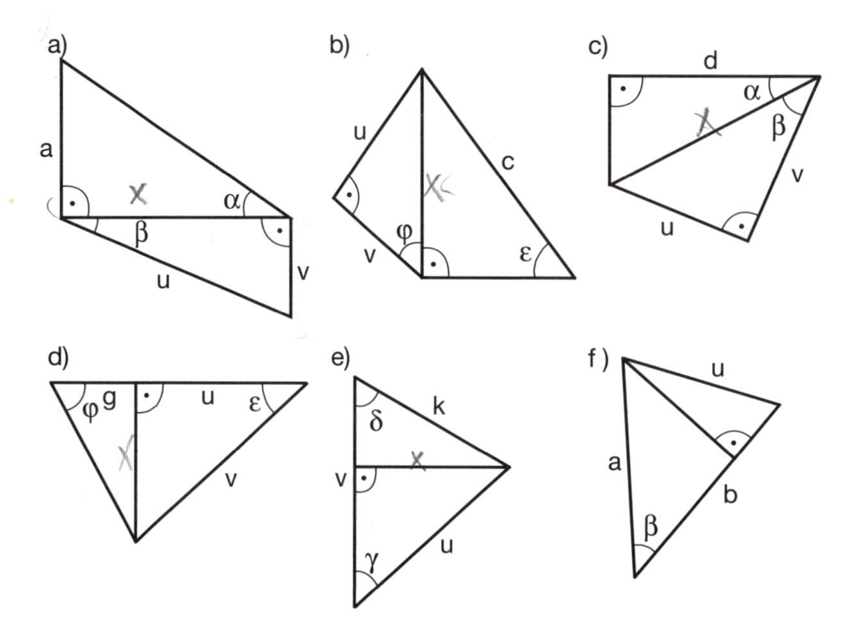

> Die Mathematik richtig verstanden, besitzt nicht allein Wahrheit, sondern auch höchste Schönheit – eine Schönheit, so kühl und streng wie die einer Plastik.
>
> Bertrand Russell, 1872–1970, Mathematiker und Philosoph

27. Berechnen Sie u und v.

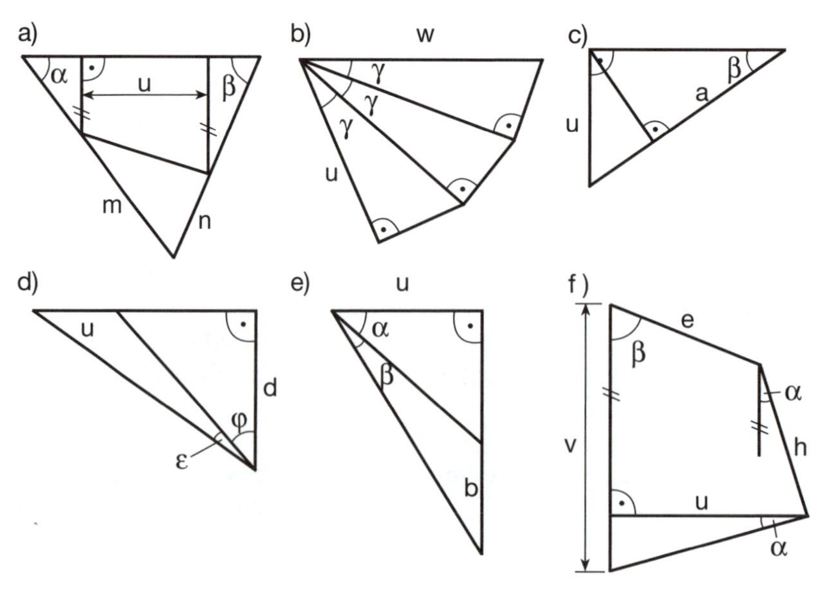

28. Berechnen Sie jeweils α und β aus den übrigen Grössen.

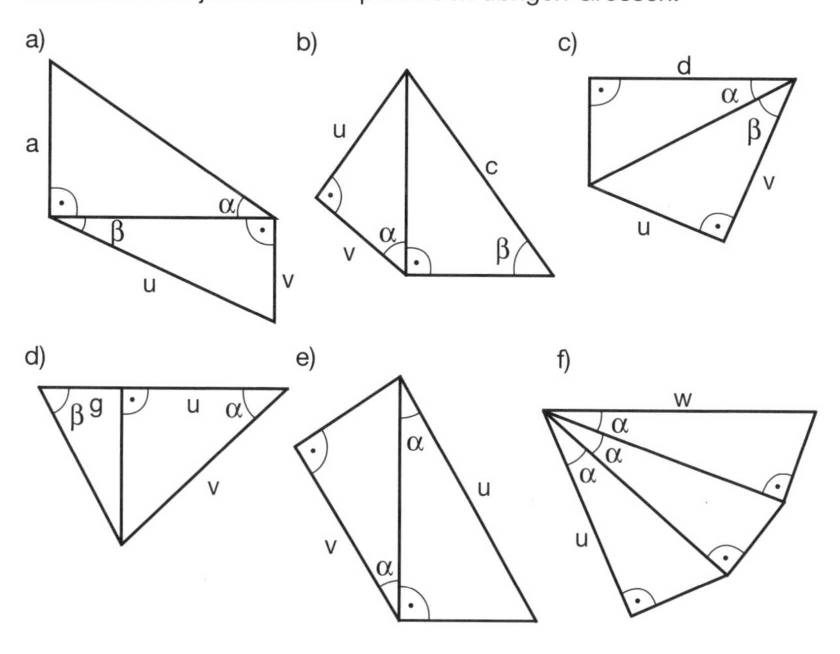

29. Im Dreieck ABC gilt : $\tan \alpha = k$
Bestimmen Sie
a) $\sin \alpha$ b) $\cos \alpha$ c) $\tan \beta$ d) $\sin \beta$

Aufgaben mit Parametern

30. Von einem Kreissektor kennt man den Radius r und den Zentriwinkel ε.
Berechnen Sie die Sehne s und die Höhe h des Kreisbogens.

31. Von einem rechtwinkligen Dreick ist der Flächeninhalt A sowie der Winkel α bekannt.
Berechnen Sie die Länge der beiden Katheten.

32. Einem Kreissektor mit Radius R und Zentriwinkel α ($\alpha < 90°$) ist ein Kreis einbeschrieben. Berechnen Sie dessen Radius r.

33. Von einem gleichschenkligen Trapez sind die beiden Parallelseiten a und c sowie der Winkel α bekannt.
Berechnen Sie den Flächeninhalt des Trapezes.

34. Der Winkel $\gamma = 65.3°$ an der Spitze eines gleichschenkligen Dreiecks wird in drei gleiche Teilwinkel geteilt.
Berechnen Sie die Längen der drei Abschnitte, in die die Basis c zerlegt wird.

35. Berechnen Sie in einem allgemeinen Dreieck ABC den Umkreisradius r aus der Seite c und dem gegenüberliegenden Winkel γ.

36.

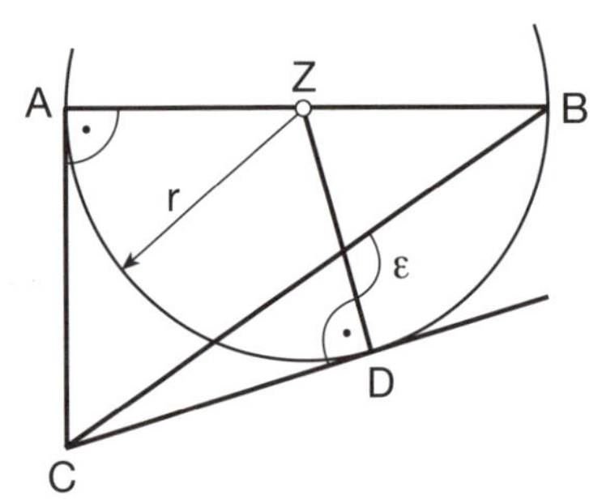

CD ist Tangente am Halbkreis mit Durchmesser AB und Radius r.

$\overline{AC} = 1.2r$

Berechnen Sie ε.

37. Beweisen Sie, dass die beiden Dreiecke, die bei der Konstruktion aus zwei Seiten und dem Gegenwinkel der kleineren Seite entstehen, den gleichen Umkreisradius haben.

38. In der Walzenlagerung ist der Kugeldurchmesser d für n Kugeln aus D und n zu berechnen.

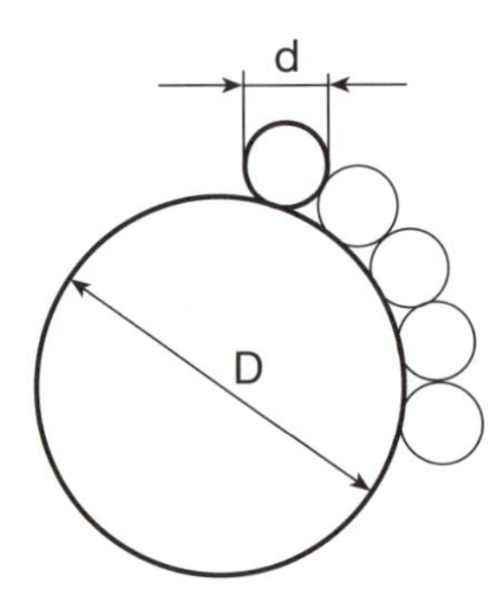

39. Der Winkel zwischen den gemeinsamen
a) äusseren b) inneren
Tangenten zweier Kreise (Z_1 , R und Z_2 , r , wobei R>r) ist γ.
(Winkel, der von der Symmetrieachse halbiert wird)
Bestimmen Sie $s = \overline{Z_1Z_2}$.
Unter welchen Bedingungen ist eine Lösung möglich?

40.

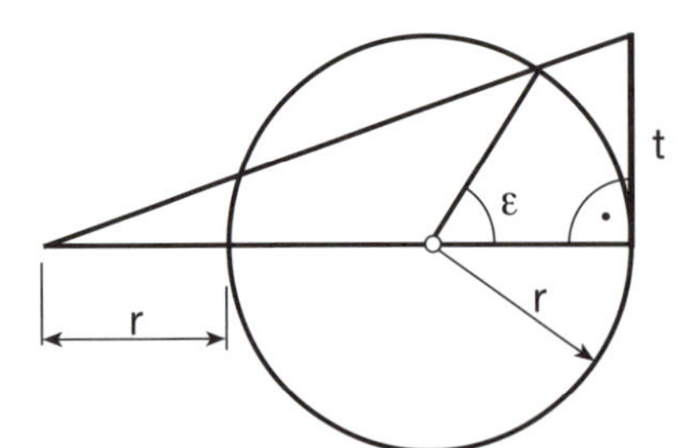

Gegeben: r ; ε

Gesucht: t

> So kann also die Mathematik definiert werden als diejenige Wissenschaft, in der wir niemals das kennen, worüber wir sprechen, und niemals wissen, ob das, was wir sagen, wahr ist.
>
> Bertrand Russell, 1872–1970, Mathematiker und Philosoph

41. Ein rechtwinkliges Dreieck sei durch die Hypotenuse c und den Winkel α gegeben. In dieses Dreieck ist ein Halbkreis gezeichnet, dessen Mittelpunkt auf c liegt und der die beiden Katheten berührt.
Berechnen Sie den Radius r dieses Halbkreises aus c und α.

42. Bestimmen Sie φ aus α, m und n für
a) $\alpha = 45°$
b) beliebigen Winkel α.
($0° < \alpha < 90°$)

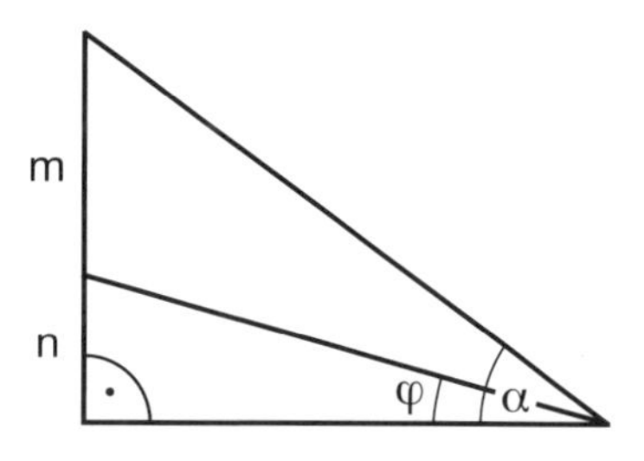

43. Berechnen Sie in einem regelmässigen n-Eck
a) mit gerader Eckenzahl
b) mit ungerader Eckenzahl
die längste Diagonale aus der Seite s.

44. Einem Quadrat mit der Seite a wird ein zweites einbeschrieben.
Bestimmen Sie die Seitenlänge b des eingeschriebenen Quadrates aus a und α.

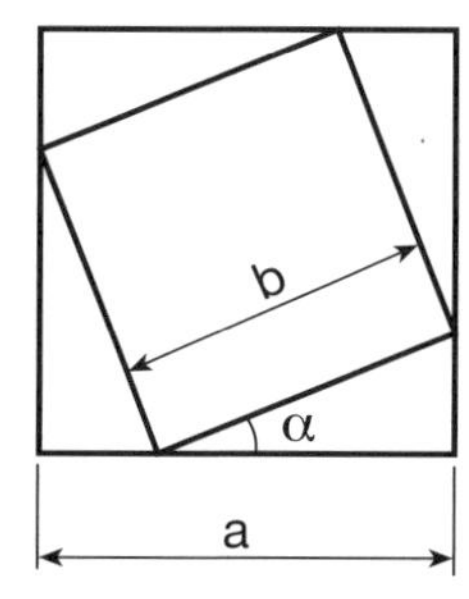

2.1.2 Aufgaben aus der Optik

Brechung von Licht

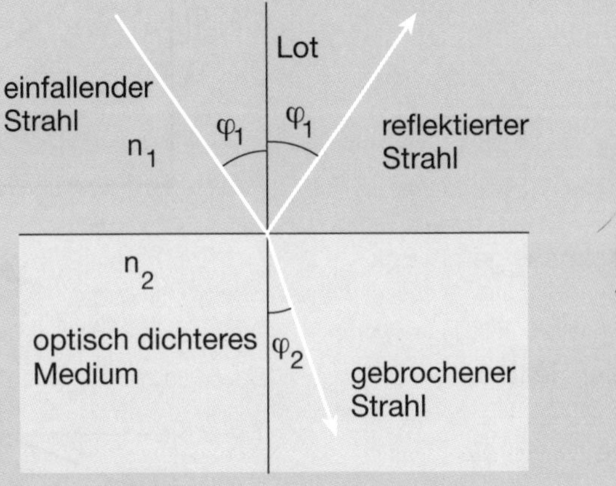

Brechungsgesetz von Snellius

$$n_1 \cdot \sin\varphi_1 = n_2 \cdot \sin\varphi_2$$

n : Brechzahl

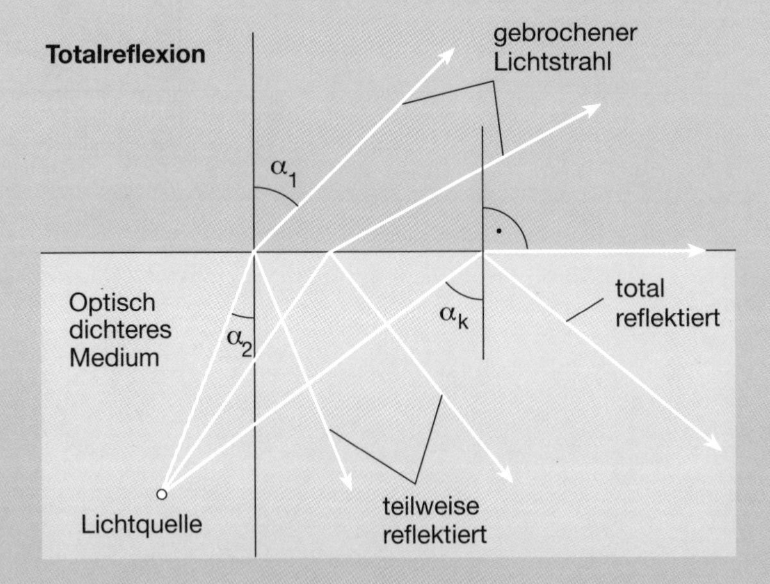

Totalreflexion:

Kritischer Einfallswinkel α_k, wenn der Brechungswinkel 90° erreicht.

45.

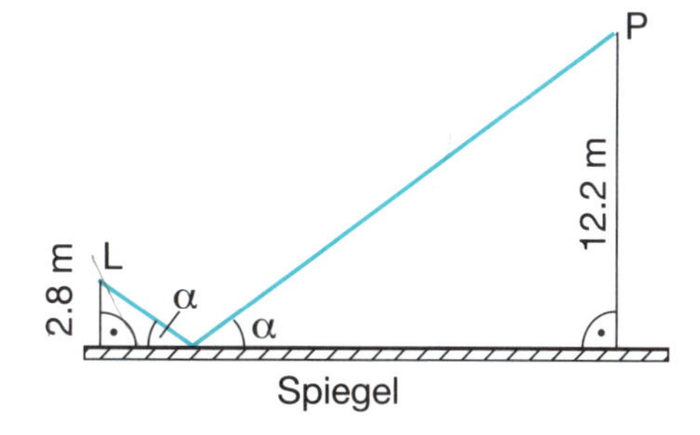

Eine Lichtquelle L befindet sich 2.8 m vor einem Spiegel. Damit ein Lichtstrahl den Punkt P trifft, der 12.2 m vor dem Spiegel liegt, muss der Lichtstrahl unter einem Winkel α von 34.2° auf den Spiegel treffen. Berechnen Sie $\overline{LP}$.

46.

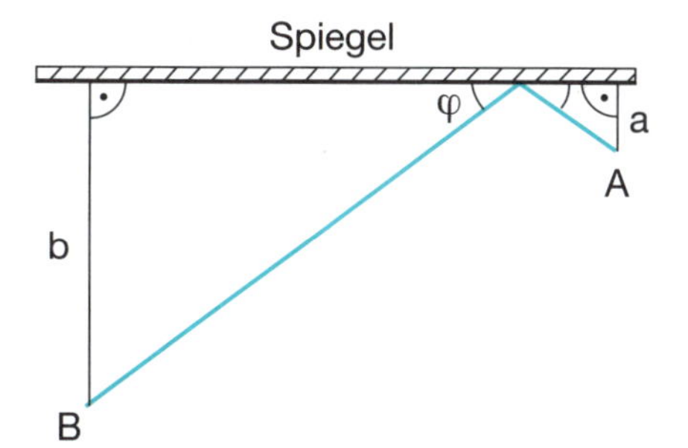

An einem Spiegel wird ein Lichtstrahl von A nach B reflektiert.
$s = \overline{AB}$

Bestimmen Sie φ
a) aus $s = 143$ dm, $a = 18$ dm und $b = 70$ dm
b) allgemein aus a, b und s.

Der gerade Weg ist der Kürzeste, aber es dauert meist am längsten, bis man auf ihm zum Ziele gelangt.

G. Chr. Lichtenberg, 1870–1940, franz. Schriftsteller

47.

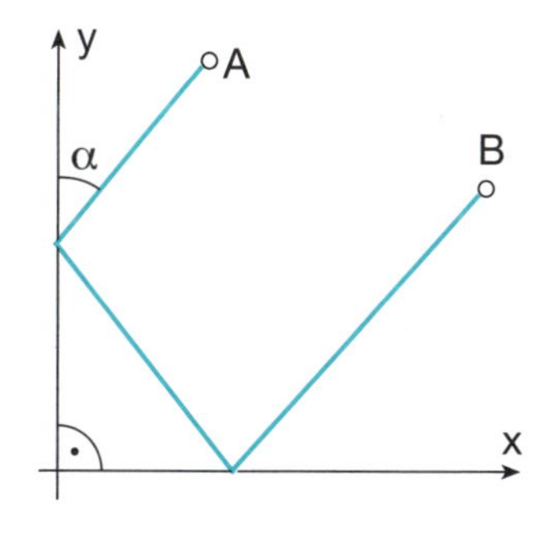

Von der Lichtquelle A (5/12) ausgehend soll ein Strahl an zwei Spiegeln (x- und y-Achse) reflektiert werden und in B (10/4) auftreffen.

Berechnen Sie α.

48.

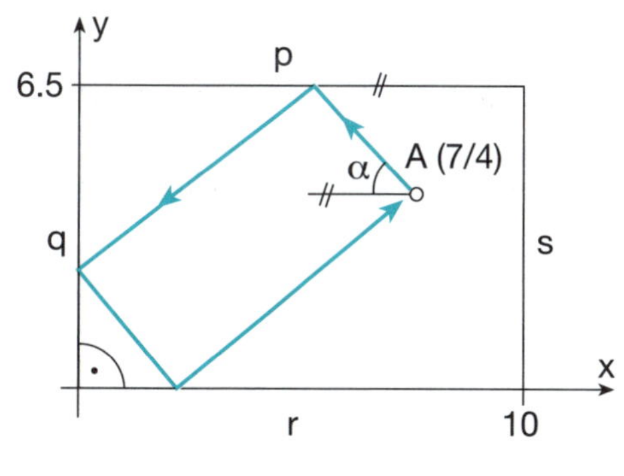

Unter welchem Winkel α muss ein Lichtstrahl von A ausgesendet werden, wenn er
a) nach 3-facher Reflexion (an p, q und r)
b) nach 4-facher Reflexion (an p, q, r und s)
wieder in A eintreffen soll?

Hinweis: Überlegen Sie sich die Berechnung aufgrund der Konstruktion des Strahlenganges.

49. Ein Lichtstrahl falle unter einem Winkel von 49° (Einfallswinkel) auf die Grenzfläche zwischen Luft und Wasser. Die Brechzahl der Luft ist 1.00 und diejenige des Wassers 1.33.
Wie gross ist der Brechungswinkel?

50. Die Brechzahl einer Glassorte ist 1.5.
Berechnen Sie den Brechungswinkel eines Lichtstrahls, der unter einem Winkel von
a) 45° b) 50° c) 65°
zur Normalen auf die Glasplatte trifft.

51. Der Grenzwinkel (kritischer Winkel) von Diamant (optisch dichteres Medium) in Luft (optisch dünneres Medium) beträgt 24.44°.
Bestimmen Sie die Brechzahl für Diamant.

52. Ein Lichtstrahl, der aus dem optisch dichteren Medium
a) Wasser $(n = 1.333)$ b) Kornglas $(n = 1.515)$
in Luft austritt, wird von der Normalen weg gebrochen.
Wie gross ist der kritische Winkel (Grenzwinkel) für Totalreflexion?

53. Ein Lichtstrahl falle unter einem Winkel von 58.0° zur Normalen aus der Luft auf ein durchsichtiges Material.
Reflektierter und gebrochener Strahl stehen senkrecht aufeinander.
a) Wie gross ist die Brechzahl des Materials?
b) Wie gross ist sein kritischer Winkel der Totalreflexion?

54. Eine punktförmige Lichtquelle sei 0.4 m unterhalb der Oberfläche eines Terpentinbehälters angebracht.
Berechnen Sie die Brechzahl n für Terpentin, wenn der Flächeninhalt des grössten Kreises auf der Flüssigkeitsoberfläche, durch den das direkt von der Lichtquelle kommende Licht austreten kann, 0.43 m^2 beträgt.

55. Eine punktförmige Lichtquelle sei 1.5 m unterhalb der Oberfläche eines grossen Wasserbehälters angebracht.
Berechnen Sie den Flächeninhalt des grössten Kreises auf der Wasseroberfläche, durch den das direkt von der Punktquelle kommende Licht austreten kann. $(n=1.333)$

> Die Physik erklärt die Geheimnisse der Natur nicht, sie führt sie auf tieferliegende Geheimnisse zurück.
>
> Carl Friedrich von Weizsäcker, Physiker

56.

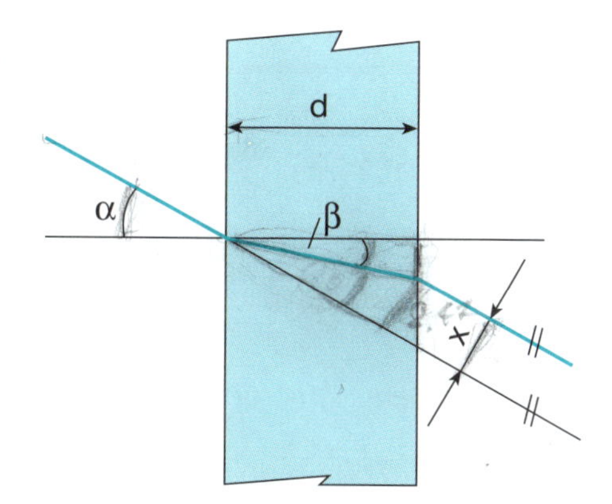

Ein Lichtstrahl wird beim Durchgang durch eine planparallele Glasplatte (Flintglas $n = 1.6$) der Dicke d bei einem Einfallswinkel α um die Strecke x verschoben.

(1) Berechnen Sie für $\alpha = 48°$ und $d = 8$ cm
  a) den Winkel β.
  b) den Weg des Lichtstrahls in der Glasplatte.
  c) die Verschiebung x.

(2) Bestimmen Sie x aus d, α und β.

57.

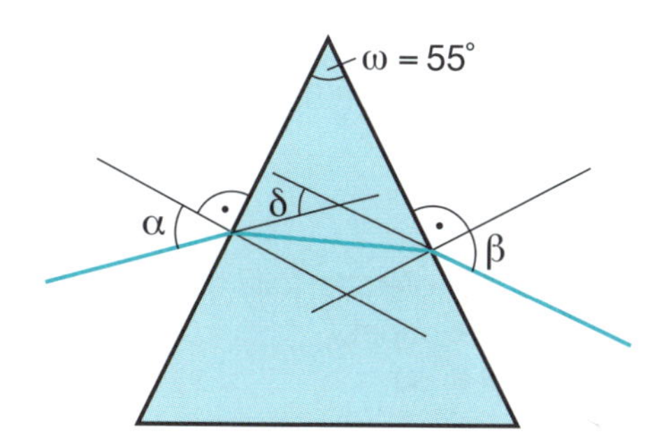

Im Prisma (Glas $n = 1.5$) wird ein Lichtstrahl zweimal von der brechenden Kante weg gebrochen.

a) Berechnen Sie den Ausfallswinkel β bei einem Einfallswinkel $\alpha = 35°$.
b) Berechnen Sie die Gesamtablenkung (δ) des Lichtstrahls für $\alpha = 35°$.
c) Für welche Werte von α würde Totalreflexion eintreten?

58.

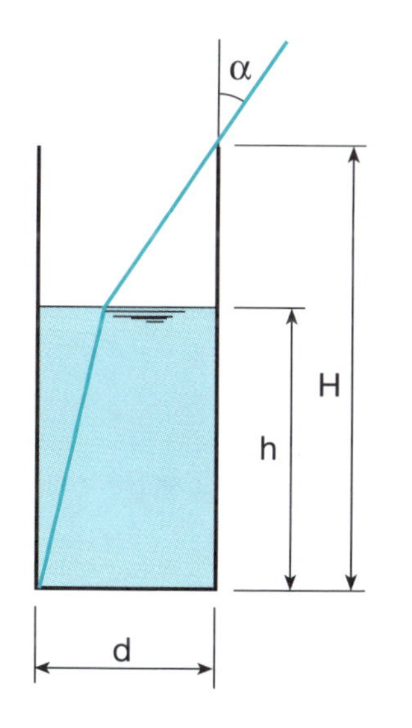

$H = 45$ cm ; $d = 28$ cm ; $\alpha = 40°$; $n = 1.333$

Wie hoch (h) muss der Wasserspiegel sein, damit man bei einem Blick in den Zylinder unter einem Winkel α den Rand des Gefässbodens gerade noch sehen kann?

a) numerisch
b) allgemein

> Wer bekennt nicht, dass die Mathematik, als eins der herrlichsten menschlichen Organe, der Physik von einer Seite sehr vieles genutzt; dass es aber durch falsche Anwendung ihrer Behandlungsweise dieser Wissenschaft gar manches geschadet, lässt sich auch wohl nicht leugnen, und man findet's hier und da, notdürftig eingestanden.
>
> Johann Wolfgang Goethe, 1749–1832, zur Farbenlehre

2.1.3 Flächeninhalt eines Dreiecks

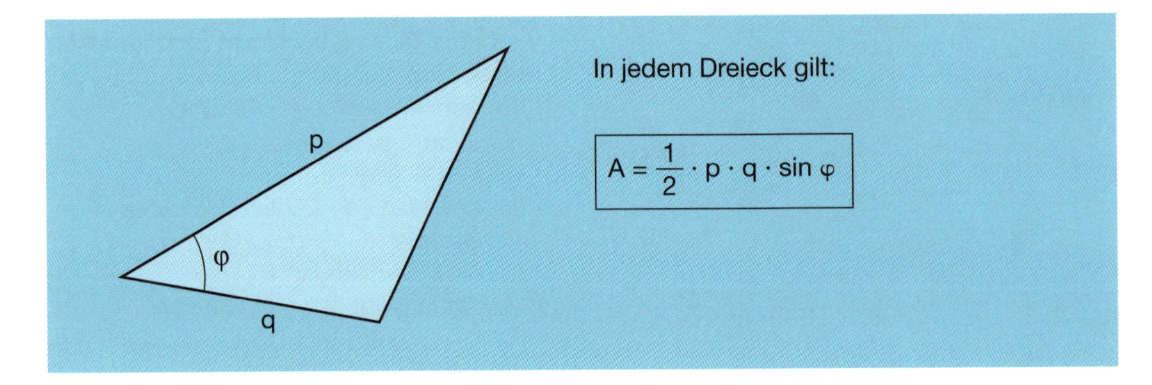

In jedem Dreieck gilt:

$$A = \frac{1}{2} \cdot p \cdot q \cdot \sin \varphi$$

59. Der Umfang eines Kreises, dessen Radius 6 cm beträgt, wird durch die Ecken eines einbeschriebenen Fünfecks im Verhältnis 4 : 5 : 6 : 7 : 7 geteilt.
Wie gross ist der Flächeninhalt dieses Fünfecks?

60. Der Umfang eines Kreises mit dem Radius r werde in 9 gleiche Teile eingeteilt.
Die Teilungspunkte werden mit A, B, C, ... , I bezeichnet.
Berechnen Sie den Flächeninhalt des Vierecks ABDG aus r.

61. Berechnen Sie in einem regelmässigen 10-Eck mit Inkreisradius 90 cm folgende Grössen: Seitenlänge, Umkreisradius und Flächeninhalt.

62. Berechnen Sie den Flächeninhalt eines gleichschenkligen Dreiecks aus dem Umkreisradius r und einem Basiswinkel von 63°.

63. Vom Dreieck ABC kennt man:
$a = (12.6 \pm 0.5)$ cm , $b = (29.9 \pm 0.5)$ cm , $\gamma = (71 \pm 2)°$
Berechnen Sie den Flächeninhalt des Dreiecks:
$A = \bar{A} \pm \Delta A = ?$ (ΔA mit zwei geltenden Ziffern angeben)

64. Berechnen Sie den Flächeninhalt eines regulären n-Ecks aus der Seitenlänge a und n.

65. Die Schenkel eines spitzwinkligen, gleichschenkligen Dreiecks messen je 2 m und der Flächeninhalt 1.5 m². Wie gross ist die Basis?

66. Das Dreieck ABC ist gegeben:
$\alpha = 50°$, $\beta = 60°$ und Seite c.

Berechnen Sie den Inhalt des gefärbten Vierecks aus c.

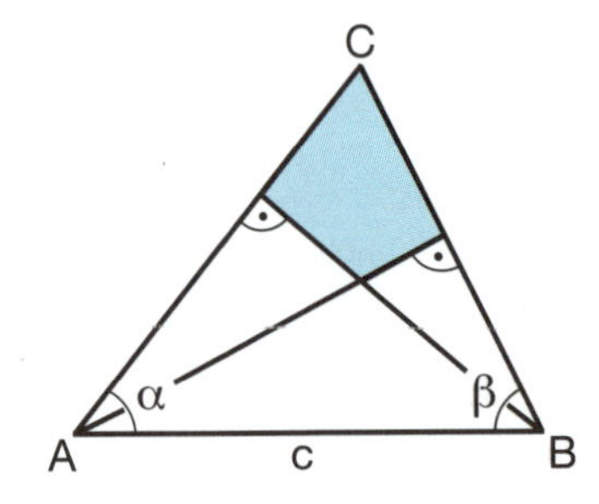

2.1.4 Berechnungen am Kreis

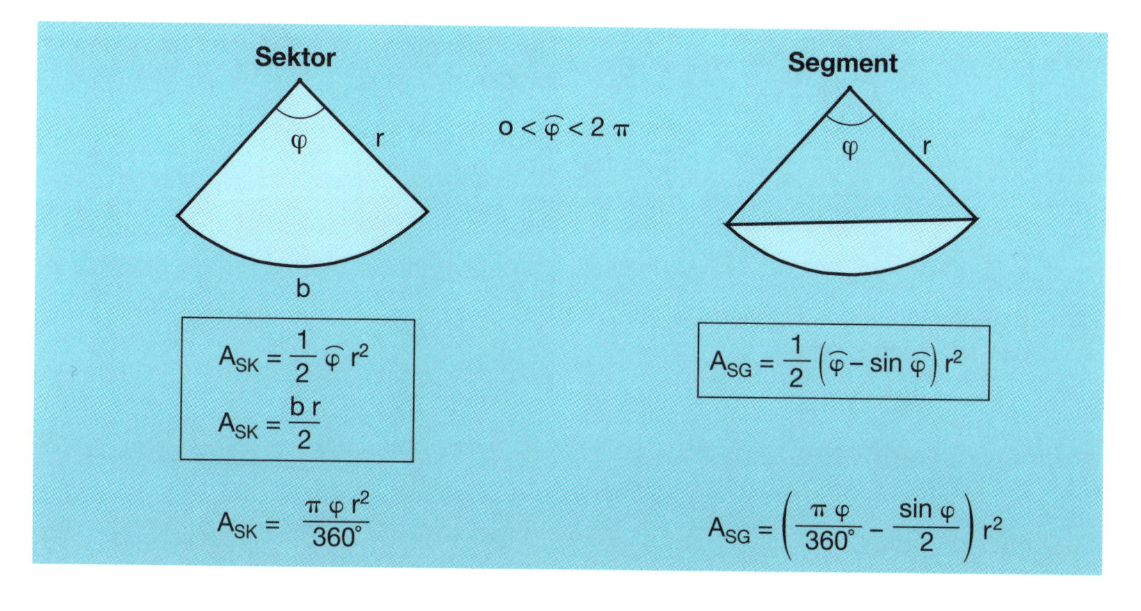

67. Berechnen Sie den Flächeninhalt des Segmentes; jeweils mit dem Bogenmass und dem Gradmass des Winkels φ.

a) $r = 81$ mm , $\widehat{\varphi} = \frac{\pi}{8}$

b) $r = 26$ cm , $\widehat{\varphi} = 1.2$ rad

c) $r = 3.41$ m , $\varphi = 73^\circ$

68. Berechnen Sie den Inhalt eines Segmentes ($A = \bar{A} \pm \Delta A = ?$) aus den Grössen $r = (68.0 \pm 0.5)$ cm und $\widehat{\varphi} = (1.25 \pm 0.05)$ rad.

69. Ein Kreissegment hat einen Flächeninhalt von 140 cm^2 und einen Zentriwinkel von 0.873 rad.
Berechnen Sie den Radius des Segmentes.

70. Ein Kreissektor mit dem Radius r und dem Zentriwinkel $\widehat{\alpha} = \frac{4}{15}\pi$ wird durch eine Senkrechte zur Winkelhalbierenden w_α so geteilt, dass die Inhalte dieser Teilflächen gleich gross sind.
Berechnen Sie die Basis des gleichschenkligen Dreiecks aus r.

Manche Menschen haben den Gesichtskreis vom Radius Null und nennen ihn ihren Standpunkt.

David Hilbert, 1862–1943, Mathematiker

71.

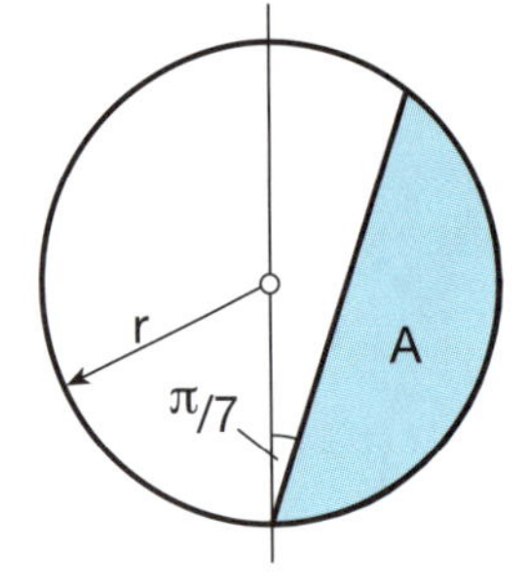

Der Flächeninhalt A soll durch r ausgedrückt werden.

72. Berechnen Sie den Flächeninhalt der gefärbten Figur aus r.

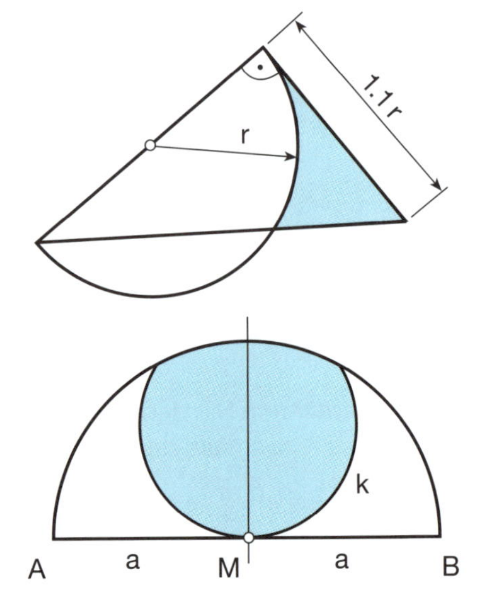

73. In einem Halbkreis mit dem Durchmesser $\overline{AB} = 2a$ ist ein Vierfünftelkreisbogen k (Bogenlänge $\frac{4}{5}$ des entsprechenden Kreisumfangs) einbeschrieben, dessen Endpunkte auf dem Halbkreis liegen und der AB in M berührt.

Berechnen Sie a) den Radius des Kreisbogens k aus a.
b) den Flächeninhalt der gefärbten Figur aus a.

74.

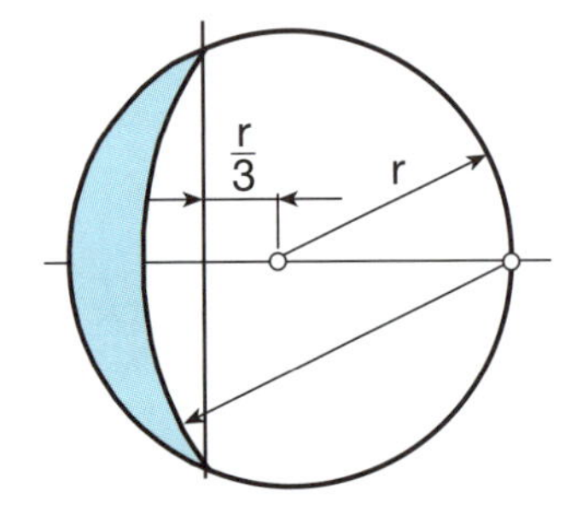

Berechnen Sie den Flächeninhalt der gefärbten Figur aus r.

75. Berechnen Sie den Flächeninhalt der gefärbten Figur aus der Seitenlänge a des Quadrates.

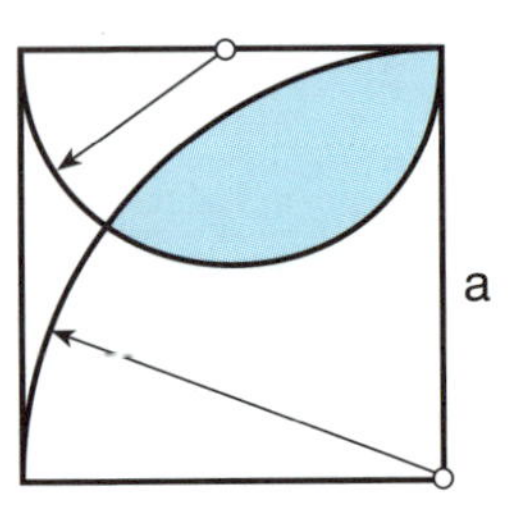

76. Berechnen Sie den Flächeninhalt der gefärbten Fläche für $a = 10$ cm.

77.

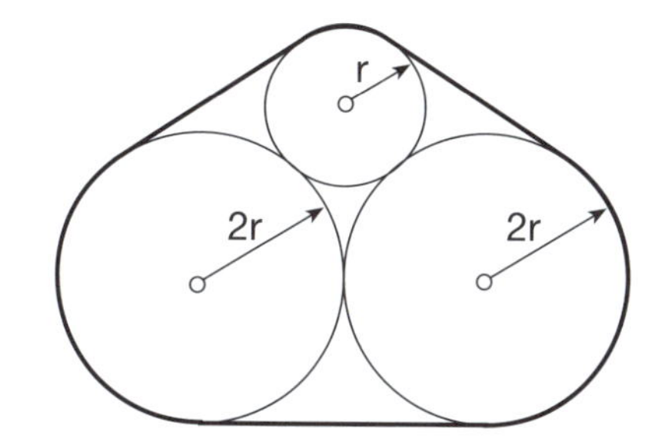

Berechnen Sie die Länge der dick ausgezogenen Umfangslinie, ausgedrückt durch r.

78. In der Figur ist $R = 2r$.
Berechnen Sie, ausgedrückt durch r,
a) die Länge von a.
b) den Flächeninhalt des gefärbten Bereichs.

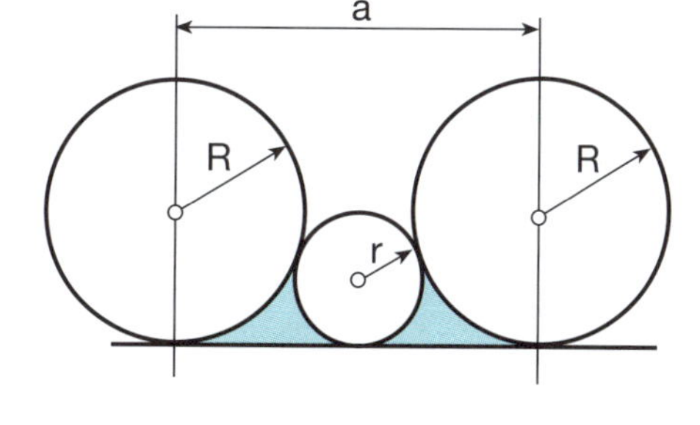

79.

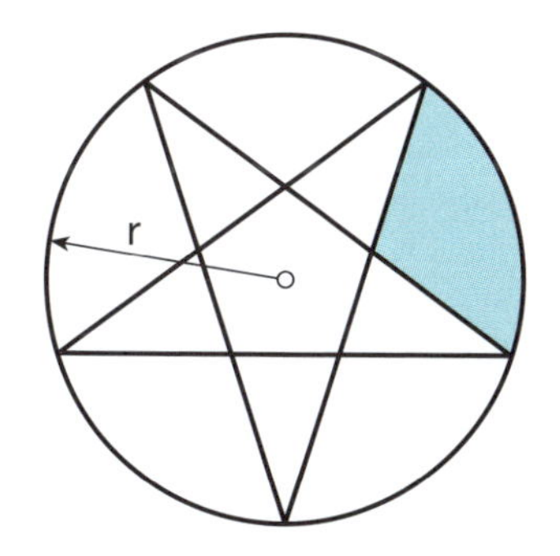

Die Spitzen (äusseren Ecken) des Sternes bilden ein regelmässiges Fünfeck.
Berechnen Sie den Inhalt der gefärbten Figur aus r.

80. Gegeben ist ein Kreissektor ABC durch r und $\widehat{\alpha} = \frac{\pi}{6}$.

Berechnen Sie den Flächeninhalt des gefärbten Gebietes.

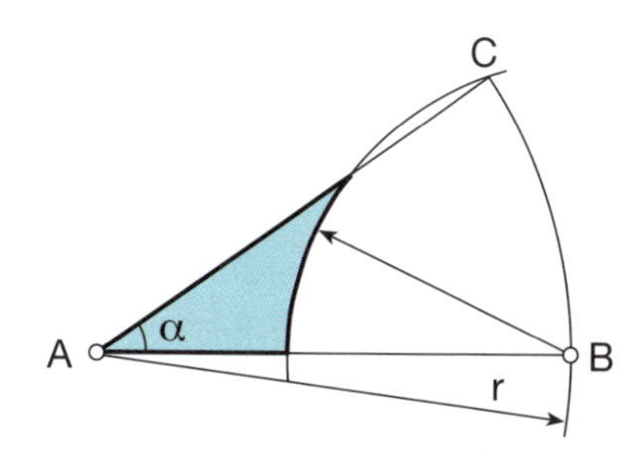

81.

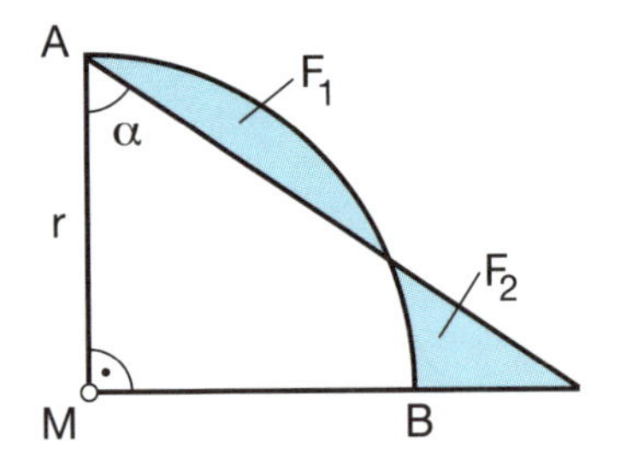

Gegeben ist der Viertelskreis MAB. Vom Punkt A aus wird eine Halbgerade so gezeichnet, dass die beiden gefärbten Figuren F_1 und F_2 flächengleich werden.

Berechnen Sie den Winkel $\widehat{\alpha}$.

82.

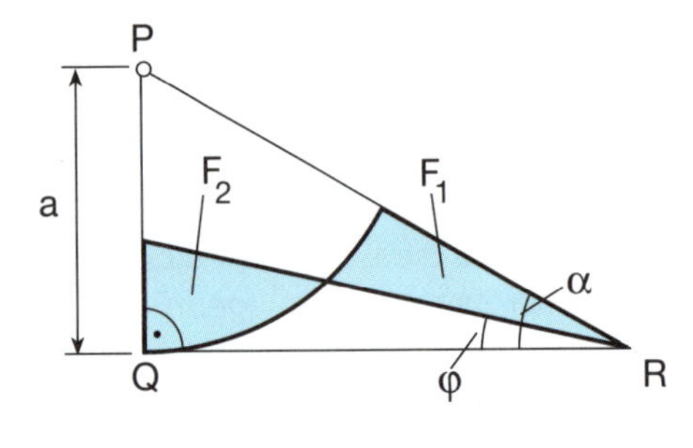

Im gegebenen rechtwinkligen Dreieck PQR mit dem Kreisbogen um P wird von R aus eine Halbgerade so gezeichnet, dass die beiden Figuren F_1 und F_2 flächengleich sind.

Berechnen Sie $\widehat{\varphi}$, wenn $\widehat{\alpha} = \frac{2}{9} \pi$ misst.

2.2 Das allgemeine Dreieck

2.2.1 Definition der Winkelfunktionen für beliebige Winkel

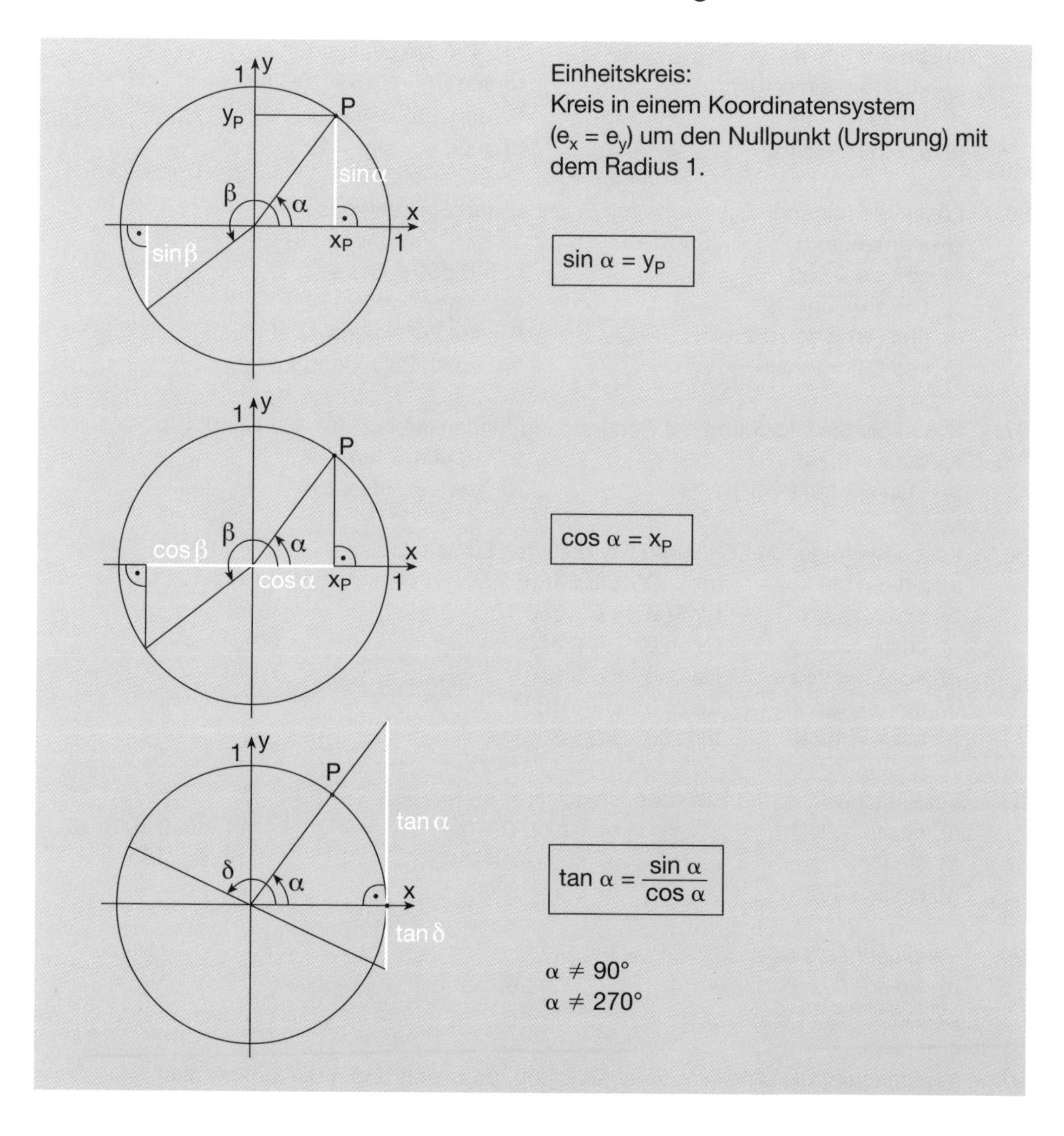

83. Bestimmen Sie die folgenden Funktionswerte grafisch, d.h. durch Messung am Einheitskreis (ohne Rechner!).

a) sin 140°, cos 140°
b) sin 200°, cos 200°
c) sin 295°, cos 295°

84. Bestimmen Sie $\sin\alpha$, $\cos\alpha$ und $\tan\alpha$ für $\alpha = 0°$, $90°$, $180°$, $270°$ mit Hilfe des Einheitskreises (ohne Rechner!).

85. Lösen Sie folgende Gleichung mit Rechner und Einheitskreis.
Grundmenge: $0° \leq \varphi < 360°$

a) $\sin\varphi = 0.574$
b) $\frac{2}{3} = \sin\varphi$
c) $-0.985 = \sin\varphi$
d) $\sin\varphi = -0.259$
e) $\sin 75° = -\sin\varphi$
f) $\sin 265° = -\sin\varphi$
g) $\sin(-53°) = \sin\varphi$
h) $-\sin\varphi = \sin(-112°)$

86. Lösen Sie folgende Gleichung mit Rechner und Einheitskreis.
Grundmenge: $0° \leq \tau < 360°$

a) $\cos\tau = 0.559$
b) $-0.530 = \cos\tau$
c) $\cos\tau = -\cos 39°$
d) $-\cos\tau = \cos 174°$
e) $\cos(-\tau) = \cos 95°$
f) $\cos 26° = -\cos\tau$
g) $\cos 38° = -\cos(-\tau)$
h) $-\cos(-23°) = \cos\tau$

87. Lösen Sie die Gleichung mit Rechner und Einheitskreis. $(0° \leq \varepsilon < 360°)$

a) $\tan\varepsilon = 0.740$
b) $-0.404 = \tan\varepsilon$
c) $-\tan\varepsilon = \tan(-12°)$
d) $\tan(-\varepsilon) = \tan 134°$

88.* Lösen Sie folgende Gleichung mit Hilfe des Einheitskreises. $(0° \leq x < 360°)$

a) $\sin\alpha = \sin x$ für $0° \leq \alpha \leq 180°$
b) $\sin\alpha = \sin x$ für $180° \leq \alpha < 360°$
c) $\cos\alpha = \cos x$ für $0° \leq \alpha \leq 360°$
d) $-\cos x = \cos\alpha$ für $0° \leq \alpha \leq 360°$
e) $\tan\alpha = \tan x$ für $0° \leq \alpha \leq 180°$
f) $\tan x = \tan\alpha$ für $180° \leq \alpha \leq 360°$

89. Vereinfachen Sie mit Hilfe des Einheitskreises für $0° \leq \alpha \leq 90°$.

a) $\cos(\alpha + 90°)$
b) $\sin(270° + \alpha)$
c) $\tan(180° + \alpha)$
d) $\sin(360° - \alpha)$
e) $\cos(270° + \alpha)$
f) $\sin(180° + \alpha)$
g) $\sin(\alpha - 180°)$
h) $\cos(-180° - \alpha)$

90. Vereinfachen Sie.

a) $\sin\alpha - \cos(90° + \alpha)$
b) $\sin(90° + \alpha) + \cos\alpha$
c) $\tan\varepsilon + \tan(180° - \varepsilon)$

91. Vereinfachen Sie unter der Voraussetzung, dass α, β und γ die Innenwinkel eines Dreiecks sind.

a) $\sin(\beta+\gamma) + \sin\alpha$
b) $\cos(\alpha+\beta) - \cos\gamma$

92. Beweisen Sie die Flächenformel $A = \frac{1}{2}\, a\, b \sin\gamma$ für $\gamma > 90°$.

93. Über allen Seiten eines beliebigen Dreiecks ABC sind die Quadrate gezeichnet.
Beweisen Sie, dass die gefärbten Dreiecke flächengleich sind.

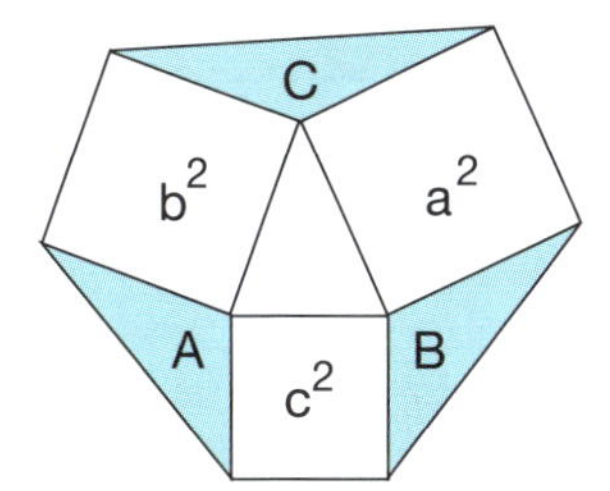

Carl Friedrich Gauss (König der Mathematiker) hatte nicht viel Sinn für Musik, im Gegensatz zu seinem Freund Pfaff (Pfaff'sche Formen), der ein grosser Musikliebhaber war. Er versuchte Gauss immer wieder vergeblich zu einem Konzertbesuch zu bewegen. Schliesslich hatte sein Drängen Erfolg, und beide hörten sich die Neunte von Beethoven an. Nachdem der gewaltige Schlusschor verklungen war, fragte Pfaff seinen Freund Gauss um seine Meinung.
Gauss antwortete: Und was ist damit bewiesen?

94.

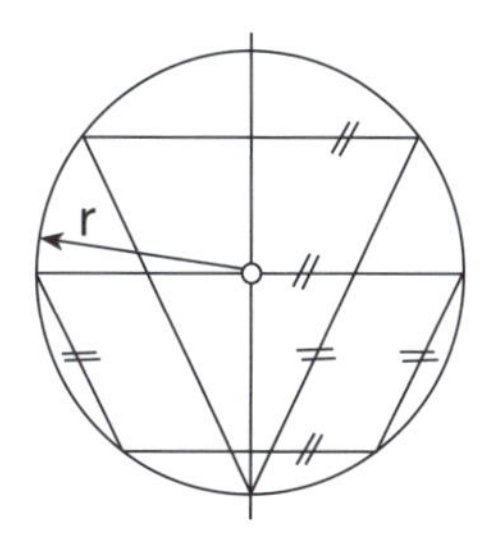

Beweisen Sie:
Das Dreieck und das Trapez sind flächengleich.

2.2.2 Sinussatz

Sinussatz

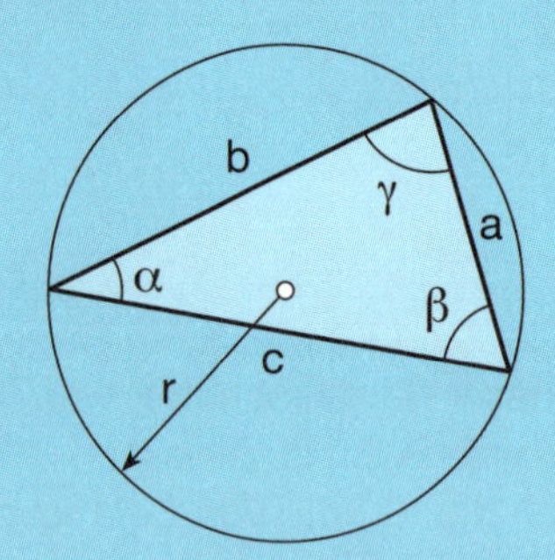

In jedem Dreieck gilt:

$$\frac{a}{\sin\alpha} = \frac{b}{\sin\beta} = \frac{c}{\sin\gamma} = 2r$$

$$a : b : c = \sin\alpha : \sin\beta : \sin\gamma$$

95. Berechnen Sie die fehlenden Seiten und Winkel des Dreiecks ABC.

a) $a = 12.5$ cm ; $\beta = 51.2°$; $\gamma = 54.1°$
b) $b = 17.1$ cm ; $\alpha = 31.2°$; $\gamma = 102.3°$
c) $b = 11.6$ cm ; $\beta = 78.8°$; $\gamma = 41.3°$
d) $a = 14.3$ dm ; $\alpha = 31.5°$; $\beta = 104.2°$

96. Geben Sie den absoluten Fehler mit zwei geltenden Ziffern an.

a) $a = (43.0 \pm 0.5)$ cm ; $\alpha = (106 \pm 2)°$; $\beta = (28 \pm 2)°$
$b = \bar{b} \pm \Delta b = ?$
b) $b = (83 \pm 2)$ mm ; $c = (50 \pm 3)$ mm ; $\beta = (76 \pm 1)°$
$\gamma = \bar{\gamma} \pm \Delta\gamma = ?$ und $\alpha = \bar{\alpha} \pm \Delta\alpha = ?$

97. Die Winkel eines Dreiecks verhalten sich wie 1 : 3 : 5.
In welchem Verhältnis stehen die Seitenlängen?
Geben Sie die Lösung in der Form 1 : x : y an.

98. Berechnen Sie die fehlenden Winkel und die fehlende Seite.
Beachten Sie die Anzahl Lösungen.

a) $b = 8.5$ cm ; $a = 8.9$ cm ; $\alpha = 65.3°$
b) $a = 30.9$ cm ; $c = 19.8$ cm ; $\gamma = 34.6°$
c) $b = 14.1$ dm ; $c = 26.4$ dm ; $\gamma = 105.3°$
d) $b = 6.50$ m ; $a = 8.70$ m ; $\beta = 14.0°$
e) $a = 53.50$ m ; $b = 37.65$ m ; $\beta = 24.3°$
f) $a = 6.4$ cm ; $c = 5.5$ cm ; $\gamma = 72.0°$

99. Berechnen Sie die fehlenden Seiten und Winkel des Dreiecks ABC.
$\beta = 41.0°$; $\gamma = 67.2°$; $w_\beta = 11.4$ cm

100. Berechnen Sie die Länge der Winkelhalbierenden w_α und w_γ eines rechtwinkligen Dreiecks mit den Katheten $a = 37.5$ cm und $b = 23.8$ cm.

101. In einem Dreieck ABC ist Folgendes bekannt:
$a = 10.5$ dm , $\alpha : \beta : \gamma = 5 : 9 : 10$
Berechnen Sie die übrigen Seiten sowie den Umkreisradius.

102. Ein Grundstück hat die Form eines Vierecks ABCD.
Berechnen Sie aus den folgenden Angaben den Flächeninhalt dieses Grundstückes:
Winkel BDC = 32.1°, Winkel ADB = 89.3°,
Seite CD = 14 m , Winkel DCA = 48.3° , Winkel ACB = 92.5°

103. (1) Welche Aufgabentypen gibt es, wenn man nur Seiten und Winkel eines Dreiecks zulässt? (Notieren Sie die gegebenen Grössen.)
(2) Welche Aufgabentypen lassen sich mit dem Sinussatz lösen?

Winkelhalbierende im Dreieck

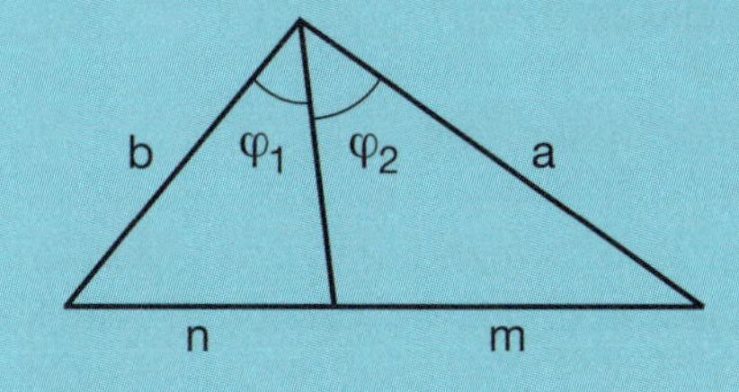

$$\varphi_1 = \varphi_2 \quad \Rightarrow \quad \frac{a}{b} = \frac{m}{n}$$

104. Beweisen Sie
a) mit Hilfe des Sinussatzes: b) mit Hilfe des Dreiecks-Flächensatzes:
In jedem Dreieck teilt eine Winkelhalbierende die Gegenseite im Verhältnis der anliegenden Seiten.

105. Berechnen Sie den exakten Wert von tan (22.5°).
Tipp: Zur Berechnung eignet sich z.B. ein rechtwinklig-gleichschenkliges Dreieck.

106. In einem rechtwinkligen Dreieck teilt die Halbierende des rechten Winkels die Hypotenuse in die beiden Abschnitte 5 cm und 7 cm.
Wie gross ist der Flächeninhalt des Dreiecks?

2.2.3 Cosinussatz

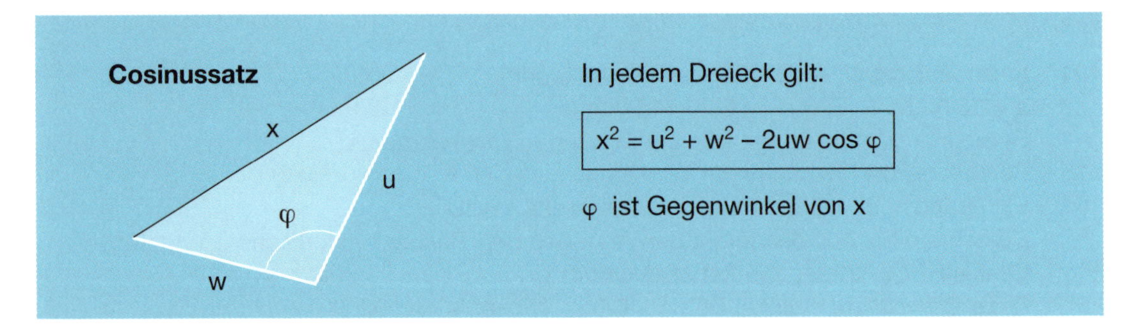

107. Notieren Sie die drei Gleichungen des Cosinussatzes.

a)

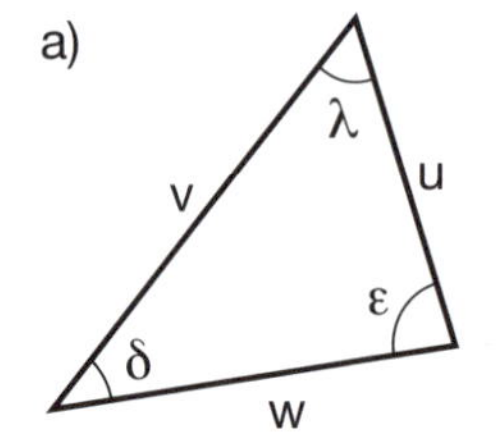

b)

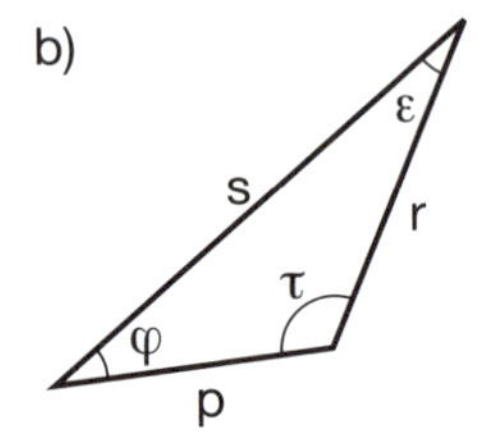

108. Welche Aufgabentypen kann man mit dem Cosinussatz lösen?

109. Zeigen Sie: Der Satz des Pythagoras folgt aus dem Cosinussatz.

110. In der Formel $c^2 = a^2 + b^2 - 2ab\cos\gamma$ korrigiert der Summand $2ab\cos\gamma$ den Unterschied zum rechtwinkligen Dreieck. Zeigen Sie dies an den folgenden drei Dreiecken:
$a = 3$ cm ; $b = 4$ cm ; $\gamma = 70°, 90°, 110°$

111. Berechnen Sie die fehlenden Seiten und Winkel.

a) $b = 36.2$ cm ;	$\alpha = 39.6°$;	$c = 44.3$ cm
b) $b = 7.85$ m ;	$\gamma = 113.2°$;	$a = 9.75$ m
c) $a = 9.4$ cm ;	$\beta = 44.8°$;	$c = 15.1$ cm
d) $a = 12.1$ cm ;	$b = 9.6$ cm ;	$c = 10.6$ cm
e) $a = 12.80$ m ;	$b = 7.60$ m ;	$c = 9.60$ m
f) $a = 26.2$ cm ;	$b = 17.1$ cm ;	$c = 8.9$ cm

112. In einem Dreieck ist die längste Seite 2.5 mal so lang wie die kürzeste Seite, die kürzeste ist andererseits das 0.6-fache der mittleren Seite.
Berechnen Sie den grössten Winkel des Dreiecks.

113.* Eine Winkelhalbierende eines Dreiecks ist 6 cm lang, sie teilt die Gegenseite in zwei Abschnitte mit den Längen 2 cm und 5 cm.
Berechnen Sie je die Länge der beiden übrigen Seiten.

114. Berechnen Sie die fehlenden Seiten und Winkel des Dreiecks ABC.

a) $a = 16.1$ cm ; $b = 15.4$ cm ; $s_b = 14.5$ cm

b) $b = 18.2$ cm ; $s_a = 15.9$ cm ; $s_c = 13.2$ cm

c) $a = 8.1$ cm ; $w_\beta = 10.6$ cm ; $\beta = 35.2°$

d) $\alpha = 47.35°$; $s_a = 14.00$ m ; $c = 10.95$ m

115. Berechnen Sie die Länge der Winkelhalbierenden w_α und w_γ eines Dreiecks ABC mit $a = 13.0$ cm, $b = 6.5$ cm und $c = 12.0$ cm.

116. Bei einer Uhr hat der Minutenzeiger, vom Zentrum des Zifferblattes bis zur Zeigerspitze gemessen, eine Länge von 40 cm. Die entsprechende Länge des Stundenzeigers beträgt 25 cm.
Berechnen Sie die Entfernung zwischen den beiden Zeigerspitzen um 20.27 Uhr.

117. In welchem Verhältnis wird der Flächeninhalt des Dreiecks ABC durch die Winkelhalbierende w_β geteilt, wenn die Innenwinkel α, β und γ gegeben sind?

118. Ein Dreieck ABC hat die Seiten $a = 5$ cm, $b = 6.8$ cm und $c = 7.5$ cm.
Die Mittelsenkrechte auf a schneidet die Seite c im Punkt P und die Seite a im Punkt M.
Berechnen Sie den Flächeninhalt des Vierecks PMCA.

119. Gegeben ist ein gleichseitiges Dreieck mit den Seiten $s = 7.2$ cm.
Im Innern des Dreiecks liegt der Punkt P mit den Abständen
$\overline{AP} = 4.7$ cm und $\overline{BP} = 5.3$ cm.
Berechnen Sie den Flächeninhalt des Dreiecks BPC.

120. Gegeben ist ein Trapez ABCD mit der Parallelseite $\overline{AB} = 11$ cm, dem Schenkel $\overline{AD} = 5$ cm, der Diagonalen $\overline{AC} = 7.5$ cm sowie dem Winkel α (bei A) = 65°.
Berechnen Sie die Länge des Schenkels $\overline{BC}$.

121. In einem Sehnenviereck sind die Seiten $a = 5.0$ cm, $b = 3.2$ cm, $d = 3.4$ cm sowie der Winkel $\alpha = 80°$ gegeben.
Berechnen Sie die beiden Diagonalen e und f, die Seite c und den Winkel β.

122.* Von einem Sehnenviereck kennt man alle Seiten:
$a = 6.3$ cm, $b = 7.3$ cm, $c = 5.3$ cm , $d = 4.4$ cm
Bestimmen Sie den Radius des Umkreises.

123.* Von einem Sehnenviereck kennt man die Seiten $\overline{AB} = 5$ cm und $\overline{BC} = 4.5$ cm, die Diagonale $\overline{BD} = 5$ cm sowie den Winkel ADC = 120°.
Berechnen Sie die Seite $\overline{CD}$ des Sehnenvierecks.

124.

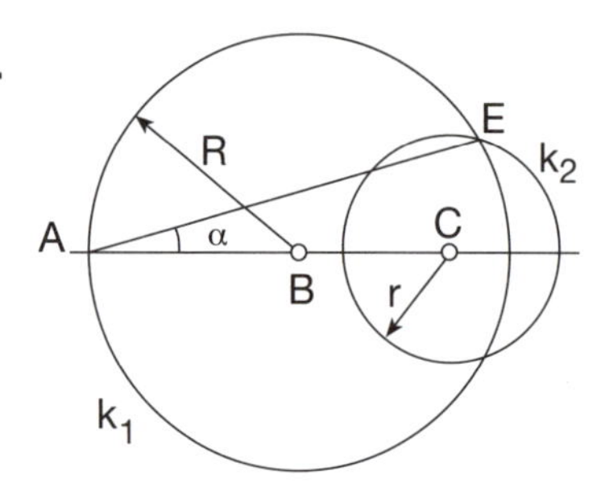

R = 62 cm
r = 35 cm
$\overline{BC}$ = 47 cm

Berechnen Sie α.

125. In der Figur kennt man die Grössen
$a = \overline{DE} = 6$ cm, $b = \overline{AE} = 3$ cm,
$c = \overline{BC} = 9$ cm, $\alpha = 20°$
Berechnen Sie β.

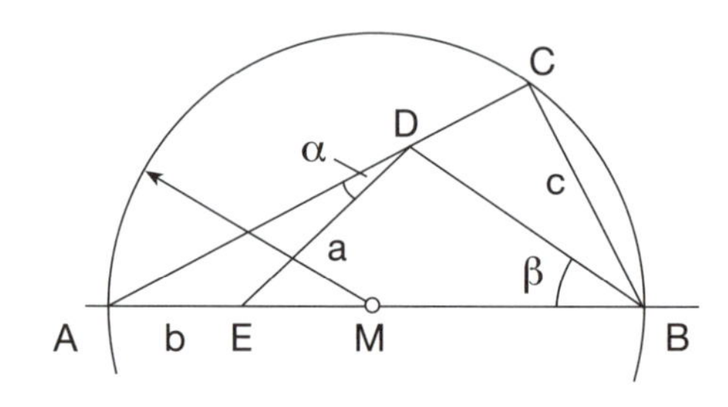

126. Gegeben ist das spitzwinklige Dreieck ABC mit den Seiten b = 10 cm, c = 12 cm und dem Winkel β = 50°.
Berechnen Sie den Radius des Inkreises des Dreiecks AHC.
(H ist der Höhenfusspunkt der Höhe auf die Seite c)

127.

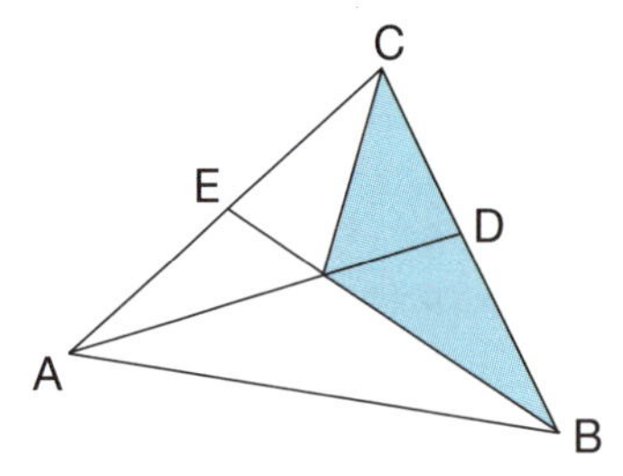

Das Dreieck ABC ist gegeben:
$\overline{AB}$ = 14 cm, $\overline{BC}$ = 6 cm, $\overline{AC}$ = 11cm.
Die Strecke $\overline{AD}$ halbiert den Winkel CAB, ebenso halbiert $\overline{BE}$ den Winkel ABC.

Berechnen Sie den Flächeninhalt des gefärbten Dreiecks.

128. Das Dreieck ABC ist gegeben:
$\overline{AB}$ = 24 cm
$\overline{BC}$ = 19 cm
$\overline{AC}$ = 22 cm

Berechnen Sie die Strecke $\overline{DE}$.

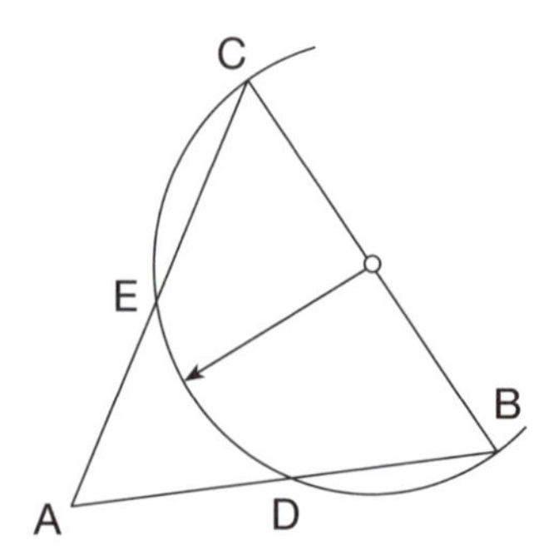

129. Ein Dreieck ABC hat einen Umkreisradius $r = 7.2$ cm.
Das Winkelverhältnis lautet: $\alpha : \beta : \gamma = 3 : 4 : 5$
Berechnen Sie die Seite c und die Dreiecksfläche.

130. Vom Dreieck PQR kennt man $\overline{PQ} = 11.2$ cm, $\overline{PR} = 6.6$ cm und den Umkreisradius $r = 6.2$ cm. (M liegt innerhalb des Dreiecks.)
Berechnen Sie die Seite $\overline{QR}$.

131. Es gibt zwei Dreiecke mit $a = 12.5$ m, $b = 8.2$ m und $\beta = 37°$.
Berechnen Sie den kleineren der beiden Inkreisradien.

132. Gegeben: $\overline{AB} = 8$ cm, $\alpha = 45°$
Berechnen Sie $\overline{DF}$.

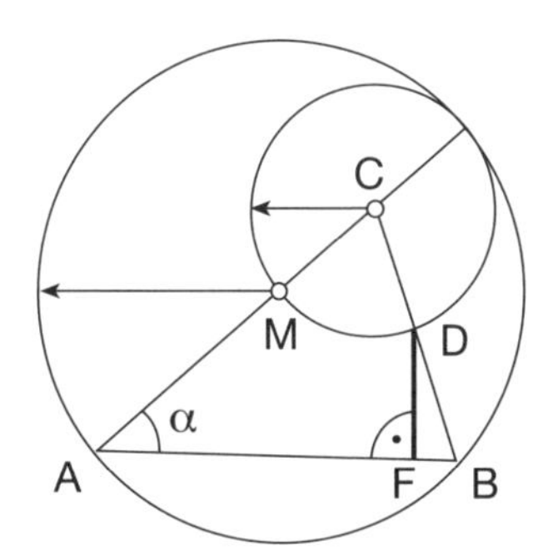

2.2.4 Vermischte Aufgaben mit Parameter

133. Berechnen Sie den Flächeninhalt eines allgemeinen Dreiecks aus
a) α, β und dem Umkreisradius r.
b) α, β und a.

134. Ein gleichschenkliges Dreieck ABC ($\overline{CA} = \overline{CB}$) ist durch die Schwerlinie s_a und den Winkel γ gegeben.
Berechnen Sie die Seiten a und c.

135. Gegeben sei ein gleichseitiges Dreieck ABC mit der Seitenlänge a.
Die Seite AB wird über B hinaus um $\overline{BP} = \frac{1}{3}a$ verlängert, ebenso wird $\overline{BC}$ um $\overline{CQ} = \frac{1}{3}a$ verlängert.
Berechnen Sie $\overline{PQ}$ aus a. (Lösung exakt angeben!)

136. Von einem gleichschenkligen Dreieck kennt man die Basis a und den Basiswinkel φ.
Berechnen Sie die Länge der Winkelhalbierenden von φ.

137. Gegeben ist der Radius r des Kreises und der Winkel α.
Der Punkt C halbiert den Radius $\overline{DM}$.

Berechnen Sie den Flächeninhalt des Dreiecks ABC aus

a) r und $\alpha = 45°$

b) r und α, d. h. allgemein.

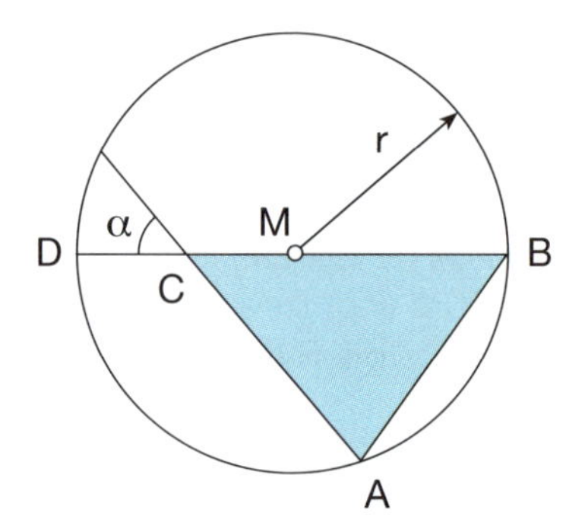

138. Berechnen Sie den Umfang und den Flächeninhalt der gefärbten Figur aus dem Radius r.

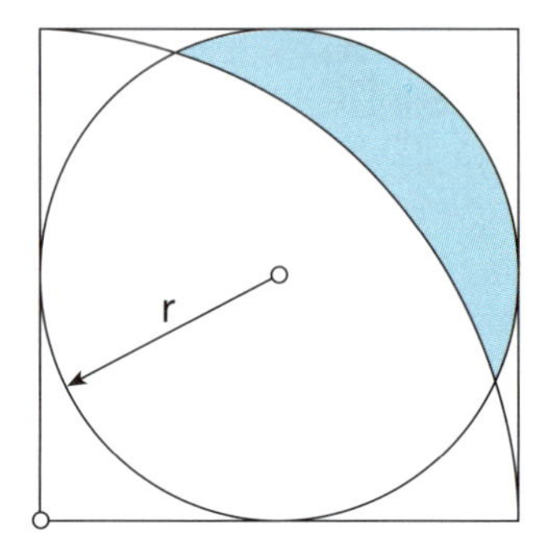

139.* In der Figur ist $\overline{AB} = \overline{BC}$,
und $\alpha = 56°$.

Berechnen Sie die Strecke $\overline{PE}$ aus dem Kreisradius r.

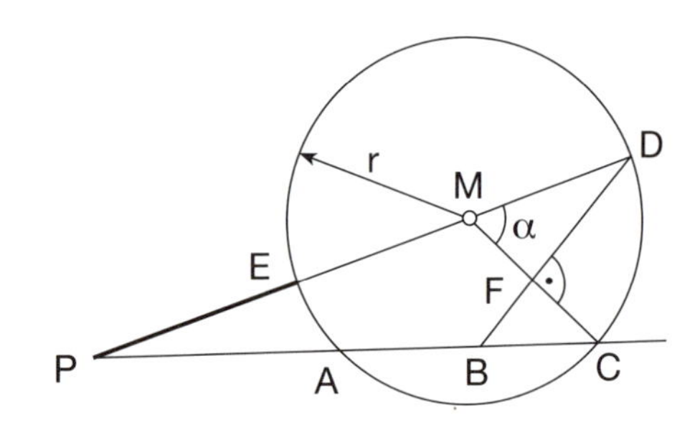

140.* Gegeben ist ein Kreis mit Radius r und Zentrum M, eine Sehne $\overline{AC}$ mit den Sehnenabschnitten $\overline{AB} = \frac{r}{2}$ und $\overline{BC} = \frac{5}{4}r$.

Die Strecke $x = \overline{BD}$ bildet mit der Sehne $\overline{AC}$ einen Winkel $\alpha = 60°$.

Berechnen Sie die Strecke $x = \overline{BD}$.

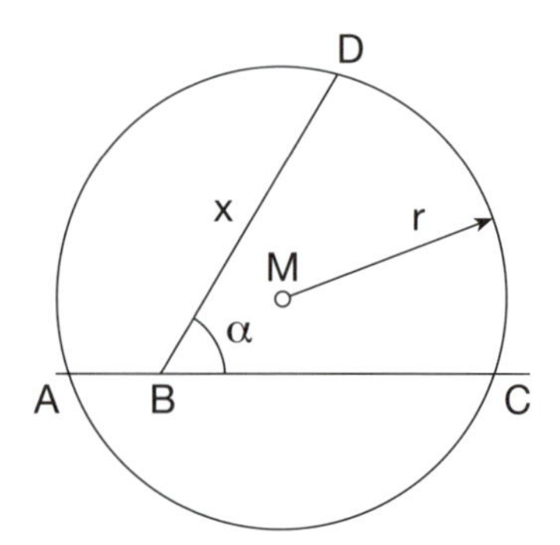

Aufgaben, die auf ein Gleichungssystem führen können

Gleichungen sind wichtiger für mich, weil die Politik für die Gegenwart ist, aber eine Gleichung etwas für die Ewigkeit.

Albert Einstein, 1879–1955, Physiker

141. Berechnen Sie in einem Dreieck ABC die Seite c, wenn folgende Grössen bekannt sind: $a + b = 757.6$ cm , $\alpha = 58.0°$, $\beta = 80.6°$

142. Folgende Grössen sind in einem Dreieck ABC bekannt:
$b + c = 40$ mm , $A = 126$ mm^2 , $\alpha = 140°$
Berechnen Sie die Seiten b und c.

143. Berechnen Sie alle Seiten des Dreiecks ABC mit folgenden Angaben:
$a + b + c = 1966$ cm , $\alpha = 115°$, $\beta = 22°$

144. Von einem Dreieck ABC sind gegeben:
$a + b = 52$ cm, $A = 160 \cdot \sqrt{3}$ cm^2, $\gamma = 60°$
Berechnen Sie die unbekannten Seiten und Winkel.
(nur eine Lösung angeben)

Niedere Mathematik
Ist die Bosheit häufiger oder die Dummheit geläufiger?
Mir sagte ein Kenner menschlicher Fehler folgenden Spruch:
«Das eine ist ein Zähler, das andere Nenner
das Ganze – ein Bruch!»

Erich Kästner

2.3 Aufgaben aus Physik und Technik

2.3.1 Aufgaben aus der Statik

145. Eine Kraft von 5000 N ist in zwei Komponenten zu zerlegen, die mit der gegebenen Kraft Winkel von 34° und 47° bilden.
Wie gross sind die beiden Komponenten?

146. An einem Punkt greifen zwei Kräfte von 700 N und 300 N an.
Welche Winkel muss eine dritte Kraft von 900 N mit den beiden andern Kräften bilden, wenn Gleichgewicht herrschen soll?

147. Drei Kräfte $\vec{F}_1$, $\vec{F}_2$ und $\vec{F}_3$ halten sich an einem Punkt das Gleichgewicht.
Welche Winkel bilden sie zueinander bei folgenden Angaben:
$F_1 = 200$ N , $F_2 = 130$ N und $F_3 = 110$ N

148. Berechnen Sie jeweils die Kräfte in den Stäben bzw. Seilen A, B, C, D aus den Grössen F, α , β , γ und δ.

a)

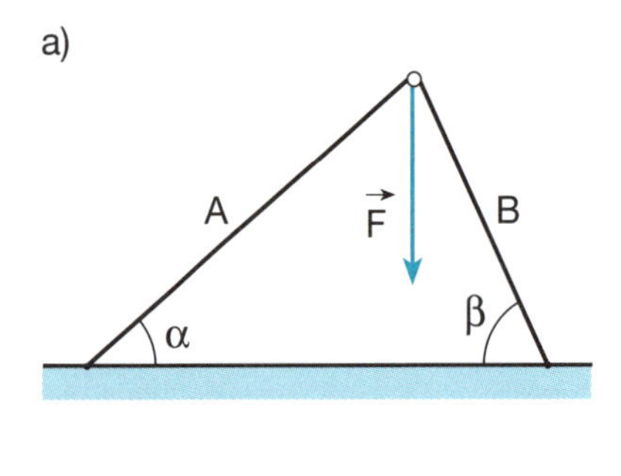

b)

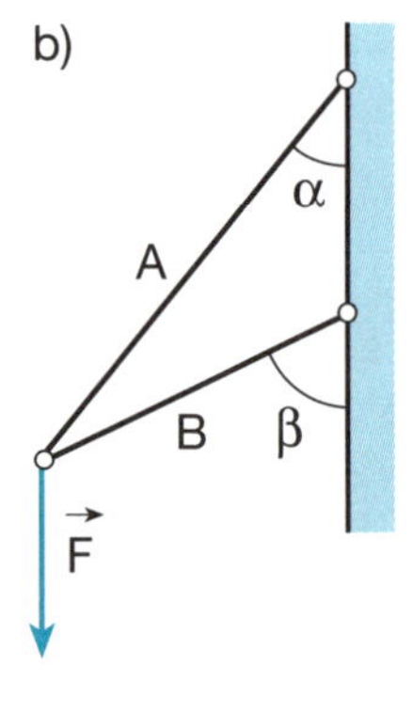

c)

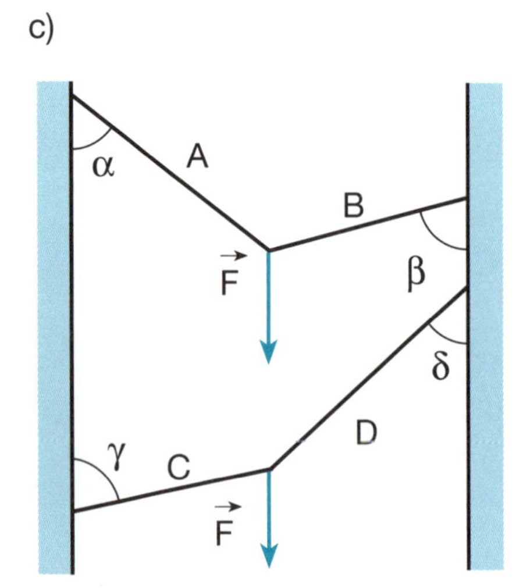

d)

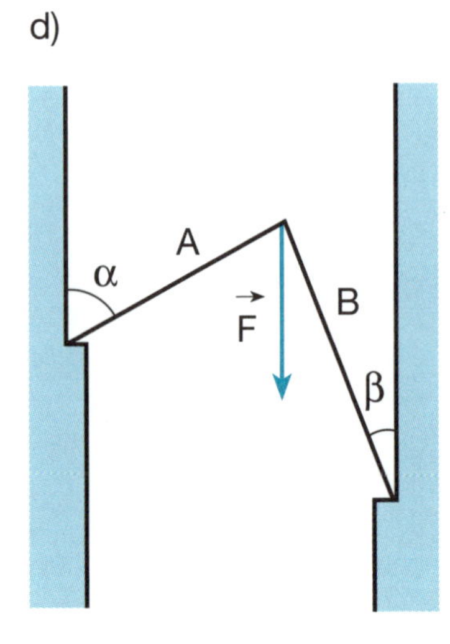

> Die mathematische Kraft ist die ordnende Kraft. Der Begriff der Mathematik ist der Begriff der Wissenschaft überhaupt. Alle Wissenschaften sollen daher Mathematik werden. – Das höchste Leben ist Mathematik. – Das Leben der Götter ist Mathematik. – Reine Mathematik ist Religion. – Wer ein mathematisches Buch mit Andacht ergreift und es wie Gottes Wort liest, der versteht es nicht. – Alle göttlichen Gesandten müssen Mathematiker sein.
>
> J. W. Goethe, 1749–1832, (über Newtons «Optik»)

2.3.2 Aufgaben aus der Vermessung

149. Zwischen den Punkten A und B liegt ein Hindernis (Gebäude). Um die Distanz trotzdem bestimmen zu können, wird ein von beiden Punkten aus sichtbarer Hilfspunkt C gewählt.
Wie lang ist $\overline{AB}$, wenn Folgendes gemessen wurde:
$\overline{AC} = 85.3$ m, $\overline{BC} = 50.7$ m, $\angle ACB = 64.9°$

150. Vermessung: **Vorwärtseinschneiden**
Von zwei Punkten P und Q müssen deren Distanzen zu einem unzugänglichen Punkt R (Felswand) ermittelt werden. Folgende Messungen wurden gemacht:
$\overline{PQ} = 76.2$ m, $\angle RPQ = 53.3°$, $\angle PQR = 44.6°$

151. Vermessung: **Vorwärtseinschneiden nach zwei Punkten**
Es soll von der zugänglichen Strecke a die Länge einer unzugänglichen Strecke x ermittelt werden.
$a = 84.3$ m
$\tau_1 = 70.3°$
$\tau_2 = 42.3°$
$\psi_1 = 62.3°$
$\psi_2 = 25.7°$

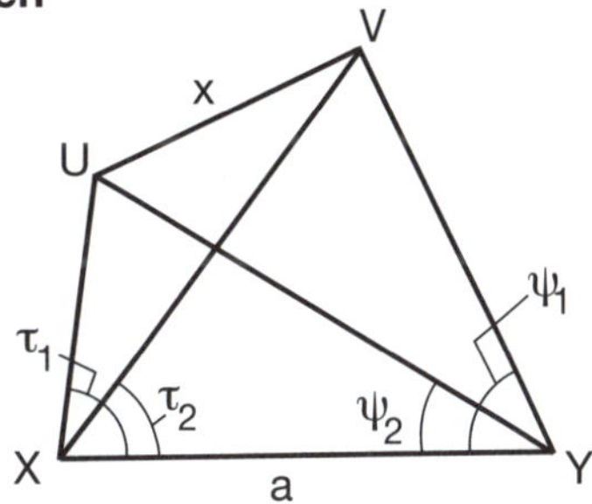

152. Vermessung: **Rückwärtseinschneiden**
Zwischen den Punkten C und D liegt ein Hindernis.
Es soll die Distanz $\overline{CD}$ berechnet werden, wenn folgende Messwerte vorliegen:

$\overline{AB} = 74.3$ m
$\gamma_1 = 112.4°$
$\gamma_2 = 46.0°$
$\delta_1 = 79.5°$
$\delta_2 = 29.4°$

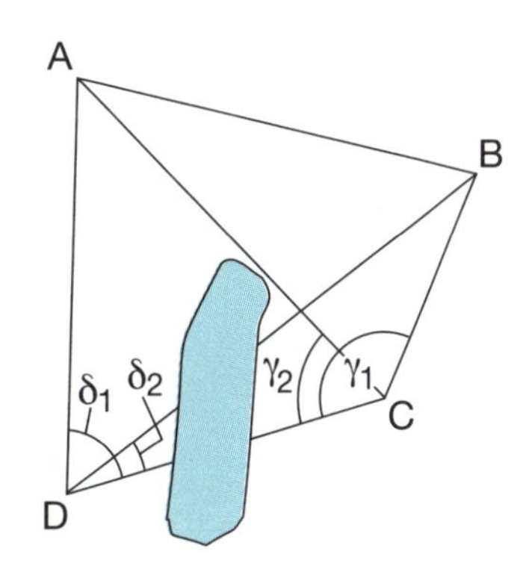

153. Höhenmessung

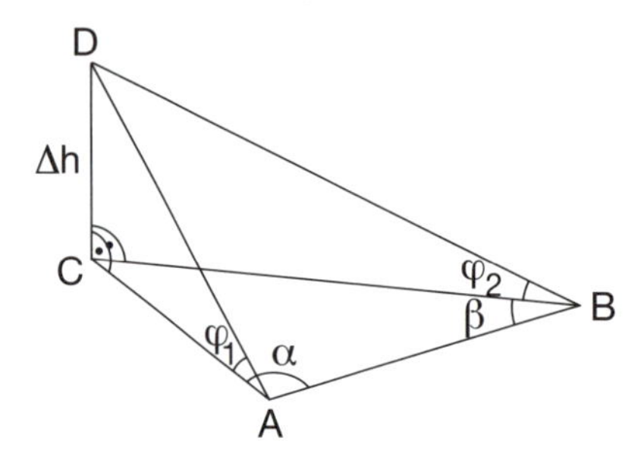

Von der horizontalen Standlinie $\overline{AB}$ aus wird die Höhendifferenz Δh berechnet.
$\overline{AB}$ = 36.5 m
α = 78.4° ; β = 57.1°
Höhenwinkel:
φ_1 = 38.9°
φ_2 = 34.7° Kontrollwinkel!

154. Höhenmessung

Bestimmen Sie Δh.

s = 96.5 m
α = 35.6°
β = 58.6°
φ = 12.3°

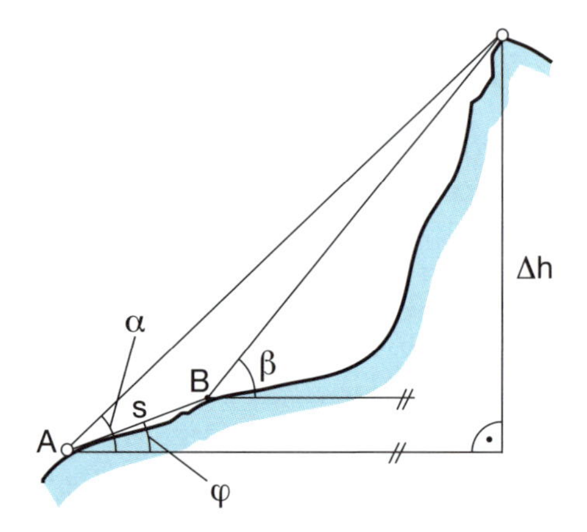

155. Von einem in der Höhe h über einem See liegenden Punkt aus misst ein Beobachter den Höhenwinkel ε des Korbes eines Heissluftballons und den Senkungswinkel φ seines Spiegelbildes.
Wie hoch befindet sich der Korb über dem See?

Die Mathematik ist wie die Gottseligkeit zu allen Dingen nütze, aber wie diese nicht jedermanns Sache.

Augustinus, Kirchenlehrer, 354–430

(Jedoch meint Mathematiker hier Astrologen. Heutige Mathematiker wurden damals Geometer genannt: Die Kunst der Geometrie zu lernen und öffentlich zu betreiben ist von Wert, aber die verdammenswerte mathematische Kunst ist verboten.

Aus Römischem Recht.)

2.4 Ähnliche Figuren

156. Berechnen Sie alle Seitenlängen eines Dreiecks ABC aus folgenden Angaben:
a) $a : b : c = 5 : 3 : 7$, $h_a = 5$ cm
b) $a : b = 5 : 6$, $\gamma = 60°$, Umkreisradius $r = 4.5$ m
c) $a : b : c = 6 : 8 : 11$, Inkreisradius $\rho = 24$ mm
d) $a : r = 3 : 2$ (r: Umkreisradius), $\gamma = 65°$, $h_b = 6$ cm

157. (1) Berechnen Sie das Verhältnis der beiden Segmentflächen ($A_1 : A_2$) aus dem Winkel φ.

(2) Für welchen Winkel φ gilt: $A_1 : A_2 = 1 : 3$

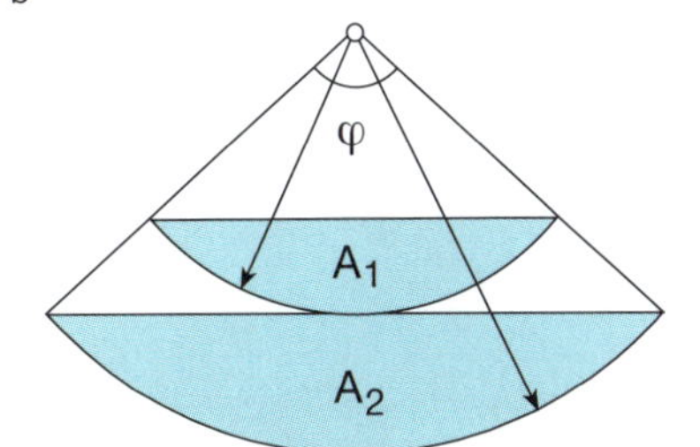

158. Einem Dreieck ABC mit $b = 18$ cm, $c = 24$ cm und $\alpha = 38°$ soll ein gleichseitiges Dreieck so einbeschrieben werden, dass eine Seite parallel (nicht zusammenfallend) zur Seite AB liegt. Berechnen Sie die Seitenlänge des einbeschriebenen Dreiecks.

159. Vom Dreieck ABC sind gegeben: $a = 10.5$ cm, $c = 13.8$ cm und $\beta = 32°$.
Die Parallele zur Seite c durch den Inkreismittelpunkt schneidet die Seiten a und b in den Punkten D und E.
Berechnen Sie den Flächeninhalt des Dreiecks DEC.

160. Unter welchem Winkel schneiden sich die gemeinsamen Tangenten zweier sich berührender Kreise, deren Flächeninhalte sich wie 9 : 4 verhalten?

161. $\overline{BC} : \overline{CD} = 7 : 5$
AB ist parallel zu DE.

Berechnen Sie φ.

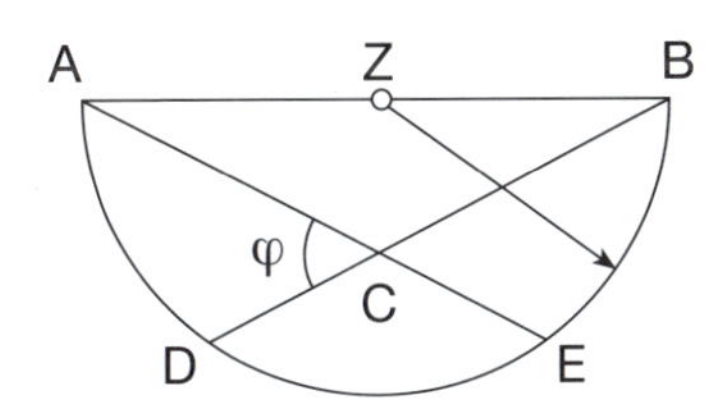

162. $\overline{BE} : \overline{ED} = 4 : 1$
$\overline{AF} = \frac{3}{4} r$

Berechnen Sie β.

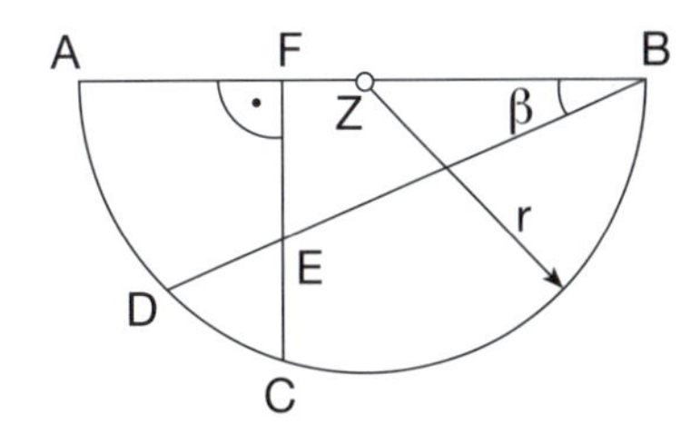

163.* Von einem Dreieck ABC kennt man die drei Höhen:
$h_a = 4$ cm, $h_b = 5$ cm, $h_c = 6$ cm
Berechnen Sie die Länge aller Seiten.

2.5 Trigonometrische Funktionen

2.5.1 Argumente im Gradmass

164. Skizzieren Sie jeweils den Graphen im Bereich $0° \leq \alpha \leq 540°$
Durch welche geometrische Abbildung geht der Graph aus der Kurve
$y = \sin \alpha$ bzw. $y = \cos \alpha$ hervor?
(siehe Aufgabenbuch: Frommenwiler/Studer:
«Mathematik für Mittelschulen – Algebra»
Seiten 163 und 164)

(1) $y = \sin \alpha + d$	$y = \cos \alpha + d$
a) $y = \sin \alpha + 1.5$	b) $y = \cos \alpha - 0.8$
c) $y = \cos \alpha + 1.2$	d) $y = \cos \alpha - 0.5$

(2) $y = a \cdot \sin \alpha$	$y = a \cdot \cos \alpha$
e) $y = 1.8 \cdot \sin \alpha$	f) $y = 0.6 \cdot \cos \alpha$
g) $y = -2.1 \cdot \sin \alpha$	h) $y = -\frac{1}{3} \cdot \cos \alpha$

(3) $y = \sin (b \cdot \alpha)$	$y = \cos (b \cdot \alpha)$
i) $y = \sin (3\alpha)$	j) $y = \sin (0.5\alpha)$
k) $y = -\sin (0.8\alpha)$	l) $y = \cos (2\alpha)$
m) $y = -\cos \left(\frac{\alpha}{3}\right)$	n) $y = -\cos (1.25\alpha)$

(4) $y = \sin (\alpha + c)$	$y = \cos (\alpha + c)$
o) $y = \sin (\alpha + 30°)$	p) $y = \sin (\alpha - 50°)$
q) $y = \cos (\alpha + 50°)$	r) $y = \cos (\alpha - 100°)$

165. Zeichnen Sie den Graphen für $\alpha \geq 0°$ (eine ganze Periode).
Zu berechnen sind:

- y-Achsenschnittpunkt
- Periode
- kleinste *positive* Nullstelle
- die Koordinaten des ersten Hoch- und Tiefpunktes

a) $y = -\sin(0.2\alpha)$
b) $y = \cos(-3\alpha)$
c) $y = \sin(2\alpha) - 2$
d) $y = -0.5 \cdot \cos\alpha + 2$
e) $y = 2 \cdot \cos(0.5\alpha)$
f) $y = \sin\left(\frac{\alpha}{3} + 45\right)$
g) $y = -0.8 \cdot \sin\big(2(\alpha - 30°)\big)$
h) $y = -1.5 \cdot \cos(\alpha + 20°) + 1.5$

166. Skizzieren Sie den Graphen im Bereich $0° \leq \alpha \leq 360°$.

a) $y = 1 - \cos\alpha$
b) $y = \sin^2\alpha$
c) $y = \sin^2\alpha + \cos^2\alpha$
d) $y = \sin\alpha + \cos\alpha$
e) $y = \sin\alpha + \cos(\alpha + 90°)$

167. Das folgende Diagramm zeigt drei **Sinuskurven**.
Geben Sie jeweils die Kurvengleichung an.

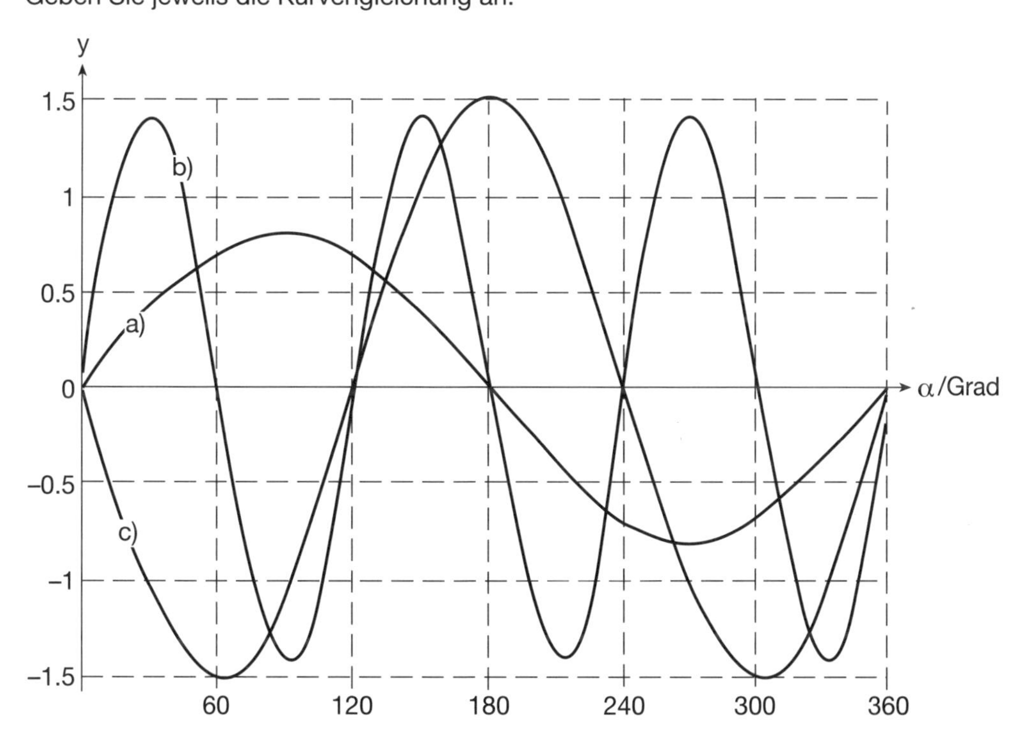

168. Geben Sie eine zum Graphen passende Funktionsgleichung von der Form $y = a \cdot \sin(b\alpha + c)$ an.

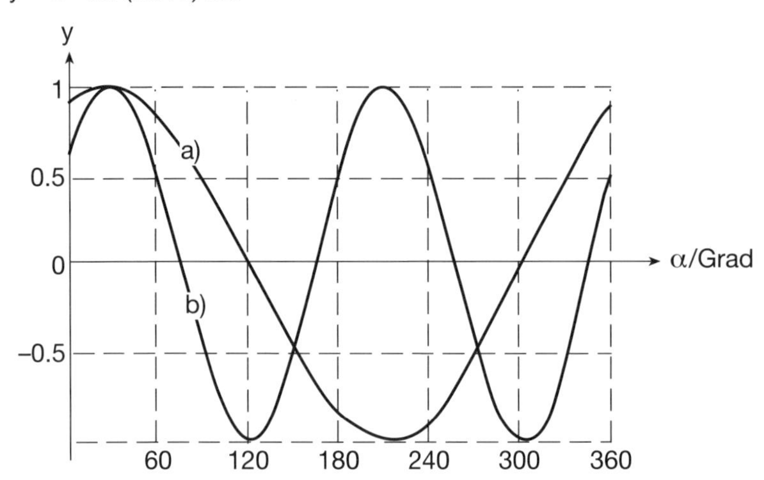

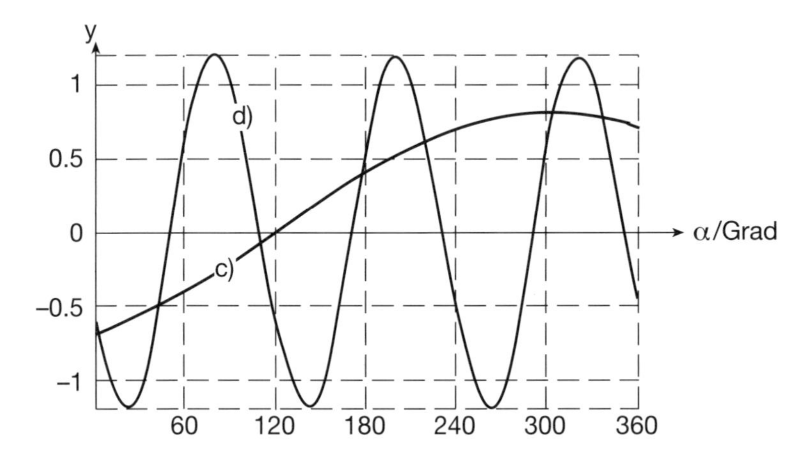

169. Bestimmen Sie die Lösungsmenge für $0° \leq \alpha < \infty$.

a) $\cos(4\alpha) = -\sin(5\alpha)$

b) $\tan(0.5\alpha) = 2 \cdot \sin\alpha$

c) $\cos(2\alpha) = -1.5 \cdot \sin\alpha + 1.5$

d) $\sin(2\alpha) = 1$

e) $\sin(3\alpha) = 0.6 \cdot \cos(3\alpha)$

f) $\sin\alpha + \frac{\alpha}{100°} - 2.2 = 0$

170. Bestimmen Sie die Lösungsmenge für $0° \leq \alpha < \infty$.

a) $\sin^2\alpha = -1.2 \cdot \cos\alpha$

b) $-\sin(2\alpha + 50°) = |\cos\alpha|$

c) $1.5 \cdot \sin(2\alpha) = -2.5 \cdot \cos(3\alpha)$

d) $\cos\alpha + \cos(2\alpha) + \cos(3\alpha) = 0$

2.5.2 Argumente im Bogenmass

171. Skizzieren Sie den Graphen für $0 \le x \le 3\pi$.
Durch welche geometrische Abbildung geht der Graph aus der Kurve
$y = \sin x$ bzw. $y = \cos x$ hervor?
(siehe Aufgabenbuch: Frommenwiler/Studer:
«Mathematik für Mittelschulen – Algebra»
Seiten 163 und 164)

(1) $y = \sin x + d$ | $y = \cos x + d$

a) $y = \sin x + 1.5$
b) $y = \cos x - 0.8$
c) $y = \cos x - 1.2$
d) $y = \sin x - 0.9$

(2) $y = a \cdot \sin x$ | $y = a \cdot \cos x$

e) $y = 1.3 \cdot \sin x$
f) $y = 0.5 \cdot \cos x$
g) $y = -2 \cdot \sin x$
h) $y = -\frac{1}{3} \cdot \cos x$

(3) $y = \sin(b \cdot x)$ | $y = \cos(b \cdot x)$

i) $y = \sin(3x)$
j) $y = \sin(0.5x)$
k) $y = -\sin(0.8x)$
l) $y = \cos(2x)$
m) $y = -\cos\left(\frac{x}{3}\right)$
n) $y = -\cos(1.25x)$

(4) $y = \sin(x + c)$ | $y = \cos(x + c)$

o) $y = \sin\left(x + \frac{1}{6}\pi\right)$
p) $y = \sin\left(x - \frac{7}{24}\pi\right)$
q) $y = \cos\left(x + \frac{5}{12}\pi\right)$
r) $y = \cos\left(x - \frac{5}{9}\pi\right)$

172. Zeichnen Sie den Graphen für $x \geq 0$ (eine ganze Periode).
Zu berechnen sind:
- y-Achsenschnittpunkt
- Periode
- kleinste *positive* Nullstelle
- die Koordinaten des ersten Hoch- und Tiefpunktes

a) $y = \sin\left(\frac{1}{3}x\right)$

b) $y = \cos(-3x)$

c) $y = \sin(2x) - 1.2$

d) $y = -0.5 \cdot \cos(x) + 2$

e) $y = \sin\left(x + \frac{1}{4}\pi\right)$

f) $y = 2 \cdot \cos(0.5x)$

g) $y = -0.8 \cdot \sin\left(2x - \frac{1}{3}\pi\right)$

h) $y = -1.5 \cdot \cos\left(x + \frac{1}{12}\pi\right)$

173. Skizzieren Sie den Graphen für $0 \leq x \leq 2\pi$.

a) $y = 1 - \cos(x)$

b) $y = \sin^2(x)$

c) $y = \sin^2(x) + \cos^2(x)$

d) $y = \sin(x) + \cos(x)$

174. Das folgende Diagramm zeigt drei **Sinuskurven**.
Geben Sie jeweils die Kurvengleichung an.

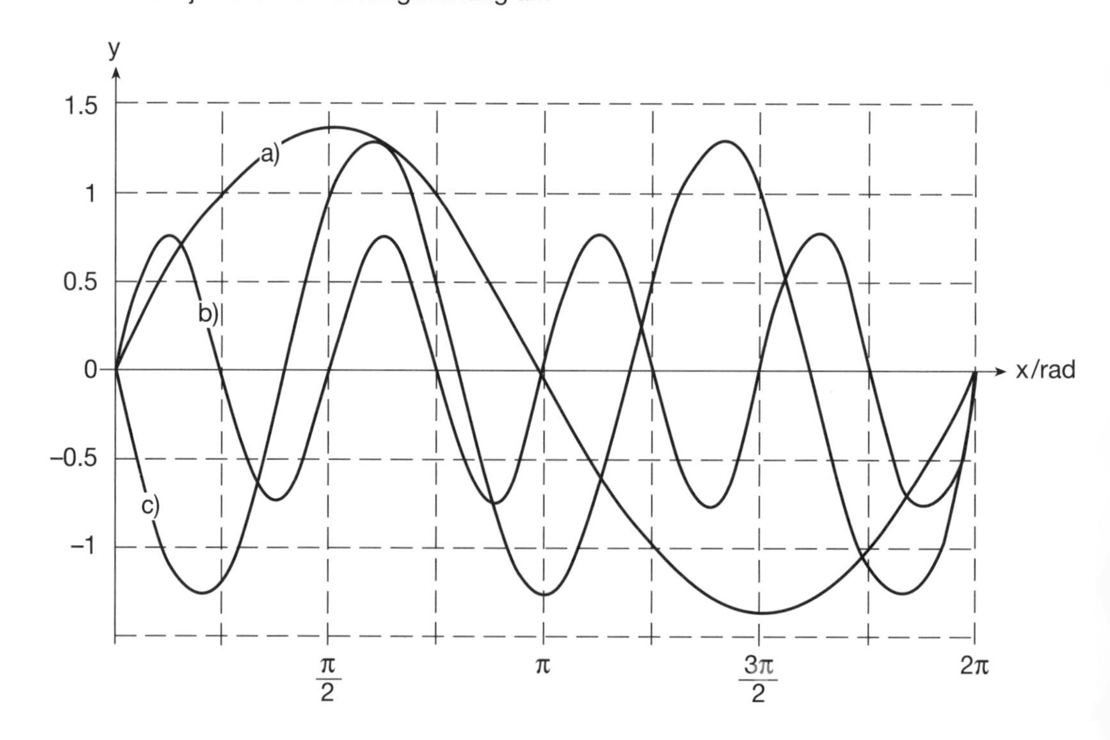

175. Geben Sie eine zum Graphen passende Funktionsgleichung von der Form $y = a \cdot \sin(bx + c)$ an. $(a > 0)$

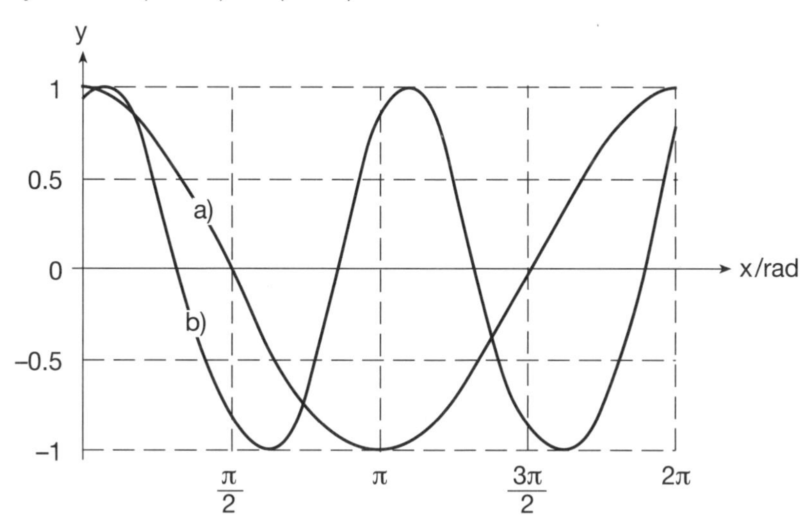

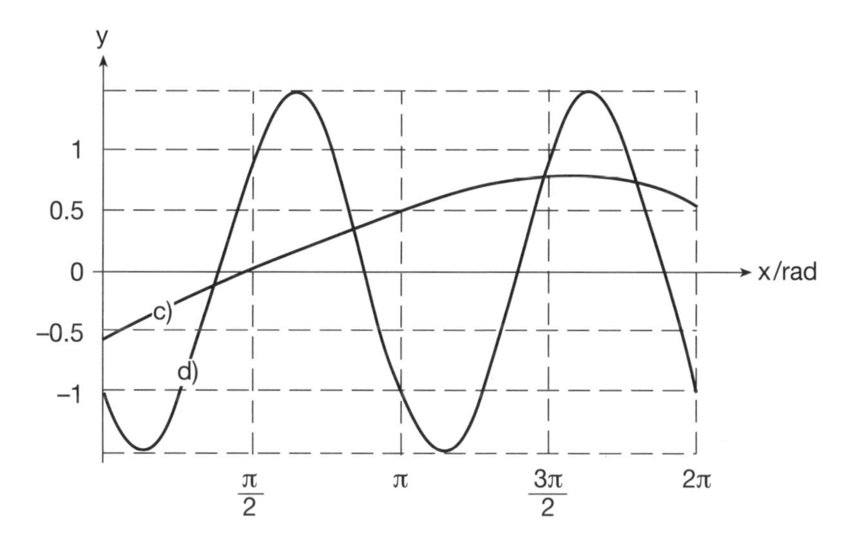

176. Bestimmen Sie die Lösungsmenge für $x \in \mathbb{R}_0^+$.

a) $\sin\left(x + \frac{\pi}{4}\right) = \cos(x)$

b) $\tan\left(\frac{x}{2}\right) = \sin(x) + 0.5$

c) $\tan\left(\frac{x}{3}\right) = |1.2 \cos(x)|$

d) $\sin(x) + \cos(x) = 0$

e) $\sin(2x) = -1.2 \sin(x) + 0.5$

f) $\tan(0.5x) = 5 \sin(x)$

177. Bestimmen Sie die Lösungsmenge für $x \in \mathbb{R}_0^+$.

a) $\sin(3x) = -1.2 \cdot \cos(3x) - 0.7$

b) $3 \cdot \sin(0.5x) \cdot \cos(0.5x) = 1.3$

c) $\sin(x) = -\cos(0.25x)$

d) $\cos(3x) = 0.2x$

2.5.3 Angewandte Aufgaben

178. Die wissenschaftlich nicht fundierte Theorie der **Biorhythmen** besagt Folgendes: Das Leben des Menschen verläuft vom Tag der Geburt an in wellenförmigen Schwingungen. Dabei gelten folgende Perioden:
- physische Aktivität: 23 Tage
- Gefühlsleben: 28 Tage
- intellektuelle Leistungen (Verstandesleben): 33 Tage

Bei einer bestimmten Person sind am 1. März alle drei Bereiche auf Null.

a) Beschreiben Sie die physische Aktivität durch eine Funktion der Form $A(t) = Z \cdot \sin(at)$ mit $-10 \le A \le 10$. (t in Tagen)
Wie ist der Stand der physischen Aktivität am 25. Mai desselben Jahres?

b) Beschreiben Sie die intellektuelle Leistung durch eine Funktion der Form $L(t) = Z \cdot \sin(bt)$ mit $-10 \le L \le 10$. (t in Tagen)
Wie ist der Stand der intellektuellen Leistung am 21. Juni desselben Jahres?

179. Die Gezeiten (Ebbe und Flut) verlaufen mit einer Periode von ca. 12.5 Stunden. Es wird angenommen, dass der Verlauf des Wasserstandes sinusförmig sei. Der Tidenhub (Höhenunterschied zwischen Höchststand und Tiefststand) beträgt bei der englischen Hafenstadt Hull 7 m.

a) Beschreiben Sie den Verlauf des Wasserspiegels durch eine Sinusfunktion $H = f(t)$. $(-3.5 \text{ m} \le H \le 3.5 \text{ m})$
t: Zeit in Stunden
H: Abweichung in Meter vom mittleren Wasserstand

b) Wie viele Meter über dem Tiefststand steht der Meeresspiegel 7 Stunden nach dem Höchststand?

180.

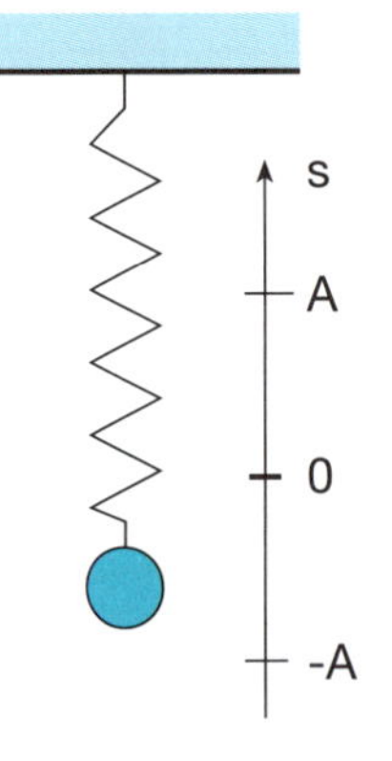

Eine Kugel schwingt an einer vertikal aufgehängten Feder auf und ab.
Diese Schwingung lässt sich durch eine Sinusfunktion $s = f(t)$ (s: Auslenkung, t: Zeit) beschreiben, falls man die Reibung vernachlässigt.
Die maximale Auslenkung (Amplitude) sei A und die Schwingungsdauer T.

Bestimmen Sie die Funktion $s = f(t)$, falls

a) für $t = 0$ s $s = 0$ m ist und sich die Kugel nach oben bewegt.

b) für $t = 0$ s $s = A = 12$ cm ist und $T = 3$ s beträgt.
Berechnen Sie die Auslenkung für $t = 1.2$ s.

181.

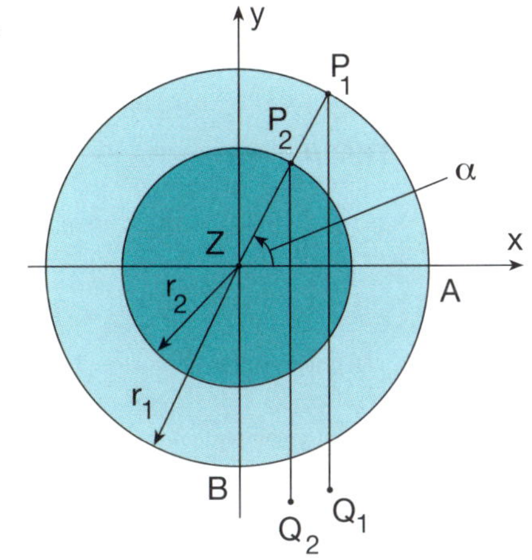

In den Punkten P_1 und P_2 einer im Gegenuhrzeigersinn drehenden Scheibe hängen vertikal je eine Pendelstange P_nQ_n.

$r_1 = 3$ m ; $r_2 = 1.5$ m
$l_1 = \overline{P_1Q_1} = 4$ m
$l_2 = \overline{P_2Q_2} = 5$ m

a) Bestimmen Sie die Lage $y = f(\alpha)$ für Q_1 und Q_2.
b) Für welches α haben die Punkte Q_1 und Q_2 gleiche Höhenlage?
c) Das Rad drehte sich einmal in der Zeit T.
Bestimmen Sie die Höhenlage von Q_n ($y_Q = f(t)$) für $t = 0$ bei A und $t = 0$ bei B. (Winkel im Bogenmass)

Mathematik in der aristotelischen Physik

Die sogenannten Pythagoreer verwenden zwar unpassendere Prinzipien und Elemente als die Naturphilosophen – sie haben diese nämlich nicht von den wahrnehmbaren Dingen genommen; denn das Mathematische ist ohne Bewegung, ausgenommen dasjenige, das in der Astronomie vorkommt –, jedoch gilt alle ihre Untersuchung und Bemühung der Natur. Denn sie konstruieren das Himmelsgebäude, beobachten, was sich mit seinen Teilen, den wechselseitigen Wirkungen seiner Teile aufeinander zuträgt, und brauchen hierfür ihre Prinzipien und Ursachen auf, gleich als pflichteten sie den anderen, naturalistischen Philosophen darin bei, dass nur das Seiendes ist, was mit den Sinnen wahrgenommen wird und was der sogenannte Himmel umfasst. Sie geben aber, wie gesagt, solche Ursachen und Prinzipien an, mittels deren man auch zu den höheren Gattungen des Seins aufsteigen kann und die dazu mehr passen als zu naturphilosophischen Erörterungen. Denn auf welche Weise Bewegung entstehen könne, wenn bloss Grenze und Unbegrenztes, Unpaariges und Paariges zugrunde liegen, sagen sie nicht, aber ebenso wenig, wie es möglich ist, dass es ohne Bewegung Entstehen und Vergehen gibt und die Himmelskörper ihre Verrichtungen ausüben. Ferner, man mag ihnen auch zugeben, dass aus den angegebenen Prinzipien die Grösse abgeleitet werden kann, oder mögen sie es beweisen; auf welche Weise können aber die Körper teils leicht sein, teils schwer? Denn nach dem, was sie voraussetzen und behaupten, ist es nicht so, als ob sie bloss die mathematischen Körper meinten, dagegen die konkreten, wahrnehmbaren nicht. Darum haben sie auch über Feuer oder Erde oder die anderen derartigen Körper gar nichts ausgesagt, eben aus diesem Grunde, meine ich, weil sie nicht zu sagen hatten, was eigens auf die wahrnehmbaren Dinge zutrifft.

Aristoteles, 384–322 v. Chr., Metaphysik

2.6 Goniometrie

2.6.1 Beziehungen zwischen $\sin\alpha$, $\cos\alpha$ und $\tan\alpha$

$\sin^2\alpha + \cos^2\alpha = 1$ $\tan\alpha = \dfrac{\sin\alpha}{\cos\alpha}$

182. Vereinfachen Sie unter der Voraussetzung, dass α, β und γ Innenwinkel eines Dreiecks sind.

a) $\sin^2\gamma + \cos^2(\alpha + \beta)$

b) $\sin^2\left(\dfrac{\alpha+\gamma}{2}\right) + \sin^2\left(180° - \dfrac{\beta}{2}\right)$

183. Vereinfachen Sie:

a) $\tan\alpha \cdot \cos\alpha$

b) $(1+\sin\varphi)(1-\sin\varphi)$

c) $\dfrac{1}{\cos^2\beta} - 1$

d) $\dfrac{\sin^2\alpha}{1-\cos\alpha}$

e) $\sin^4\gamma - \cos^4\gamma$

f) $\dfrac{\tan\varphi - 1}{\sin\varphi - \cos\varphi}$

g) $\dfrac{1}{1+\tan^2\omega}$

h) $\sqrt{1+\cos\alpha} \cdot \sqrt{1-\cos\alpha}$

i) $(\sin\delta + \cos\delta)^2 + (\sin\delta - \cos\delta)^2$

j) $\dfrac{1}{1-\sin\gamma} - \dfrac{\sin\gamma}{\cos^2\gamma}$

k) $\dfrac{1}{\tan^2\alpha} + 1$

Goniometrische Gleichungen

Für die Aufgaben 184 bis 194 gilt die Grundmenge $0° \le x < 360°$.

184. Für welche Werte des Parameters p ist die folgende Gleichung lösbar?

a) $\sin x = \dfrac{p}{4}$

b) $\cos x = \dfrac{3-p}{5}$

c) $\sin x = \dfrac{3}{p}$

d)* $\cos x = \dfrac{p-2}{p+3}$

e)* $\sin x = \dfrac{2p-1}{6p}$

185. a) $\sin(3x) = 0$ b) $\tan(2x) = 3$

186. a) $\sin(x - 20°) = 0.8$ b) $\cos(100° - x) = -0.4$

c) $\sin(10° - x) = 1.2$ d) $\tan(x + 50°) = 2.8$

187. a) $\sin^2 x = 0.2$ b) $\tan^2 x = 10$
c) $\cos^2(x - 50°) = -0.36$

188. a) $\sin x \cdot \cos x = 0$ b) $\sin x - \cos x = 0$
c) $\frac{\sin x}{\cos x} = 0$ d) $(1 + \cos x) \sin x = 0$
e) $(1 + \sin x) \tan x = 0$

189. a) $2 \cdot \cos^2 x + \cos x = 0$ b) $5 \cdot \sin^2 x = 3 \cdot \sin x$

190. a) $4 \cdot \sin^2 x - 4 \cdot \sin x + 1 = 0$ b) $\cos^2 x + 2.1 \cdot \cos x + 0.2 = 0$
c) $5 \cdot \sin^2 x + \sin x = 1$ d) $\tan x + \frac{1}{\tan x} = 3.5$

191. a) $\sin x + \tan x = 0$ b) $\tan x + 3 \cdot \sin x = 0$
c) $\sin x \cdot \cos x \cdot \tan x = 0.25$ d) $\sin x = 5 \cdot \cos x$
e) $\cos x - 3 \cdot \sin x = 0$ f) $4 \cdot \sin x + 46 \cdot \cos x = 0$
g) $2 \cdot \sin^2 x = 7 \cdot \cos^2 x$

192. a) $3 \cdot \sin x = 2 \cdot \cos^2 x$ b) $\sin^2 x - \cos^2 x = 0.2$
c) $10 \cdot \cos^2 x + 7.5 \cdot \sin x = 11$ d) $\sin^2 x + 1.6 \cdot \cos x = 0.2$

193. a) $\sin x \cdot \cos x = 0.6$ b) $\sin x + \cos x = 0.8$
c) $\cos x = 2 \cdot \tan x$

194.* Für welche Werte des Parameters a hat die Gleichung $\sin^2 x + \cos x = a$ mindestens eine Lösung?

2.6.2 Additionstheoreme

$$\sin(\alpha + \beta) = \sin\alpha \cdot \cos\beta + \cos\alpha \cdot \sin\beta$$
$$\sin(\alpha - \beta) = \sin\alpha \cdot \cos\beta - \cos\alpha \cdot \sin\beta$$

$$\cos(\alpha + \beta) = \cos\alpha \cdot \cos\beta - \sin\alpha \cdot \sin\beta$$
$$\cos(\alpha - \beta) = \cos\alpha \cdot \cos\beta + \sin\alpha \cdot \sin\beta$$

$$\tan(\alpha + \beta) = \frac{\tan\alpha + \tan\beta}{1 - \tan\alpha \cdot \tan\beta}$$
$$\tan(\alpha - \beta) = \frac{\tan\alpha - \tan\beta}{1 + \tan\alpha \cdot \tan\beta}$$

195. a) Berechnen und vergleichen Sie:

(1) $\sin 20° + \sin 30°$ und $\sin(20° + 30°)$
(2) $\sin 120° - \sin 80°$ und $\sin(120° - 80°)$
(3) $\cos 30° + \cos 50°$ und $\cos(30° + 50°)$
(4) $\tan 20° + \tan 80°$ und $\tan(20° + 80°)$

b) Für welche der folgenden Funktionen f gilt: $f(a) + f(b) = f(a+b)$,
wobei a und b beliebige Zahlen aus dem Definitionsbereich der entsprechenden Funktion sind?

$f_1(x) = x^2$ $\quad f_2(x) = 10^x$ $\quad f_3(x) = Ax + B \quad (A, B \in \mathbb{R})$

$f_4(x) = \dfrac{1}{x}$ $\quad f_5(x) = Ax \quad (A \in \mathbb{R})$ $\quad f_6(x) = \sqrt{x}$

196. Beweisen Sie das Additionstheorem der Sinusfunktion mit Hilfe der Gleichung:

$A_{PQS} = A_{PRS} + A_{PQR}$

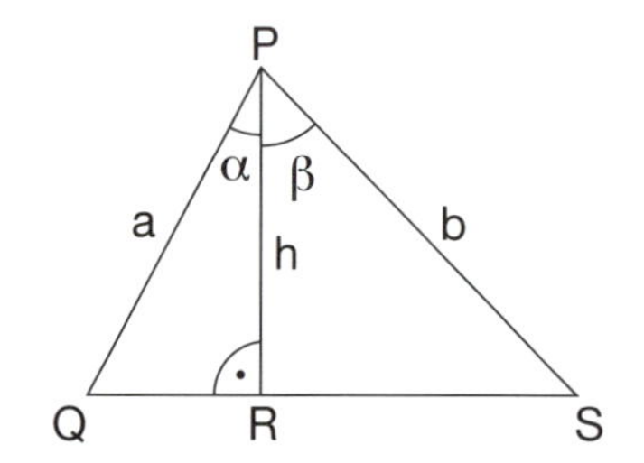

197. 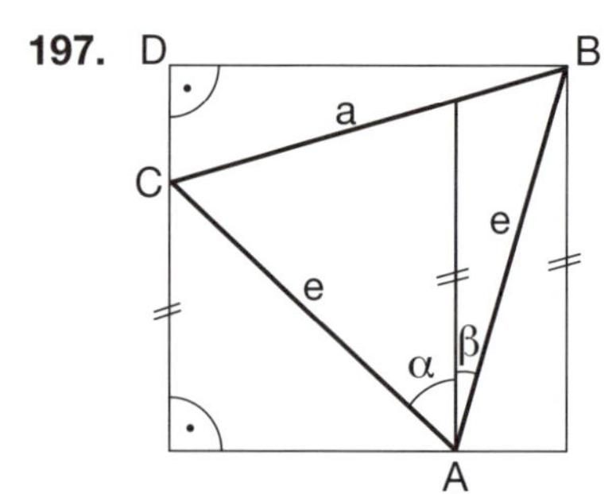

Berechnen Sie a zuerst mit dem Satz von Pythagoras im Dreieck CBD und anschliessend mit dem Cosinussatz im Dreieck ABC. Folgern Sie daraus das Additionstheorem der Cosinusfunktion.

Tipp: Um die Rechnung zu vereinfachen, kann man $e = 1$ wählen.

198. Beweisen Sie das Additionstheorem für $\tan(\alpha + \beta)$.

Tipp: Verwenden Sie $\tan(\alpha + \beta) = \dfrac{\sin(\alpha + \beta)}{\cos(\alpha + \beta)}$ und dividieren Sie Zähler und Nenner durch $\cos\alpha \cdot \cos\beta$.

199. Wenden Sie ein geeignetes Additionstheorem an:

a) $\sin(\alpha + 90°)$ b) $\cos(180° - \varphi)$ c) $\sin(\varepsilon - 45°)$
d) $\cos(\beta + 60°)$ e) $\tan(\alpha + 45°)$ f) $\tan(60° - \gamma)$

200. Berechnen Sie den exakten Wert von

a) $\sin 75°$ b) $\sin 15°$ c) $\cos 105°$ d) $\tan 15°$

Das entscheidende Kriterium ist Schönheit; für hässliche Mathematik ist auf dieser Welt kein beständiger Platz.

Godfrey Harold Hardy

201. Vereinfachen Sie:

a) $\sin(60° + \alpha) - \sin(60° - \alpha)$
b) $\cos(30° + \alpha) - \cos(30° - \alpha)$
c) $\cos(\varphi - 30°) - 0.5 \cdot \sin\varphi$
d) $\cos(\alpha + \varphi) + \cos(\alpha - \varphi)$

202. a) Drücken Sie $\sin(3\alpha)$ durch $\sin\alpha$ aus.
Tipp: Ersetzen Sie 3α durch $2\alpha + \alpha$
b) Drücken Sie $\cos(3\alpha)$ durch $\cos\alpha$ aus.

203. Bestimmen Sie x und y aus den Gleichungen
$x \cdot \sin\alpha - y \cdot \sin\beta = 0$ und $x \cdot \cos\alpha + y \cdot \cos\beta = k$

204. Der folgende Term kann als Sinusfunktion $a \cdot \sin(x + \varphi)$ dargestellt werden.
Berechnen Sie a und φ.

a) $3 \cdot \sin x + 4 \cdot \cos x$
b) $2 \cdot \sin x - \cos x$
c) $0.5 \cdot \sin x + 5 \cdot \cos x$
d) $\sin x + \cos x$

205.

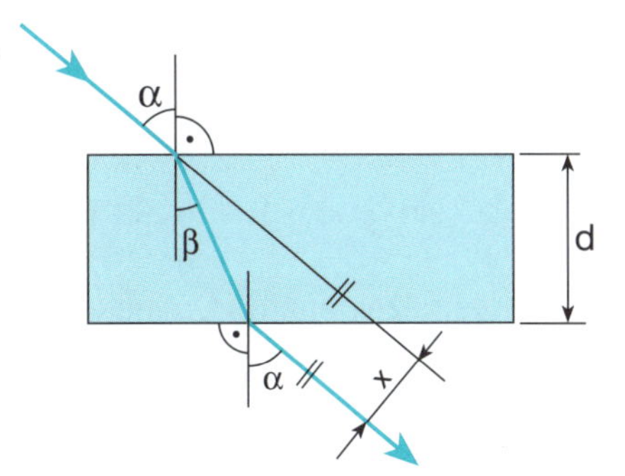

Durchläuft ein Lichtstrahl eine Glasplatte der Dicke d, so wird er durch zweimalige Brechung um die Strecke x parallel verschoben.

Berechnen Sie x aus dem Einfallswinkel α und der Brechungszahl n.

$$n = \frac{\sin\alpha}{\sin\beta}$$

206. Lösen Sie die folgende Gleichung für $0° \leq x < 360°$.

a) $\sin(x + 100°) = 0.7 \cdot \sin x$
b) $\cos(x + 60°) = 0.4 \cdot \cos(x - 20°)$
c) $\tan(x + 20°) = 2 \cdot \tan x$

207.

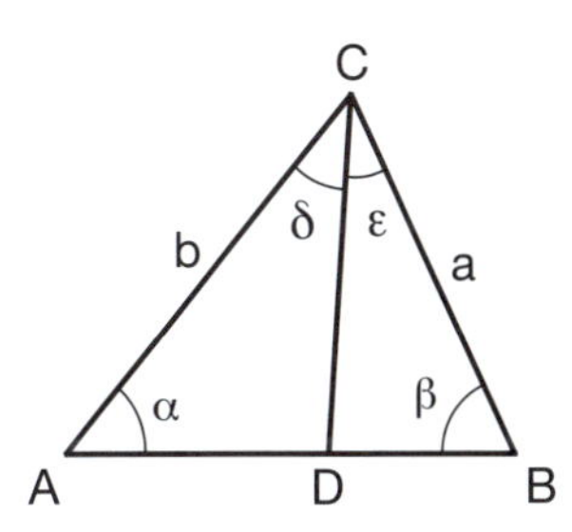

Gegeben sind:
$c = \overline{AB} = 280$ m
$\delta = 16°$, $\varepsilon = 21°$
$\overline{AD} : \overline{DB} = 3 : 2$
Berechnen Sie a, b, α, β.

208. Ein Dreieck ABC ist gegeben durch
$a = 41.2$ cm ; $h_a = 9.8$ cm ; $\alpha = 115°$
Berechnen Sie die Seiten b und c.
Tipp: Berechnen Sie zuerst einen Teilwinkel von α.

2.6.3 Funktionen des doppelten Winkels

$$\sin(2\alpha) = 2 \cdot \sin\alpha \cdot \cos\alpha$$

$$\cos(2\alpha) = \cos^2\alpha - \sin^2\alpha = 1 - 2 \cdot \sin^2\alpha = 2 \cdot \cos^2\alpha - 1$$

$$\tan(2\alpha) = \frac{2 \cdot \tan\alpha}{1 - \tan^2\alpha}$$

209. Beweisen Sie die folgende Gleichung mit Hilfe eines Additionstheorems:

a) $\sin(2\alpha) = 2 \cdot \sin\alpha \cdot \cos\alpha$ b) $\cos(2\alpha) = \cos^2\alpha - \sin^2\alpha$

c) $\tan(2\alpha) = \dfrac{2\tan\alpha}{1 - \tan^2\alpha}$

Tipp: Setzen Sie $2\alpha = \alpha + \alpha$

210.

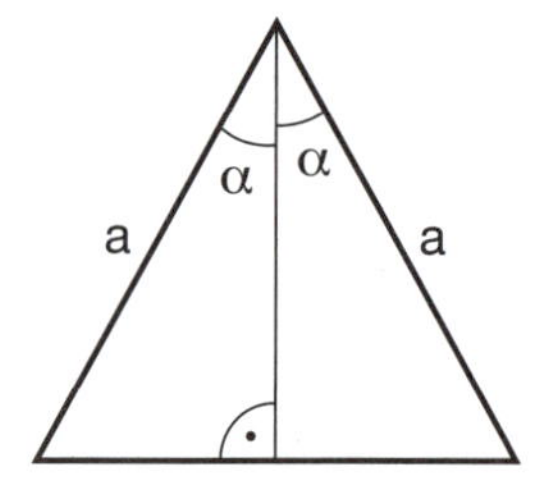

Beweisen Sie die Gleichung

$\sin(2\alpha) = 2 \cdot \sin\alpha \cdot \cos\alpha \quad (\alpha < 90°)$

mit Hilfe des gezeichneten Dreiecks.

211. Der Flächeninhalt eines gleichschenkligen Dreiecks mit der Schenkellänge a und dem Basiswinkel α kann mit der Formel $A = \frac{1}{2} a^2 \cdot \sin(2\alpha)$ berechnet werden. Leiten Sie diese Formel her.

212. Berechnen Sie die Sehnenlänge x aus a und φ.

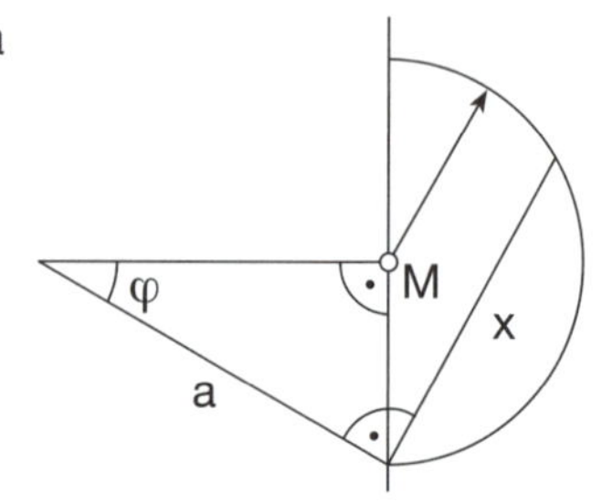

213. Berechnen Sie die Strecke $\overline{AC}$ aus a und b.

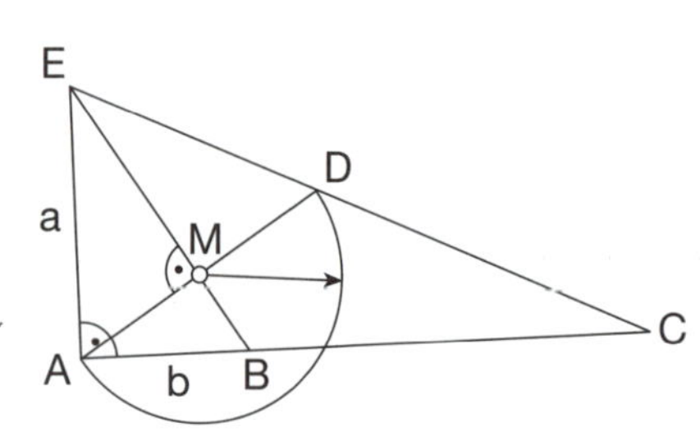

214.

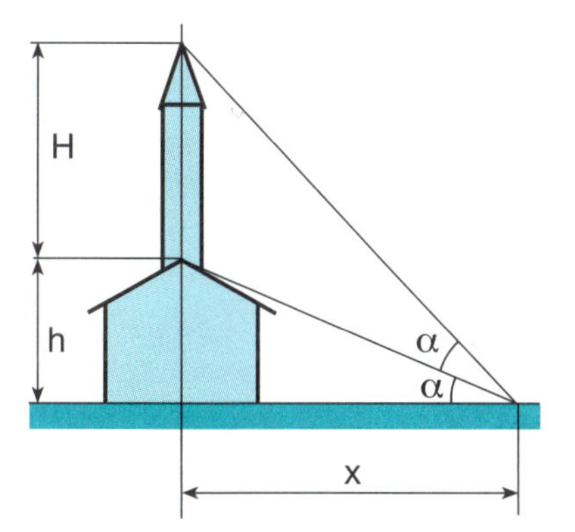

In welcher Entfernung x vom Fusse des Gebäudes sieht man Gebäude und Turm unter dem gleichen Winkel?
Die Grösse des Betrachters soll vernachlässigt werden.

a) $h = 16$ m ; $H = 28$ m
b) allgemein für h und H.

215. Berechnen Sie den exakten Wert von $\tan\alpha$, wenn $\tan(2\alpha) = 3$ ist.

216. Vereinfachen Sie:

a) $\sin\left(\frac{\alpha}{2}\right) \cdot \cos\left(\frac{\alpha}{2}\right)$

b) $2 \cdot \sin(2\lambda) \cdot \cos(2\lambda)$

c) $2 \cdot \cos^2\left(\frac{\varphi}{2}\right) - 1$

d) $\cos^2(2\beta) - \sin^2(2\beta)$

e) $\left(1 - \tan^2\left(\frac{\eta}{2}\right)\right) \cdot \tan\eta$

217. Vereinfachen Sie:

a) $\dfrac{\sin(2\alpha)}{\sin\alpha}$

b) $(\sin\beta + \cos\beta)^2$

c) $\cos^4\gamma - \sin^4\gamma$

d) $\dfrac{\cos(2\delta)}{\cos\delta - \sin\delta}$

e) $\dfrac{\sin\omega \cdot \cos\omega}{\sin^2\omega - \cos^2\omega}$

f) $\dfrac{1 - \cos(2\varphi)}{\sin(2\varphi)}$

g) $\dfrac{2 \cdot \tan\alpha}{\tan(2\alpha)}$

218. Lösen Sie die folgende Gleichung:

a) $\sin x = \sin(2x)$ für $0° \le x < 360°$
b) $4 \cdot \sin x \cdot \cos x = -1.2$ für $0° \le x < 360°$
c) $\sin(2x) \cdot \tan x = 1$ für $0° \le x \le 180°$
d) $\sin x = 1 - \cos(2x)$ für $0° \le x \le 180°$
e) $\tan x + \tan(2x) = 0$ für $0° \le x \le 180°$
f) $\cos x + \cos(2x) = -1$ für $0° \le x \le 180°$
g) $\tan(2x) = 4 \cdot \tan x$ für $0° \le x \le 180°$
h) $\cos(2x) = 2 \cdot \cos x$ für $0° \le x < 360°$

219. Beweisen Sie:

a) $\sin^2\left(\frac{\alpha}{2}\right) = \dfrac{1 - \cos\alpha}{2}$

b) $\cos^2\left(\frac{\alpha}{2}\right) = \dfrac{1 + \cos\alpha}{2}$

c) $\tan\left(\frac{\alpha}{2}\right) = \dfrac{1 - \cos\alpha}{\sin\alpha}$

2.6.4 Transzendente Gleichungen

220. Lösen Sie die folgende Gleichung in der Grundmenge $[0\,;\,2\pi[$.

■ a) $\cos x = 1.2x$ b) $x = \tan x$

c) $x - 0.5\pi = \sin x$ d) $2x + \tan x = 2$

e) $\sin(2x) = x + 0.6 \cdot \cos x$ f) $\sin x + \tan x = 2x$

221. Berechnen Sie den Zentriwinkel $\widehat{\varphi}$

■ $(\varphi < \pi)$ eines Kreissegmentes aus dem Radius r und dem Flächeninhalt A.

a) $r = 12$ cm ; $A = 40\ \text{cm}^2$

b) $r = 2.63$ m ; $A = 5.30\ \text{dm}^2$

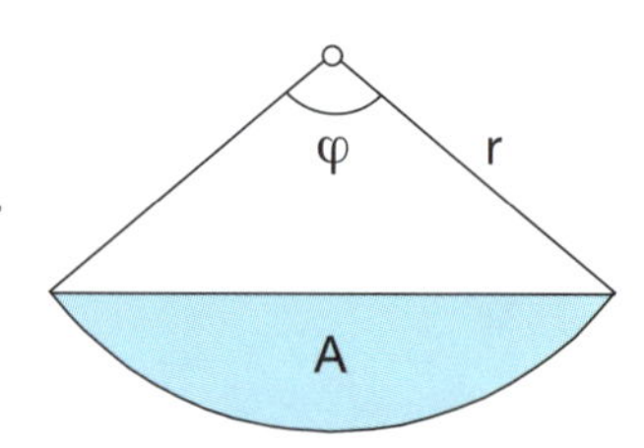

222.

■

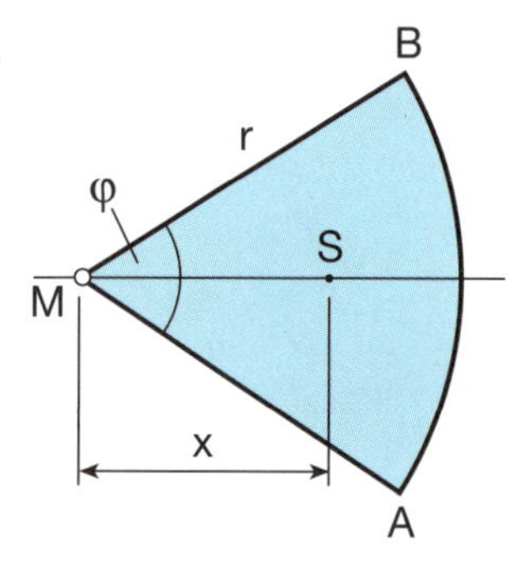

Für den Schwerpunkt S eines Kreissektors gilt:

$$x = \frac{4 \cdot \sin\left(\frac{\widehat{\varphi}}{2}\right)}{3 \cdot \widehat{\varphi}} \cdot r$$

Für welchen Winkel φ liegt der Schwerpunkt auf der Sehne $\overline{AB}$?

223. Berechnen Sie den Winkel $\widehat{\alpha}$ so, dass

■ die Sehne die Halbkreisfläche halbiert.

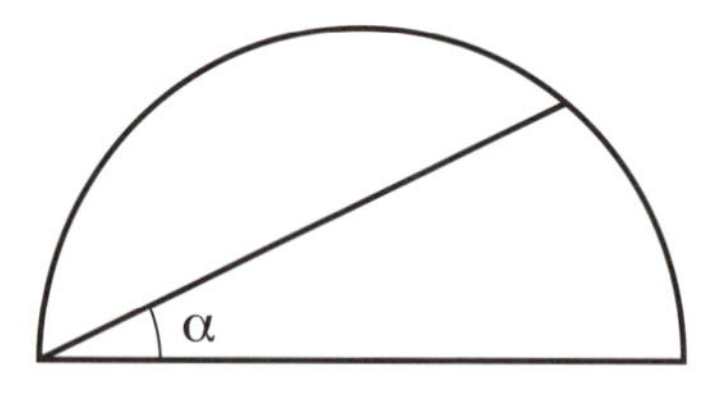

224.

■

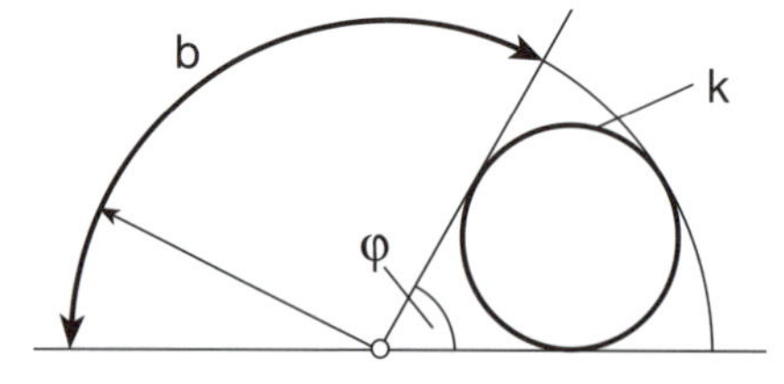

Berechnen Sie den Winkel $\widehat{\varphi}$ so, dass der Bogen b und der Umfang des Kreises k gleich gross werden.

225.* Ein Kreissektor mit einem Zentriwinkel von $\frac{\pi}{3}$ und dem Radius r soll durch eine

■ Parallele zu einem der beiden Radien halbiert werden.

Berechnen Sie den Abstand Parallele–Radius aus r.

226.* ■

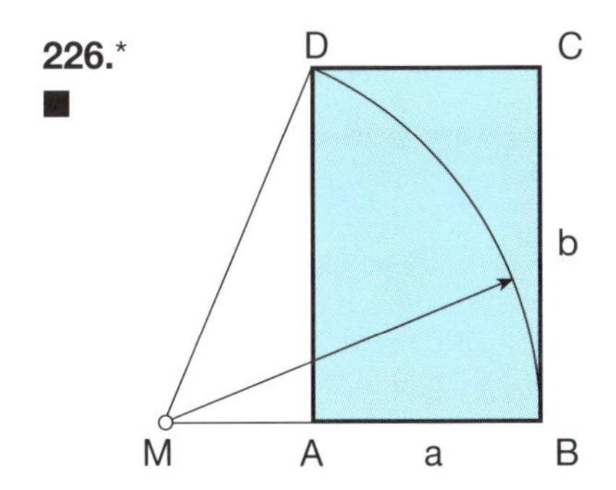

Der Flächeninhalt des Rechtecks ABCD wird durch den Kreisbogen, der durch B und D geht, im Verhältnis 1 : 3 geteilt.
Berechnen Sie das Seitenverhältnis a : b.

227.* ■

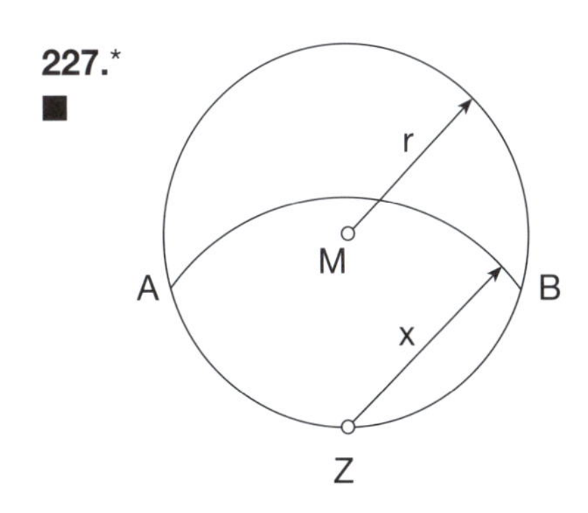

Berechnen Sie den Radius x aus r so, dass der Kreisbogen AB die gegebene Kreisfläche mit dem Radius r halbiert.

Tipp: Berechnen Sie zuerst den Winkel AMZ.

> Ebenso steht es mit der Mathematik, welche gewiss nicht entstanden wäre, wenn man von Anfang an gewusst hätte, dass es in der Natur keine exakt gerade Linie, keinen wirklichen Kreis, kein absolutes Grössenmass gebe.
>
> Friedrich Nietzsche, Menschliches Allzumenschliches

> Die Mathematiker, die nur Mathematiker sind, denken also richtig, aber nur unter der Voraussetzung, dass man ihnen alle Dinge durch Definitionen und Prinzipien erklärt; sonst sind sie beschränkt und unerträglich, denn sie denken nur dann richtig, wenn es um sehr klare Prinzipien geht.
>
> René Descartes, 1596–1650, Philosoph

3. Stereometrie

3.1 Beziehungen im Raum

3.1.1 Lage von Punkten, Geraden und Ebenen im Raum

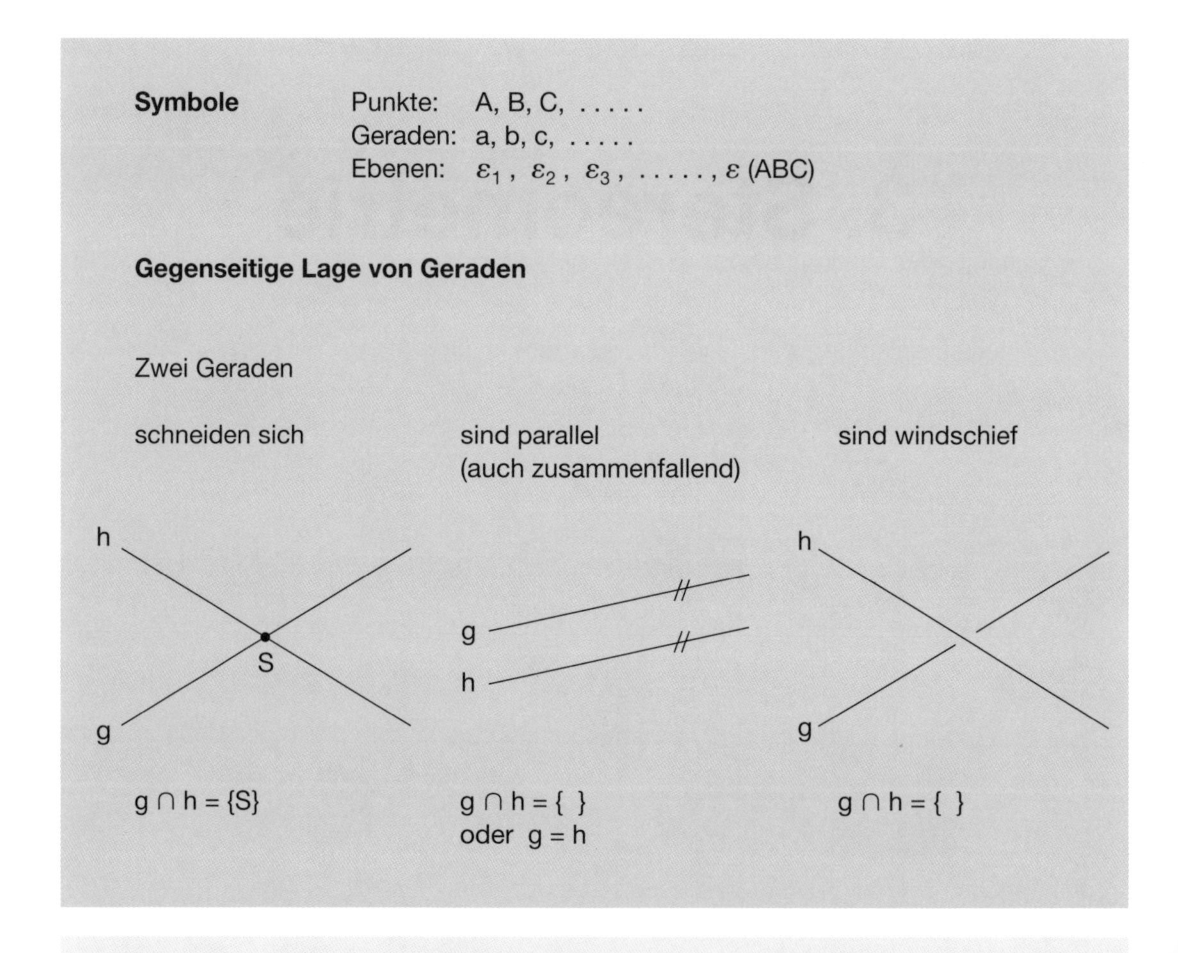

Die Mathematik ist eine wunderbare Lehrerin für die Kunst, die Gedanken zu ordnen, Unsinn zu beseitigen und Klarheit zu schaffen.

Jean-Henri Fabre, 1823–1915, Insektenforscher

Alle Pädagogen sind sich darin einig: man muss vor allem tüchtig Mathematik treiben, weil ihre Kenntnis fürs Leben grössten direkten Nutzen gewährt.

Felix Klein, 1849–1925, Mathematiker

Die Ebene

Eine Ebene ist eindeutig festgelegt durch:

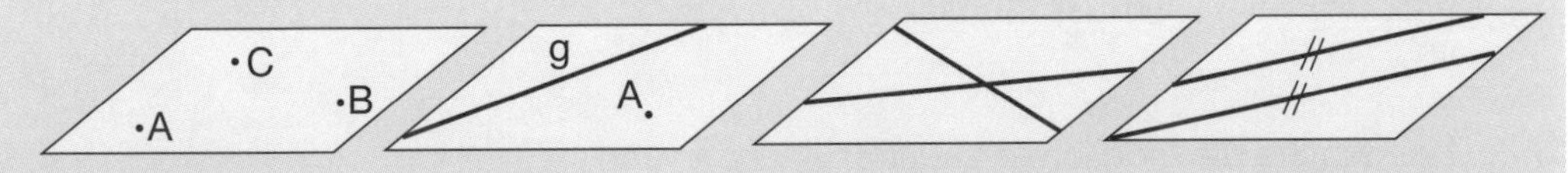

3 Punkte A, B, C $C \notin AB$	Punkt A und Gerade g $A \notin g$	2 sich schneidende Geraden	2 parallele Geraden

Gegenseitige Lage von Ebenen

Zwei Ebenen

schneiden sich

sind parallel
(auch zusammenfallend möglich)

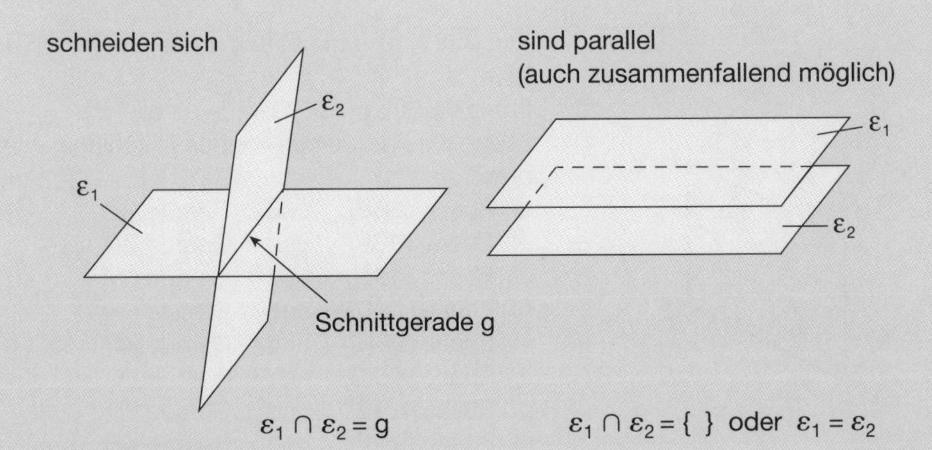

$\varepsilon_1 \cap \varepsilon_2 = g$

$\varepsilon_1 \cap \varepsilon_2 = \{\ \}$ oder $\varepsilon_1 = \varepsilon_2$

Gegenseitige Lage von Gerade und Ebene

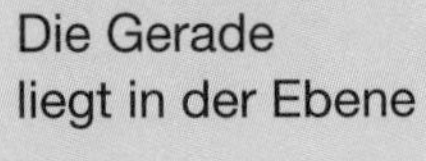

Die Gerade
liegt in der Ebene

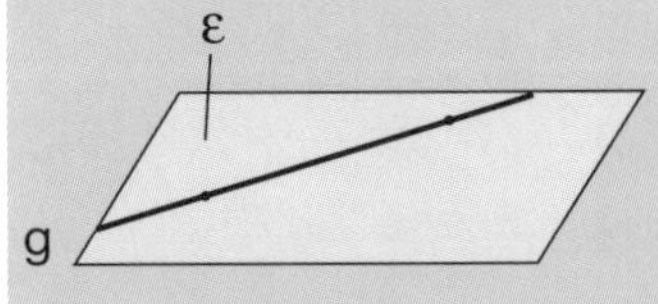

$g \cap \varepsilon = g$

ist parallel zur Ebene

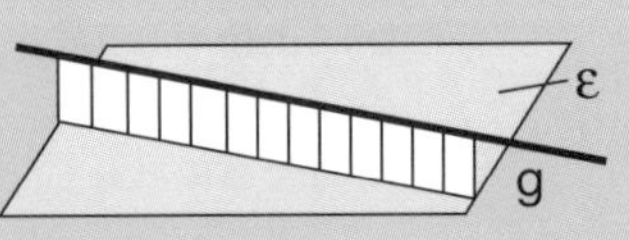

$g \cap \varepsilon = \{\ \}$

durchstösst die Ebene

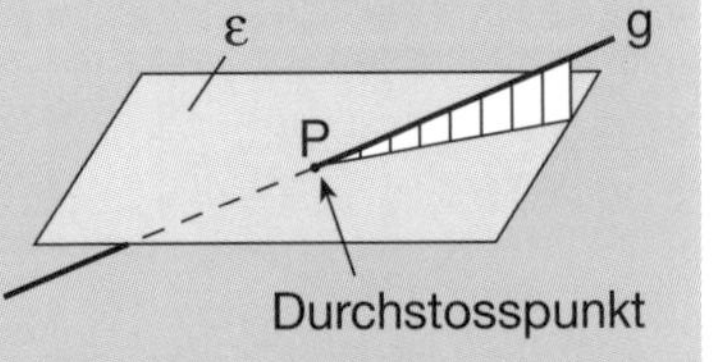

$g \cap \varepsilon = \{P\}$

1. Erklären Sie den Begriff *windschiefe Geraden*.

2. Nennen Sie die mögliche gegenseitige Lage von
a) 4 Punkten (nicht zusammenfallend) b) 2 Geraden
c) 3 Geraden (nicht zusammenfallend)
im Raum.

3. Nennen Sie die möglichen Lagebeziehungen von
a) 2 Ebenen b) 3 Ebenen
im Raum.

4. Geben Sie alle Lagebeziehungen zwischen einer Ebene und einer Geraden an.

5. Wahr oder falsch?
Werden zwei parallele Ebenen von einer dritten Ebene geschnitten, so sind ihre Schnittgeraden windschief.

6.

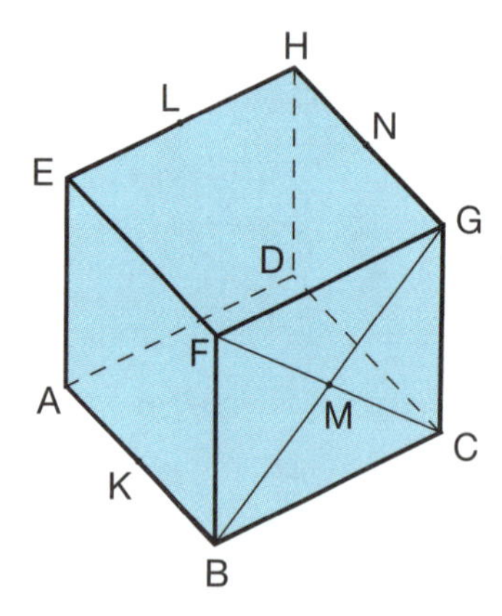

K, L und N sind die Mittelpunkte der Kanten des Würfels.
Ermitteln Sie, ob die Gerade parallel zur Ebene ist, oder geben Sie den Durchstosspunkt an.

a) Ebene (ABH) und Gerade GC
b) Ebene (DCF) und Gerade BG
c) Ebene (ABF) und Gerade LM
d) Ebene (ABM) und Gerade DH
e) Ebene (BFN) und Gerade KD
f) Ebene (BCM) und Gerade FG
g) Ebene (ABG) und Gerade FD
h) Ebene (DCF) und Gerade KN

7.

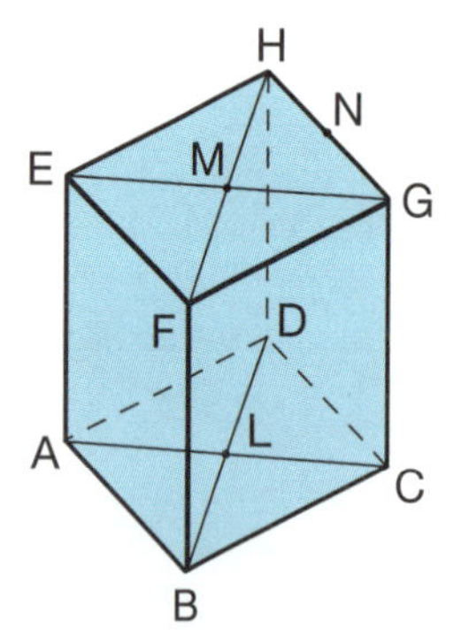

L und M sind die Mittelpunkte der Grund- und Deckfläche des Quaders, N halbiert die Kante HG. Entscheiden Sie, ob die Ebenen parallel sind, oder geben Sie die Schnittgerade an.

a) Ebene (ACG) und Ebene (DHF)
b) Ebene (AMN) und Ebene (EHD)
c) Ebene (FLH) und Ebene (NGC)
d) Ebene (GFL) und Ebene (AMD)

8. Wie viele Ebenen sind durch die Eckpunkte eines Quaders festgelegt?

9. Bestimmen Sie den geometrischen Ort aller Punkte, die
a) von zwei gegebenen Punkten
b) von zwei sich schneidenden Geraden
gleichen Abstand haben.

10. Bestimmen Sie den geometrischen Ort aller Punkte, die von
a) 3 Punkten in allgemeiner Lage
b) 3 in einer Ebene liegenden, allgemeinen Geraden
gleichen Abstand haben.

Kombinatorische Probleme

11. Wie viele Verbindungsgeraden sind möglich, wenn
a) 6 Punkte b) n Punkte
in allgemeiner Lage gegeben sind?

12. Wie viele Verbindungsgeraden sind möglich, wenn
a) von 10 Punkten deren 4 auf einer Geraden liegen?
b) von n Punkten deren k auf einer Geraden liegen?

13. Gegeben ist ein Geradenbüschel (alle Geraden schneiden sich in einem Punkt) von
a) 9 Geraden. b) n Geraden.
Wie viele Ebenen sind dadurch bestimmt?

14. Wie viele Ebenen sind bestimmt, wenn in einem Geradenbüschel von
a) 10 Geraden deren 4 b) n Geraden deren k
in derselben Ebene liegen?

15. Gegeben sind
a) 7 Ebenen b) n Ebenen
in allgemeiner Lage.
Wie viele Schnittgeraden entstehen dabei?

16. Bestimmen Sie die Anzahl der Schnittgeraden, wenn
a) von 11 Ebenen deren 5 b) von n Ebenen deren k
zueinander parallel sind.

17. Wie viele Ebenen sind durch
a) 6 Punkte b) 10 Punkte
*c) n Punkte
in allgemeiner Lage bestimmt?

Wer die erhabene Weisheit der Mathematik tadelt, nährt sich von Verwirrung.

Leonardo da Vinci, 1452–1519, Universalgenie

3.1.2 Winkel im Raum

Gerade - Ebene

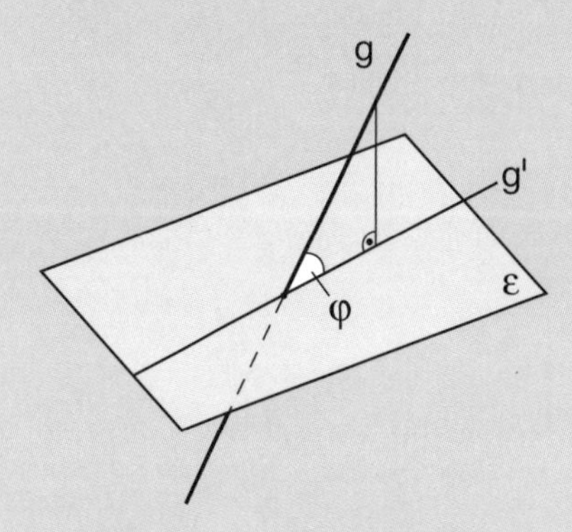

Der Winkel φ zwischen einer Geraden g und einer Ebene ε ist der Winkel zwischen der Gerade g und ihrer senkrechten Projektion g' in der Ebene ε.

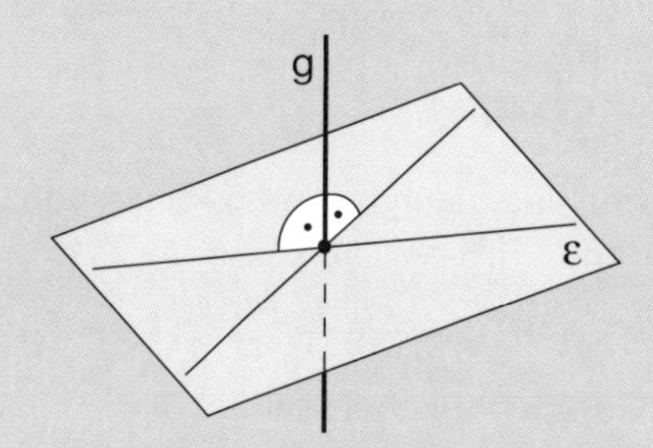

Spezialfall:
Lot (Senkrechte, Normale)
Eine Gerade g heisst Lot einer Ebene ε, wenn es in ε mindestens zwei Geraden gibt, die zu g senkrecht stehen.
Die Ebene ε ist die Normalebene zu g.

Ebene - Ebene

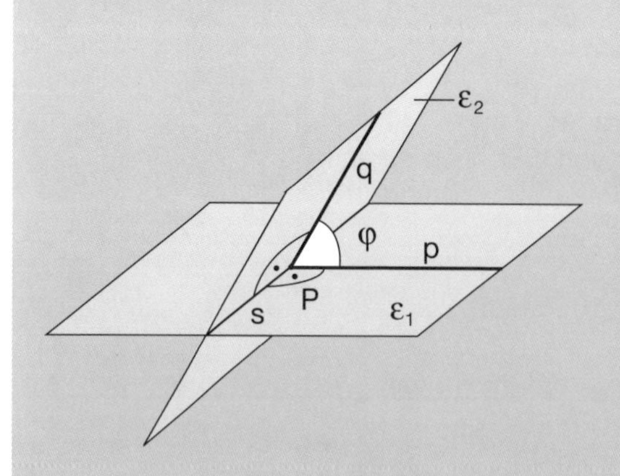

Der Winkel φ ($\varphi < 90°$) zwischen den Ebenen ε_1 und ε_2 ist wie folgt definiert:

Errichtet man in einem beliebigen Punkt P der Schnittgeraden s je eine Senkrechte p und q zu s in beiden Ebenen, so bilden diese Geraden den Winkel φ.

Spezialfall:
Normalebene
Ist $\varphi = 90°$ stehen die beiden Ebenen normal zueinander.

18. Eine Gerade g durchstösst eine Ebene ε im Punkt S unter einem Winkel φ.
In welchem Bereich liegen die Winkel zwischen g und allen Geraden durch S in der Ebene ε?
a) für $\varphi = 50°$. b) allgemein.

19. Wie viele Geraden g sind unter folgenden Bedingungen möglich:
g geht durch Punkt P und bildet mit der Ebene ε einen gegebenen Winkel φ, wenn
a) $P \in \varepsilon$. b) $P \notin \varepsilon$

20. Wie viele Geraden g sind unter folgenden Bedingungen möglich:
g geht durch Punkt P und schneidet die beiden windschiefen Geraden m und n, wenn
a) $P \in m$ b) $P \notin m$ und $P \notin n$
Antworten begründen!

21. Bestimmen Sie im gegebenen Würfel den Winkel zwischen den Geraden g und h.

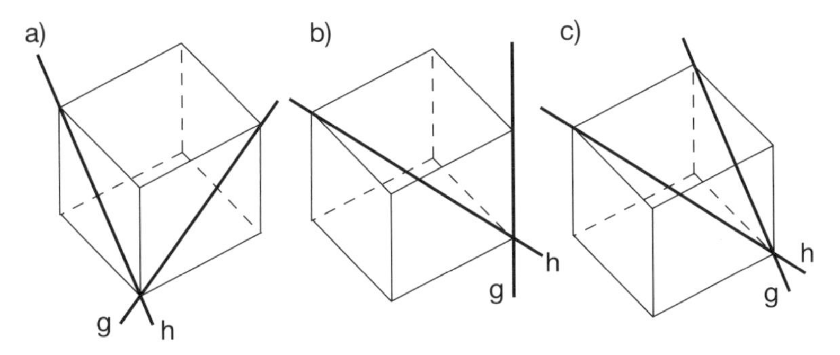

d) g und h sind die Körperdiagonalen.

22. Bestimmen Sie im Quader die Winkel α, β und γ.

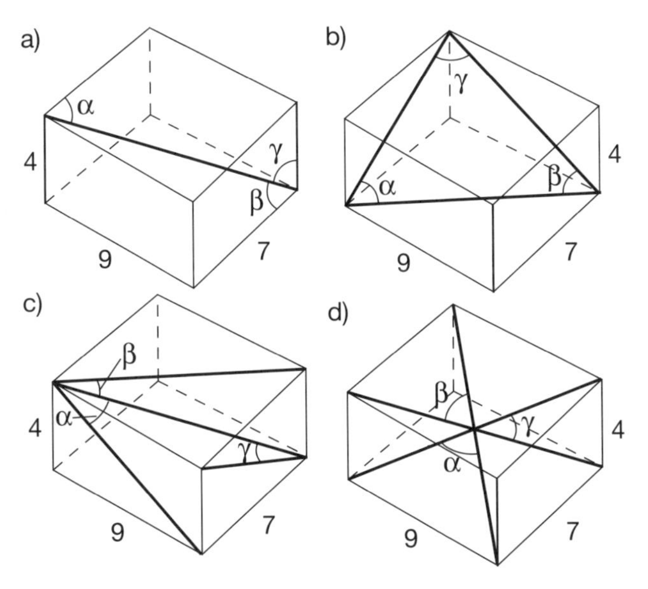

23. Stimmt die folgende Behauptung?
«Die Gerade, die durch den Abstand zweier windschiefer Geraden g_1 und g_2 bestimmt ist, steht normal zur Schnittgeraden zweier Normalebenen zu g_1 und g_2.»

24. Berechnen Sie im Würfel ABCDEFGH den Winkel zwischen
a) einer Raumdiagonalen und einer Würfelfläche.
Warum ist der Winkel für alle möglichen Fälle gleich gross?
b) der Raumdiagonalen DF und der Fläche ACGE.
c) der Flächendiagonalen AF und der Fläche BFHD.
d) der Raumdiagonalen CE und der Fläche AFH.

25. Gegeben ist ein Quader ABCDEFGH mit $\overline{AB} = 13$ cm ; $\overline{BC} = 7$ cm ; $\overline{AE} = 6.5$ cm.
Berechnen Sie den Winkel zwischen
a) der Raumdiagonalen BH und der Fläche EFGH.
b) der Raumdiagonalen AG und der Fläche BFHD.
c) der Geraden DG und der Fläche BFHD.

26. Gegeben ist der Würfel ABCDEFGH.
Berechnen Sie den Winkel zwischen
a) der Raumdiagonalen CE und der Ebene ε_1 (AMD).
M ist der Mittelpunkt der Kante BF.
b) der Raumdiagonalen AG und der Ebene ε_2 (JKN).
J, K und N sind die Mittelpunkte der Kanten AB, BC und CG.

27. Gegeben ist der Würfel ABCDEFGH.
Berechnen Sie den Winkel zwischen den Ebenen ε_1 (PQR) und ε_2 (UVR), wenn gilt:
P, Q, R, U und V sind die Mittelpunkte der Kanten AB, BC, CG, AD und CD.

28. Berechnen Sie den Winkel zwischen den Ebenen ε_1 (AFGD) und ε_2 (BCKJ)
a) im Würfel ABCDEFGH,
b) im Quader ABCDEFGH mit $\overline{AB} = 6$ cm ; $\overline{BC} = 5$ cm und $\overline{AE} = 11$ cm,
wenn J und K je in der Mitte der Kanten AE und DH liegen.

29. Berechnen Sie den Winkel zwischen den Flächen BCE und CDE
a) eines Würfels ABCDEFGH.
*b) eines Quaders ABCDEFGH mit den Kantenlängen
$\overline{AB} = 9.5$ cm, $\overline{BC} = 12.3$ cm und $\overline{AE} = 4.5$ cm

Wir Mathematiker und Physiker dürfen das stolze Bewusstsein hegen, dass wir ein Wissensgebiet unser eigen nennen, welches der Menschheit fortschreitend immer neuen äusseren Erfolg und innere Sicherheit bietet und diese Freude an unserem Besitz, die müssen wir und wollen wir, wenn sie uns je verloren gegangen sein sollte, wiedergewinnen.

Felix Klein, 1849–1925, Mathematiker

3.2 Ebenflächig begrenzte Körper (Polyeder)

3.2.1 Das Prisma

n-seitiges Prisma

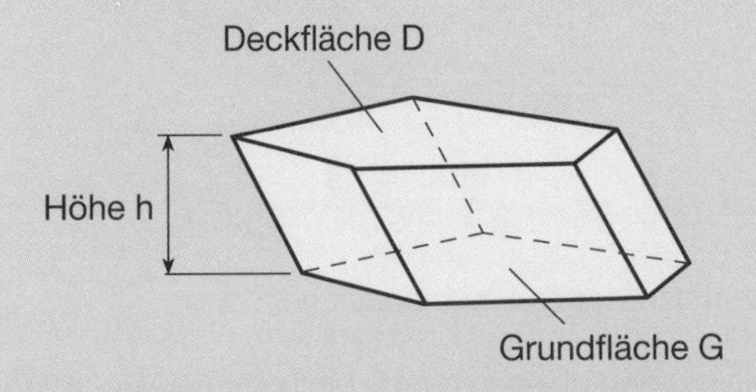

Jeder geometrische Körper, der begrenzt wird von
zwei kongruenten und parallelen n-Ecken (Grund- und Deckfläche)
und
n Parallelogrammen (Mantel),
heisst n-seitiges Prisma.

Oberfläche S

$$S = M + G + D$$

M Mantelfläche (Summe aller Seitenflächen)
G Grundfläche
D Deckfläche $D = G$

Volumen V

$$V = G \cdot h$$

h Höhe (Abstand von Grund- und Deckfläche)

Gerades Prisma

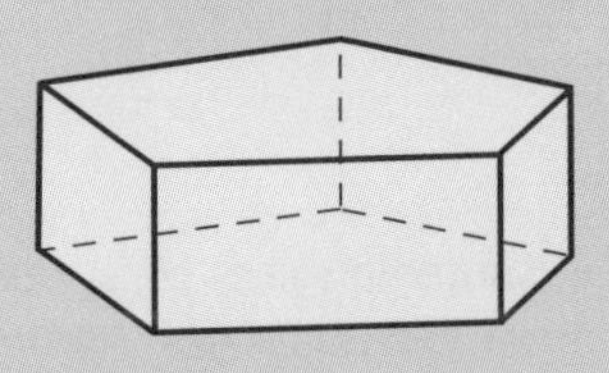

Ein Körper heisst gerades Prisma, wenn der Mantel ausschliesslich aus Rechtecken besteht.

Sonderfälle des geraden Prismas:

Reguläres Prisma Die Grundfläche ist ein reguläres Vieleck.
Quader Die Grundfläche ist ein Rechteck.
Würfel Quader mit lauter gleich langen Kanten.

Würfel und Quader

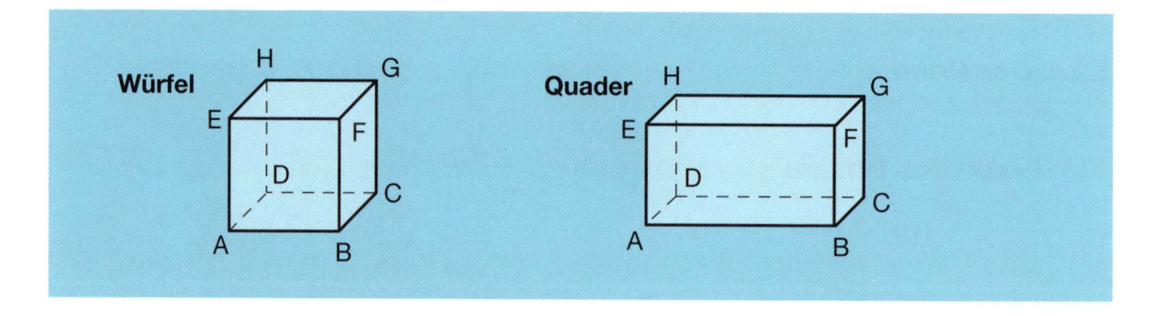

30. Um wie viel % ist die Körperdiagonale eines Würfels länger als die Kante?

31. Drücken Sie das Volumen V eines Würfels durch seine Oberfläche S aus.

32. Drücken Sie die Oberfläche und das Volumen eines Würfels durch seine Körperdiagonale k aus.

33. Berechnen Sie die Kantenlänge eines Würfels, der einer Halbkugel mit dem Radius a eingeschrieben werden kann.

34. Vergrössert man alle Kanten eines Würfels um 5.5 dm, so erhöht sich das Volumen um 4838 dm^3. Berechnen Sie die ursprüngliche Kantenlänge.

35. Ein Würfel mit der Oberfläche S wird durch ebene Schnitte in gleich grosse kleinere Würfel zerlegt. Berechnen Sie die gesamte Oberfläche aller kleinen Würfel aus S, wenn die Kanten durch die Schnitte

a) in 2 Teile
b) in 3 Teile
c) in 4 Teile
d) in n Teile

geteilt werden.

36. Berechnen Sie im Würfel ABCDEFGH mit der Kantenlänge a den Abstand

a) der Ebenen ε_1 (ABK) und ε_2 (JHG), wenn J und K die Mittelpunkte der Kanten AE und CG sind.

b) der Ebenen ε_1 (ACF) und ε_2 (EGD).

37. Das Quadrat ABCD ist Seitenfläche eines Würfels mit der Kantenlänge a; M ist der Mittelpunkt der gegenüberliegenden Seitenfläche. Berechnen Sie aus a den Abstand der Kante CD von der Ebene, welche die Punkte A, B und M enthält.

38. Ein Würfel wird mit einer Ebene geschnitten, die durch genau einen Eckpunkt geht. Welche Vielecke können als Schnittfläche auftreten?

Die Furcht vor der Mathematik steht der Angst erheblich näher als der Ehrfurcht.

Felix Auerbach, 1856–1933, Physiker

39. Im Quader ABCDEFGH gilt: $\overline{AB} = 2v$, $\overline{BC} = v$, $\overline{AE} = v$
K ist Mittelpunkt der Kante AB, M ist Diagonalenschnittpunkt der Fläche EFGH.
Berechnen Sie den Flächeninhalt
a) des Dreiecks BCM b) des Dreiecks DCF c) des Dreiecks ACG
d) des Dreiecks ACF e) des Dreiecks KFH

40. Um wie viele Prozente müssen alle Kanten eines Würfels verkürzt werden, damit die Oberfläche des neuen Würfels nur noch einen Fünftel des ursprünglichen beträgt?

41. Von einem Quader mit der Grundfläche 81 cm^2 und den Seitenflächen 187.5 cm^2 und 270 cm^2 soll das Volumen berechnet werden.

42. Vom Mittelpunkt P der Kante AE eines Quaders ABCDEFGH führt ein Weg längs der Kante zur Ecke E und von dort längs der Körperdiagonalen zur Ecke C.
Ein anderer Weg von P nach C geht längs der Kanten über die Ecken A und B.
Bestimmen Sie eine (möglichst einfache) Gleichung zwischen den Kantenlängen
$a = \overline{AB}$, $b = \overline{BC}$, $c = \overline{AE}$, sodass die beiden Wege gleich lang werden.

43. Zwei Kanten eines Quaders verhalten sich wie $3 : 4$.
Zudem ist Folgendes bekannt: $V = 1170 \text{ cm}^3$, Körperdiagonale $d = 20 \text{ cm}$
Berechnen Sie die Kantenlängen.

44. ■ Von einem Quader mit quadratischer Grundfläche kennt man die Oberfläche 2179.3 cm^2 und das Volumen 6582.85 cm^3. Berechnen Sie die Kantenlängen.

45. Bei einem Quader ist die Körperdiagonale dreimal so lang wie die Diagonale der quadratischen Grundfläche. Berechnen Sie das Verhältnis der Kantenlängen.

46. Ein Würfel mit der Kantenlänge a und ein Quader mit den Kantenlängen u, v und w haben dieselbe Oberfläche. Berechnen Sie w aus a, u und v.

47. Ein Würfel wird so in zwei Quader zerlegt, dass sich deren Oberflächen wie $7 : 5$ verhalten. Berechnen Sie das Verhältnis der Quadervolumen.

48. Ein oben offenes, in den Aussenmassen würfelförmiges Gefäss soll aus Kunststoff gegossen werden.
Berechnen Sie das Fassungsvermögen, wenn bei einer Boden- bzw. Wanddicke von 2 cm für die Herstellung 17.5 dm^3 Material notwendig sind.

49. Ein Würfel wird so in zwei Quader zerlegt, dass die Körperdiagonale des einen Quaders 16% länger ist als die Körperdiagonale des andern.
Berechnen Sie das Verhältnis der Quadervolumen $V_{klein} : V_{gross}$.

50.* Wie gross ist die Summe aller Kantenlängen eines Quaders bei gegebener Oberfläche S und Körperdiagonale k?

51. Bei einem Quader ABCDEFGH mit quadratischer Grundfläche ist die Körperdiagonale k und der Umfang u der Schnittfläche BCHE bekannt.
Berechnen Sie die Kantenlängen des Quaders für $k = 0.5$ m und $u = 1.4$ m.

52. Berechnen Sie die Oberfläche eines Quaders ABCDEFGH aus den folgenden Angaben: Körperdiagonale $d = 12$ cm, Winkel GAB = 65° und Winkel GAD = 39°

Das allgemeine Prisma

53. Welches Prisma hat insgesamt
a) 17 Flächen? b) 24 Ecken?
c) 28 Kanten? d) 18 Kanten?

54. a) Wie viele Ecken (e), Kanten (k) und Flächen (f) hat ein n-seitiges Prisma?
b) Ergänzen Sie zu einer wahren Aussage:
«Bei jedem Prisma ist die Summe der Eckenzahl und der Anzahl der Flächen gleich . . . . . ».

55. Gibt es ein Prisma mit
a) 29 Kanten? b) 29 Ecken? c) 29 Flächen?

56. Wie viele Körperdiagonalen hat ein n-seitiges Prisma?

57. Ein gerades Prisma von 11 cm Höhe, dessen Grundfläche ein Rhombus mit einem Winkel von 30° ist, hat eine Oberfläche von 357 cm^2.
Berechnen Sie die Länge der Grundkante und das Volumen.

58. Bei einem regulären, sechsseitigen Prisma haben alle Kanten die Länge a.
Berechnen Sie
a) die Oberfläche. b) das Volumen. c) alle Körperdiagonalen.

59. Ein gerades, dreiseitiges Prisma mit lauter gleich langen Kanten hat
a) das Volumen V. b) die Oberfläche S.
Berechnen Sie die Kantenlänge.

60. Ein quadratisches Stück Blech mit der Seitenlänge a wird zum Mantel eines regulären, sechsseitigen Prismas gebogen.
Berechnen Sie das Volumen des Prismas aus a.

61. Berechnen Sie das Volumen des Balkens B, wenn seine Querschnittsfläche ein Quadrat ist mit der Seitenlänge 12 cm.

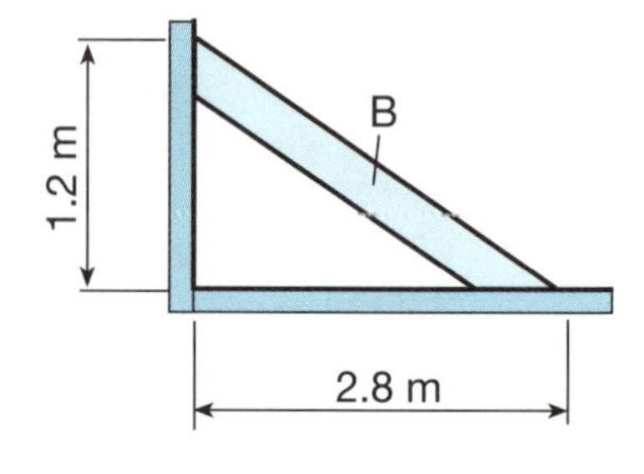

62. Wie gross ist das Volumen eines regulären, dreiseitigen Prismas mit der Oberfläche $S = 280.8\ \text{cm}^2$ und der Grundkante $a = 8$ cm?

63. Gegeben ist ein Würfel ABCDEFGH mit einer Kantenlänge von 9 cm. Auf der Kante FG liegt der Punkt P mit $\overline{FP} = 3$ cm, auf der Kante BC der Punkt Q mit $\overline{BQ} = 5$ cm. Durch die Ebenen ε (ABP) und ε (QGH) werden vom Würfel zwei Prismen abgeschnitten.
Berechnen Sie das Volumen und die Oberfläche des Restkörpers.

64.* Ein reguläres, dreiseitiges Prisma hat ein Volumen von $330.0\ \text{dm}^3$ und eine Oberfläche von $450.7\ \text{dm}^2$. Berechnen Sie die Kantenlänge der Grundfläche.

65.* Von einem Würfel ABCDEFGH wird durch die Ebene ε (PHE) ein Keil abgeschnitten. Dabei liegt P auf der Kante BF, und die Oberflächen von Keil und Restkörper verhalten sich wie 3:5. Berechnen Sie den Winkel FEP.

Das Netz (Abwicklung) eines Prismas

66. Bei einem Holzwürfel der Kantenlänge a soll ein Faden
a) von einer Ecke zur körperdiagonal gegenüberliegenden
b) vom Mittelpunkt einer Seitenfläche zu einem Eckpunkt der gegenüberliegenden Seitenfläche gespannt werden.
Berechnen Sie die minimale Fadenlänge.

67. Auf dem Eisenquader ABCDEFGH mit quadratischer Grundfläche $\left(\overline{AB} = \overline{BC} = a\right)$ und der Höhe 2a sind die Punkte P und Q wie folgt festgelegt:

P liegt auf der Kante BF mit $\overline{PB} = \frac{1}{4}\overline{BF}$.

Q ist der Mittelpunkt der Seitenfläche ADHE.
Von P nach Q wird ein Faden gespannt.
Berechnen Sie
a) die kürzeste Fadenlänge aus a.
b) die kürzeste Fadenlänge, wenn er über die Fläche EFGH gespannt werden soll.

68. Gegeben ist ein reguläres, dreiseitiges Prisma durch die Länge der Grundkante 6 cm und die Höhe 10 cm.
Berechnen Sie die Länge des kürzesten Weges, der die Schwerpunkte der Grund- und Deckfläche verbindet und über alle Seitenflächen führt.

69. Gegeben ist ein reguläres, dreiseitiges Prisma ABCDEF mit
$\overline{AB} = 10$ cm , $\overline{AD} = 16$ cm , P auf $\overline{AB}$ mit $\overline{AP} = 3$ cm
Gesucht: kürzester Weg von P nach F auf der Oberfläche des Prismas.

70. Zeichnen Sie alle nicht kongruenten Würfelnetze.

3.2.2 Pyramide und Pyramidenstumpf

n-seitige Pyramide

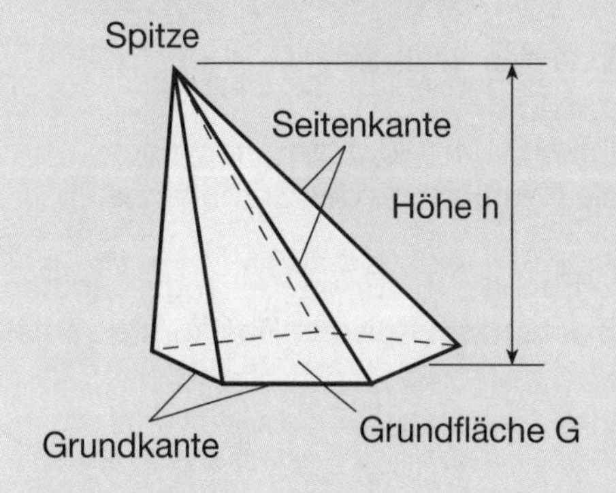

Eine n-seitige Pyramide ist ein geometrischer Körper, der begrenzt wird von einem Vieleck (n-Eck)
und
von n-Dreiecken (Seitenflächen), die einen Eckpunkt (Spitze) gemeinsam haben.

Oberfläche S

$$S = M + G$$

M Mantelfläche (Summe aller Seitenflächen)
G Grundfläche

Volumen V

$$V = \frac{1}{3} G \cdot h$$

h Abstand der Spitze von der Grundfläche G

Gerade Pyramide

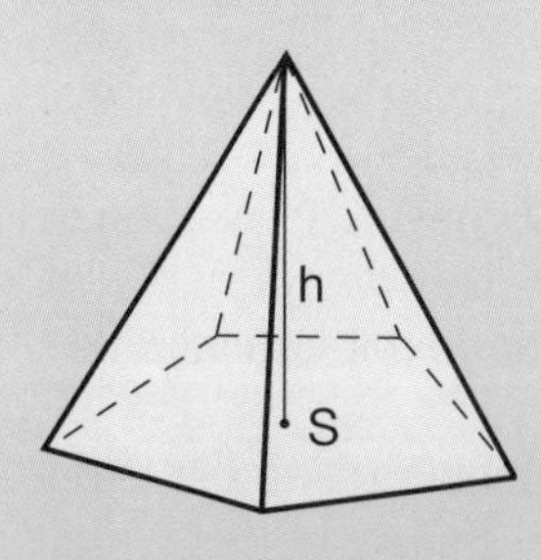

Bei der geraden Pyramide fällt der Fusspunkt der Höhe h mit dem Schwerpunkt S der Grundfläche zusammen.[1]

Reguläre Pyramide Die Grundfläche ist ein reguläres Vieleck.
Tetraeder Die Grundfläche ist ein Dreieck.
Reguläres Tetraeder Vier gleichseitige Dreiecke als Begrenzungsflächen.

1 Die gerade Pyramide wird hin und wieder auch als Pyramide mit lauter gleich langen Seitenkanten definiert; das bedeutet, dass der Höhenfusspunkt mit dem Umkreismittelpunkt der Grundfläche zusammenfällt.

71. a) Wie viele Seitenflächen hat eine 17-eckige Pyramide?
b) Wie viele Seitenflächen hat eine 19-kantige Pyramide?
c) Wie viele Kanten hat eine 9-flächige Pyramide?

72. Wie viele Ecken (e), Kanten (k) und Flächen (f) hat eine
a) dreiseitige Pyramide? b) fünfseitige Pyramide?
c) zwölfseitige Pyramide?
d) (1) n-seitige Pyramide?
(2) Welche Beziehung besteht zwischen e, k und f?

73. Betrachten Sie die Menge aller regulären, n-seitigen Pyramiden mit lauter gleich langen Kanten. Für welche n existieren diese Pyramiden?

74. Die Cheops-Pyramide in Ägypten hat angenähert die Form einer regulären vierseitigen Pyramide mit einer Höhe von 137 m und einer 227 m langen Grundkante.
Berechnen Sie das Volumen und den Inhalt einer Seitenfläche.

75. Verbindet man die Endpunkte zweier windschiefer Flächendiagonalen in gegenüberliegenden Würfelflächen, so entsteht ein reguläres Tetraeder.
Berechnen Sie dessen Volumen und Oberfläche aus der Würfelkante a.

76. Bei einer regulären, vierseitigen Pyramide mit Grundkanten von 10 cm Länge und einer Höhe von 15 cm werden alle Kanten um 2 cm verlängert.
Um wie viele % nimmt das Volumen zu?

77. Das Verhältnis einer Seitenfläche zur Grundfläche einer regelmässigen, dreiseitigen Pyramide beträgt 2 : 1. Berechnen Sie den Winkel, den die Seitenflächen gegen die Grundfläche einschliessen.

78. Gegeben ist eine gerade Pyramide mit einem Quadrat der Seitenlänge a als Grundfläche.
Berechnen Sie das Volumen dieser Pyramide aus a, wenn jede ihrer Seitenflächen doppelt so gross ist wie die Grundfläche.

79. Um wie viele Prozente vergrössert sich das Volumen des einem Würfel einbeschriebenen regulären Tetraeders, wenn alle Würfelkanten um p % verlängert werden?

80. Eine reguläre, 4-seitige Pyramide hat die Grundkante a und die Höhe 2a.
Dieser Pyramide ist ein Würfel so einbeschrieben, dass vier Ecken in der Grundfläche und vier Ecken auf den Seitenkanten der Pyramide liegen. Wie gross ist das Verhältnis des Pyramidenvolumens zum Würfelvolumen?

81. Auf allen Flächen eines Würfels mit der Kantenlänge a sitzen Pyramiden, bei denen alle Kanten gleich lang sind.
Berechnen Sie Volumen und Oberfläche des Gesamtkörpers.

82. Ein Würfel und ein reguläres Tetraeder haben die gleiche Oberfläche.
Berechnen Sie das Verhältnis ihrer Volumen: $V_{Tetraeder} : V_{Würfel}$

83. Ein Würfel der Kantenlänge s steht auf dem Tisch. Über diesen Würfel wird vollständig eine quadratische Pyramide der Höhe 3s gestülpt, wobei unter allen solchen Pyramiden diejenige mit dem kleinsten Volumen gewählt wird.
Berechnen Sie dieses Volumen aus der Würfelkante s.

84. Alle Kanten einer Pyramide mit quadratischer Grundfläche haben die Länge s.
Auf der Grundfläche der Pyramide steht ein Quader mit quadratischer Grundfläche. Die Diagonalen der Grundfläche des Quaders haben ebenfalls die Länge s, und die Kanten der Deckfläche liegen in den Seitenflächen der Pyramide.
Berechnen Sie das Verhältnis $V_{Quader} : V_{Pyramide}$.

85. Wie gross ist die Oberfläche einer regulären, achtseitigen Pyramide von 52 cm Höhe, wenn der Umkreis der Grundfläche einen Radius von 77.6 cm hat?

86. Bei einer regulären, dreiseitigen Pyramide ist eine Seitenfläche doppelt so gross wie die Grundfläche.
Berechnen Sie den Winkel zwischen einer Seitenfläche und der Grundfläche.

87. Gegeben ist ein reguläres Tetraeder mit der Kantenlänge a.
Berechnen Sie den Radius der Umkugel und der Inkugel.

88. Bei einer regulären, vierseitigen Pyramide ABCDS sind alle Kanten gleich lang.
P ist der Mittelpunkt der Kante BC.
Berechnen Sie den Winkel,
a) den zwei gegenüberliegende Seitenflächen miteinander bilden.
b) den die Geraden AS und PS miteinander bilden.

89. Alle Kanten einer vierseitigen Pyramide sind gleich lang.
Berechnen Sie den Winkel zwischen
a) einer Seitenkante und der Grundfläche.
b) einer Seitenfläche und der Grundfläche.
c) zwei angrenzenden Seitenflächen.

90. Die Grundkanten einer regulären, vierseitigen Pyramide haben die Länge s.
Die Seitenflächen stehen unter einem Winkel von 60° zur Grundfläche.
Berechnen Sie
a) die Länge einer Seitenkante aus s.
b) den Winkel zwischen zwei angrenzenden Seitenflächen.

91. Berechnen Sie beim Quader ABCDEFGH mit den Kantenlängen $\overline{AB} = 6$ cm, $\overline{BC} = 8$ cm und $\overline{CG} = 17$ cm den Abstand des Punktes C von der Ebene ε (BGD).

92. Ein gleichseitiges Dreieck ABC mit der Seitenlänge 12 cm bildet die Grundfläche einer Pyramide ABCS mit der Höhe 12 cm.
Berechnen Sie den Abstand des Punktes A von der Ebene ε (BCS), wenn die Kanten BS und CS 14 cm bzw. 16 cm lang sind.

93.

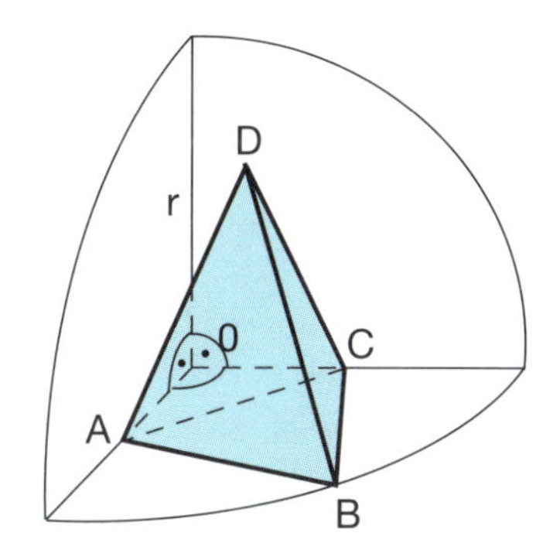

Einer Achtelskugel mit dem Radius r wird eine Pyramide gemäss Skizze einbeschrieben. Die Grundfläche ABC ist ein gleichseitiges Dreieck.
Weiter gilt:
$\overline{AD} = \overline{BD} = \overline{CD}$ und $\overline{OA} = \overline{OC}$
D liegt auf der Kugelfläche.
Berechnen Sie das Volumen der Pyramide aus r.

94. Die Grundfläche einer Pyramide ist ein gleichschenkliges Trapez ABCD.
Die Spitze S liegt senkrecht über dem Schnittpunkt der Diagonalen der Grundfläche.
Berechnen Sie das Volumen der Pyramide aus a, wenn gilt:

$\overline{AB} = \overline{AD} = \overline{BC} = a$, $\overline{CD} = \frac{1}{2}a$ und $\overline{AS} = 2a$

Schiefe Pyramide

95. Durch eine reguläre, vierseitige Pyramide mit der Grundkante 2a und der Höhe $h = 3a$ wird eine Schnittebene BCGF gelegt.
Die Punkte F und G halbieren die Seitenkanten.
Berechnen Sie
a) das Volumen
b) die Oberfläche
des Restkörpers ABCDFG.

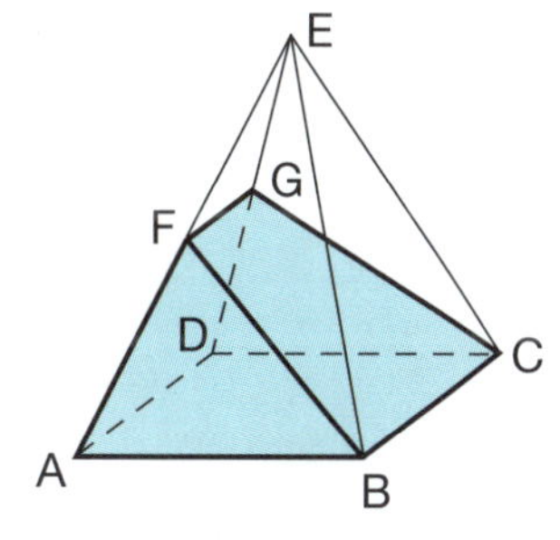

96. Bei einer Pyramide steht eine Seitenkante senkrecht auf der rechteckigen Grundfläche.
a) Welche gemeinsame Eigenschaft haben die Seitenflächen?
b) Welche Flächen stehen senkrecht aufeinander?

97. Der Mittelpunkt einer Seitenfläche eines Würfels wird mit den Ecken der Grundfläche verbunden. Berechnen Sie das Volumen und die Oberfläche der dabei entstandenen Pyramide aus der Würfelkante a.

98. Ein regelmässiges, dreiseitiges Prisma mit der Grundkante $a = 4$ cm ist gegeben. Durch eine Grundkante wird eine Ebene gelegt, die mit der Grundfläche den Winkel $\alpha = 50.75°$ einschliesst.
Welches Volumen hat die abgeschnittene Pyramide?

99. Von einem Tetraeder kennt man folgende Grössen:

$\overline{AB} = 12$ cm , $\overline{BC} = 9$ cm , $\overline{AC} = 7$ cm

Die Seitenflächen BCD und ACD bilden mit der Grundfläche ABC einen Winkel von 60° bzw. 75°. Die Ecke D liegt senkrecht über der Kante AB.
Berechnen Sie das Volumen des Tetraeders.

100. Ein Gefäss hat die Form eines regulären, dreiseitigen Prismas mit einer Höhe von 56 cm und einer Grundfläche von 100 cm^2.
Es ist zu fünf Siebteln mit Wasser gefüllt und wird nun auf einer Grundkante gekippt, bis Wasser auszufliessen beginnt.
Berechnen Sie die Höhe des Wasserspiegels in dieser Lage.
Die Wanddicke des Gefässes ist zu vernachlässigen.

Pyramidenstumpf

n-seitiger Pyramidenstumpf

Pyramidenstumpf nennt man jeden geometrischen Körper, der entsteht, wenn eine Pyramide durch eine zur Grundfläche parallele Ebene geschnitten wird.
Damit erhält man einen Pyramidenstumpf und eine Ergänzungspyramide.

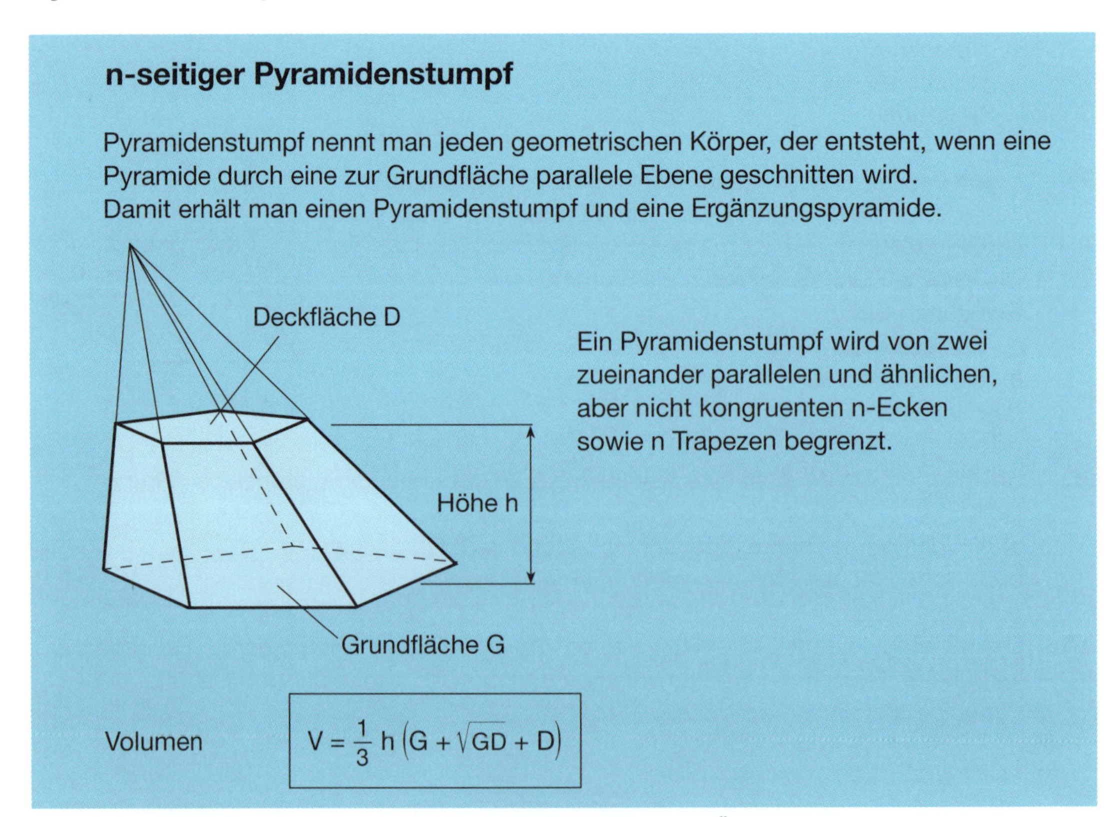

Ein Pyramidenstumpf wird von zwei zueinander parallelen und ähnlichen, aber nicht kongruenten n-Ecken sowie n Trapezen begrenzt.

Volumen $$V = \frac{1}{3} h \left(G + \sqrt{GD} + D\right)$$

Pyramidenstumpf-Aufgaben: siehe auch unter Kapitel «3.4 Ähnliche Körper»

101. In welchem Verhältnis steht das Volumen des Würfels zum Volumen des dick ausgezogenen Körpers?

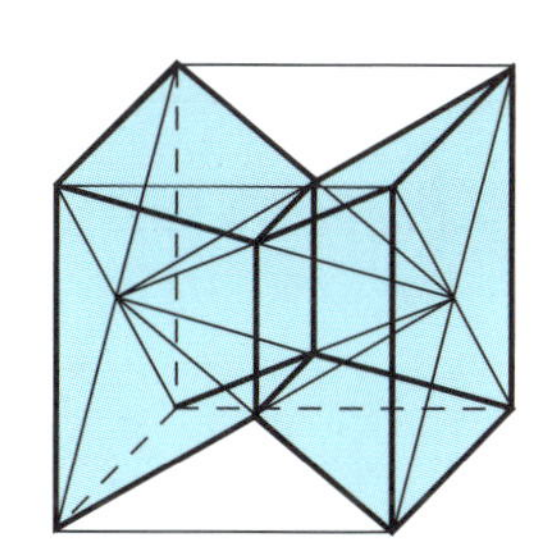

102. Aus einem Würfel mit der Kantenlänge a wurde ein Loch gemäss Skizze herausgearbeitet.
Wie gross ist das Volumen des Restkörpers?

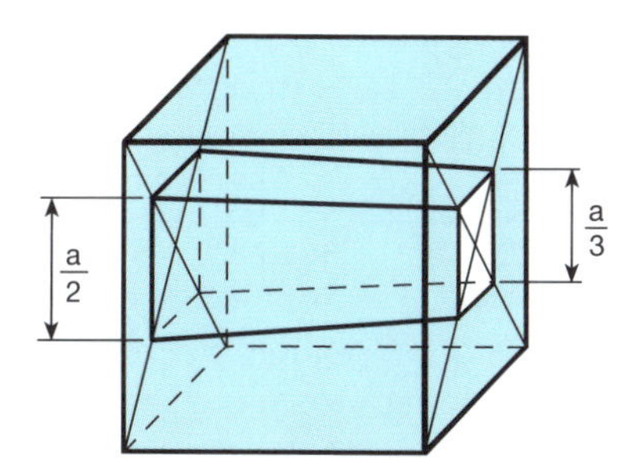

103. Eine Näherungsformel für das Volumen des Pyramidenstumpfes lautet wie folgt:

$$V \approx \frac{G + D}{2} \cdot h$$

a) Berechnen Sie den relativen Fehler für
   (1) $G = 94\ \text{cm}^2$, $D = 53\ \text{cm}^2$, $h = 20\ \text{cm}$
   (2) $G = 80\ \text{cm}^2$, $D = 72\ \text{cm}^2$, $h = 20\ \text{cm}$

b) Welche Bedingung müssen Grund- und Deckfläche bei vorgegebener Höhe erfüllen, damit der Fehler möglichst klein wird?

104. Ein regulärer, vierseitiger Pyramidenstumpf hat die Grundkante 2a, die Deckkante a und die Seitenkante 2a.
Berechnen Sie

a) die Oberfläche. b) das Volumen.

105. Bei einem schiefen, rechteckigen Pyramidenstumpf steht eine Seitenkante senkrecht auf der Grundfläche. Die Deckfläche bildet ein Rechteck mit den Seiten 3 cm und 5 cm. Die Grundfläche hat den achtfachen Inhalt der Deckfläche. Die längste Seitenkante misst 16 cm.
Berechnen Sie das Volumen des Pyramidenstumpfes.

106. Bei einem Pyramidenstumpf mit dem Volumen V ist die Deckfläche D ein Neuntel der Grundfläche G.
Berechnen Sie die Höhe des Pyramidenstumpfs aus V und G.

> Man darf nicht das, was uns unwahrscheinlich und unnatürlich erscheint, mit dem verwechseln, was absolut unmöglich ist.
>
> C. F. Gauss, 1777–1855, Mathematiker

Das Netz (Abwicklung) von Pyramide und Pyramidenstumpf

107. Sind die folgenden Figuren Pyramidennetze?

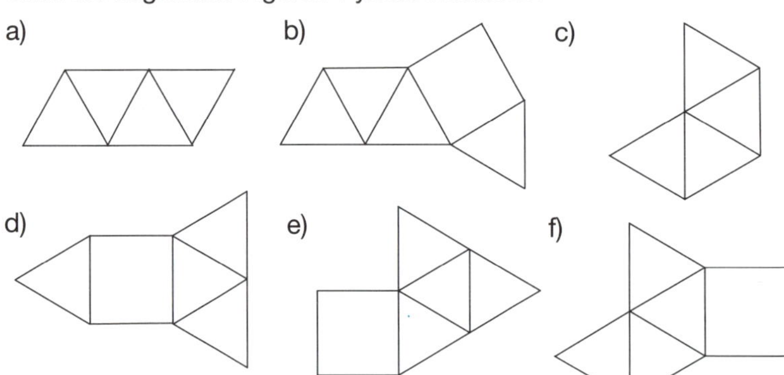

108. Konstruieren Sie das Standardnetz (Schnitte verlaufen nur längs der Seitenkanten) einer schiefen Pyramide mit dem Rechteck ABCD ($a = 6.5$ cm, $b = 5$ cm) als Grundfläche und der Höhe 4 cm.
Der Fusspunkt F der Pyramidenhöhe liegt innerhalb der Grundfläche und hat von CD den Abstand 1.5 cm und von BC den Abstand 2.5 cm.

109. Konstruieren Sie das Standardnetz (Schnitte verlaufen nur längs der Seitenkanten) einer Pyramide mit einem allgemeinen Viereck ABCD als Grundfläche, dem Höhenfusspunkt F (innerhalb des Vierecks) und der Höhe h.
Welche Bedingungen müssen die Seitenflächen des Netzes erfüllen?

110. Eine schiefe Pyramide ABCDS hat als Grundfläche ein Quadrat mit der Seitenlänge 4 cm. Zudem kennt man die Länge von drei Seitenkanten:
$\overline{SA} = 7$ cm , $\overline{SC} = 8$ cm , $\overline{SD} = 5$ cm
Bestimmen Sie $\overline{SB}$ und die Höhe h der Pyramide grafisch, indem Sie das Netz konstruieren.

111. Im nebenstehenden Körper haben alle Kanten die Länge a.
P: Schwerpunkt des Dreiecks BCE
Q: Schwerpunkt des Dreiecks AFD
Berechnen Sie den kürzesten Weg auf der Oberfläche, um vom Punkt P zum Punkt Q zu gelangen.

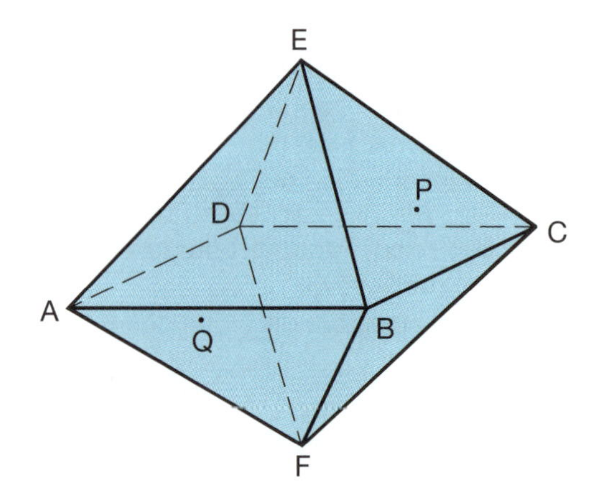

112. Ein Quadrat mit der Seitenlänge s wird für die Abwicklung einer Pyramide mit lauter gleich langen Kanten verwendet. Die Grundfläche dieser Pyramide ist ein Quadrat, dessen Ecken auf den Diagonalen des grossen Quadrates liegen.
Berechnen Sie das Volumen dieser Pyramide aus s.

113. Gegeben ist ein regulärer Pyramidenstumpf mit einem Quadrat von 6 cm Kantenlänge als Deckfläche. Auch alle Seitenkanten messen 6 cm, und der Winkel zwischen einer Grundkante und einer Seitenkante beträgt 60°.
Zwischen den Punkten P ($\overline{BP} = 2$ cm) und Q ($\overline{CQ} = 2$ cm) wird ein Faden straff gespannt, sodass die Verbindung von P nach Q möglichst kurz wird.
Diese Fadenlänge ist in der Abwicklung auszumessen, einmal wenn der Faden über die Kante AD läuft (Länge x) und einmal, wenn der Faden über die Kanten AB und AC läuft (Länge y).
Anschliessend sind die Längen x und y noch zu berechnen.

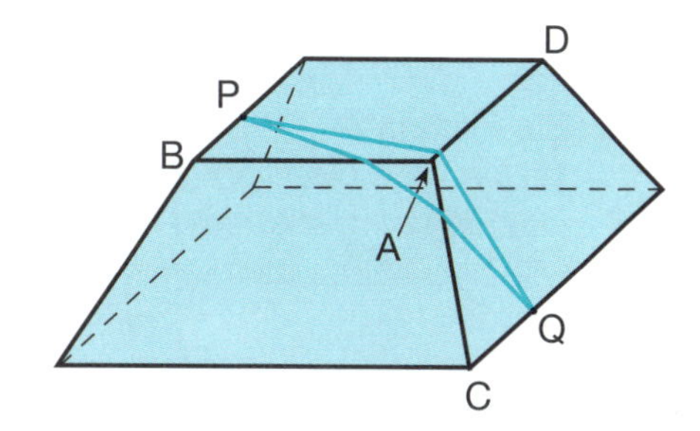

114. Auf eine reguläre, vierseitige Pyramide mit der Grundkante a und der Seitenkante 2a wird gemäss folgender Beschreibung ein Faden aufgeklebt:
Beginnend im Punkt A wird er gestreckt und rechtwinklig zu BE auf die Fläche ABE geklebt.
Er treffe BE in P. Von P ausgehend wird er wieder gestreckt und rechtwinklig zu CE auf die Fläche BCE geklebt usw., bis er die Kante DE trifft.
Wie lang ist der Faden?

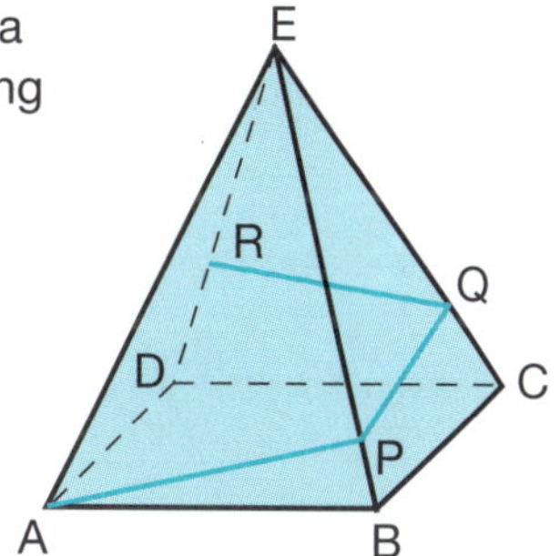

115. Gegeben ist eine reguläre, vierseitige Pyramide ABCDE mit der Grundkante a und der Seitenkante 3a.
Der Streckenzug APQRS läuft immer unter dem gleichen Winkel zur entsprechenden Grundkante nach oben.
Zudem gilt: $\overline{BP} = a$
Berechnen Sie die Länge der Strecke $x = \overline{AS}$.

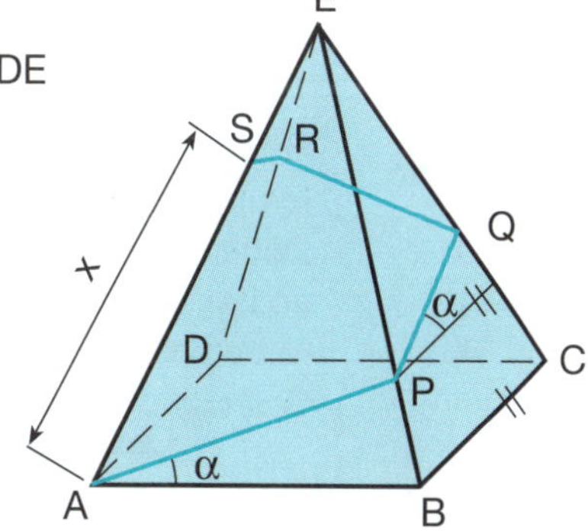

3.2.3 Prismatoide

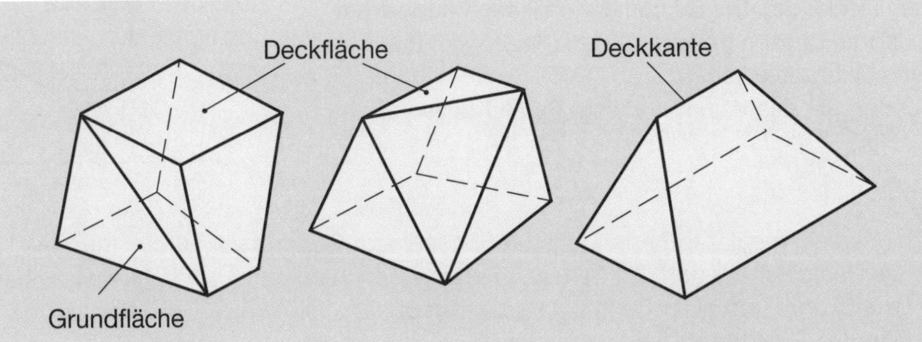

Ein **Prismatoid** (Prismoid) ist ein Polyeder mit der folgenden Oberfläche:
Grund- und *Deckfläche* sind parallele Vielecke; die Eckenzahl kann verschieden sein.
Der *Mantel* besteht aus Dreiecken, Trapezen oder Parallelogrammen.
Die Deckfläche darf zu einer Strecke (Deckkante) oder einem Punkt entartet sein.

Sonderfälle des Prismatoids: Prisma, Pyramide und Pyramidenstumpf

Bei einem **senkrechten** Prismatoid liegen die Schwerpunkte der Grund- und Deckfläche senkrecht übereinander.

Das Volumen eines Prismatoids:

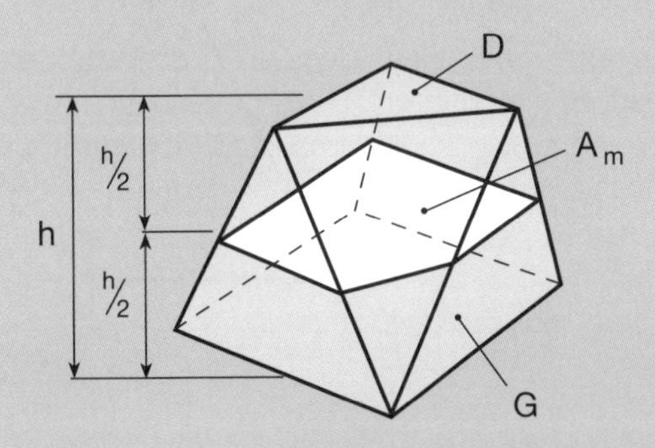

$$V = \frac{h}{6}(G + D + 4A_m)$$

im Allgemeinen gilt:

$$A_m \neq \frac{1}{2}(G + D)$$

h	Höhe (Abstand zwischen Grund- und Deckfläche)
G	Grundfläche
D	Deckfläche (besteht diese aus einer Strecke oder einem Punkt, so ist $D = 0$ einzusetzen)
A_m	Mittelschnittfläche (Schnittfläche in halber Höhe und parallel zur Grundfläche). Die Mittelschnittebene halbiert alle Seitenkanten.

116. Bestimmen Sie das Volumen eines geraden Prismatoids ABCDEF mit der Höhe h, dessen Grundfläche ABCD ein Rechteck mit den Seitenlängen a und b ist, und dessen Deckkante EF (EF parallel AB) die Länge c hat.

117.

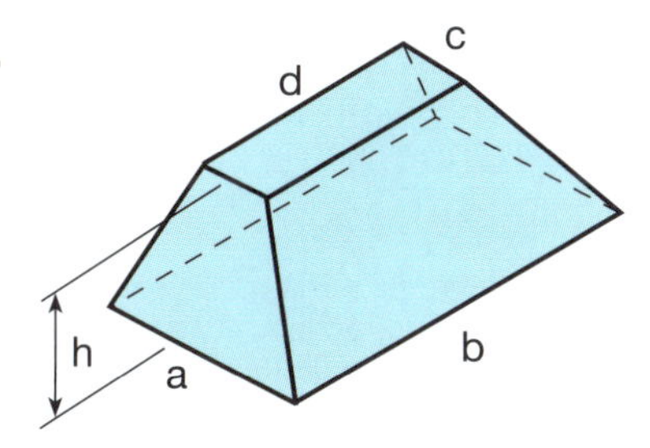

Berechnen Sie das Volumen des skizzierten Körpers (Ponton) aus a, b, c, d und h.

Ein *Ponton* ist ein gerades Prismatoid, dessen Grund- und Deckfläche je ein Rechteck ist und dessen Mantel aus vier Trapezen besteht.

118. Die Figur zeigt ein reguläres, dreiseitiges Prisma, das am rechten Ende schief abgeschnitten wurde.
Berechnen Sie aus den folgenden Massen das Volumen dieses Prismatoids:
$\overline{AB} = \overline{BC} = \overline{AC} = 8$ cm,
$\overline{AD} = 21$ cm, $\overline{BE} = 27$ cm, $\overline{CF} = 17$ cm

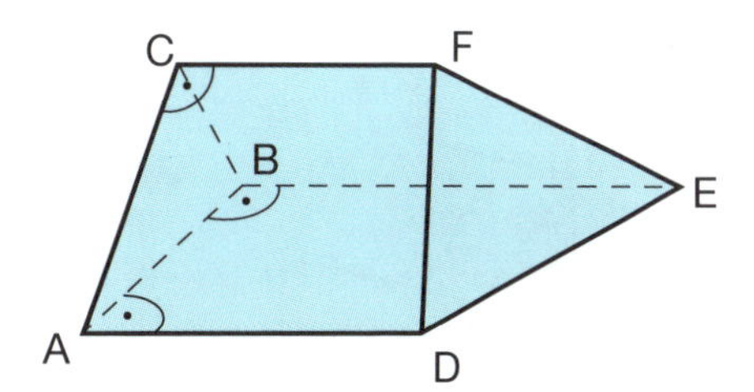

119. Ein Prismatoid ABCDE mit der Höhe 2a hat als Grundfläche ein gleichseitiges Dreieck ABC mit der Seitenlänge a. Die Deckkante DE mit der Länge $\frac{1}{2}$a liegt parallel zur Kante AB. Die Seitenfläche ABDE ist ein gleichschenkliges Trapez und steht senkrecht auf der Grundfläche.
Berechnen Sie das Volumen dieses Körpers aus a. (Lösung exakt angeben)

120.

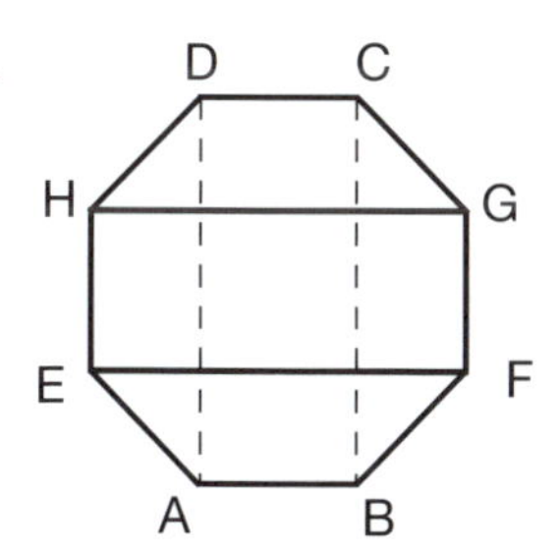

Die Grundfläche ABCD eines senkrechten Prismatoids ist ein Rechteck mit den Seitenlängen 6.2 dm und 4.6 dm. Die Deckfläche EFGH ist kongruent zur Grundfläche, jedoch um 90° gedreht.
Jede der vier Seitenkanten ist 12.0 dm lang.

a) Zeichnen Sie ein Schrägbild dieses Körpers.
b) Berechnen Sie das Volumen.

121. ⋆ Die Grundfläche ABCD eines senkrechten Prismatoids ist ein Quadrat mit 1 m Seitenlänge. Die Deckfläche EFG ist ein gleichseitiges Dreieck, wobei die Ecke E senkrecht über der Ecke A liegt sowie BE und DE Kanten sind.
Die Höhe des Prismatoids misst 0.8 m.

Beachte: Die Schwerpunkte des Dreiecks und des Quadrates liegen senkrecht übereinander.

a) Zeichnen Sie ein Schrägbild dieses Polyeders. Wie viele Ecken, Kanten und Flächen hat der Körper? (Prüfung mit Polyedersatz von Euler)
b) Berechnen Sie das Volumen.

3.2.4 Reguläre Polyeder (Platonische Körper)

Ein Polyeder heisst **regulär** oder **Platonischer Körper**, wenn er von kongruenten regulären Vielecken begrenzt wird und wenn in jeder Ecke gleich viele Kanten zusammenstossen.

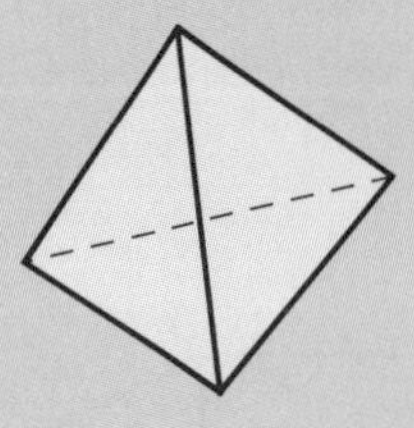

reguläres Tetraeder

Feuer

Wie der Würfel breit und lastend
im Bereich der Schwere ruht,
strebt empor das Tetraeder
wie die Flamme aus der Glut,
schwingt bewegt sich in die Weite,
nach der Höhe in die Breite,
und der Kanten strenges Streben
ist erfüllt von Kraft und Leben.

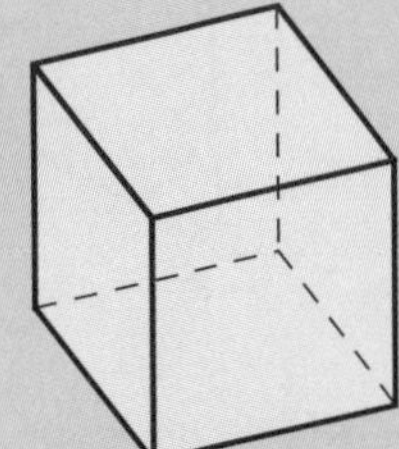

Würfel (Hexaeder)

Erde

Gleicher Höhe, Länge, Breite,
rechtgewinkelt jede Seite,
zeigt des Würfels klare Form
klares Mass und klare Norm.
Weit entfernt vom Raum der Kugel,
die dem Himmel zu vergleichen,
sind des Würfels Kanten, Ecken
ganz und gar ein irdisch Zeichen.

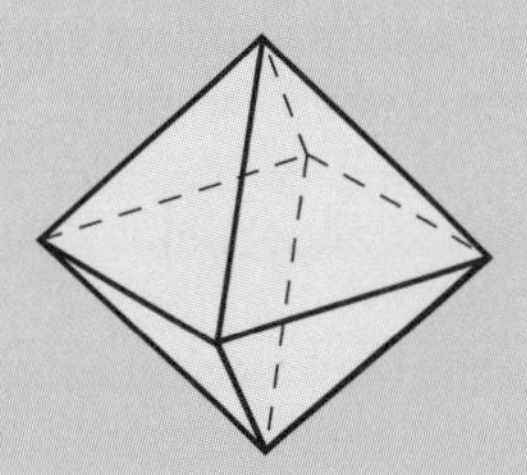

Oktaeder

Luft

Oktaeder, schwebst im Raume
schwerelos fast wie im Traume,
ragst du ruhend im Gefilde
als kristallenes Gebilde.
Strebst hinaus nach allen Seiten,
in die Höhe, in die Weiten,
bist verwandt dem Element,
welches keine Schwere kennt
und als Atem allem Leben
seine Kraft vermag zu geben.

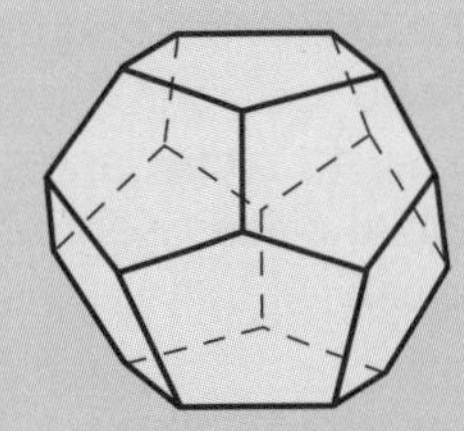

Dodekaeder

Himmelsmaterie

Pentagondodekaeder,
lass im Raum, den du umschlossen,
tastend uns herum bewegen,
lass die Flächen deiner Hülle,
ihre Kanten, ihre Ecken
denkend in den Raum uns wandeln,
der zur Kugel weit sich rundet
und uns jene Kraft bekundet,
die im Anfang alles war
und in allem sein wird immerdar.

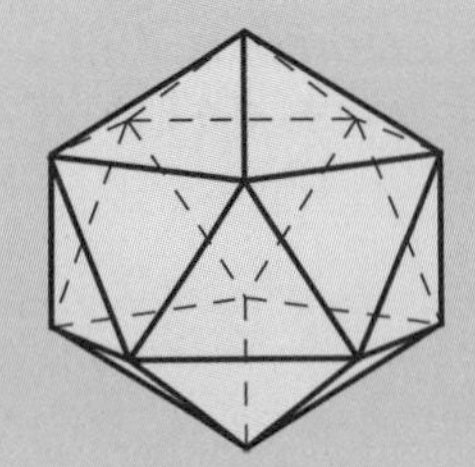

Ikosaeder

Wasser

Wenn sich im Ikosaeder
zwanzig Flächen still berühren,
als würden sie die Kugel spüren,
fühlen wir die Kräfte walten,
die im Wasser sich entfalten,
wenn es sich zu Schnee verdichtet
und zur Sternenform sich lichtet.

122. Zeigen Sie:
(1) Als Begrenzungsflächen eines regulären Polyeders kommen nur reguläre Dreiecke, Vierecke oder Fünfecke in Frage.
(2) Es gibt nur fünf reguläre Polyeder.

> Miss alles, was sich messen lässt, und mach alles messbar, was sich nicht messen lässt.
>
> Galileo Galilei, 1564–1643, Physiker

123. Wie viele Ecken (e), Kanten (k) und Flächen (f) haben die fünf Platonischen Körper? Prüfen Sie das Ergebnis anhand des Polyedersatzes von Euler: $e+f-k = 2$.

124. Gibt es ein nicht reguläres Polyeder, dessen Oberfläche aus kongruenten regulären Dreiecken besteht?

125. Nennen Sie alle punktsymmetrischen Platonischen Körper.

126. Wie viele Symmetrieebenen und -achsen hat ein
a) Würfel? b) reguläres Tetraeder? c) reguläres Oktaeder?

127. Skizzieren Sie das Netz eines regulären Dodekaeders und Ikosaeders.

128. Welcher Körper entsteht, wenn man die Mittelpunkte benachbarter Seitenflächen
a) eines regulären Tetraeders b) eines Würfels
c) eines regulären Oktaeders d) eines regulären Dodekaeders
miteinander verbindet?

129. Berechnen Sie aus der Kantenlänge a die Oberfläche
a) des regulären Oktaeders. b) des regulären Ikosaeders.

130. Beim regulären Oktaeder sind je zwei gegenüberliegende Flächen parallel. Berechnen Sie den Abstand dieser parallelen Flächen aus der Kantenlänge a.

131. Ein Würfel, ein reguläres Tetraeder und ein reguläres Oktaeder haben gleich grosse Oberflächen. Berechnen Sie das Verhältnis ihrer Volumina.
($V_{Würfel} : V_{Tetraeder} : V_{Oktaeder} = 1 : x : y$)

132. Berechnen Sie die Oberfläche eines regulären Oktaeders aus seinem Volumen.
a) für $V = 40 \text{ dm}^3$ b) allgemein aus V.

> Wir wollen die Mutter und Aufnehmerin alles gewordenen Sichtbaren zunächst weder Erde, Luft, Feuer, Wasser nennen, sondern ein gestaltloses, allempfängliches Wesen. Dieses formte Gott durch Gestaltungen und Zahlen.
> Die Geometrie ist die Erkenntnis von Gegenständen ewigen Seins.
>
> Platon, 427–347 v. Chr., griechischer Philosoph

3.3 Krummflächig begrenzte Körper

3.3.1 Der Kreiszylinder

Kreiszylinder

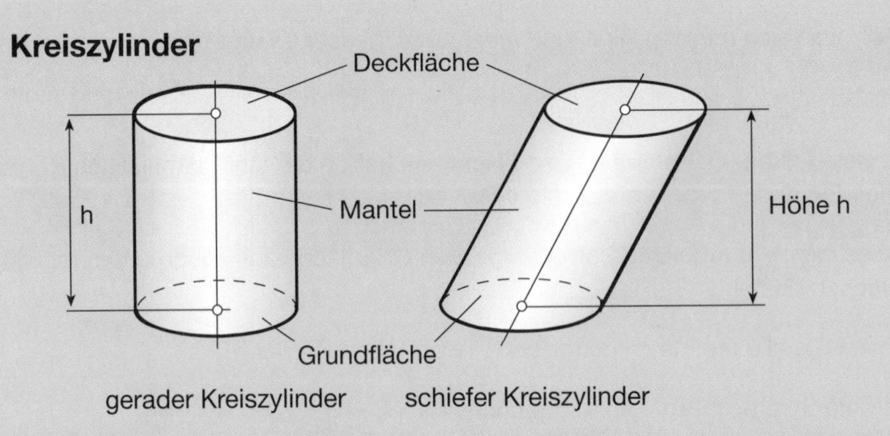

Verschiebt man eine Kreisfläche parallel um eine bestimmte Strecke, so entsteht ein **Kreiszylinder**.

Mantellinie — Verbindungsstrecke zweier entsprechender Punkte der beiden Kreislinien. Sie ist immer parallel zur Körperachse.

Volumen V — $V = G \cdot h = \pi r^2 h$

Gerader Kreiszylinder
Verschiebung senkrecht zur Kreisfläche, d.h. die Achse steht senkrecht zur Grund- und zur Deckfläche.

Oberfläche S: $S = G + D + M = 2\pi r^2 + 2\pi r h = 2\pi r (r + h)$

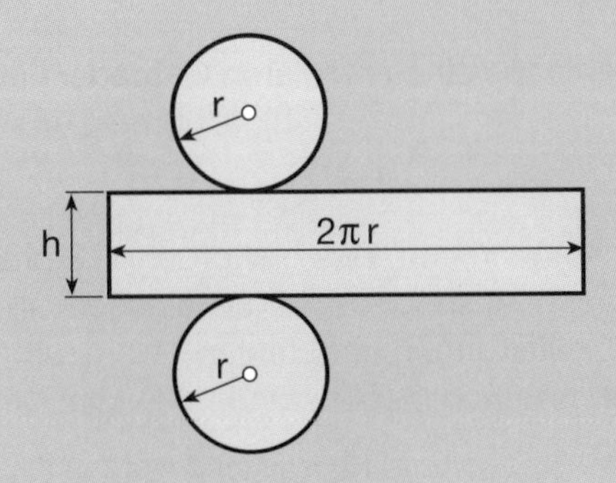

133. Berechnen Sie das Volumen und die Oberfläche eines geraden Kreiszylinders mit $r = (2.4 \pm 0.2)$ cm und $h = (5.0 \pm 0.2)$ cm.
Berechnen Sie die absoluten Fehler auf zwei geltende Ziffern genau.

134. Um den inneren Durchmesser einer 40 cm langen, feinen Glasröhre zu bestimmen, füllt man diese mit Quecksilber ($\rho = 13.5$ kg/dm^3). Anschliessend zeigt die Waage 74.2 mg an.
Berechnen Sie den inneren Durchmesser der Röhre.

135. Das Volumen eines Hohlzylinders (der Querschnitt ist ein Kreisring) soll gleich dem Volumen des Hohlraumes sein.
a) In welchem Verhältnis stehen die Radien r und R?
b) Wie verhalten sich innere und äussere Mantelfläche des Hohlzylinders?

136. Ein gerader Zylinder mit $r = 15$ cm und $h = 20$ cm wird mit einer Ebene geschnitten, die zur Zylinderachse parallel ist und aus der Grundfläche eine Sehne der Länge 10 cm herausschneidet.
Berechnen Sie die Oberfläche und das Volumen des kleineren der beiden Körper.

137. Aus einem zylinderförmigen Baumstamm soll der grösstmögliche, quaderförmige Balken geschnitten werden. Berechnen Sie den Abfall in Prozent des Gesamtvolumens.

138. Ein rechteckiges Blech mit den Seitenlängen a und b kann auf zwei Arten zu einem Kreiszylinder gebogen werden: Zylinder A mit der Höhe a und Zylinder B mit der Höhe b.
Berechnen Sie $V_A : V_B$ und $S_A : S_B$
a) für $a = 2.0$ dm und $b = 1.4$ dm. b) allgemein aus a und b.

139. Bei einem geraden Zylinder mit 40 dm^3 Volumen misst die Mantelfläche 70% der Oberfläche. Wie gross sind der Radius und die Höhe des Zylinders?

140. Aus der Höhe 2.4 cm und der Oberfläche 30 cm^2 eines geraden Zylinders ist der Radius zu berechnen.

141. Einem Würfel mit der Kantenlänge a ist ein gerader Kreiszylinder mit der Höhe h so einbeschrieben, dass die Zylinderachse auf einer Körperdiagonale des Würfels liegt. Berechnen Sie den Radius der Zylindergrundfläche aus a und h.

Nichts auf der Welt ist so gerecht verteilt wie der Verstand. Denn jedermann ist überzeugt, dass er genug davon habe.

René Descartes, 1596–1650, franz. Mathematiker und Philosoph

142. ■ Ein gerader Kreiszylinder besitzt ein Volumen von 1 Liter und eine Oberfläche von $8\ dm^2$.

a) Berechnen Sie r und h.

b) Wie gross muss bei V = 1 Liter die Oberfläche mindestens sein, damit die Aufgabe eine Lösung hat?

143. ■ Einer Kugel mit dem Radius 1 dm wird ein gerader Zylinder, dessen Mantel $3\ dm^2$ misst, einbeschrieben. Berechnen Sie den Radius des Zylinders.

144. ■ Ein liegender zylindrischer Öltank hat eine Länge von 4 m und einen Durchmesser von 2 m.

Wie hoch steht der Ölspiegel, wenn der Tank zu einem Viertel gefüllt ist?

145. Skizzieren Sie den Mantel eines schiefen Kreiszylinders.

Das einzige Mittel, unsere Schlussfolgerungen zu verbessern, ist, sie ebenso anschaulich zu machen, wie es die der Mathematiker sind, derart, dass man seinen Irrtum mit den Augen findet und wenn es Streitigkeiten unter Leuten gibt, man nur zu sagen braucht: «Rechnen wir» ohne eine weitere Förmlichkeit, um zu sehen, wer recht hat.

G. W. Leibniz, 1646–1716, Philosoph

Ich habe die Unart, ein lebhaftes Interesse bei mathematischen Gegenständen nur da zu nehmen, wo ich sinnreiche Ideenverbindungen und durch Eleganz oder Allgemeinheit sich empfehlende Resultate ahnen darf.

C. F. Gauss, 1777–1855, Mathematiker

3.3.2 Kreiskegel und Kreiskegelstumpf

Kreiskegel

Verbindet man alle Punkte einer Kreislinie mit einem Punkt, der ausserhalb der Kreisebene liegt, durch Strecken, so entsteht ein **Kreiskegel**.
(im Folgenden Kegel genannt)

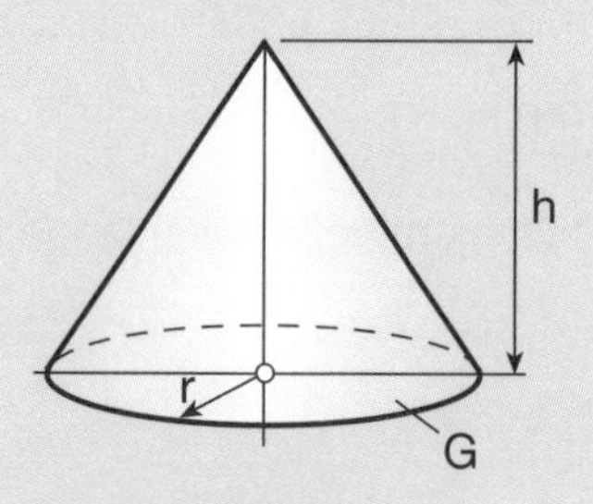

gerader Kegel

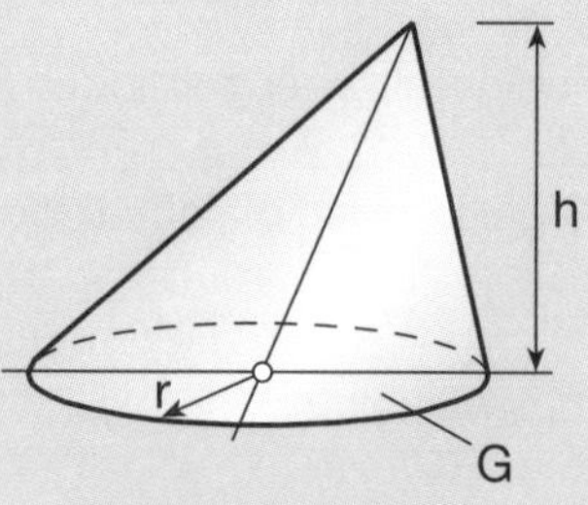

schiefer Kegel

Volumen:

$$V = \frac{1}{3} G\, h = \frac{\pi}{3} r^2 h$$

Gerader Kreiskegel

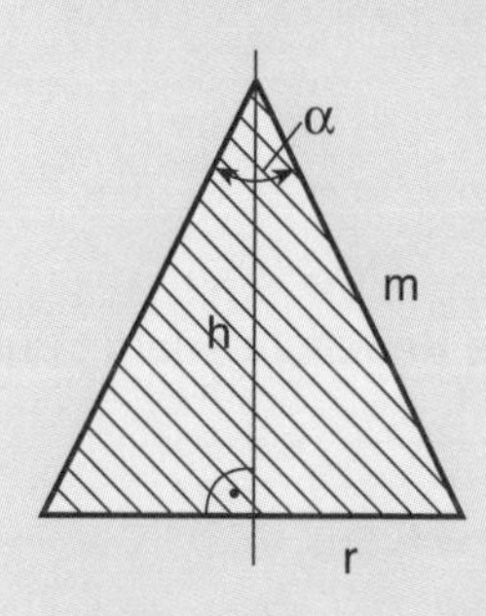

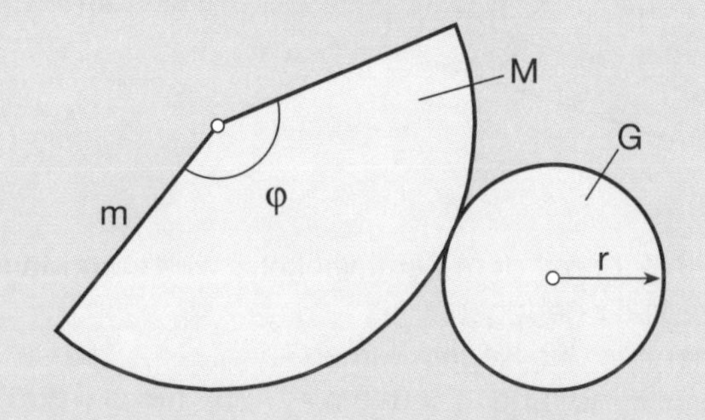

$m^2 = r^2 + h^2$

Mantelfläche:	$M = \pi\, r\, m$	$\hat{\varphi} = \frac{2\pi r}{m}$
Oberfläche:	$S = \pi\, r\, (r + m)$	

m Mantellinie
α Öffnungswinkel
φ Zentriwinkel des abgewickelten Mantels

146. Welche Arten von Symmetrie besitzt

a) ein gerader Kreiskegel? b) ein schiefer Kreiskegel?

Geben Sie die Anzahl Symmetriepunkte, -achsen und -ebenen an.

147. Leiten Sie die folgende Formel her:

a) $M = \pi r m$ b) $\widehat{\varphi} = \dfrac{2\pi r}{m}$

148. Gegeben ist ein gerader Kegel mit $r = (8.1 \pm 0.2)$ cm und $h = (5.6 \pm 0.2)$ cm.
Berechnen Sie

a) $V = \overline{V} \pm \Delta V$ b) $S = \overline{S} \pm \Delta S$

c) $\varphi = \overline{\varphi} \pm \Delta\varphi$

Geben Sie die absoluten Fehler mit zwei geltenden Ziffern an.

149. Der Achsenschnitt eines Kegels sei ein gleichseitiges Dreieck mit der Seitenlänge 2r.
Berechnen Sie

a) das Volumen. b) die Oberfläche.

c) den Zentriwinkel des abgewickelten Mantels.

150.

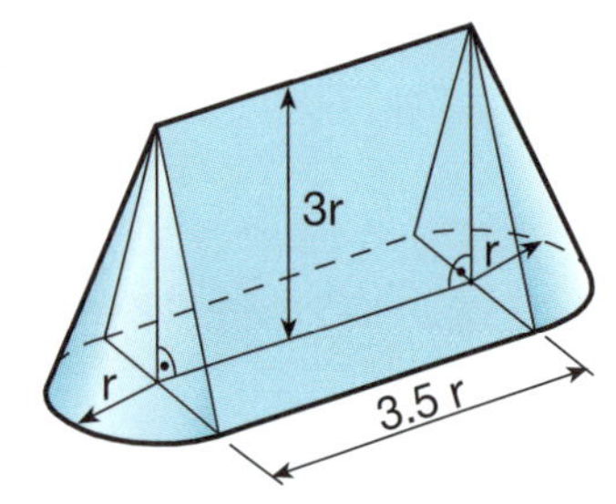

Berechnen Sie das Volumen des skizzierten Körpers aus r.

151. Ein Kreissektor mit dem Zentriwinkel φ wird zum Mantel eines Kegels mit dem Grundflächenradius r gebogen.
Berechnen Sie das Kegelvolumen

a) für $\varphi = \pi$ rad und $r = 6$ cm. b) für $\varphi = 300°$ und $r = 6$ cm.

c) allgemein aus $\widehat{\varphi}$ und r.

152. Der Öffnungswinkel eines geraden Kegels misst 70°.

a) Wie gross ist das Verhältnis Mantelfläche zu Grundfläche?

b) Berechnen Sie den Zentriwinkel des abgewickelten Mantels.

153. ■ Der Zentriwinkel φ des abgewickelten Mantels ist 2.5-mal so gross wie der Öffnungswinkel α. Berechnen Sie α (in Grad und rad).

154. Die Mantelfläche eines geraden Kegels ist n-mal so gross wie die Grundfläche.
Berechnen Sie den Öffnungswinkel α des Kegels

a) für $n = 3$.

b) allgemein aus n ($n > 1$).

155. Berechnen Sie die Oberfläche eines geraden Kegels aus der Höhe 60 cm und dem Verhältnis $G : M = 5 : 16$.

156. Die Oberfläche eines geraden Kegels misst $27\ dm^2$ und der Zentriwinkel des abgewickelten Mantels $\frac{7}{9}\pi$ rad. Wie hoch ist dieser Kegel?

157.

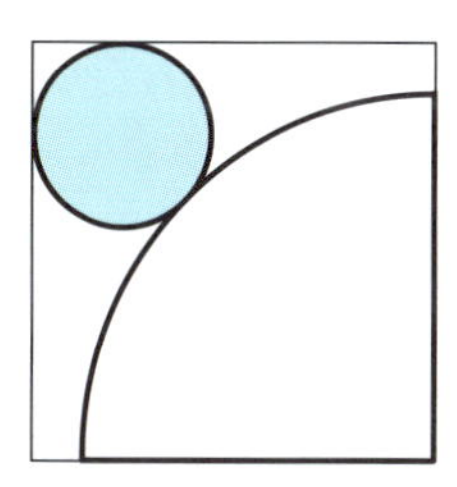

Ein Quadrat mit der Seitenlänge a wird für die Abwicklung eines geraden Kegels verwendet. Der Viertelskreis im Quadrat ist die Abwicklung des Mantels, der Kreis bildet die Grundfläche des Kegels.

Berechnen Sie das Volumen dieses Kegels aus a.

158. Aus einem Kegel mit dem Grundflächenradius r und der Höhe $h = 4r$ wird eine reguläre vierseitige Pyramide so herausgeschnitten, dass ihre Seitenkanten auf dem Kegelmantel liegen. Dabei bleiben vier kongruente Teilkörper übrig.
Berechnen Sie
a) das Volumen b) die Oberfläche
eines Teilkörpers aus r.

159. Ein rechtwinkliges Dreieck mit der Hypotenuse 15 cm rotiert um eine seiner Katheten. Der Mantel des erzeugten Kegels lässt sich in einem Kreissektor mit dem Zentriwinkel 288° abrollen.
Wie gross ist das Volumen des Kegels?

160. Ein rechtwinkliges Dreieck mit den Katheten 3 cm und 5 cm rotiert um die Hypotenuse. Berechnen Sie die Oberfläche und das Volumen des erzeugten Doppelkegels.

161. ■ Bei einem geraden Kegel wird unter Beibehaltung des Volumens der Durchmesser der Grundfläche sowie der Öffnungswinkel verdoppelt.
Wie gross ist der Öffnungswinkel beim neuen Kegel?

162. Einer Kugel mit dem Radius r ist ein gerader Kegel mit dem Öffnungswinkel α einbeschrieben. Berechnen Sie das Kegelvolumen
a) für $r = 36$ cm und $\alpha = 110°$. b) allgemein aus r und α.

163.

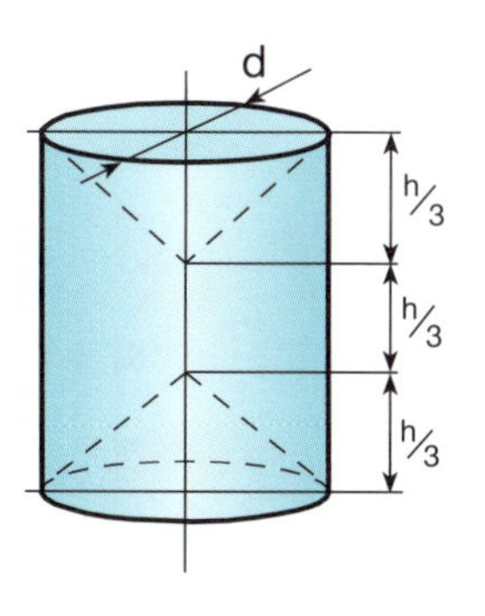

Die Figur zeigt einen geraden Zylinder, der oben und unten eine kegelförmige Vertiefung aufweist. Berechnen Sie aus dem Durchmesser d die Höhe h so, dass die Oberfläche des Körpers doppelt so gross wird wie die Mantelfläche des Zylinders.

164. Ein gerader Kegel soll durch einen ebenen Schnitt parallel zur Grundfläche so geteilt werden, dass die Mantelfläche halbiert wird. Berechnen Sie den Abstand der Schnittebene von der Grundfläche, ausgedrückt durch die Höhe h des gegebenen Kegels.

165. Ein gerader Kegel mit $r = 5$ cm und dem Öffnungswinkel 60° soll durch eine Ebene parallel zur Grundfläche so in zwei Teilkörper zerlegt werden, dass diese dieselbe Oberfläche haben.
In welchem Abstand zur Grundfläche muss geschnitten werden?

166. Einem geraden Kegel mit dem Grundflächenradius r und der Höhe h wird ein gerader Zylinder, dessen Achsenschnitt ein Quadrat ist, einbeschrieben.
Berechnen Sie das Volumenverhältnis $V_{Kegel} : V_{Zylinder}$.

Das ist ein Mittel, das Paradies nicht zu verfehlen: auf der einen Seite einen Mathematiker, auf der anderen einen Jesuiten; mit dieser Begleitung muss man seinen Weg machen, oder man macht ihn niemals.

Friedrich der Grosse, 1712–1786

167. Ein gerader Kegel ist gegeben durch den Grundkreisradius r und die Höhe h.
Die Mantelfläche eines geraden Zylinders, dessen Grundfläche mit jener des Kegels übereinstimmt, soll dieselbe Grösse haben wie die Oberfläche des Kegels.
Bestimmen Sie die Höhe des Zylinders
a) für $r = 7.2$ cm und $h = 12.0$ cm.
b) allgemein.

168. Ein gerader Kegel und ein gerader Zylinder haben dasselbe Volumen, dieselbe Oberfläche und die gleiche Höhe h.
Berechnen Sie den Grundflächenradius des Zylinders
a) für $h = 40$ cm.
b) allgemein.

169. Bei einem geraden Kegel ist die Mantellinie dreimal so lang wie der Grundkreisradius r. Berechnen Sie aus r den kürzesten Weg auf dem Kegelmantel, der von einem Punkt A des Grundkreises einmal um die Kegelachse und zurück zu A führt.

Schiefer Kreiskegel

170. Wie gross ist das Volumen eines schiefen Kegels mit $r = 8.6$ cm, wenn die längste Mantellinie 18.2 cm und die kürzeste 14.0 cm messen?

Ich hörte mich anklagen, als sei ich ein Widersacher, ein Feind der Mathematik überhaupt, die doch niemand höher schätzen kann als ich, da sie gerade das leistet, was mir zu bewirken völlig versagt worden.

Johann Wolfgang Goethe, 1749–1832, Dichter

Kegelstumpf

Ein **Kegelstumpf** entsteht, wenn von einem Kegel durch einen zur Grundfläche parallelen Schnitt ein Stück abgeschnitten wird.

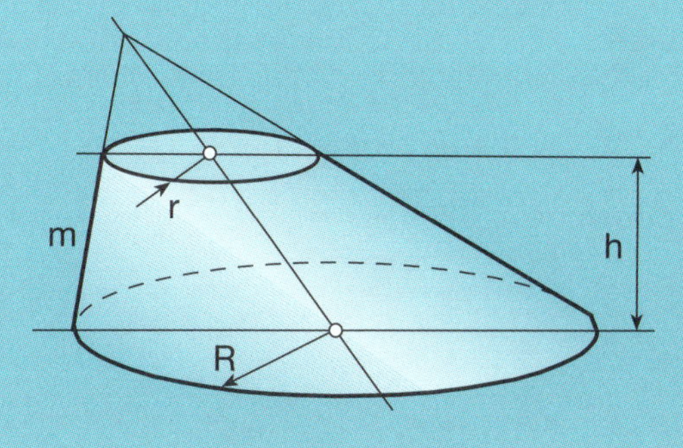

Volumen $V = \frac{\pi}{3} h \, (r^2 + R^2 + R\,r)$

Der gerade Kegelstumpf

Mantelfläche $M = \pi \, m \, (r + R)$

171. Ein gleichschenkliges Trapez ABCD mit $a = 86$ mm, $b = d = 32$ mm und $c = 40$ mm rotiert um seine Symmetrieachse.
a) Berechnen Sie das Volumen und die Oberfläche des entstandenen Kegelstumpfes.
b) Wie gross ist der Zentriwinkel des abgewickelten Mantels?

172. Ein gerader Kegelstumpf, dessen Höhe gleich dem grossen Durchmesser ist und dessen Durchmesser sich wie $1 : 3$ verhalten, hat ein Volumen von 400 cm^3.
Berechnen Sie die Oberfläche des Kegelstumpfes.

173. Das Volumen eines geraden Kegelstumpfes mit $R = 4r$ soll durch das Volumen eines gleich hohen Zylinders angenähert werden, wobei der Zylinderradius gleich dem arithmetischen Mittel der Kegelstumpfradien ist.
Wie gross ist der prozentuale Fehler?

174. Berechnen Sie das Volumen eines geraden Kegelstumpfes, der eine Inkugel besitzt, aus den Radien r und R der Deck- und Grundfläche.

175. Ein Kreisringsektor mit den Radien 16 cm und 10 cm und dem Zentriwinkel $\frac{4}{3}\pi$ rad wird zum Mantel eines Kegelstumpfes gebogen.
Berechnen Sie das Volumen des Kegelstumpfes.

176. Ein kegelförmiges Gefäss mit der Höhe 20 cm steht mit der Öffnung nach unten auf einer horizontalen Unterlage. Es ist bis zu einer Höhe von 8 cm mit Wasser gefüllt. Nun wird das Gefäss zusammen mit der Unterlage so gedreht, dass die Spitze nach unten zeigt. Wie hoch steht nun das Wasser im Gefäss?

3.3.3 Kugel und Kugelteile

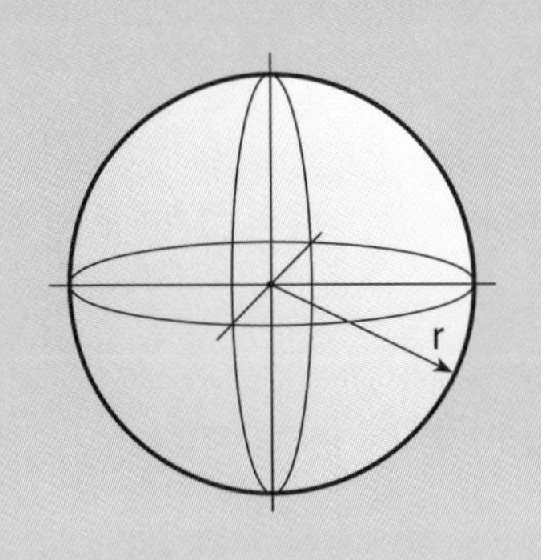

Kugel

Volumen:	$V = \frac{4\pi}{3} r^3$
Oberfläche:	$S = 4\,\pi\, r^2$

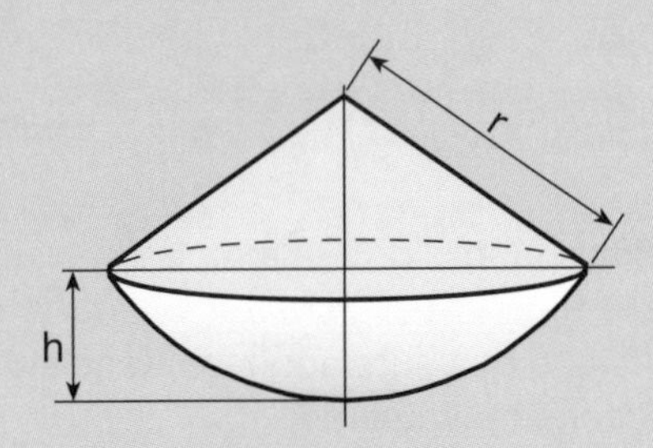

Kugelsektor

Volumen: $V = \frac{2\pi}{3} r^2 h$

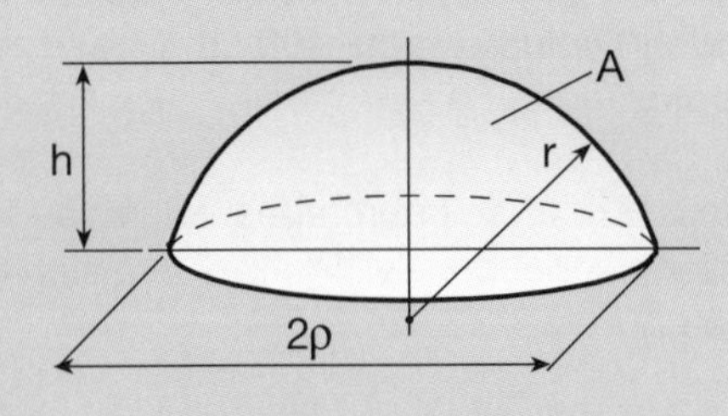

Kugelsegment

Volumen: $V = \frac{\pi}{3} h^2 (3r - h) = \frac{\pi}{6} h (3\rho^2 + h^2)$

Oberfläche: $S = A + \pi\rho^2$

Kugelhaube: $A = 2\,\pi\, r\, h$
(Kalotte)

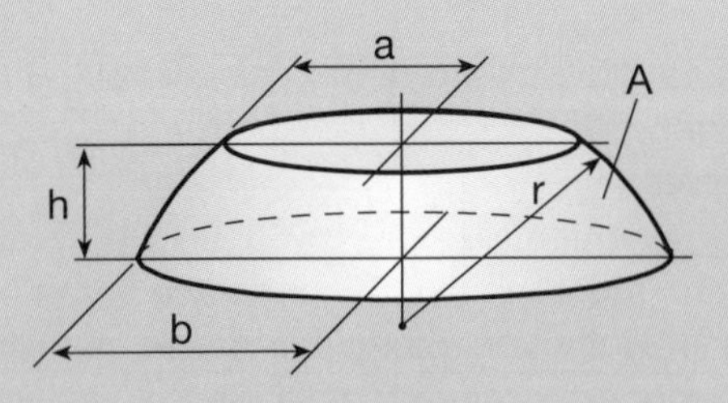

Kugelschicht

Volumen: $V = \frac{\pi}{6} h (3a^2 + b^2 + h^2)$

Oberfläche: $S = A + \pi (a^2 + b^2)$

Kugelzone: $A = 2\,\pi\, r\, h$

177. Drei Kugeln mit dem Radius r haben zusammen die gleich grosse Oberfläche wie eine Kugel mit Radius R. Wie verhalten sich die Radien?

178. Aus einer Bleikugel mit Radius r werden 1000 gleiche Schrotkügelchen hergestellt. Wie ändert sich dabei die Gesamtoberfläche?
a) für $r = 1$ cm b) allgemein

179. Der Radius einer Kugel werde um 10 % vergrössert.
Um wie viele % vergrössert sich dabei
a) die Oberfläche? b) das Volumen?

180. Alle Kanten einer Pyramide mit quadratischer Grundfläche haben die Länge s.
Dieser Pyramide wird eine Kugel umbeschrieben.
Berechnen Sie das Verhältnis Kugelvolumen zu Pyramidenvolumen.

181. Ein gerader Zylinder ist einer Kugel mit dem Radius r einbeschrieben.
Berechnen Sie das Volumen des Zylinders, wenn seine Mantelfläche die Hälfte der Kugeloberfläche beträgt.

182. Einem geraden Kreiskegel mit $d = 15$ cm und $h = 18$ cm ist eine Kugel einbeschrieben.
Berechnen Sie
a) das Kugelvolumen. b) die Kugeloberfläche.

183. Einem geraden Kreiskegel ist eine Kugel einbeschrieben.
Berechnen Sie $V_{Kugel} : V_{Kegel}$, wenn sich beim Kegel Grundkreisdurchmesser und Höhe wie $4 : 3$ verhalten.

184. Ein gerader Kreiskegel, bei dem Mantellinie und Grundkreisdurchmesser gleich lang sind, und eine Kugel haben die gleiche Oberfläche.
Wie verhalten sich die Rauminhalte der beiden Körper?

185. Gegeben ist ein reguläres Tetraeder mit der Kantenlänge a.
Berechnen Sie das Volumen der
a) Inkugel b) Umkugel
des Tetraeders.

186. In einem Würfel mit der Kante a liegen zwei möglichst grosse, gleiche Kugeln, die sich gegenseitig und je drei Würfelflächen berühren.
Berechnen Sie das Volumen einer dieser Kugeln aus a.

187. ■ Wie tief sinkt eine Kugel aus Buchenholz (0.7 kg/dm^3) mit einem Durchmesser von 20 cm im Wasser ein?

188. ■ Zwei Kugeln unterscheiden sich in ihrer Oberfläche um 1872 cm^2 und in ihrem Volumen um 14 080 cm^3. Berechnen Sie den Radius der grösseren Kugel.

Kugelteile

189. Leiten Sie aus den Formeln für die Kugelschicht jene für das Kugelsegment her.

190. Berechnen Sie
a) die Oberfläche b) das Volumen
eines Kugelsegmentes mit dem Radius $r = (61.0 \pm 0.5)$ cm und $h = (30.0 \pm 0.5)$ cm.
(absoluter Fehler auf zwei geltende Ziffern runden)

191. Eine Kugel wird zylindrisch durchbohrt. Berechnen Sie das Volumen des Restkörpers aus den Durchmessern a und b.

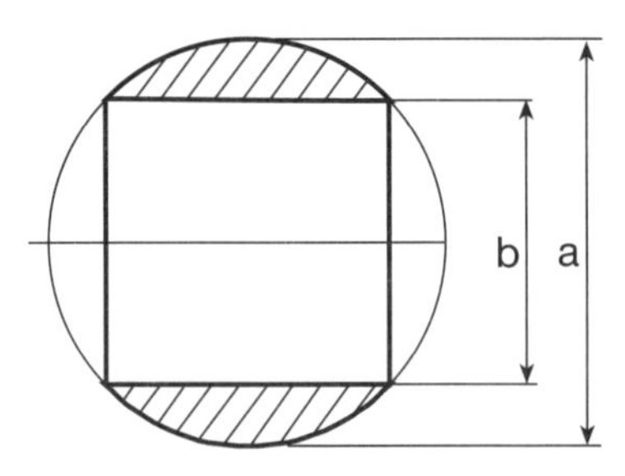

192. Berechnen Sie die Kugelzone zwischen dem 40°- und 50°-Breitenkreis der nördlichen Halbkugel. ($r_{Erde} = 6370$ km)

193. Eine Kugel vom Radius r wird durch zwei gleich grosse Kugelsektoren mit gemeinsamer Achse so ausgehöhlt, dass ein Restkörper mit der Höhe r entsteht. Berechnen Sie das Volumen dieses Restkörpers.

194. Von einer Kugel mit dem Radius r soll ein Stück so abgeschnitten werden, dass die Haube dieses Abschnittes 1.5-mal so gross ist wie der Schnittkreis.
Berechnen Sie das Volumen des Kugelsegmentes
a) für $r = 9$ cm. b) allgemein.

195. In welcher Höhe x über dem Meeresspiegel überblickt man den 500sten Teil der Erdoberfläche? Berechnen Sie x aus dem Erdradius r.

196. ■ Einer Kugel mit dem Radius 6 cm soll ein gerader Zylinder einbeschrieben werden, dessen Volumen halb so gross ist wie das Kugelvolumen. Berechnen Sie die Zylinderhöhe.

197. Über dem Grundkreis einer Halbkugel mit einem Radius von 3 dm steht ein gerader Kreiskegel von 6 dm Höhe. Wie gross ist das Volumen jenes Körpers, der sowohl in der Halbkugel als auch im Kegel liegt?

198. Eine Kugel mit Radius r soll durch zwei parallele Schnitte in drei Körper mit gleicher Oberfläche zerlegt werden.
In welchem Abstand vom Zentrum müssen die Schnitte gelegt werden?

199. Eine Kugel mit dem Radius $r = 31$ cm soll durch zwei parallele Schnitte in drei
■ volumengleiche Körper zerlegt werden.
Berechnen Sie den Abstand der beiden Schnittebenen.

200. Wie viel Wasser fasst eine Kugelschale mit dem Durchmesser d (Schalenrand) und der Höhe h
a) für $d = 50$ cm und $h = 16$ cm?
b) allgemein?

201. Um welchen Winkel muss man eine mit Wasser gefüllte Halbkugelschale (Durchmesser d) neigen, damit die Hälfte des Wassers ausfliesst?
a) $d = 28$ cm
b) allgemein

3.3.4 Rotationskörper

Guldinsche Regeln

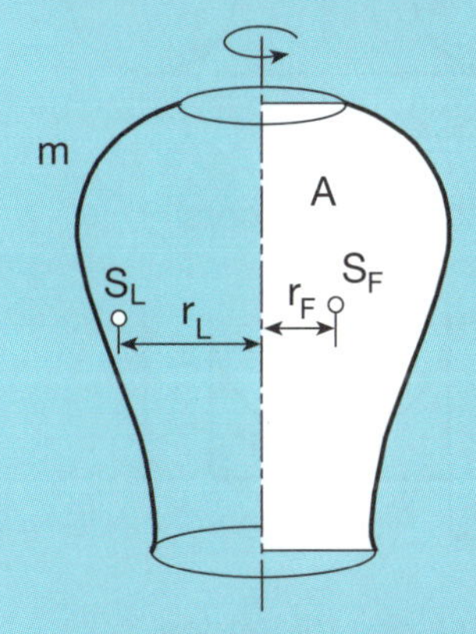

Meridian: Erzeugende ebene Kurve

S_F Schwerpunkt der Meridianfläche
A Inhalt der Meridianfläche

S_L Schwerpunkt der Meridianlinie
m Länge der Meridianlinie

Das **Volumen** eines Rotationskörpers ist das Produkt aus dem Flächeninhalt A der den Körper erzeugenden Fläche und dem Weg, den ihr Schwerpunkt bei einer Umdrehung um die Rotationsachse zurücklegt.

$$V = 2\pi\, r_F\, A$$

Der Mantel eines Rotationskörpers ist das Produkt aus der Länge der den Körper erzeugenden Kurve und dem Weg, den ihr Schwerpunkt bei einer Umdrehung um die Rotationsachse zurücklegt.

$$M = 2\pi\, r_L\, m$$

202. Berechnen Sie Volumen und Oberfläche des folgenden Rotationskörpers:

a)

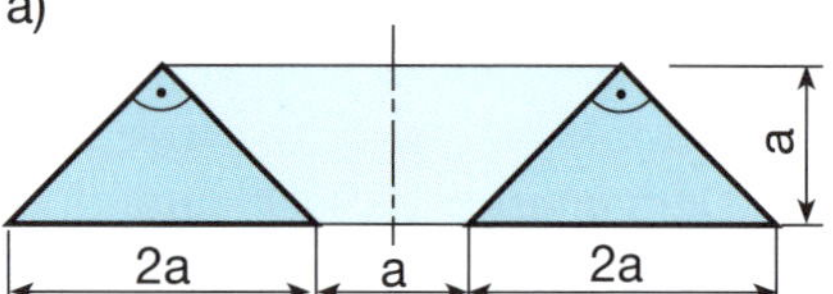

b)

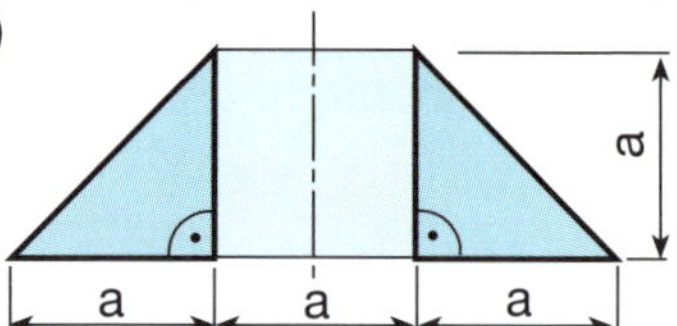

203. Leiten Sie die Volumen- und die Oberflächenformel eines

a) Zylinders b) eines Kegels

mit der Guldinschen Formel her.

Jeder Kreiszylinder, dessen Radius gleich dem Kugelradius und dessen Höhe gleich dem Kugeldurchmesser ist, ist $\frac{3}{2}$mal so gross wie die Kugel.

Archimedes, 287–212 v. Chr.

204. Berechnen Sie Volumen und Oberfläche des nebenstehenden Torus.

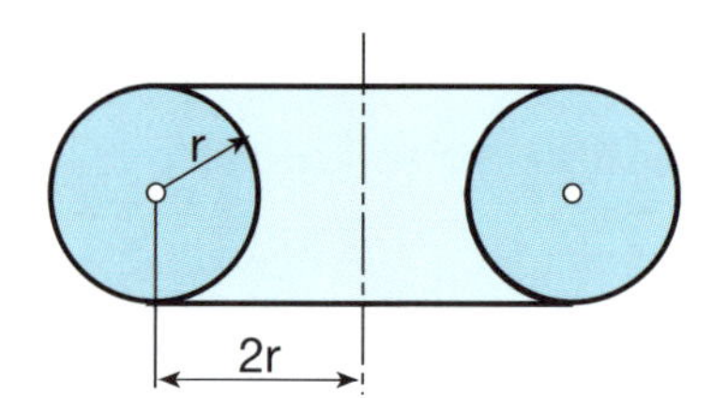

205. Berechnen Sie Volumen und Oberfläche des folgenden Rotationskörpers:

a)

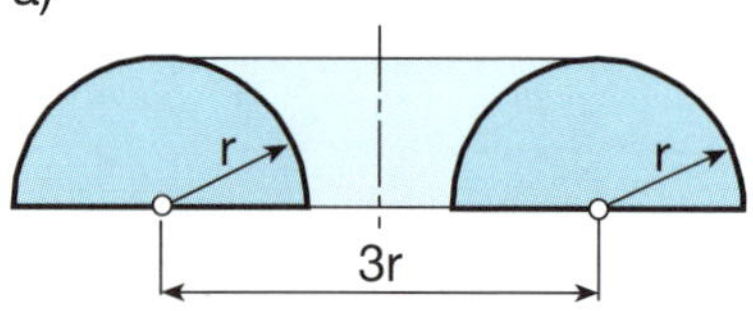

b)

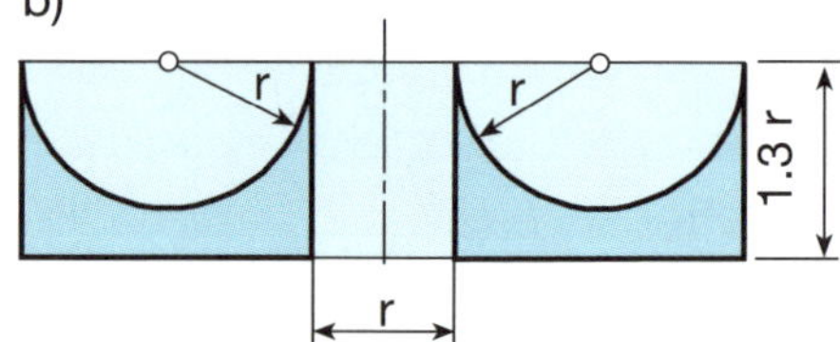

206. Berechnen Sie die Koordinaten des Flächenschwerpunktes des folgenden Trapezes: A (0/0), B (a/0), C (c/h), D (0/h).

207. Berechnen Sie die Lage des Flächenschwerpunktes und des Bogenschwerpunktes

a) eines Halbkreises. b) eines Viertelskreises.

208. Berechnen Sie das Volumen und die Oberfläche des Rotationskörpers.

a)

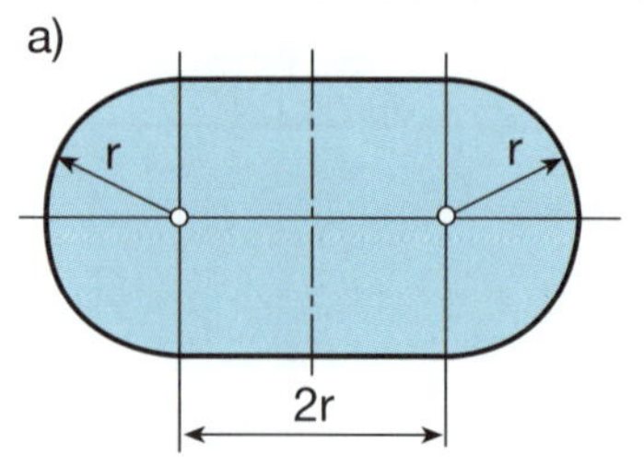

b)

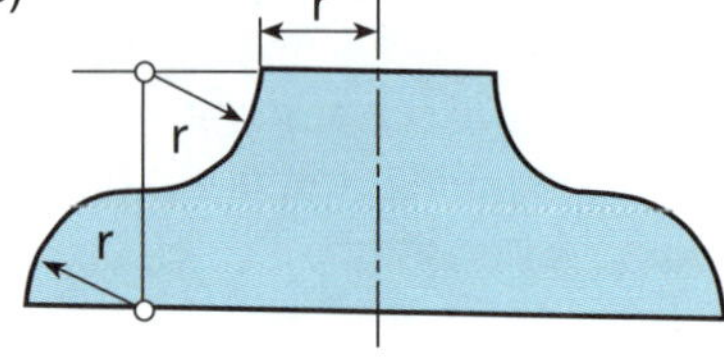

3.4 Ähnliche Körper

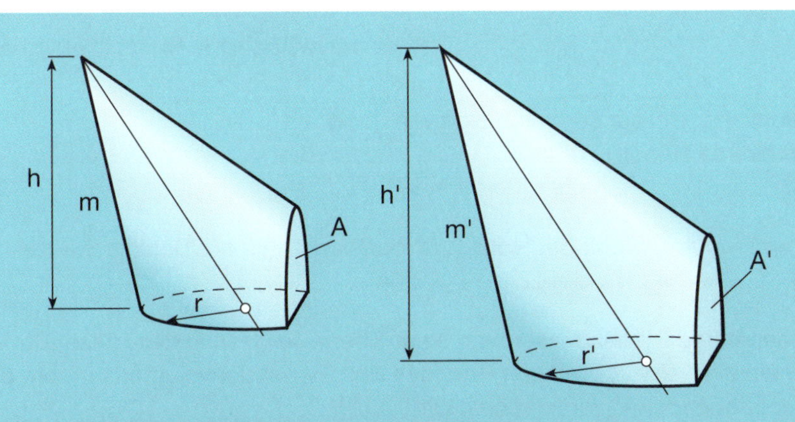

Für ähnliche Körper mit dem Streckungsfaktor k gilt:

Längen: $k = \frac{h'}{h} = \frac{r'}{r} = \frac{m'}{m} = \ldots\ldots$

Flächeninhalte: $k^2 = \frac{G'}{G} = \frac{M'}{M} = \frac{A'}{A} = \frac{S'}{S} = \ldots\ldots$

Volumen: $k^3 = \frac{V'}{V}$

209. «Zwei beliebige x sind ähnlich»
Ersetzen Sie den Platzhalter x durch die folgenden Begriffe und bestimmen Sie den Wahrheitswert der entstandenen Aussage:

(1) Tetraeder (2) Würfel (3) Kugeln
(4) Quader (5) Halbkugeln (6) reguläre Tetraeder
(7) Zylinder (8) gerader Kegel mit gleichem Öffnungswinkel

210. Berechnen Sie die gesuchten Grössen so, dass die beiden Körper ähnlich sind.

a)	Tetraeder 1:	$V_1 = 75\ \text{cm}^3$	$h_1 = 9.4\ \text{cm}$
	Tetraeder 2:	$V_2 = 120\ \text{cm}^3$	$h_2 = ?$
b)	Quader 1:	$V_1 = 168\ \text{dm}^3$	$S_1 = 196\ \text{dm}^2$
	Quader 2:	$V_2 = 567\ \text{dm}^3$	$S_2 = ?$
c)	Kegel 1:	$V_1 = 145\ \text{cm}^3$	$G_1 = 20.8\ \text{cm}^2$ (Grundfläche)
	Kegel 2:	$V_2 = 110\ \text{cm}^3$	$G_2 = ?$
d)	Hohlzylinder 1:	$r_1 = 12\ \text{cm}$	$R_1 = 19\ \text{cm}$, $h_1 = 9.4\ \text{cm}$
	Hohlzylinder 2:	$S_2 = 7888\ \text{cm}^2$	$b = ?$ (Ringbreite)
e)	Kugelsegment 1:	$A_1 = 210.3\ \text{cm}^2$	$V_1 = 290.1\ \text{cm}^3$
	Kugelsegment 2:	$A_2 = 538.3\ \text{cm}^2$	$V_2 = ?$

211. Unter welchen minimalen Bedingungen sind zwei der folgenden Körper ähnlich?

(1) gerader Kegel (2) gerader Zylinder (3) Quader

> Die Mathematik arbeitet in einem schöpferischen Mathematiker nicht weniger als in einem erfinderischen Dichter.
>
> Jean-Baptist le Mond d'Alembert

212. Die Volumen ähnlicher Körper verhalten sich wie $p : q$.
In welchem Verhältnis stehen
(1) die Höhen? (2) die Oberflächen?

213. Bei einem Pyramidenstumpf mit der Höhe h ist das Verhältnis der Deckfläche zur Grundfläche 1 : 9. Wie hoch ist die ganze Pyramide?

214. Eine reguläre vierseitige Pyramide wird von einer Ebene so geschnitten, dass alle Seitenkanten halbiert werden. Welchen Bruchteil des Pyramidenvolumens macht das Volumen des entstehenden Pyramidenstumpfes aus?

215. Der Mantel einer Pyramide mit der gegebenen Körperhöhe h besteht aus vier gleichseitigen Dreiecken. Zwei zur Grundfläche parallele Schnittebenen zerlegen die Pyramide in drei volumengleiche Teile.
Berechnen Sie die Seitenlänge der grösseren Schnittfläche aus der gegebenen Höhe h.

216. In ein kegelförmiges Kelchglas mit einem oberen Durchmesser von 9.2 cm und einer Höhe von 13.2 cm werden 1.2 Deziliter Wein geleert.
Wie hoch steht die Flüssigkeit im Glas?

217. Ein Kegel mit der Grundfläche 36 cm^2 wird durch einen ebenen Schnitt in zwei Körper zerlegt, deren Volumenverhältnis 2:3 (Kegelspitz : Kegelstumpf) beträgt.
Wie gross ist die Schnittfläche?

218. Eine Pyramide der Höhe H wird durch Parallelschnitte zur Grundfläche in drei volumengleiche Teile zerlegt. Berechnen Sie die Höhen der Teilkörper aus H.

219. Eine Pyramide der Höhe H wird durch Parallelschnitte zur Grundfläche in n volumengleiche Teile zerlegt.
Berechnen Sie
a) die Höhe der Restpyramide
b) die Höhe des niedrigsten Pyramidenstumpfes aus H und n.

220. Die Schwerpunkte der Seitenflächen eines regulären Tetraeders seien die Eckpunkte eines kleineren Tetraeders.
In welchem Verhältnis stehen die beiden Tetraedervolumen?

221. Eine reguläre vierseitige Pyramide (Grundkante a, Höhe h) wird von einer Ebene parallel zur Grundfläche geschnitten. Berechnen Sie den Abstand der Schnittfläche von der Grundfläche so, dass
a) die Mantelfläche der Pyramide halbiert wird.
b) das Volumen der beiden Teilkörper gleich wird.

3.5 Extremwertaufgaben

222. Aus vier 5 m langen Stangen soll ein pyramidenförmiges Zelt mit quadratischer
■ Grundfläche errichtet werden.
Wie hoch wird es, wenn sein Volumen möglichst gross sein soll?

223. Eine quaderförmige Säule mit quadratischem Querschnitt hat eine Oberfläche von $4\ m^2$.
■ Berechnen Sie die Länge der Kanten so, dass das Volumen der Säule maximal wird.

224. Einer regulären vierseitigen Pyramide mit der Grundkante $a = 5$ cm und der
■ Höhe $h = 6$ cm soll ein Quader mit möglichst grossem Volumen einbeschrieben werden. Berechnen Sie die Kantenlängen dieses Quaders.

225. Für die Herstellung einer zylinderförmigen Büchse ohne Deckel benötigt man $240\ cm^2$
■ Blech. Berechnen Sie den Radius der Grundfläche und die Höhe der Büchse so, dass sie möglichst viel Flüssigkeit aufnehmen kann.

226. Das Volumen eines Büroraumes mit quadratischem Grundriss soll $15\,000\ m^3$
■ betragen. Die Wärmeabstrahlung durch die Wände sei dreimal so gross wie jene durch Decke und Boden.
Welche Abmessungen müsste der Raum bei kleinstem Wärmeverlust haben?

227. Ein Behälter mit $200\ dm^3$ Volumen hat die Form eines Quaders mit quadratischer
■ Grundfläche (Länge der Kanten: a, a, h). Das Material für die Grund- und Deckfläche kostet 15 €/dm^2, für die Seitenflächen 5 €/dm^2.
Bei welchen Kantenlängen werden die Materialkosten minimal?

228. Einem Kegel mit dem Grundkreisdurchmesser $d = 17$ cm und der Höhe $h = 15$ cm
■ ist ein Zylinder grössten Volumens einzubeschreiben.
Berechnen Sie das Zylindervolumen.

229. Einem geraden Kegel mit dem Grundkreisdurchmesser $d = 14$ cm und der Höhe
■ $h = 11$ cm ist ein Kegel grössten Volumens einzubeschreiben. Dabei fällt seine Spitze mit dem Mittelpunkt der Grundfläche des gegebenen Kegels zusammen.
Berechnen Sie das Volumen des inneren Kegels.

230. In eine Kugel mit $r = 37$ cm ist ein Zylinder mit grösster Mantelfläche einzubeschreiben.
■ Berechnen Sie den Zylinderradius.

231. In eine Kugel mit $r = 23$ cm ist ein gerader Kegel grössten Volumens einzubeschreiben.
■ Berechnen Sie die Kegelhöhe.

232. Ein Körper mit einer Oberfläche von $4\ m^2$ besteht aus einem geraden Zylinder
■ (Radius r, Höhe h) mit aufgesetzter Halbkugel (Radius r).
Wie sind die Masse r und h zu wählen, damit der Körper ein möglichst grosses Volumen hat?

233. Ein gerader Kegel hat eine Inkugel mit 4 cm Radius.
■ Wie gross muss man den Grundflächenradius des Kegels wählen, damit dessen Volumen minimal wird?

234. Aus einem kreisförmigen Stück Papier mit dem Radius von 10 cm wird ein Sektor mit
■ dem Zentriwinkel φ ausgeschnitten und daraus eine kegelförmige Tüte gebildet. Für welchen Winkel φ ist das Fassungsvermögen am grössten?

235. Eine Zündholzschachtel – bestehend aus Hülle und Innenteil – soll 5 cm lang sein
■ und ein Volumen von $25\ cm^3$ aufweisen. Bei welcher Höhe und Breite benötigt man zur Herstellung möglichst wenig Material?

236. Ein Kugelsektor hat ein Volumen von $1\ dm^3$.
■ Bei welchem Radius r ($r < 1.5$ dm) und bei welcher Segmenthöhe h wird die Ober-
★ fläche des Kugelsektors extremal?

Wie ist es möglich, dass die Mathematik, letztlich doch ein Produkt menschlichen Denkens unabhängig von der Erfahrung, den wirklichen Gegebenheiten so wunderbar entspricht?

Albert Einstein, 1879–1955, Physiker

Eine bescheidene Wahrheit zu finden ist wichtiger als über die erhabensten Dinge weitschweifig zu diskutieren, ohne jemals zu einer Wahrheit zu gelangen.

Galileo Galilei, 1564–1642, Physiker

4. Vektorgeometrie

4.1 Der Vektorbegriff

Vektor Die Menge aller Pfeile mit derselben Länge und derselben Richtung bildet einen (freien) Vektor.

Repräsentant Ein einzelner Pfeil heisst Repräsentant (Vertreter) des Vektors.

Symbole Vektoren werden mit Kleinbuchstaben und einem Pfeil oder mittels Anfangs- und Endpunkt und einem Pfeil bezeichnet.

$\vec{a}$ A B D $\vec{b}$ C

Betrag (Länge) Der Betrag eines Vektors entspricht der Pfeillänge.

Symbol: $|\vec{a}|$ oder a

$|\overrightarrow{AB}|$ oder $\overline{AB}$

$\vec{a}$ $|\vec{a}|$

Gleichheit von Vektoren Zwei Vektoren sind gleich, wenn sie in *Betrag und Richtung* übereinstimmen

Unterschied zwischen **Skalar** und **Vektor**:
Vor allem in der Physik werden häufig skalare und vektorielle Grössen unterschieden.
Skalare: Temperatur, Zeit, Masse, Energie, Volumen, ...
Vektoren: Verschiebung, Kraft, Geschwindigkeit, Beschleunigung, ...
Skalare sind Grössen, die nur einen Betrag, aber keine Richtung haben.
Vektoren sind erst durch ihre Länge (Betrag) und ihre Richtung im Raum vollständig bestimmt.

Ganz besonders liebe ich die Analogien als meine zuverlässigsten Lehrmeister, die um alle Geheimnisse der Natur wissen.

Johannes Kepler, 1571–1630, Astronom

4.2 Elementare Vektoroperationen

Addition

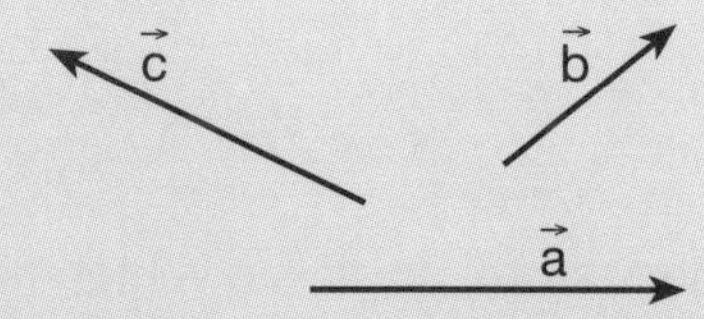

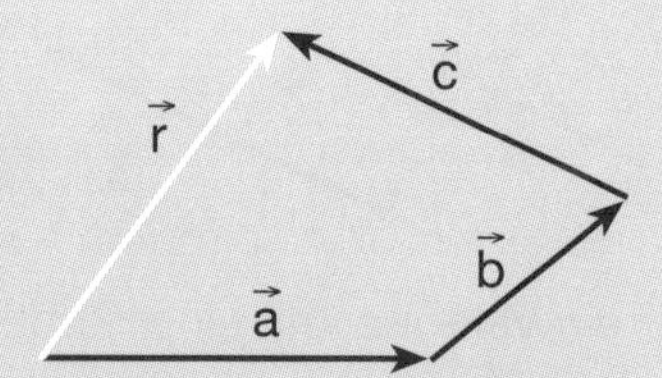

Der Vektor $\vec{r}$ heisst die Summe oder **Resultierende** von $\vec{a}$, $\vec{b}$ und $\vec{c}$:

$$\vec{r} = \vec{a} + \vec{b} + \vec{c}$$

Die Resultierende erhält man durch den Pfeil vom Anfangspunkt des ersten bis zum Endpunkt des letzten, angesetzten Pfeiles.

Rechengesetze: $\vec{a} + \vec{b} = \vec{b} + \vec{a}$ (Kommutativgesetz)

$\vec{a} + \left(\vec{b} + \vec{c}\right) = \left(\vec{a} + \vec{b}\right) + \vec{c}$ (Assoziativgesetz)

Subtraktion

Unter dem **Gegenvektor** $\left(-\vec{a}\right)$ von $\vec{a}$ versteht man jenen Vektor, der denselben Betrag, aber die entgegengesetzte Richtung wie $\vec{a}$ hat.

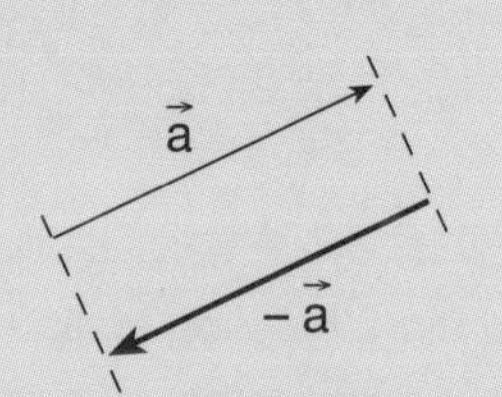

Der Gegenvektor einer Verschiebung $\overrightarrow{AB}$ ist $-\overrightarrow{AB} = \overrightarrow{BA}$.

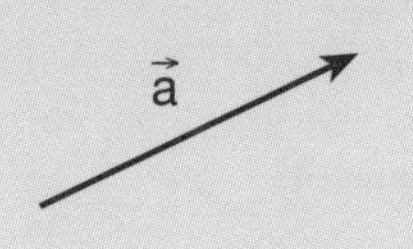

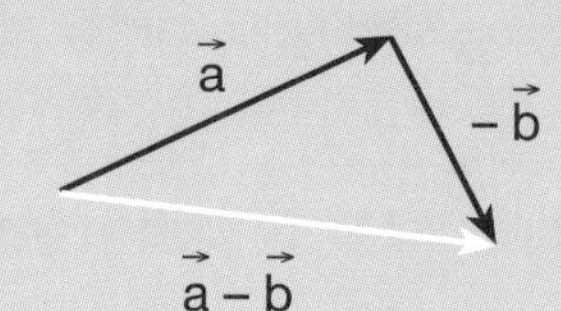

$$\vec{a} - \vec{b} = \vec{a} + \left(-\vec{b}\right)$$

Rechengesetze: $\vec{a} - \vec{a} = \vec{0}$ (Nullvektor)

$\left|\vec{a} - \vec{b}\right| = \left|\vec{b} - \vec{a}\right|$

Multiplikation «Skalar mal Vektor»

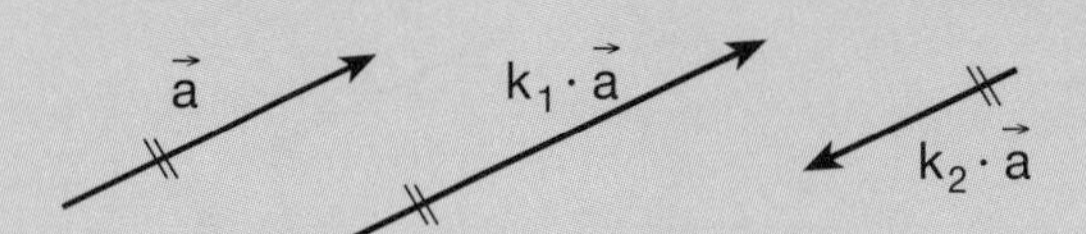

Wird ein Vektor $\vec{a}$ mit einer Zahl k multipliziert, so ist $k \cdot \vec{a}$ ein Vektor mit folgenden Eigenschaften:

Betrag: $\left|k \cdot \vec{a}\right| = |k| \cdot |\vec{a}|$, $k \in \mathbb{R}$

Richtung: $k > 0$: $k \cdot \vec{a}$ und $\vec{a}$ haben dieselbe Richtung.
$k < 0$: $k \cdot \vec{a}$ und $\vec{a}$ sind entgegengesetzt gerichtet.

Sonderfälle: $1 \cdot \vec{a} = \vec{a}$; $(-1) \cdot \vec{a} = -\vec{a}$; $0 \cdot \vec{a} = \vec{0}$

Rechengesetze:

$$m \cdot \left(\vec{a} + \vec{b}\right) = m \cdot \vec{a} + m \cdot \vec{b}$$

$$(m + n) \cdot \vec{a} = m \cdot \vec{a} + n \cdot \vec{a} \qquad m, n \in \mathbb{R}$$

$$m\left(n \cdot \vec{a}\right) = (m \cdot n) \cdot \vec{a}$$

$$\frac{\vec{a}}{m} = \frac{1}{m} \cdot \vec{a}$$

Kollineare Vektoren: Vektoren, die parallel oder antiparallel sind, heissen kollinear.
$\vec{a}$ und $\vec{b}$ sind kollinear $\Leftrightarrow \vec{a} = k \cdot \vec{b}$, $k \in \mathbb{R}$ $k \neq 0$

1. Was ist ein Skalar? Was ist ein Vektor? Geben Sie je drei Beispiele.

2. Welche Implikation (Folgerung) ist falsch?

$\vec{a} = \vec{b} \Rightarrow a = b$; $a = b \Rightarrow \vec{a} = \vec{b}$

3. Die Figur besteht aus sechs gleichseitigen Dreiecken. Geben Sie alle Pfeile an, die

(1) den Vektor $\vec{a}$ repräsentieren.

(2) den Vektor $\vec{b}$ repräsentieren.

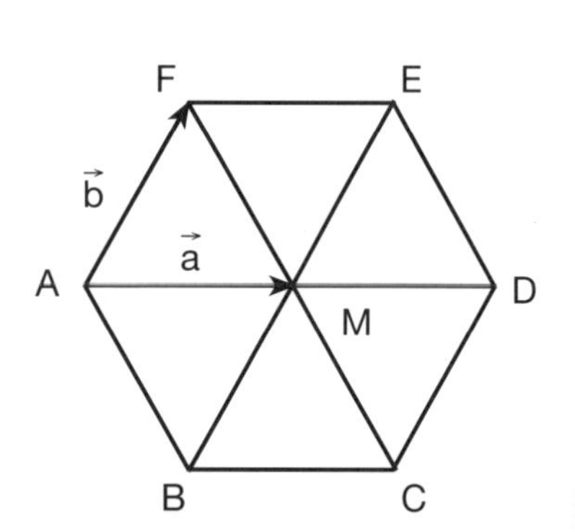

4. Die Figur stellt einen Würfel dar.
Geben Sie mit Hilfe der Eckpunkte alle Pfeile an, die den folgenden Vektor repräsentieren:

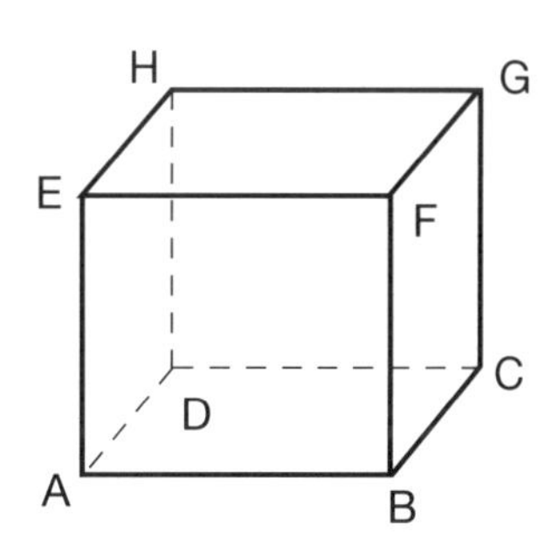

(1) $\overrightarrow{BC}$ (2) $\overrightarrow{DE}$ (3) $\overrightarrow{AG}$

5. Welches ist die Voraussetzung für die Vektoren $\vec{a}$ und $\vec{b}$, wenn gelten soll:

$|\vec{a} + \vec{b}| = |\vec{a}| + |\vec{b}|$

6.

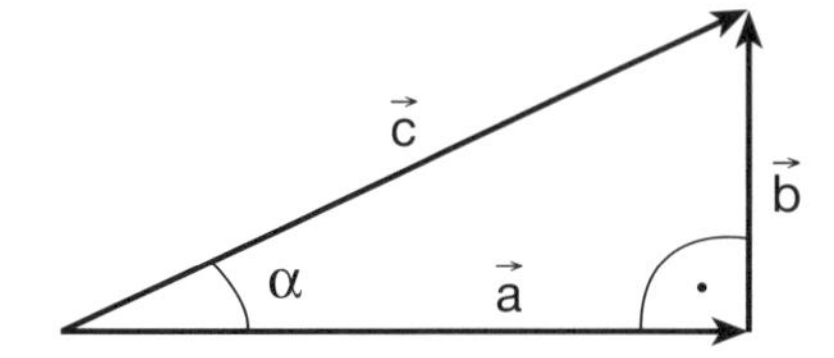

Gegeben sind die drei Vektoren

$\vec{a}$, $\vec{b}$ und $\vec{c}$ gemäss Figur.

Welche Gleichungen sind falsch?

(1) $|\vec{c}| = |\vec{a}| + |\vec{b}|$ (2) $\vec{a} = \vec{b} - \vec{c}$ (3) $c = \vec{a} + \vec{b}$

(4) $|\vec{c}| = |\vec{a} - \vec{b}|$ (5) $\vec{b} = \vec{c} \cdot \sin\alpha$ (6) $a + b > c$

7. Bestimmen Sie grafisch den Vektor $\vec{z}$.

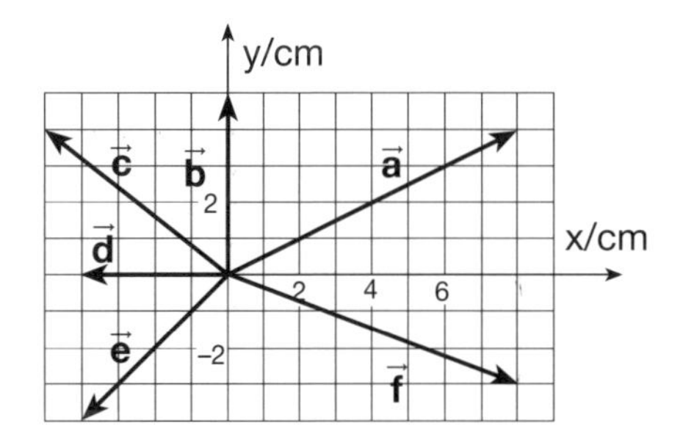

a) $\vec{z} = \vec{a} + \vec{b} + \vec{d}$

b) $\vec{z} = \vec{f} - \vec{e} + \vec{b}$

c) $\vec{z} = \vec{c} - \vec{d} - \vec{a}$

d) $\vec{z} = \vec{a} + \vec{b} + \vec{c} + \vec{d}$

e) $\vec{z} = 3\vec{a} - 2\vec{b} + 2\vec{c}$

f) $\vec{z} = -\vec{a} - 2\vec{c} + \vec{f}$

8. Die drei Vektoren $\vec{a}_1$, $\vec{a}_2$ und $\vec{a}_3$ haben denselben Betrag.
Zeichnen Sie die drei Vektoren so, dass folgende Gleichung gilt:

a) $\vec{a}_1 + \vec{a}_2 + \vec{a}_3 = \vec{0}$ b) $\vec{a}_1 + \vec{a}_2 = \vec{a}_3$

9. In einem Rechteck ABCD sei $\vec{a} = \overrightarrow{AB}$; $\vec{b} = \overrightarrow{AC}$ und $\vec{c} = \overrightarrow{AD}$.
Vereinfachen Sie die folgenden Ausdrücke mit Hilfe einer Figur:

a) $\vec{a} + \vec{b} + \vec{c}$ b) $\vec{a} + \vec{b} - \vec{c}$

c) $\vec{a} - \vec{b} + \vec{c}$ d) $\vec{a} - \vec{b} - \vec{c}$

10. Vereinfachen Sie den folgenden Ausdruck so weit wie möglich:

a) $\overrightarrow{AB} + \overrightarrow{BC}$ b) $\overrightarrow{UV} + \overrightarrow{VW}$ c) $\overrightarrow{XY} + \overrightarrow{YX}$

d) $\overrightarrow{CD} - \overrightarrow{ED}$ e) $\overrightarrow{AB} + \overrightarrow{CA}$ f) $\overrightarrow{UV} + \overrightarrow{VW} + \overrightarrow{WZ}$

g) $\overrightarrow{PQ} + \overrightarrow{QR} + \overrightarrow{SR}$ h) $\overrightarrow{AB} + \overrightarrow{BC} - \overrightarrow{CA}$ i) $\overrightarrow{UY} - \overrightarrow{XY} - \overrightarrow{UX}$

11. Zeigen Sie durch Konstruktion mit beliebigen Vektoren $\vec{a}$, $\vec{b}$ und $\vec{c}$, dass

a) das Kommutativgesetz der Addition $\vec{a} + \vec{b} = \vec{b} + \vec{a}$

b) das Assoziativgesetz der Addition $\left(\vec{a} + \vec{b}\right) + \vec{c} = \vec{a} + \left(\vec{b} + \vec{c}\right)$

c) das Distributivgesetz $n\left(\vec{a} + \vec{b}\right) = n \cdot \vec{a} + n \cdot \vec{b}$

gültig ist.

12. Zeichnen Sie ein Rhomboid (Parallelogramm) ABCD mit dem Diagonalenschnittpunkt M.
Setzen Sie $\vec{a} = \overrightarrow{CB}$ und $\vec{b} = \overrightarrow{CM}$.
Drücken Sie die folgenden Vektoren durch $\vec{a}$ und $\vec{b}$ aus.

a) $\overrightarrow{AD}$ b) $\overrightarrow{AM}$ c) $\overrightarrow{DM}$ d) $\overrightarrow{AB}$ e) $\overrightarrow{CD}$

13.

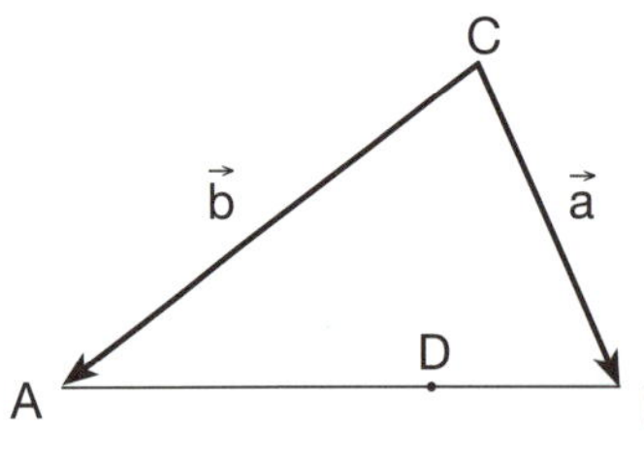

Die beiden Vektoren $\vec{a}$ und $\vec{b}$ bilden ein allgemeines Dreieck ABC.
Für den Punkt D auf der Seite AB gilt:
$\overline{AD} : \overline{DB} = 2 : 1$
Bestimmen Sie die Vektoren $\overrightarrow{DB}$ und $\overrightarrow{DC}$ aus $\vec{a}$ und $\vec{b}$.

14. Ein allgemeines Dreieck ABC ist durch $\overrightarrow{AB} = \vec{a}$ und $\overrightarrow{BC} = \vec{b}$ gegeben.
S sei der Schwerpunkt des Dreiecks.

a) Drücken Sie die Vektoren $\overrightarrow{SA}$, $\overrightarrow{SB}$ und $\overrightarrow{SC}$ durch $\vec{a}$ und $\vec{b}$ aus.

b) Bestimmen Sie $\overrightarrow{SA} + \overrightarrow{SB} + \overrightarrow{SC}$.

15. Beweisen Sie vektoriell:
In jedem Dreieck ist die Mittellinie m_a parallel zur Seite a und halb so lang wie diese.

16.

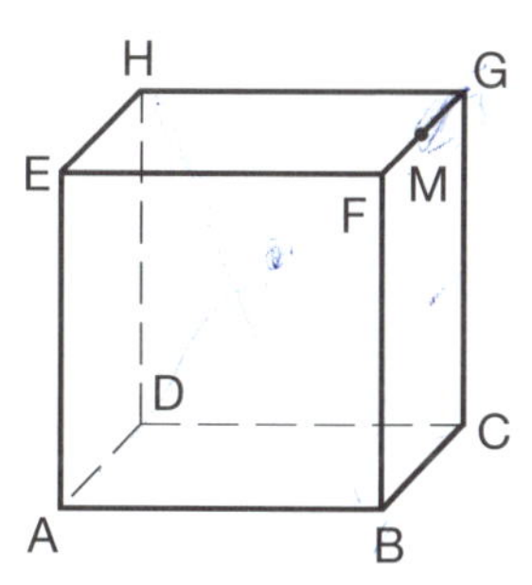

K ist der Schnittpunkt der Körperdiagonalen des Würfels.
M ist der Mittelpunkt der Kante FG.
$\vec{a} = \overrightarrow{AB}$; $\vec{b} = \overrightarrow{AD}$; $\vec{c} = \overrightarrow{AE}$
Drücken Sie folgenden Vektor durch $\vec{a}$, $\vec{b}$ und $\vec{c}$ aus:

a) $\overrightarrow{AF}$ b) $\overrightarrow{AM}$ c) $\overrightarrow{CM}$
d) $\overrightarrow{AK}$ e) $\overrightarrow{MK}$ f) $\overrightarrow{CK}$

17.

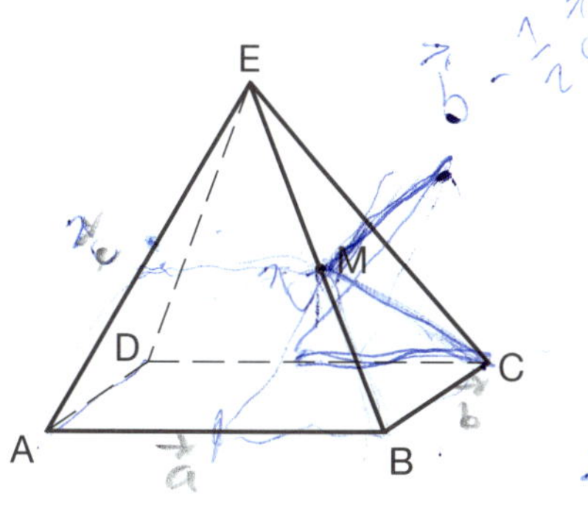

Die Pyramide ABCDE hat eine rechteckige Grundfläche.
M ist der Mittelpunkt der Kante BE.
$\vec{a} = \overrightarrow{AB}$; $\vec{b} = \overrightarrow{BC}$; $\vec{c} = \overrightarrow{AE}$
Drücken Sie folgenden Vektor durch $\vec{a}$, $\vec{b}$ und $\vec{c}$ aus:

a) $\overrightarrow{BM}$ b) $\overrightarrow{MC}$ c) $\overrightarrow{MD}$

Aufgaben aus der Physik

Vektoren in Polarform

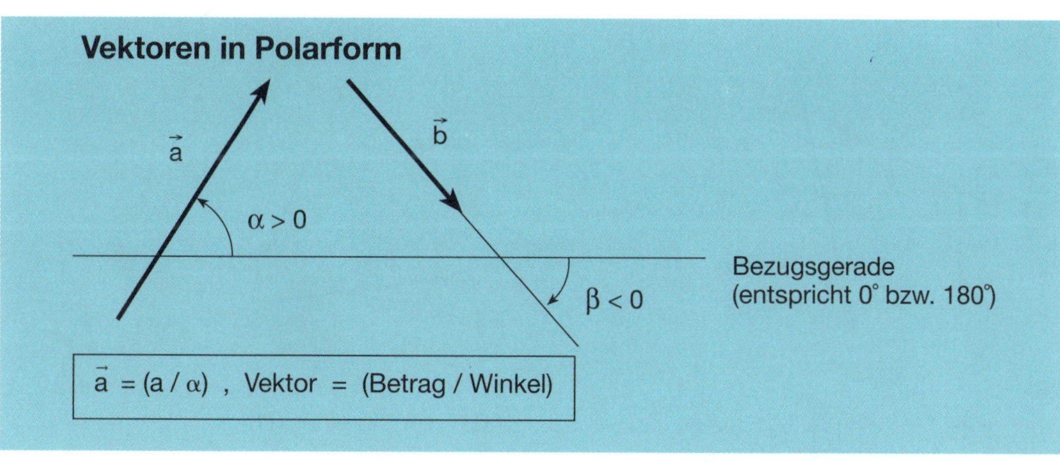

$\vec{a} = (a / \alpha)$, Vektor = (Betrag / Winkel)

18. Geben Sie die gezeichneten Verschiebungsvektoren in der Polarform $\vec{x} = (x / \varphi)$ an.

Massstab:
1 cm = 5 m

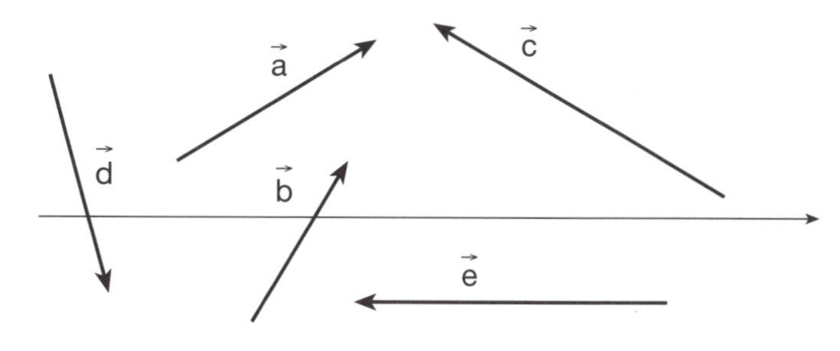

19. Ein Körper bewegt sich 5 s lang gleichförmig mit $\vec{v} = (3\frac{m}{s}/60°)$.
Berechnen Sie $\vec{s} = (s/\varphi)$.

20. Schreiben Sie die Bewegungsgleichungen $v = v_o + at$ und $s = v_o t + \frac{a}{2}t^2$ vektoriell.

21. $\vec{F}_1 = (80\ N/0°)$, $\vec{F}_2 = (100\ N/45°)$, $\vec{F}_3 = (60\ N/140°)$, $\vec{F}_4 = (120\ N/200°)$
Die vier Kräfte greifen in einem Punkt eines Körpers an.
Bestimmen Sie die Resultierende $\vec{F}_R$ grafisch.

22.

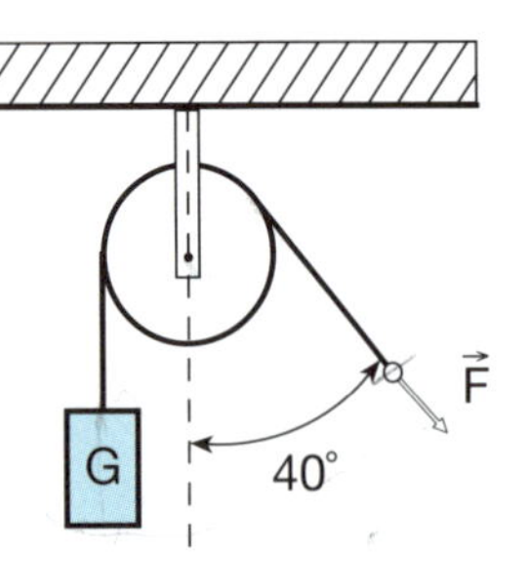

Die Kraft F sei so gross, dass die Last G ($F_G = 800$ N) still steht.
Bestimmen Sie grafisch die resultierende Kraft $\vec{F}_R$, die im Rollenlager wirkt.

23. Gegeben: $\vec{v}_1 = (12\frac{m}{s}/0°)$, $\vec{v}_2 = (6\frac{m}{s}/140°)$, $\vec{v}_3 = (v_3/-100°)$

Bestimmen Sie die Resultierende $\vec{v}_R$ der drei Geschwindigkeiten so, dass gilt: $v_R = v_3$

24. Zerlegen Sie die Vektoren (Kräfte) in die Komponenten in u- und v-Richtung.

a)

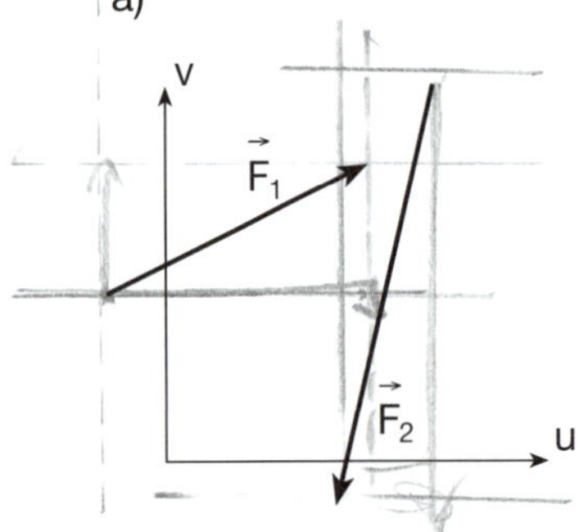

b)

v
$\vec{F}_1$
$\vec{F}_2$
$\vec{F}_3$
u

25.

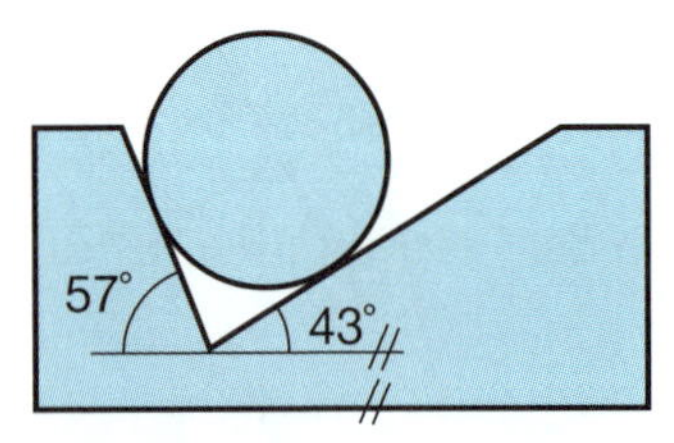

Eine Kugel mit einer Gewichtskraft von 100 N liegt in einer Rinne.

Bestimmen Sie grafisch die Auflagekräfte auf die beiden Rinnenflächen.

Eine mathematische Wahrheit ist an sich weder einfach noch kompliziert, sie ist.

Emile Lemoine

26.

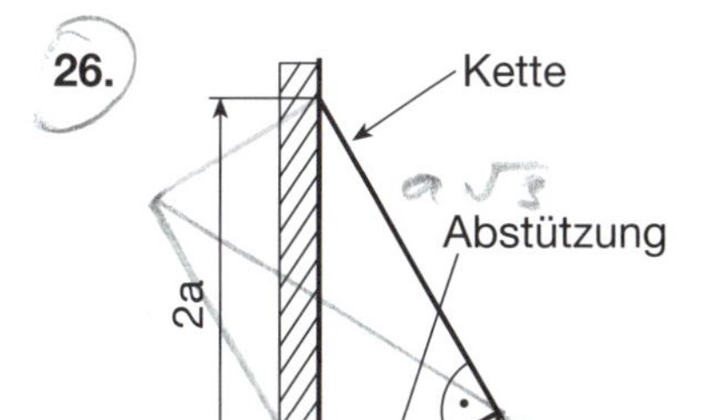

Bestimmen Sie die Kräfte in der Kette und in der Abstützung grafisch oder rechnerisch, wenn die Gewichtskraft des Körpers K 620 N beträgt.

27.

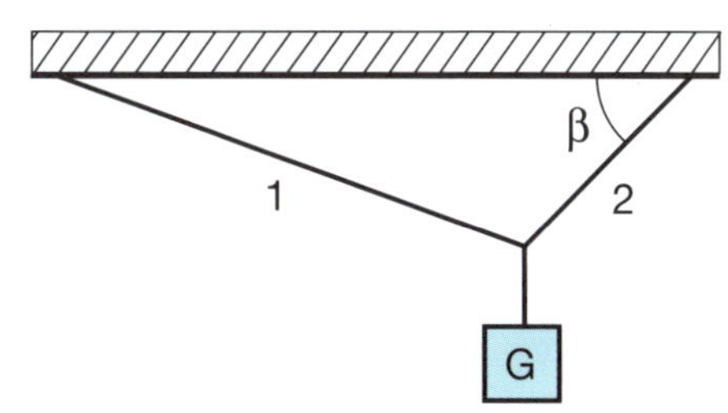

Bestimmen Sie den Winkel β unter folgender Voraussetzung:
$F_1 = 0.7\ F_G$; $F_2 = F_G$

$\vec{F}_1$: Kraft im Stab 1
$\vec{F}_2$: Kraft im Stab 2

28. Gegeben: $\vec{F}_1 = (10\ \text{N}/0°)$, $\vec{F}_2 = (8\ \text{N}/120°)$, $\vec{F}_3 = (F_3/-150°)$
Bestimmen Sie grafisch den Wertebereich für F_3 so, dass gilt:

$$\left| \vec{F}_1 + \vec{F}_2 + \vec{F}_3 \right| < 5\ \text{N}$$

29.

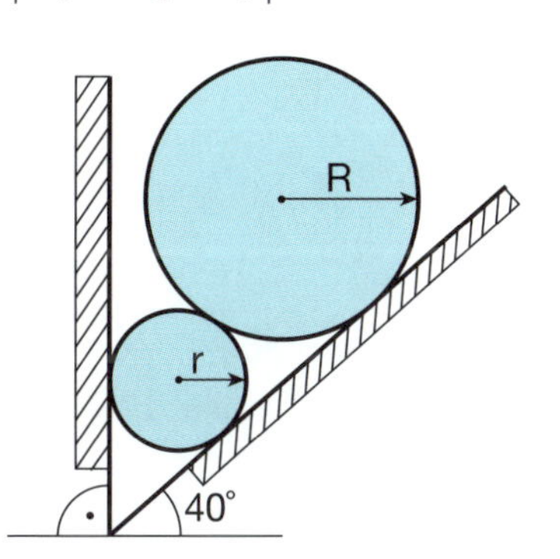

Zwei Walzen sind in einem Spalt gelagert.

grosse Walze: Radius: R = 33 cm
Gewichtskraft: 700 N

kleine Walze: Radius: r = 18 cm
Gewichtskraft: 200 N

Bestimmen Sie grafisch die Auflagekräfte auf die schiefe Ebene und die senkrechte Wand.

30. Ein Fahrzeug hat im Zeitpunkt $t_1 = 6\text{s}$ die Geschwindigkeit $\vec{v}_1 = (20\ \frac{\text{m}}{\text{s}}\ /\ 0°)$ und im Zeitpunkt $t_2 = 8\text{s}$ die Geschwindigkeit $\vec{v}_2 = (30\ \frac{\text{m}}{\text{s}}\ /\ 30°)$.
Bestimmen Sie die mittlere Beschleunigung $\vec{a}_m$. $\left(\vec{a}_m = \dfrac{\vec{v}_2 - \vec{v}_1}{t_2 - t_1} \right)$

31. Ein Auto fährt mit konstanter Geschwindigkeit von $17\ \frac{\text{m}}{\text{s}}$ in eine Kurve (Kreisbahn) vom Radius $r = 40$ m.
Berechnen Sie die mittlere Beschleunigung (nur Betrag) für den Zentriwinkel φ:
a) $\varphi = 20°$ b) $\varphi = 10°$ c) $\varphi = 1°$ d) allgemein
(Hinweis: Die Momentangeschwindigkeit $\vec{v}$ ist stets tangential zur Bahnkurve gerichtet.)

4.3 Linearkombination und lineare Abhängigkeit von Vektoren

(1) Ein Term von der Form
$k\vec{a}$, $k_1\vec{a} + k_2\vec{b}$, $k_1\vec{a} + k_2\vec{b} + k_3\vec{c}$, usw. $k_i \in \mathbb{R}$
heisst **Linearkombination.**

(2) Vektoren heissen **linear abhängig**, falls mindestens einer der Vektoren eine Linearkombination der übrigen ist.

(3) Vektoren heissen **linear unabhängig**, falls keiner der Vektoren eine Linearkombination der übrigen ist.

In der *Ebene* gibt es höchstens zwei linear unabhängige Vektoren, im *Raum* höchstens drei.

32.

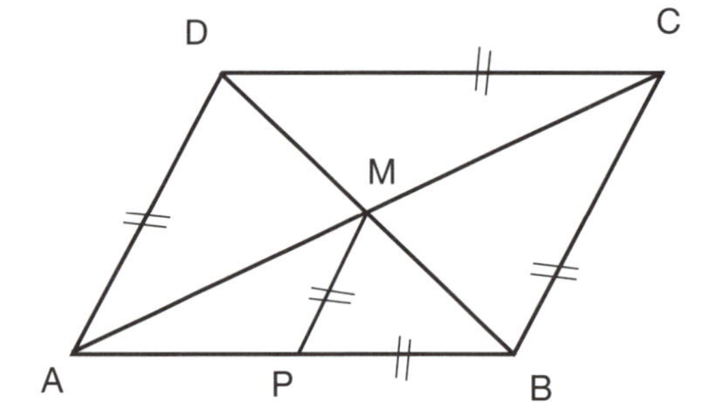

Sind die folgenden Vektoren linear abhängig oder linear unabhängig?

a) $\overrightarrow{AP}$, $\overrightarrow{CD}$

b) $\overrightarrow{AB}$, $\overrightarrow{AM}$

c) $\overrightarrow{AP}$, $\overrightarrow{AM}$, $\overrightarrow{BC}$

d) $\overrightarrow{AM}$, $\overrightarrow{MD}$

Von allen, die bis jetzt nach Wahrheit forschten, haben die Mathematiker allein eine Anzahl Beweise finden können, woraus folgt, dass ihr Gegenstand der allerleichteste gewesen sein müsse.

René Descartes, 1596–1650, Mathematiker

«Wenn nämlich der Bereich des Verstandes einzig und allein mit dem der Mathematik zusammenfällt, wie manche behaupten, so ist der Zusammenhang mit dem Bereich der Sinne nicht sehr klar und scheint auch nicht imstande zu sein, etwas zu bewirken. Denn die Mathematik ist doch offenbar von uns konstruiert, indem wir Figuren, Formen und Beziehungen festlegen, die an und für sich nichts mit der Natur zu tun haben. Sie können daher auch nicht mit den Objekten der Natur zusammenhängen und in ihnen Leben oder Bewegung erzeugen. Auch die Zahl selbst kann dies nicht bewirken, obwohl manche sie für das erste und herrschende Prinzip halten.»

Theophrastus, 372–287 v. Chr. griech. Philosoph

33.

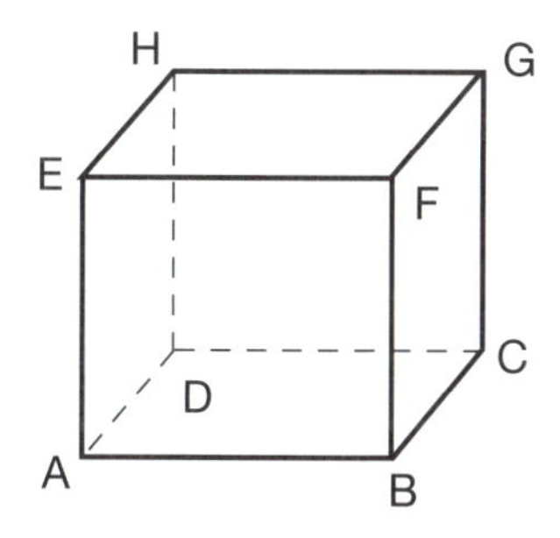

Gegeben sei der Würfel ABCDEFGH.
Sind die folgenden Vektoren linear abhängig oder linear unabhängig?

a) $\overrightarrow{AB}$, $\overrightarrow{AD}$, $\overrightarrow{AE}$

b) $\overrightarrow{AB}$, $\overrightarrow{BC}$, $\overrightarrow{GF}$

c) $\overrightarrow{AC}$, $\overrightarrow{AF}$, $\overrightarrow{AG}$, $\overrightarrow{AE}$

34. Wie kann man nachweisen, ob ein Punkt auf einer Geraden AB liegt?

35. Wie kann man nachweisen, ob vier Punkte in einer Ebene liegen?

Die reine Mathematik hat zum Gegenstand die Raumformen und Quantitätsverhältnisse der wirklichen Welt, also einen sehr realen Stoff. Dass dieser Stoff in einer höchst abstrakten Form erscheint, kann seinen Ursprung aus der Aussenwelt nur oberflächlich verdecken.

Friedrich Engels, 1820–1895, Sozialökonom

Bestimmung von Streckenverhältnissen

36. Eine Strecke AB wird durch einen Punkt U geteilt, so dass gilt:
$\overline{AU} : \overline{UB} = 7 : 3$

a) Drücken Sie $\overrightarrow{BU}$ durch $\overrightarrow{AB}$ aus.

b) V sei für das gleiche Teilungsverhältnis der äussere Teilungspunkt.
Bestimmen Sie $\overrightarrow{UV}$ aus $\overrightarrow{AB}$.

37. Leiten Sie aufgrund des ersten Strahlensatzes mit Hilfe der Vektorgeometrie den zweiten Strahlensatz (Parallelenabschnitte) her.

38. Beweisen Sie, dass im allgemeinen Dreieck ABC der Schwerpunkt S jede Schwerlinie im Verhältnis 1:2 teilt.

«Die Philosophie steht in diesem grossen Buch geschrieben, dem Universum, das unserem Blick ständig offenliegt. Aber das Buch ist nicht zu verstehen, wenn man nicht zuvor die Sprache erlernt und sich mit den Buchstaben vertraut gemacht hat, in denen es geschrieben ist. Es ist in der Sprache der Mathematik geschrieben, und deren Buchstaben sind Dreiecke, Kreise und andere geometrische Figuren, ohne die es dem Menschen unmöglich ist, ein einziges Wort davon zu verstehen; ohne diese irrt man in einem dunklen Labyrinth umher.»

Galileo Galilei, 1564–1642, Physiker und Astronom

39.

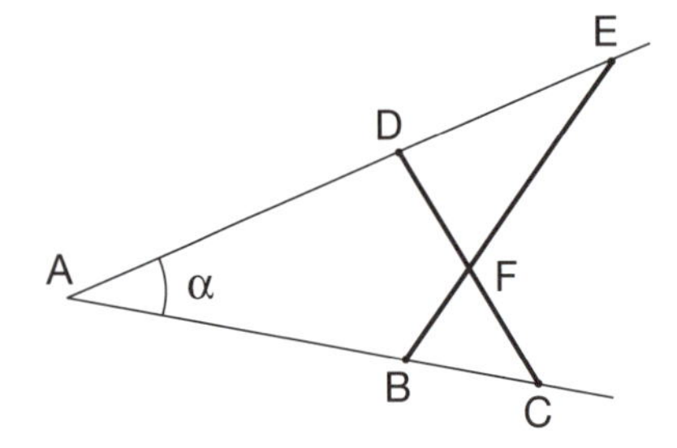

a) Die Punkte B, C, D und E sind fest auf den Schenkeln des Winkels α.
Wie verändert sich das Verhältnis $\overline{EF} : \overline{FB}$ bei Veränderung des Winkels α?
Finden Sie die Gesetzmässigkeit durch eigene Versuche heraus. (Variation von α)

b) Bestimmen Sie das Verhältnis $\overline{DF} : \overline{DC}$ mit Hilfe von Vektoren bei folgenden Angaben: $\overline{AD} : \overline{DE} = 2 : 1$; $\overline{AB} : \overline{BC} = 3 : 2$
Welchen Einfluss hat α?

c)* Es gilt: $\overline{AD} = x \cdot \overline{AE}$ und $\overline{AB} = y \cdot \overline{AC}$
Bestimmen Sie die Verhältnisse $u = \overline{DF} : \overline{DC}$ und $v = \overline{EF} : \overline{EB}$ aus x und y.

40.

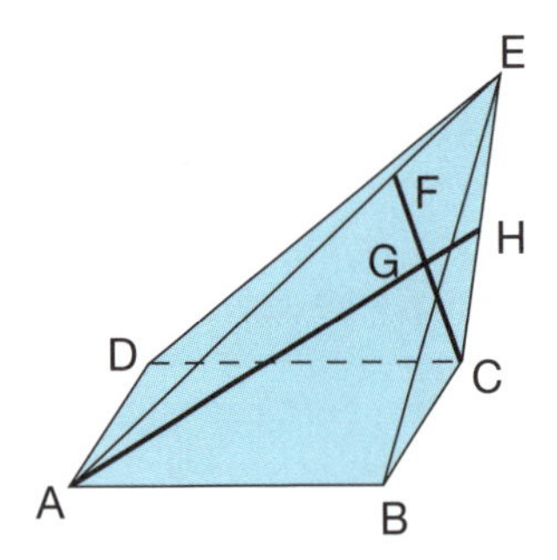

Bei der Pyramide ABCDE gilt Folgendes:
$\overline{AF} : \overline{FE} = 3 : 1$ und $\overline{CH} = \overline{HE}$.

a) Warum schneiden sich die Strecken AH und CF?

b) Bestimmen Sie vektoriell das Verhältnis $\overline{AG} : \overline{GH}$.

41.

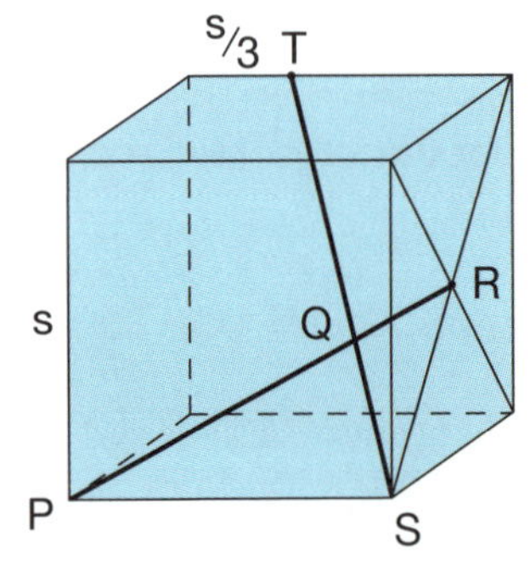

Im Würfel mit der Kantenlänge s soll das Verhältnis $\overline{PQ} : \overline{QR}$ berechnet werden.

Warum schneiden sich die Strecken PR und ST?

> Es gibt jedoch noch einen andern Grund für die hohe Wertschätzung der Mathematik: sie allein bietet den exakten Naturwissenschaften ein gewisses Mass an Sicherheit, das ohne Mathematik nicht denkbar wäre.
>
> Albert Einstein, 1879–1955, Physiker

4.4 Vektoren im Koordinatensystem

4.4.1 Vektoren in der Ebene

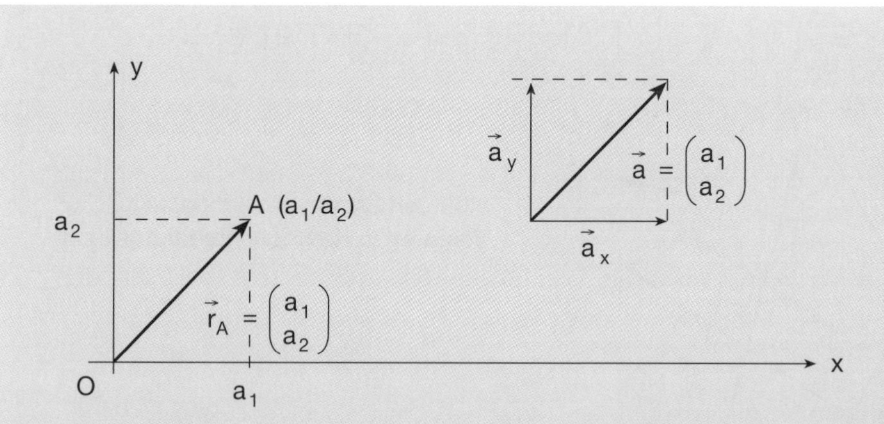

Ortsvektor

Für jeden Punkt A (a_1/a_2) eines Koordinatensystems heisst der vom Ursprung O ausgehende Pfeil $\overrightarrow{OA}$ der **Ortsvektor** des Punktes A.

Schreibweise: $\overrightarrow{OA} = \vec{r}_A = \begin{pmatrix} a_1 \\ a_2 \end{pmatrix}$

Der Ortsvektor ist ein so genannter *gebundener* Vektor.

Vektor

Die Menge *aller* Pfeile, die gleich lang und in gleicher Richtung zum Ortsvektor $\vec{r}_A$ liegen, heisst (freier) **Vektor**.
Ein einzelner Pfeil heisst **Repräsentant** (Vertreter) des Vektors.

Schreibweise: $\vec{a} = \begin{pmatrix} a_1 \\ a_2 \end{pmatrix}$

Koordinaten

Die *Zahlen* a_1 und a_2 heissen **Koordinaten** des Vektors $\vec{a}$.

Komponenten

Die *Vektoren* $\vec{a}_x = \begin{pmatrix} a_1 \\ 0 \end{pmatrix}$ und $\vec{a}_y = \begin{pmatrix} 0 \\ a_2 \end{pmatrix}$ heissen **Komponenten** des Vektors $\vec{a}$.

Betrag

Der Vektor $\vec{a} = \begin{pmatrix} a_1 \\ a_2 \end{pmatrix}$ hat den **Betrag** (Länge) $|\vec{a}| = \sqrt{a_1^2 + a_2^2}$.

Bei allen Aufgaben sind die Einheiten e_x und e_y des Koordinatensystems gleich gross zu wählen.

42. Zeichnen Sie je einen Repräsentanten (kein Ortsvektor) der folgenden Vektoren:

$\vec{a} = \begin{pmatrix} 3 \\ 4 \end{pmatrix}$, $\vec{b} = \begin{pmatrix} 2 \\ -5 \end{pmatrix}$, $\vec{c} = \begin{pmatrix} -2 \\ 4 \end{pmatrix}$, $\vec{d} = \begin{pmatrix} -6 \\ -3 \end{pmatrix}$, $\vec{e} = \begin{pmatrix} 5 \\ 0 \end{pmatrix}$, $\vec{f} = \begin{pmatrix} 0 \\ -4 \end{pmatrix}$

43.

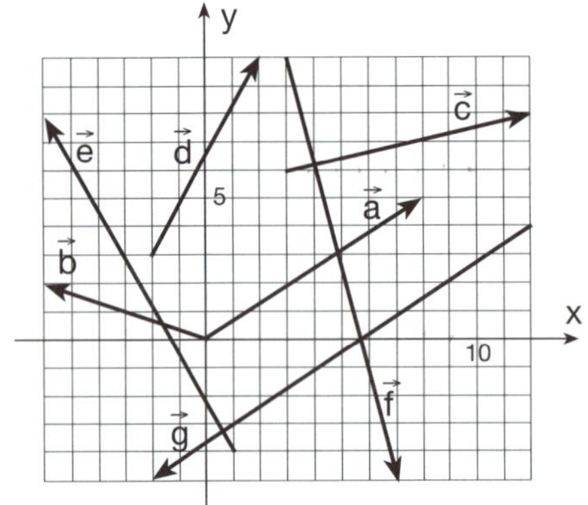

Notieren Sie die gezeichneten Vektoren in Komponentendarstellung.

44. Notieren Sie zu den Punkten A(2/–1) und B(–4/-3) die zugeordneten Ortsvektoren.

45. Welcher Unterschied besteht zwischen einem Ortsvektor und einem Repräsentanten eines freien Vektors?

46. Berechnen Sie den Betrag der folgenden Vektoren:

$\vec{a} = \begin{pmatrix} 8 \\ 0 \end{pmatrix}$ $\quad\vec{b} = \begin{pmatrix} -4 \\ 3 \end{pmatrix}$ $\quad\vec{c} = \begin{pmatrix} -9 \\ -5 \end{pmatrix}$ $\quad\vec{d} = \begin{pmatrix} -7.5 \\ 2.5 \end{pmatrix}$

An Archimedes wird man noch denken, wenn Aischylos längst vergessen ist, denn Sprachen sterben, mathematische Ideen jedoch nicht.
«Unsterblichkeit» mag ein dummes Wort sein, doch was immer es bedeuten mag, ein Mathematiker hat wohl die besten Chancen, unsterblich zu werden.

A Mathematicians's Apology, G. H. Hardy

Elementare Vektoroperationen

$$\vec{a} + \vec{b} = \begin{pmatrix} a_1 \\ a_2 \end{pmatrix} + \begin{pmatrix} b_1 \\ b_2 \end{pmatrix} = \begin{pmatrix} a_1 + b_1 \\ a_2 + b_2 \end{pmatrix}$$

$$\vec{a} - \vec{b} = \begin{pmatrix} a_1 \\ a_2 \end{pmatrix} - \begin{pmatrix} b_1 \\ b_2 \end{pmatrix} = \begin{pmatrix} a_1 - b_1 \\ a_2 - b_2 \end{pmatrix}$$

$$k \cdot \vec{a} = k \cdot \begin{pmatrix} a_1 \\ a_2 \end{pmatrix} = \begin{pmatrix} k \cdot a_1 \\ k \cdot a_2 \end{pmatrix}, \quad k \in \mathbb{R}$$

47. Berechnen Sie den Vektor $\vec{a} + 3\,\vec{b} - 2\,\vec{c}$ mit

$\vec{a} = \begin{pmatrix} 5 \\ 6 \end{pmatrix}$, $\vec{b} = \begin{pmatrix} -3 \\ 2 \end{pmatrix}$ und $\vec{c} = \begin{pmatrix} 4 \\ -7 \end{pmatrix}$.

Überprüfen Sie das Resultat grafisch.

48. Bestimmen Sie die fehlenden Koordinaten so, dass bei Addition der drei Vektoren der Nullvektor resultiert. Dabei gilt: $b_1 = b_2$

$\vec{a} = \begin{pmatrix} -3 \\ 7 \end{pmatrix}$; $\vec{b} = \begin{pmatrix} b_1 \\ b_2 \end{pmatrix}$; $\vec{c} = \begin{pmatrix} 8 \\ c_2 \end{pmatrix}$

49. Gegeben: $\vec{p} = \begin{pmatrix} 4 \\ -6 \end{pmatrix}$; $\vec{q} = \begin{pmatrix} q_1 \\ q_2 \end{pmatrix}$; $\vec{r} = \begin{pmatrix} -5 \\ r_2 \end{pmatrix}$; $\vec{s} = \begin{pmatrix} 21 \\ -31.5 \end{pmatrix}$

Berechnen Sie die fehlenden Koordinaten unter folgenden Bedingungen:
$\vec{p}$ ist kollinear zu $\vec{r}$ und $\vec{s} = 2\,\vec{p} - \vec{q} - 3\,\vec{r}$

50. Gegeben: $\vec{a} = \begin{pmatrix} 1.5 \\ 2 \end{pmatrix}$; $\vec{b} = \begin{pmatrix} 10 \\ -8 \end{pmatrix}$; $\vec{c} = \begin{pmatrix} -3 \\ -7 \end{pmatrix}$; $\vec{s} = \begin{pmatrix} -59 \\ -22 \end{pmatrix}$

Bestimmen Sie die Koeffizienten x und y so, dass gilt:
$\vec{s} = x\,\vec{a} + y\,\vec{b} - 1.5x\,\vec{c}$

51. Welche Vektoren sind linear abhängig (kollinear)?

a) $\vec{p} = \begin{pmatrix} 3 \\ 7 \end{pmatrix}$; $\vec{q} = \begin{pmatrix} 5 \\ 9 \end{pmatrix}$; $\vec{r} = \begin{pmatrix} 4.5 \\ 10.5 \end{pmatrix}$

b) $\vec{u} = \begin{pmatrix} 3 \\ 7.5 \end{pmatrix}$; $\vec{v} = \begin{pmatrix} 1.5 \\ 3.5 \end{pmatrix}$; $\vec{w} = \begin{pmatrix} -2.25 \\ -5.25 \end{pmatrix}$

c) $\vec{x} = \begin{pmatrix} -5 \\ 8.5 \end{pmatrix}$; $\vec{y} = \begin{pmatrix} 12.5 \\ -21 \end{pmatrix}$; $\vec{z} = \begin{pmatrix} 1.5 \\ -2.5 \end{pmatrix}$

d) $\vec{a} = \begin{pmatrix} -2 \\ -93 \end{pmatrix}$; $\vec{b} = \begin{pmatrix} 2.2 \\ 102.3 \end{pmatrix}$; $\vec{c} = \begin{pmatrix} 0.4 \\ 18.6 \end{pmatrix}$

52. Stellen Sie $\vec{c}$ als Linearkombination von $\vec{a}$ und $\vec{b}$ dar.

a) $\vec{a} = \begin{pmatrix} 5 \\ 3 \end{pmatrix}$; $\vec{b} = \begin{pmatrix} -4 \\ -5 \end{pmatrix}$; $\vec{c} = \begin{pmatrix} 7 \\ -1 \end{pmatrix}$

b) $\vec{a} = \begin{pmatrix} -7 \\ 4 \end{pmatrix}$; $\vec{b} = \begin{pmatrix} 3 \\ -9 \end{pmatrix}$; $\vec{c} = \begin{pmatrix} 3 \\ 16.5 \end{pmatrix}$

c) $\vec{a} = \begin{pmatrix} 8.5 \\ -11 \end{pmatrix}$; $\vec{b} = \begin{pmatrix} 10.5 \\ -15 \end{pmatrix}$; $\vec{c} = \begin{pmatrix} 29.4 \\ -42 \end{pmatrix}$

d) $\vec{a} = \begin{pmatrix} 16 \\ -20 \end{pmatrix}$; $\vec{b} = \begin{pmatrix} 3.5 \\ 7.5 \end{pmatrix}$; $\vec{c} = \begin{pmatrix} 11.4 \\ 0 \end{pmatrix}$

e) $\vec{a} = \begin{pmatrix} 3 \\ -8 \end{pmatrix}$; $\vec{b} = \begin{pmatrix} -9 \\ 24 \end{pmatrix}$; $\vec{c} = \begin{pmatrix} 8 \\ 2 \end{pmatrix}$

53. Gegeben: $\vec{a} = \begin{pmatrix} 4 \\ 7 \end{pmatrix}$ und $\vec{b} = \begin{pmatrix} b_1 \\ b_2 \end{pmatrix}$

a) Bestimmen Sie die Vektoren, die senkrecht zu $\vec{a}$ stehen und den gleichen Betrag wie $\vec{a}$ haben.
b) Bestimmen Sie alle Vektoren, die senkrecht zu $\vec{a}$ stehen.
c) Allgemein: Bestimmen Sie alle Vektoren, die senkrecht zu $\vec{b}$ stehen.

Vektor aus Anfangs- und Endpunkt

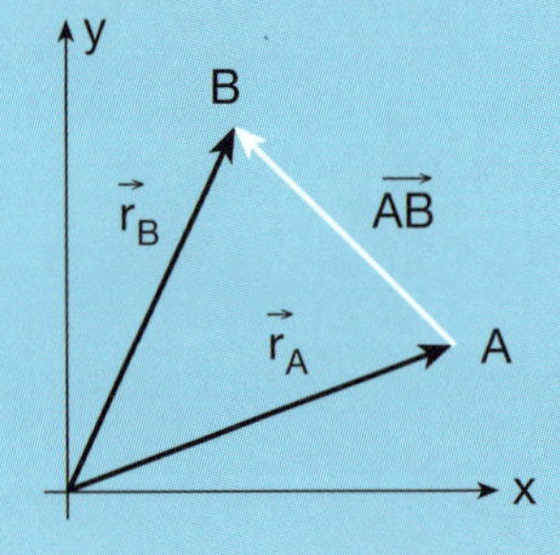

Für zwei beliebige Punkte A und B gilt:

$$\overrightarrow{AB} = \vec{r}_B - \vec{r}_A$$

54. Die Punkte A(4/2), B(–3/5) und C(2/–1) sind gegeben.
a) Bestimmen Sie die Vektoren $\overrightarrow{OA}$, $\overrightarrow{AB}$, $\overrightarrow{BA}$, $\overrightarrow{CA}$ und $\overrightarrow{BC}$.
b) Berechnen Sie die Abstände $\overline{AB}$, $\overline{BC}$ und $\overline{AC}$.

55. Welcher Punkt auf der x-Achse ist von den Punkten A(3/6) und B(10/12) gleich weit entfernt?

56. Berechnen Sie den Ortsvektor des Mittelpunktes M der Strecke $\overline{AB}$ aus den Ortsvektoren $\vec{r}_A$ und $\vec{r}_B$.

57. Die Punkte A(–10/–8), B(8/–2) und C(6/18) sind gegeben.
Berechnen Sie die Länge der Seitenhalbierenden s_a.
Rechnen Sie zuerst allgemein, d. h. mit den Ortsvektoren von A, B und C.

Einheitsvektoren

Ein Vektor mit dem Betrag 1 heisst **Einheitsvektor**.
Symbol: $\vec{e}$

Einheitsvektor $\vec{e}_a$ in Richtung des Vektors $\vec{a}$:

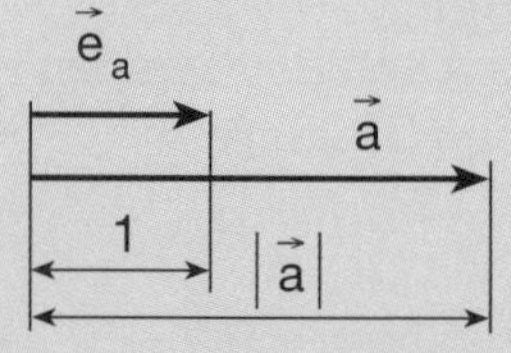

$$\vec{e}_a = \frac{\vec{a}}{|\vec{a}|} = \frac{1}{|\vec{a}|} \cdot \vec{a}$$

Umgekehrt kann man jeden Vektor $\vec{a}$ unter Verwendung seiner Länge $|\vec{a}|$ und dem Einheitsvektor $\vec{e}_a$ darstellen:

$$\vec{a} = |\vec{a}| \cdot \vec{e}_a$$

Einheitsvektoren im Koordinatensystem:

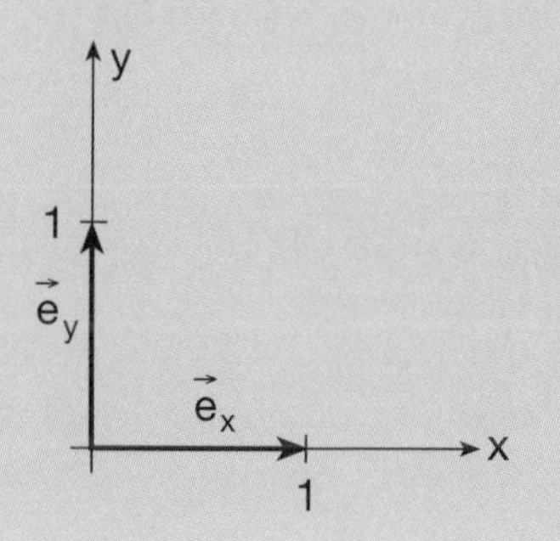

$$\vec{e}_x = \begin{pmatrix} 1 \\ 0 \end{pmatrix}, \quad \vec{e}_y = \begin{pmatrix} 0 \\ 1 \end{pmatrix}$$

In der Ebene kann jeder Vektor als Linearkombination von $\vec{e}_x$ und $\vec{e}_y$ dargestellt werden:

$$\vec{a} = a_1 \cdot \vec{e}_x + a_2 \cdot \vec{e}_y$$

58. Was kann man über die Grösse der Koordinaten eines Einheitsvektors $\vec{e} = \begin{pmatrix} e_1 \\ e_2 \end{pmatrix}$ aussagen?

59. Berechnen Sie den Einheitsvektor von $\vec{a} = \begin{pmatrix} 12 \\ 0 \end{pmatrix}$, $\vec{b} = \begin{pmatrix} 1 \\ 1 \end{pmatrix}$ und $\vec{c} = \begin{pmatrix} 20 \\ -40 \end{pmatrix}$.

60. Berechnen Sie die Koordinate k, sodass der folgende Vektor ein Einheitsvektor ist:

a) $\begin{pmatrix} 1 \\ k \end{pmatrix}$ b) $\begin{pmatrix} 0.5 \\ k \end{pmatrix}$ c) $\begin{pmatrix} k \\ -0.8 \end{pmatrix}$ d) $\begin{pmatrix} k \\ k \end{pmatrix}$

61. Berechnen Sie alle Punkte auf der Geraden AB, die 8 cm von A entfernt sind; A(2/10), B(22/–6). ($e_x = e_y = 1$ cm)

62. Gegeben sind die Punkte A(–3/–4) , B(7/1) und C(2/10).
Berechnen Sie den Punkt D, sodass das Viereck ABCD ein Trapez (AB || CD) mit $\overline{CD} = 6$ cm bildet. ($e_x = e_y = 1$ cm)

63. Die Gerade PQ mit P(5/0), Q(15/20) und ein Punkt A(2/7) sind gegeben.
Das Lot zur Geraden PQ durch A schneidet PQ in B. ($e_x = e_y = 1$ m)
a) Berechnen Sie den Einheitsvektor $\vec{e}_1$ von $\overrightarrow{AB}$.
b) Berechnen Sie mit Hilfe von $\vec{e}_1$ den Abstand des Punktes A von der Geraden PQ.
c) A werde an der Geraden PQ gespiegelt; berechnen Sie den Bildpunkt A'.

Winkelhalbierende

64. Der Winkel, den der Strahl OP , P(3/4) , mit der positiven x-Achse bildet, soll durch einen Vektor $\vec{w}$ halbiert werden. Berechnen Sie einen solchen Vektor.
Die Aufgabe ist ohne Trigonometrie zu lösen.
Tipp: Im *Rhombus* halbieren die Diagonalen die Innenwinkel.
Wählen Sie einen Rhombus mit der Seitenlänge 1.

65. Berechnen Sie einen Vektor, der den Winkel α des Dreiecks ABC halbiert;
A(8/2) , B(16/5) , C(4/11).

66. Berechnen Sie den Mittelpunkt M eines Kreises mit $r = 10$, der den Strahl OA , A(–2/6), und die x-Achse berührt. Alle Lösungen angeben!

Mathematik ist die perfekte Methode, sich selbst an der Nase herumzuführen.
Albert Einstein, 1879 – 1955, Physiker

Die Mathematik als Fachgebiet ist so ernst, dass man keine Gelegenheit versäumen sollte, dieses Fachgebiet unterhaltsamer zu gestalten.
Blaise Pascal, 1623 – 1662, Mathematiker und Philosoph

4.4.2 Vektoren im Raum

Das kartesische Koordinatensystem im Raum

67.

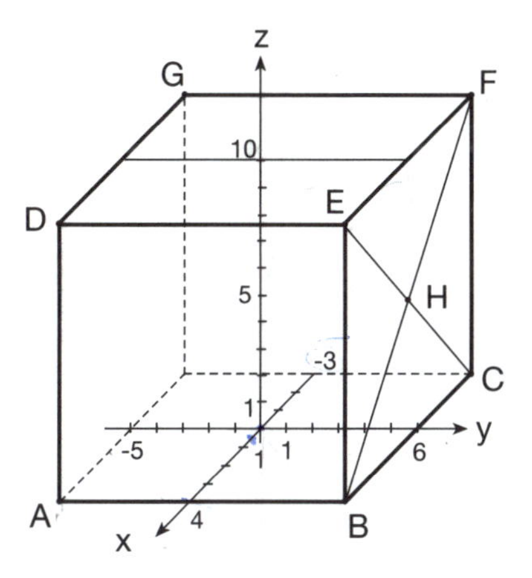

Bestimmen Sie die Koordinaten der Punkte A, B, . . . , H.

68. Zeichnen Sie folgende Punkte in das Schrägbild eines räumlichen Koordinatensystems:
A (2/3/5), B (–3/2.5/2), C (–6/–1/3), D (0/–5/–5), E (6/0/–4), F (6/–6/0)

69. Wo liegen alle Punkte, deren
a) y- und z-Koordinate Null ist?
b) z-Koordinate Null ist?
c) x-Koordinate Null ist?
d) y-Koordinate 5 ist?
e) x-Koordinate 2 ist?
f) y- und z-Koordinate 3 ist?

70. Wo liegen die Punkte P_n (2k/3k/5k) für positive, reelle Zahlen k?

71. Bestimmen Sie die Koordinaten der Bildpunkte P' und A', wenn P(2/3/5) und A $(a_1/a_2/a_3)$
a) an der y-z-Ebene gespiegelt werden.
b) an der x-y-Ebene gespiegelt werden.
c) an der x-Achse gespiegelt werden.
d) an der z-Achse gespiegelt werden.
e) am Ursprung gespiegelt werden.
f) am Punkt S (6/6/6) gespiegelt werden.

Mathematik ist die exakteste Wissenschaft und ihre Schlussfolgerungen sind absolut beweisbar. Das ist jedoch nur deshalb so, weil die Mathematik nicht versucht, absolute Schlussfolgerungen zu ziehen. Alle mathematischen Wahrheiten sind relativ, bedingt.

Karl Steinmetz, 1865-1923, Mitarbeiter Edisons

Vektoren im räumlichen Koordinatensystem

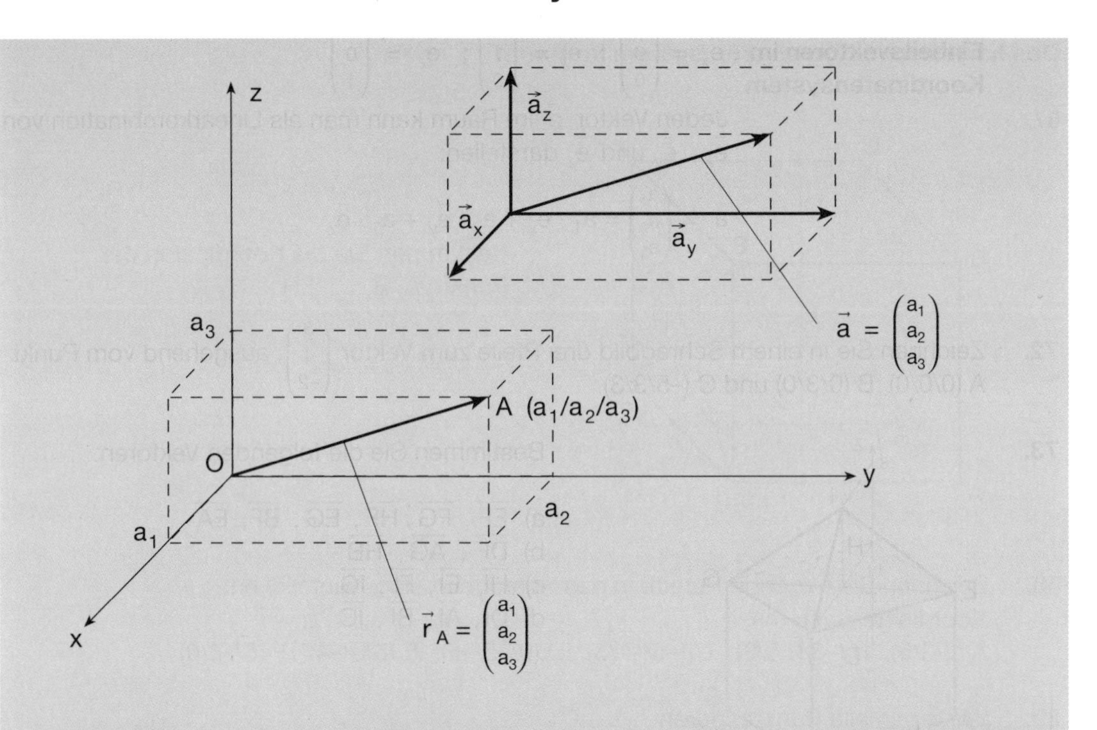

Ortsvektor Für jeden Punkt $A(a_1/a_2/a_3)$ eines Koordinatensystems heisst der vom Ursprung O ausgehende Pfeil $\overrightarrow{OA}$ der **Ortsvektor** des Punktes A.

Schreibweise: $\overrightarrow{OA} = \vec{r}_A = \begin{pmatrix} a_1 \\ a_2 \\ a_3 \end{pmatrix}$

Der Ortsvektor ist ein so genannter *gebundener* Vektor.

Vektor Die Menge *aller* Pfeile, die gleich lang und in gleicher Richtung zum Ortsvektor $\vec{r}_A$ liegen, heisst (freier) **Vektor**.
Ein einzelner Pfeil heisst **Repräsentant** (Vertreter) des Vektors.

Schreibweise: $\vec{a} = \begin{pmatrix} a_1 \\ a_2 \\ a_3 \end{pmatrix}$

Koordinaten Die *Zahlen* a_1, a_2 und a_3 heissen **Koordinaten** des Vektors $\vec{a}$.

Komponenten Die *Vektoren* $\vec{a}_x = \begin{pmatrix} a_1 \\ 0 \\ 0 \end{pmatrix}$, $\vec{a}_y = \begin{pmatrix} 0 \\ a_2 \\ 0 \end{pmatrix}$ und $\vec{a}_z = \begin{pmatrix} 0 \\ 0 \\ a_3 \end{pmatrix}$ heissen **Komponenten** des Vektors $\vec{a}$.

Betrag Der Vektor $\vec{a} = \begin{pmatrix} a_1 \\ a_2 \\ a_3 \end{pmatrix}$ hat den **Betrag** (Länge) $|\vec{a}| = \sqrt{a_1^2 + a_2^2 + a_3^2}$.

Einheitsvektoren im Koordinatensystem $\vec{e}_x = \begin{pmatrix}1\\0\\0\end{pmatrix}$; $\vec{e}_y = \begin{pmatrix}0\\1\\0\end{pmatrix}$; $\vec{e}_z = \begin{pmatrix}0\\0\\1\end{pmatrix}$

Jeden Vektor $\vec{a}$ im Raum kann man als Linearkombination von $\vec{e}_x$, $\vec{e}_y$ und $\vec{e}_z$ darstellen:

$$\vec{a} = \begin{pmatrix}a_1\\a_2\\a_3\end{pmatrix} = a_1 \cdot \vec{e}_x + a_2 \cdot \vec{e}_y + a_3 \cdot \vec{e}_z$$

72. Zeichnen Sie in einem Schrägbild drei Pfeile zum Vektor $\begin{pmatrix}3\\4\\-2\end{pmatrix}$, ausgehend vom Punkt A (0/0/0), B (0/3/0) und C (–5/3/3).

73.

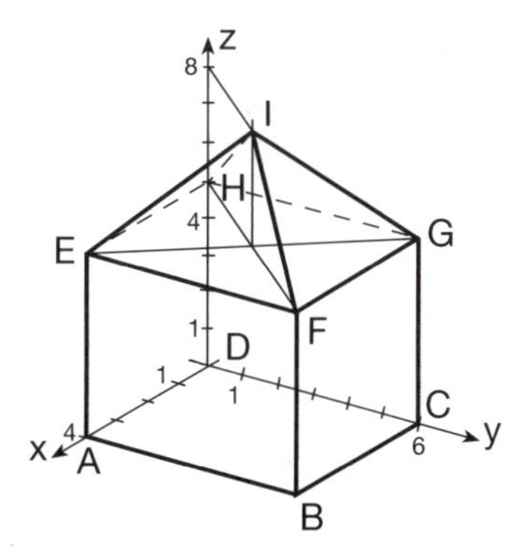

Bestimmen Sie die folgenden Vektoren:

a) $\overrightarrow{EF}$, $\overrightarrow{FG}$, $\overrightarrow{HF}$, $\overrightarrow{EG}$, $\overrightarrow{BF}$, $\overrightarrow{EA}$
b) $\overrightarrow{DF}$, $\overrightarrow{AG}$, $\overrightarrow{HB}$
c) $\overrightarrow{HI}$, $\overrightarrow{EI}$, $\overrightarrow{FI}$, $\overrightarrow{IG}$
d) $\overrightarrow{DI}$, $\overrightarrow{AI}$, $\overrightarrow{BI}$, $\overrightarrow{IC}$

74. Welcher Vektor $\vec{v}$ beschreibt die Verschiebung, die den Punkt P auf den Punkt P' abbildet?

a) P (5/2/–1), P' (7/10/3)
b) P (2.8/–3.3/6.4), P' (–3.4/4.1/1.8)
c) P (–76/56/–18), P' (24/55/–2)
d) P ($p_1/p_2/p_3$), P' (k/2k/3k)

75. Ein schiefes, 3-seitiges Prisma ABCDEF ist gegeben durch A (3/0/0), B (0/5/0), C (8/7/0) und D (5/3/12), wobei AD eine Seitenkante ist. Bestimmen Sie die Koordinaten der Ecken E und F.

76. Gegeben sind die Punkte A ($a_1/a_2/a_3$), B ($b_1/b_2/b_3$), C ($c_1/c_2/c_3$) und D ($d_1/d_2/d_3$). Unter welcher Bedingung sind die Vektoren $\overrightarrow{AB}$ und $\overrightarrow{CD}$ gleich?

Die Werke des Mathematikers müssen schön sein wie die des Malers oder Dichters, die Ideen müssen harmonieren wie die Farben oder Worte. Schönheit ist die erste Prüfung; es gibt keinen Platz in der Welt für hässliche Mathematik.

G. H. Hardy

77. Bestimmen Sie den Betrag des Vektors.

a) $\vec{a} = \begin{pmatrix} 2 \\ 12 \\ 7 \end{pmatrix}$; $\vec{b} = \begin{pmatrix} -3 \\ -18 \\ -10 \end{pmatrix}$; $\vec{c} = \begin{pmatrix} -1 \\ -6 \\ -3.5 \end{pmatrix}$

b) $\vec{a} = \begin{pmatrix} 2.4 \\ 1.6 \\ -0.4 \end{pmatrix}$; $\vec{b} = \begin{pmatrix} 0.48 \\ 0.30 \\ -0.08 \end{pmatrix}$; $\vec{c} = \begin{pmatrix} -2.88 \\ -1.92 \\ 0.48 \end{pmatrix}$

Elementare Vektoroperationen

Rechengesetze:

$$\vec{a} \pm \vec{b} = \begin{pmatrix} a_1 \\ a_2 \\ a_3 \end{pmatrix} \pm \begin{pmatrix} b_1 \\ b_2 \\ b_3 \end{pmatrix} = \begin{pmatrix} a_1 \pm b_1 \\ a_2 \pm b_2 \\ a_3 \pm b_3 \end{pmatrix}$$

$$k \cdot \vec{a} = k \cdot \begin{pmatrix} a_1 \\ a_2 \\ a_3 \end{pmatrix} = \begin{pmatrix} k \cdot a_1 \\ k \cdot a_2 \\ k \cdot a_3 \end{pmatrix}, \quad k \in \mathbb{R}$$

78. Gegeben: A (1/2/3), B (2/–1/4), C (–5/6/10)

a) Berechnen Sie: $\overrightarrow{OA}$, $\overrightarrow{AB}$, $\overrightarrow{CB}$

b) Berechnen Sie die Abstände $\overline{AB}$, $\overline{BC}$ und $\overline{AC}$.

79. Gegeben: $\vec{u} = \begin{pmatrix} -6 \\ 3 \\ -8 \end{pmatrix}$; $\vec{v} = \begin{pmatrix} -5 \\ -2 \\ 7 \end{pmatrix}$; $\vec{w} = \begin{pmatrix} 9 \\ -10 \\ 15 \end{pmatrix}$

Berechnen Sie $\vec{z}$ so, dass $\vec{u} + \vec{v} + \vec{w} + \vec{z} = \vec{0}$ ergibt.

80. Sind die folgenden Vektoren linear abhängig oder unabhängig?

a) $\vec{a} = \begin{pmatrix} -3 \\ -18 \\ -10 \end{pmatrix}$ $\vec{b} = \begin{pmatrix} 2 \\ 12 \\ 7 \end{pmatrix}$

b) $\vec{a} = \begin{pmatrix} 2.4 \\ 1.6 \\ -0.4 \end{pmatrix}$ $\vec{b} = \begin{pmatrix} 0.48 \\ 0.32 \\ -0.08 \end{pmatrix}$

c) $\vec{a} = \begin{pmatrix} 1 \\ 4 \\ 3 \end{pmatrix}$ $\vec{b} = \begin{pmatrix} -3 \\ 1 \\ 1 \end{pmatrix}$ $\vec{c} = \begin{pmatrix} 22 \\ 23 \\ 16 \end{pmatrix}$

d) $\vec{a} = \begin{pmatrix} 1 \\ 2 \\ -1 \end{pmatrix}$ $\vec{b} = \begin{pmatrix} 1 \\ 4 \\ -1 \end{pmatrix}$ $\vec{c} = \begin{pmatrix} -1 \\ -2 \\ 3 \end{pmatrix}$

81. Gegeben sind die Vektoren:

$$\vec{a} = \begin{pmatrix} 3 \\ 4 \\ -5 \end{pmatrix}; \quad \vec{b} = \begin{pmatrix} 7 \\ 1 \\ -1.5 \end{pmatrix}; \quad \vec{c} = \begin{pmatrix} -3 \\ -2 \\ 4 \end{pmatrix}$$

Berechnen Sie:

a) $2\vec{a} - \vec{b} - 3\vec{c}$

b) $-\vec{a} + 3\vec{b} - 2.5\vec{c}$

c) $4\vec{a} + 2 \cdot (\vec{b} - 1.5\vec{c})$

82. Stellen Sie $\vec{u}$ als Linearkombination von $\vec{r}$, $\vec{s}$ und $\vec{t}$ dar.

a) $\vec{u} = \begin{pmatrix} -11 \\ -12 \\ 1 \end{pmatrix}$ $\quad \vec{r} = \begin{pmatrix} 2 \\ 5 \\ -2 \end{pmatrix}$ $\quad \vec{s} = \begin{pmatrix} -3 \\ 5 \\ 5 \end{pmatrix}$ $\quad \vec{t} = \begin{pmatrix} -8 \\ -6 \\ 4 \end{pmatrix}$

b) $\vec{u} = \begin{pmatrix} -19 \\ -9 \\ -20.5 \end{pmatrix}$ $\quad \vec{r} = \begin{pmatrix} 2 \\ 5 \\ 7 \end{pmatrix}$ $\quad \vec{s} = \begin{pmatrix} -6 \\ 0 \\ -3 \end{pmatrix}$ $\quad \vec{t} = \begin{pmatrix} 12 \\ -2 \\ 4 \end{pmatrix}$

c) $\vec{u} = \begin{pmatrix} 14.5 \\ -139.5 \\ 25 \end{pmatrix}$ $\quad \vec{r} = \begin{pmatrix} -1 \\ 5 \\ -3 \end{pmatrix}$ $\quad \vec{s} = \begin{pmatrix} 8 \\ -3 \\ 5 \end{pmatrix}$ $\quad \vec{t} = \begin{pmatrix} 15 \\ -20 \\ 5 \end{pmatrix}$

83. Berechnen Sie den Umfang des Dreiecks ABC.
A (4/–1/–2), B (2/4/1), C (–1/7/9)

84. Die vier Punkte A (4/–2/6), B (–3/0/2), C (–6/2/–5) und D (0/2/7) bilden die Ecken einer 3-seitigen Pyramide.
Berechnen Sie die Länge aller Kanten.

85. Bestimmen Sie den Einheitsvektor des folgenden Vektors.

a) $\begin{pmatrix} 3 \\ 0 \\ 0 \end{pmatrix}$ $\quad$ b) $\begin{pmatrix} -4 \\ 3 \\ 0 \end{pmatrix}$ $\quad$ c) $\begin{pmatrix} 8 \\ 4 \\ -1 \end{pmatrix}$

d) $\begin{pmatrix} 1 \\ -1 \\ 1 \end{pmatrix}$ $\quad$ e) $\begin{pmatrix} 0.4 \\ 1.6 \\ 1.2 \end{pmatrix}$ $\quad$ f) $\vec{a}$

86. Berechnen Sie den Vektor mit dem Betrag 7, der die
a) gleiche $\quad$ b) entgegengesetzte

Richtung hat wie $\begin{pmatrix} -3 \\ 4.5 \\ -9 \end{pmatrix}$.

> Es mag paradox klingen, doch alle exakte Wissenschaft wird vom Gedanken der Annäherung beherrscht.
>
> Bertrand Russel, 1872–1970, Mathematiker und Philosoph

87. Berechnen Sie den Ortsvektor $\vec{r}_M$ des Mittelpunktes M der Strecke $\overline{AB}$

a) für $\vec{r}_A = \begin{pmatrix} 3 \\ 1 \\ 2 \end{pmatrix}$ und $\vec{r}_B = \begin{pmatrix} 1 \\ -3 \\ 6 \end{pmatrix}$. b) allgemein für $\vec{r}_A$ und $\vec{r}_B$.

88. a) Gegeben: A (4/0/0), B (0/6/0), C (0/0/8)
Berechnen Sie die Koordinaten des Schwerpunktes S des Dreiecks ABC und den Abstand $\overline{OS}$.
b) Berechnen Sie den Ortsvektor $\vec{r}_S$ des Schwerpunktes eines Dreiecks ABC aus den Ortsvektoren $\vec{r}_A$, $\vec{r}_B$ und $\vec{r}_C$.

89. Berechnen Sie die Koordinaten des Eckpunktes C eines Dreiecks, wenn Folgendes bekannt ist:
Eckpunkte: A (2/–3/1), B (6/10/3), und Schwerpunkt S (1/4/5)

90. Sind die folgenden Punkte A, B, C und D Eckpunkte eines Parallelogrammes? (Müssen die Gleichungen $\overrightarrow{AB} = \overrightarrow{DC}$ und $\overrightarrow{AD} = \overrightarrow{BC}$ erfüllt sein oder genügt eine der beiden?)
a) A (3/5/–7), B (–1/3/9), C (–4/–12/10), D (0/–9.5/–6)
b) A (1/8/–3), B (3/11/–2), C (–1/6/9), D (–3/3/9)

91. Bestimmen Sie die Koordinaten des Punktes D so, dass die Punkte A, B, C und D ein Parallelogramm bilden. (Alle nicht kongruenten Lösungen angeben!)
a) A (6/1/7), B (4/–2/5), C (7/9/–4)
b) A (–10/–9.6/6), B (–15.5/4.5/7), C (6/2/0)

92. Bestimmen Sie die Koordinaten des Punktes C so, dass die Punkte A, B, C und D Eckpunkte eines Trapezes mit den Parallelseiten $\overline{AB}$ und $\overline{CD}$ sind.
A (–5/–6/7), B (16/–12/19), C (4/y/z), D (–3/4/8)

93. Welche Punkte auf der y-Achse haben vom Punkt A (12/12/–6) doppelte Entfernung wie vom Punkt B (6/15/3)?

94.* Die drei Punkte A (0/11/7), B (20/10/0) und C (15/23/16) bilden ein gleichseitiges Dreieck. Berechnen Sie die Koordinaten eines Punktes D so, dass A, B, C und D ein reguläres Tetraeder bilden.

95. a) Zwei Kugeln mit den Radien r = 16 cm und R = 18 cm sollen in eine Schachtel mit rechteckigem Boden 40 cm x 60 cm verpackt werden.
Wie hoch muss die Schachtel mindestens sein?
b) In einer quaderförmigen Schachtel mit den Massen 5 dm x 8 dm x 6 dm sollen zwei gleich grosse Kugeln verpackt werden.
Berechnen Sie den grösstmöglichen Radius der Kugeln.

Aufgaben aus der Physik

96. Berechnen Sie die Resultierende der folgenden, in einem Punkt angreifenden Kräfte:

$\vec{F}_1 = \begin{pmatrix} -3.4 \\ -4 \\ 6.7 \end{pmatrix}$ N, $\vec{F}_2 = \begin{pmatrix} -2 \\ 5.7 \\ 9.5 \end{pmatrix}$ N und $\vec{F}_3 = \begin{pmatrix} 7.8 \\ -5.5 \\ 4.5 \end{pmatrix}$ N

97. Welche Kraft $\vec{F}$ ist notwendig, um einen Massenpunkt, an dem die Kräfte

$\vec{F}_1 = \begin{pmatrix} -3 \\ 5.5 \\ -4.5 \end{pmatrix}$ N, $\vec{F}_2 = \begin{pmatrix} 4 \\ -6 \\ -2.5 \end{pmatrix}$ N, $\vec{F}_3 = \begin{pmatrix} 9.5 \\ 11.2 \\ -5.6 \end{pmatrix}$ N und $\vec{F}_4 = \begin{pmatrix} -5 \\ 3.8 \\ 6 \end{pmatrix}$ N,

angreifen, in Ruhe zu halten?

98.

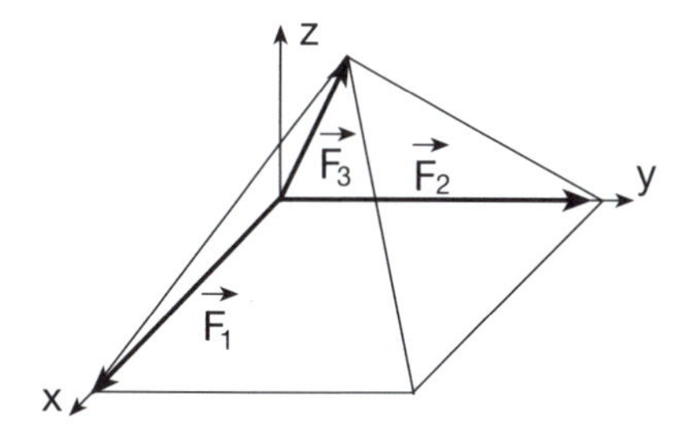

Die Kräfte $\vec{F}_1$, $\vec{F}_2$ und $\vec{F}_3$ bilden eine Pyramide mit lauter gleich langen Kanten: $F_1 = F_2 = F_3 = 200$ N

a) Berechnen Sie die Kraft $\vec{F}_3$.

b) Berechnen Sie die Resultierende von $\vec{F}_1$, $\vec{F}_2$ und $\vec{F}_3$.

Auch meinte ich in meiner Unschuld, dass es für den Physiker genüge, die elementaren mathematischen Begriffe klar erfasst und für die Anwendungen bereit zu haben, und dass der Rest in für den Physiker unfruchtbaren Subtilitäten bestehe – ein Irrtum, den ich erst später mit Bedauern einsah.

Albert Einstein, 1879 –1955, Physiker

Wer bekennt nicht, dass die Mathematik, als eins der herrlichsten menschlichen Organe, der Physik von einer Seite sehr vieles genutzt; dass sie aber durch falsche Anwendung ihrer Behandlungsweise dieser Wissenschaft gar manches geschadet, lässt sich auch wohl nicht leugnen, und man findet's, hier und da, notdürftig eingestanden.

Johann Wolfgang Goethe, 1749–1832, Dichter

99.

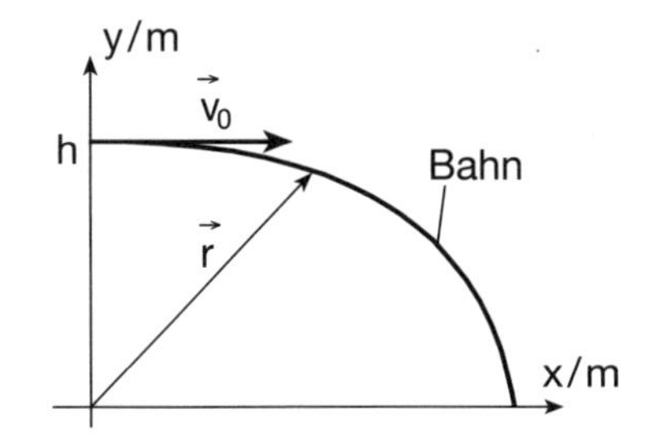

Horizontaler Wurf:
Abwurfhöhe $h = 8$ m

Anfangsgeschwindigkeit $|\vec{v}_0| = 5\,\frac{m}{s}$

Fallbeschleunigung $|\vec{g}| = 10\,\frac{m}{s^2}$

a) Bestimmen Sie den Ortsvektor $\vec{r}$ in Funktion der Zeit t.
b) Zeichnen Sie die Bahnkurve im Massstab 1:100.
c) Berechnen Sie die Bahngeschwindigkeit $\vec{v}$ für $t = 0.2$ s, 0.6 s und 1 s. Tragen Sie die Geschwindigkeitsvektoren ins Diagramm von Aufgabe b) ein.

100.

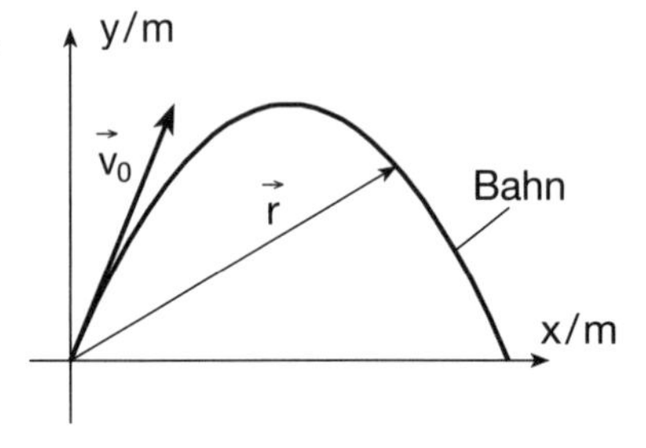

Schiefer Wurf:
Anfangsgeschwindigkeit
$\vec{v}_0 = \begin{pmatrix} 15 \\ 18 \end{pmatrix} \frac{m}{s}$
Fallbeschleunigung
$|\vec{g}| = 10\,\frac{m}{s^2}$

a) Bestimmen Sie den Ortsvektor $\vec{r}$ in Funktion der Zeit t.
b) Zeichnen Sie die Bahnkurve im Massstab 1 : 500.
c) Berechnen Sie die Bahngeschwindigkeit $\vec{v}$ für $t = 0.2$ s , 1 s , 2 s und 3.6 s. Tragen Sie die Geschwindigkeitsvektoren ins Diagramm von Aufgabe b) ein.

4.5 Das Skalarprodukt

Winkel zwischen zwei Vektoren

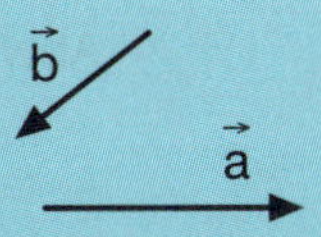

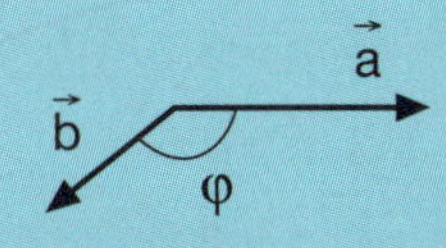

$\varphi = \sphericalangle(\vec{a}, \vec{b}) \quad , \quad 0° \leq \varphi \leq 180°$

Skalarprodukt

$$\boxed{\vec{a} \circ \vec{b} = |\vec{a}| \cdot |\vec{b}| \cdot \cos\varphi}$$

Das Skalarprodukt von zwei Vektoren ist eine *reelle Zahl*, kein Vektor.

Im kartesischen Koordinatensystem gilt:

$$\vec{a} \circ \vec{b} = \begin{pmatrix} a_1 \\ a_2 \\ a_3 \end{pmatrix} \circ \begin{pmatrix} b_1 \\ b_2 \\ b_3 \end{pmatrix} = a_1\, b_1 + a_2\, b_2 + a_3\, b_3$$

Sonderfall: $\vec{a} \circ \vec{a} = (\vec{a})^2 = |\vec{a}|^2$

Rechengesetze

$\vec{a} \circ \vec{b} = \vec{b} \circ \vec{a}$

$\vec{a} \circ (\vec{b} + \vec{c}) = \vec{a} \circ \vec{b} + \vec{a} \circ \vec{c}$

$(m\vec{a}) \circ (n\vec{b}) = mn\,(\vec{a} \circ \vec{b}) \quad , \quad m, n \in \mathbb{R}$

101.

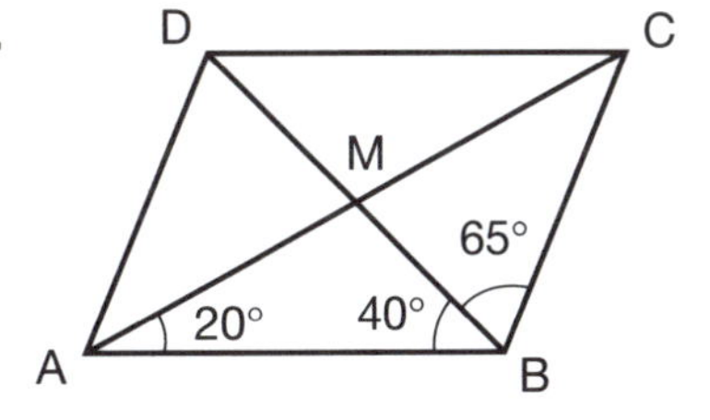

Das Viereck ABCD sei ein Parallelogramm. Bestimmen Sie den folgenden Winkel:

a) $\sphericalangle(\overrightarrow{AB}, \overrightarrow{DC})$ b) $\sphericalangle(\overrightarrow{AB}, \overrightarrow{BC})$

c) $\sphericalangle(\overrightarrow{BC}, \overrightarrow{DA})$ d) $\sphericalangle(\overrightarrow{AC}, \overrightarrow{BD})$

e) $\sphericalangle(\overrightarrow{AB}, \overrightarrow{DB})$ f) $\sphericalangle(\overrightarrow{BD}, \overrightarrow{DA})$

102. Berechnen Sie den Wert des Skalarproduktes $\vec{p} \circ \vec{q}$ bei folgenden Angaben:

a) $p = 5.5$ $q = 7.5$ $\sphericalangle(\vec{p}, \vec{q}) = 40°$

b) $p = 3.7$ $q = 4.6$ $\sphericalangle(\vec{p}, \vec{q}) = 25°$

c) $p = 1.5$ $q = 12.1$ $\sphericalangle(\vec{p}, \vec{q}) = 45°$

d) $p = 3.2$ $q = 4.8$ $\sphericalangle(\vec{p}, \vec{q}) = 0°$

e) $p = 11.9$ $q = 26.5$ $\sphericalangle(\vec{p}, \vec{q}) = 90°$

f) $p = 34.2$ $q = 12.6$ $\sphericalangle(\vec{p}, \vec{q}) = 180°$

103. Berechnen Sie den Winkel zwischen $\vec{a}$ und $\vec{b}$.

a) $\vec{a} \circ \vec{b} = 22$; $a = 11$; $b = 4$

b) $\vec{a} \circ \vec{b} = 17$; $a = 12$; $b = 7.5$

c) $\vec{a} \circ \vec{b} = -14$; $a = 6.5$; $b = 3.4$

d) $\vec{a} \circ \vec{b} = 0$; $a = 7.8$; $b = 2.3$

e) $\vec{a} \circ \vec{b} = -16.2$; $a = 4.5$; $b = 3.6$

104. Berechnen Sie $\vec{u} \circ \vec{v}$.

a) $\vec{u} = \begin{pmatrix} 5 \\ -13 \end{pmatrix}$; $\vec{v} = \begin{pmatrix} 7 \\ -3 \end{pmatrix}$

b) $\vec{u} = \begin{pmatrix} -5.5 \\ -4.5 \end{pmatrix}$; $\vec{v} = \begin{pmatrix} -3.6 \\ 4.8 \end{pmatrix}$

c) $\vec{u} = \begin{pmatrix} -7 \\ 4.5 \\ 7 \end{pmatrix}$; $\vec{v} = \begin{pmatrix} -5 \\ 3.5 \\ 12 \end{pmatrix}$

d) $\vec{u} = \begin{pmatrix} 7.8 \\ -4 \\ 8.2 \end{pmatrix}$; $\vec{v} = \begin{pmatrix} -7.2 \\ -5.6 \\ -0.9 \end{pmatrix}$

105. Bestimmen Sie
1. durch Messung in der grafischen Darstellung
2. rechnerisch

den Winkel zwischen den Vektoren $\vec{a}$ und $\vec{b}$.

a) $\vec{a} = \begin{pmatrix} 2 \\ 6 \end{pmatrix}$; $\vec{b} = \begin{pmatrix} 8 \\ 2 \end{pmatrix}$

b) $\vec{a} = \begin{pmatrix} -2 \\ 11 \end{pmatrix}$; $\vec{b} = \begin{pmatrix} 9 \\ 4 \end{pmatrix}$

c) $\vec{a} = \begin{pmatrix} 5 \\ -3 \end{pmatrix}$; $\vec{b} = \begin{pmatrix} -5.5 \\ 7.5 \end{pmatrix}$

d) $\vec{a} = \begin{pmatrix} -70 \\ -35 \end{pmatrix}$; $\vec{b} = \begin{pmatrix} 25 \\ -65 \end{pmatrix}$

106. Berechnen Sie den Winkel zwischen $\vec{a}$ und $\vec{b}$.

a) $\vec{a} = \begin{pmatrix} 5 \\ -6 \\ 8 \end{pmatrix}$; $\vec{b} = \begin{pmatrix} -4 \\ 3 \\ 7 \end{pmatrix}$

b) $\vec{a} = \begin{pmatrix} -5.5 \\ -4 \\ 8.5 \end{pmatrix}$; $\vec{b} = \begin{pmatrix} -3.5 \\ 9.5 \\ -2.5 \end{pmatrix}$

c) $\vec{a} = \begin{pmatrix} -12 \\ -7.5 \\ -3.4 \end{pmatrix}$; $\vec{b} = \begin{pmatrix} -4.5 \\ 2.4 \\ 3.8 \end{pmatrix}$

d) $\vec{a} = \begin{pmatrix} -6.2 \\ 5.4 \\ 9.6 \end{pmatrix}$; $\vec{b} = \begin{pmatrix} -6.4 \\ 11.2 \\ -8.6 \end{pmatrix}$

107. Berechnen Sie die Winkel zwischen $\vec{p}$ und den Koordinatenachsen (positive Richtung).

a) $\vec{p} = \begin{pmatrix} 6.5 \\ 5.5 \\ 4 \end{pmatrix}$ b) $\vec{p} = \begin{pmatrix} -7 \\ -6 \\ -3 \end{pmatrix}$

108. Berechnen Sie a_1 so, dass $\begin{pmatrix} a_1 \\ 3 \\ 3 \end{pmatrix}$ und $\begin{pmatrix} -4.5 \\ 0 \\ -4.5 \end{pmatrix}$ einen Winkel von 135° einschliessen.

109. Berechnen Sie mit Hilfe des Skalarproduktes den Winkel zwischen der Körperdiagonalen und den Begrenzungsflächen eines Würfels.

110. Berechnen Sie die Winkel zwischen $\vec{q}$ und den Koordinatenebenen.

a) $\vec{q} = \begin{pmatrix} 3 \\ 5 \\ -8 \end{pmatrix}$ b) $\vec{q} = \begin{pmatrix} 10 \\ -7 \\ -8.5 \end{pmatrix}$

111. Berechnen Sie mit Hilfe des Skalarproduktes die Winkel des Dreiecks ABC:

a) A (–4/–3); B (7/–5); C (5/9) b) A (–2/3/6); B (4/5/9); C (8/9/–4)

112. Ein Ortsvektor $\vec{r}$ schliesst mit der x-Achse und der y-Achse je einen Winkel von 60° ein. Bestimmen Sie den Winkel α ($\alpha < 90°$) mit der z-Achse.

113. Berechnen Sie y so, dass die Vektoren $\begin{pmatrix} 1 \\ y \\ 0 \end{pmatrix}$ und $\begin{pmatrix} 0 \\ y \\ 1 \end{pmatrix}$ einen Winkel von 60° einschliessen.

114. Die Winkel α, β und γ seien je die Winkel zwischen dem Ortsvektor $\vec{r}$ und den Koordinatenachsen.

Beweisen Sie

a) mit $\vec{a} = \begin{pmatrix} 6 \\ 5 \\ 4 \end{pmatrix}$, b) allgemein,

dass die Gleichung $\cos^2(\alpha) + \cos^2(\beta) + \cos^2(\gamma) = 1$ gilt.

115. Welcher Term ist ein Skalar, welcher ein Vektor und welcher ist nicht definiert?

a) $\vec{a} \circ (\vec{b} - \vec{c})$ b) $(\vec{a} \circ \vec{b}) - \vec{c}$

c) $(\vec{a} + \vec{b}) \cdot (\vec{c} \circ \vec{d})$ d) $((\vec{a} \circ \vec{b}) \circ \vec{c}) \circ \vec{d}$

116. Beweisen Sie:

a) $\vec{a} \circ \vec{b} \leq ab$ b) $\left(\vec{a}\right)^2 = a^2$

117. a) Geben Sie drei verschiedene Lösungen der Gleichung $\begin{pmatrix} 4 \\ 1 \end{pmatrix} \circ \vec{x} = 10$ an.

b) Erklären Sie mit Hilfe von a), warum man den Quotienten $\dfrac{k}{\vec{a}}$

(Skalar : Vektor) nicht sinnvoll definieren kann.

118. Mit $\left|\vec{a}\right| = 2$, $\left|\vec{b}\right| = 5$ und $\varphi = \measuredangle\left(\vec{a}, \vec{b}\right)$ stellt $\varphi \mapsto \vec{a} \circ \vec{b}$ eine Funktion dar.
Zeichnen Sie den Graphen für $0° \leq \varphi \leq 180°$.
Geben Sie den Wertebereich und alle Nullstellen an.

119. Warum gilt das Assoziativgesetz $\left(\vec{a} \circ \vec{b}\right) \cdot \vec{c} = \vec{a} \cdot \left(\vec{b} \circ \vec{c}\right)$ nicht?

120. Ist die Implikation wahr oder falsch?
Begründen Sie die Antwort (Gegenbeispiel).

a) $\vec{a} \circ \vec{b} = 3 \Rightarrow \vec{b} = \dfrac{3}{\vec{a}}$

b) $r\,(\vec{a} \circ \vec{b}) = 6$ und $\vec{a} \circ \vec{b} \neq 0 \Rightarrow r = \dfrac{6}{\vec{a} \circ \vec{b}}$

c) $(\vec{a} \circ \vec{b}) \cdot \vec{c} = \vec{d}$ und $\vec{a} \circ \vec{b} \neq 0 \Rightarrow \vec{c} = \dfrac{\vec{d}}{\vec{a} \circ \vec{b}}$

d) $(\vec{a})^2 = 9 \Rightarrow \vec{a} = 3$

e) $(\vec{a})^2 = (\vec{b})^2 \Rightarrow \vec{a} = \vec{b}$

f) $\vec{a} \circ \vec{b} = \vec{a} \circ \vec{c} \Rightarrow \vec{b} = \vec{c}$

121. Ist die folgende Umformung richtig oder falsch? Begründen Sie die Antwort!

a) $\left(\vec{a} + \vec{b}\right) \circ \left(\vec{a} - \vec{b}\right) = \left|\vec{a}\right|^2 - \left|\vec{b}\right|^2$

b) $\sqrt{\vec{a} \circ \vec{a}} = \sqrt{(\vec{a})^2} = \vec{a}$

c) $\left(\vec{a} \circ \vec{b}\right)^2 = \left(\left|\vec{a}\right| \cdot \left|\vec{b}\right|\right)^2$

d) $\vec{a} \circ \left(2\vec{a} - 3\vec{b}\right) = 2\left(\vec{a}\right)^2 - 3\,\vec{a} \circ \vec{b}$

e) $\left(\vec{a} \circ \vec{b}\right) \cdot \vec{b} = \vec{a} \cdot \left(\vec{b}\right)^2$

f) $\dfrac{\vec{a} \circ \vec{b}}{\vec{a} \circ \vec{a}} = \dfrac{\vec{b}}{\vec{a}}$

Orthogonale Vektoren

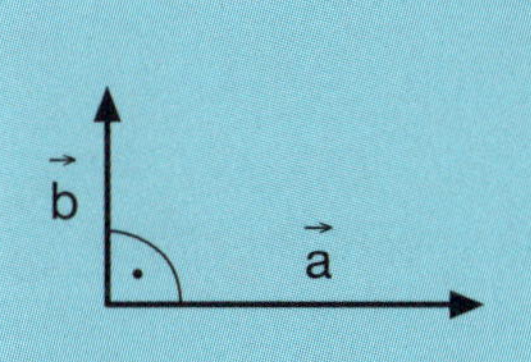

Zwei Vektoren $\vec{a}$ und $\vec{b}$ sind genau dann **orthogonal**, wenn ihr Skalarprodukt den Wert Null hat.

$\vec{a} \perp \vec{b} \quad \Leftrightarrow \quad \vec{a} \circ \vec{b} = 0$

$\vec{a} \neq \vec{0}$ und $\vec{b} \neq \vec{0}$

122. Sind die beiden folgenden Vektoren orthogonal?

a) $\begin{pmatrix} 2 \\ 4 \end{pmatrix}, \begin{pmatrix} 4 \\ -1 \end{pmatrix}$ b) $\begin{pmatrix} -2 \\ -1 \\ 3 \end{pmatrix}, \begin{pmatrix} 3 \\ 6 \\ 4 \end{pmatrix}$ c) $\begin{pmatrix} 2.6 \\ -8.1 \\ 3.5 \end{pmatrix}, \begin{pmatrix} 1.3 \\ 2.1 \\ 3.8 \end{pmatrix}$

123. Berechnen Sie die Zahl k ($k \neq 0$) so, dass die beiden Vektoren orthogonal sind.

a) $\begin{pmatrix} 3 \\ k \\ 2 \end{pmatrix}, \begin{pmatrix} 3.5 \\ 3 \\ 1.5 \end{pmatrix}$ b) $\begin{pmatrix} 1 \\ 2 \\ k \end{pmatrix}, \begin{pmatrix} k \\ k \\ k \end{pmatrix}$ c) $\begin{pmatrix} -1 \\ k+2 \\ 3 \end{pmatrix}, \begin{pmatrix} 2 \\ k-3 \\ k \end{pmatrix}$

124. Berechnen Sie alle Vektoren $\vec{n}$, die sowohl auf $\vec{a} = \begin{pmatrix} 1 \\ 2 \\ 4.5 \end{pmatrix}$ als auch auf $\vec{b} = \begin{pmatrix} -2 \\ 16 \\ 26 \end{pmatrix}$ normal stehen.

125. Gegeben sind die beiden Punkte A(6/–2/4) und B(–1/3/2).

a) Berechnen Sie alle Punkte P auf der y-Achse, für die gilt $\sphericalangle$ APB = 90°.

b) Berechnen Sie die Koordinaten eines Punktes H auf der y-Achse, sodass $\overrightarrow{HA} \circ \overrightarrow{HB}$ minimal wird. Wie gross ist in diesem Fall der Winkel AHB?

126. Von einem Quadrat ABCD kennt man die Ecke B(3/4/5) und den Mittelpunkt M(1/3/2). Die Ecke A liegt in der x-y-Ebene.
Berechnen Sie die Ecken D und A.

127. Von einem Würfel kennt man die Kante AB: A (1/–3/–2), B (7/–1/7).
Berechnen Sie die Koordinaten aller Nachbarecken von A, die in der x-y-Ebene liegen.

128. Beweisen Sie $\vec{a} \circ \vec{b} = a_1 b_1 + a_2 b_2$ mit Hilfe von $\vec{a} = a_1 \vec{e}_x + a_2 \vec{e}_y$, $\vec{b} = b_1 \vec{e}_x + b_2 \vec{e}_y$ und den Rechengesetzen für das Skalarprodukt.

So kann also die Mathematik definiert werden als diejenige Wissenschaft, in der wir niemals das kennen, worüber wir sprechen, und niemals wissen, ob das, was wir sagen, wahr ist.

Bertrand Russell, 1872–1970, Mathematiker und Philosoph

129. Beweisen Sie mit Hilfe des Skalarproduktes den folgenden Lehrsatz:
a) Satz des Pythagoras
b) Satz von Thales (Thaleskreis)
c) Höhensatz
d) Satz des Euklid (Kathetensatz)
e) Cosinussatz

> Wir Mathematiker sind die wahren Dichter, nur müssen wir das, was unsere Phantasie schafft, noch beweisen.
>
> Leopold Kronecker, 1823–1891, Mathematiker

> In der Mathematik gibt es keine Meinungsverschiedenheiten; selbst Wahnsinnige, wenn sie überhaupt noch verstehen, wovon die Rede ist, sehen die mathematischen Wahrheiten ein.
>
> Arthur Schopenhauer, 1788–1860, Philosoph

Normalprojektion eines Vektors

130. Gegeben sind zwei Vektoren $\vec{a}$ und $\vec{u}$.
Der Vektor $\vec{a}$ wird so senkrecht auf $\vec{u}$ projiziert wie die Figur zeigt.
Bestimmen Sie den projizierten Vektor $\vec{p}$.

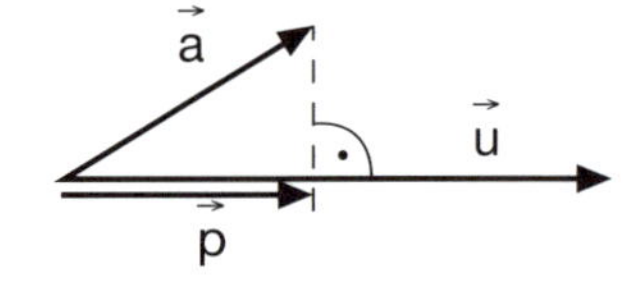

a) $\vec{a} = \begin{pmatrix} 3 \\ -1 \\ 2 \end{pmatrix}$, $\vec{u} = \begin{pmatrix} 5 \\ -8 \\ 2 \end{pmatrix}$
b) $\vec{a} = \begin{pmatrix} 5 \\ 0 \\ -4 \end{pmatrix}$, $\vec{u} = \begin{pmatrix} -6 \\ 7 \\ 11 \end{pmatrix}$
c) allgemein aus $\vec{a}$ und $\vec{u}$.

131. Auf der horizontalen x-y-Ebene steht ein Tetraeder ABCD mit A (0/0/0), B (5/0/0), C (2/3/0) und D (1/5/4).
Das Tetraeder wird mit einem Faden der Länge 10 cm, welcher an der Ecke D befestigt ist, im Punkt P (0/0/40) aufgehängt.
Berechnen Sie die Höhe der tiefsten Tetraederecke bezüglich der x-y-Ebene.
($e_x = e_y = e_z = 1$ cm)

Hinweis: Der Schwerpunkt des Tetraeders liegt auf der Verlängerung des Fadens, d. h. auf der z-Achse.

Schwerpunkt S eines Tetraeders: $\vec{r}_S = \frac{1}{4}\left(\vec{r}_A + \vec{r}_B + \vec{r}_C + \vec{r}_D\right)$

132. Im Dreieck ABC mit A (2/–3/9), B (8/–5/–1), C (–1/11/3) wird die Höhe $h_c = \overline{CP}$ gezeichnet. Berechnen Sie h_c und den Vektor $\overrightarrow{PC}$.

133. Berechnen Sie den Abstand des Punktes P (5/–1/–2) von der Geraden AB mit A (0/0/0) und B (2/1/–3).

Flächeninhalt eines Dreiecks

Siehe auch «4.7 Das Vektorprodukt»

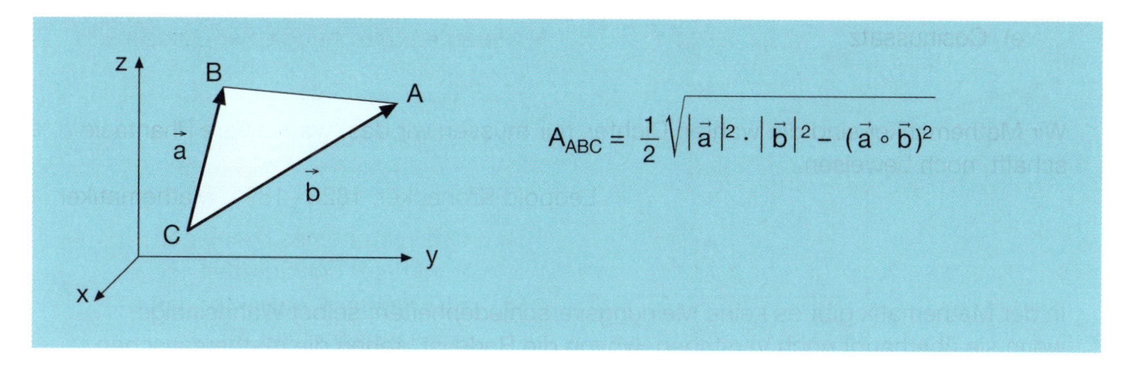

134. Leiten Sie die Flächenformel $A_{ABC} = \frac{1}{2} \cdot \sqrt{|\vec{a}|^2 \cdot |\vec{b}|^2 - (\vec{a} \circ \vec{b})^2}$ her.

135. Gilt die obige Flächenformel immer noch, wenn man $\vec{a} = \overrightarrow{CB}$ durch $-\vec{a} = \overrightarrow{BC}$ ersetzt?

136. Bestimmen Sie den Flächeninhalt des Dreiecks ABC. ($e_x = e_y = e_z = 1$ m)
a) A (0/0/0), B (1/–2/3), C (2/5/–1)
b) A (2/0/–1), B (2/4/6), C (10/–20/30)

137. Berechnen Sie die Oberfläche des Tetraeders ABCD mit A (6/4/–2), B (2/6/4), C (2/–4/0), D (4/0/8). ($e_x = e_y = e_z = 1$ cm)

Aufgaben aus der Physik

138. Während der Verschiebung eines Körpers um $\vec{s} = \begin{pmatrix} 10\text{ m} \\ 3\text{ m} \end{pmatrix}$ wirke die Kraft $\vec{F} = \begin{pmatrix} 2\text{ N} \\ 7\text{ N} \end{pmatrix}$.

a) Berechnen Sie die von der Kraft $\vec{F}$ verrichtete Arbeit.
b) Unter welchem Winkel steht die Kraft $\vec{F}$ zum Verschiebungsvektor $\vec{s}$?

139. Ein Körper wird durch eine konstante Kraft $\vec{F} = \begin{pmatrix} 10\text{ N} \\ -4\text{ N} \\ -2\text{ N} \end{pmatrix}$ geradlinig von

P_1 (1m/20m/3m) nach P_2 (4m/2m/–1m) verschoben.
a) Berechnen Sie die Arbeit der Kraft.
b) Welchen Winkel bildet sie mit dem Verschiebungsvektor?

140. Eine Kraft vom Betrage $F = 85$ N verschiebt einen Körper um die Strecke $s = 32$ m und verrichtet dabei die Arbeit $W = 1360$ J.
Unter welchem Winkel greift die Kraft an?

4.6 Die Gerade

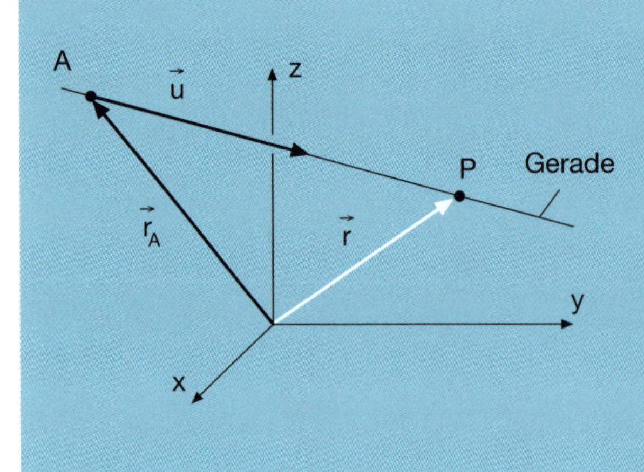

Parametergleichung einer Geraden:

$$\vec{r} = \vec{r}_A + t \cdot \vec{u} \quad \text{mit} \quad t \in \mathbb{R}$$

$\vec{r}$ Ortsvektor eines beliebigen Punktes P der Geraden
$\vec{r}_A$ Stützvektor (Ortsvektor des Ausgangspunktes A)
t Parameter
$\vec{u}$ Richtungsvektor

$$\vec{r} = \vec{r}_A + t \cdot \vec{u} \quad \Leftrightarrow \quad \begin{pmatrix} x \\ y \\ z \end{pmatrix} = \begin{pmatrix} a_1 \\ a_2 \\ a_3 \end{pmatrix} + t \cdot \begin{pmatrix} u_1 \\ u_2 \\ u_3 \end{pmatrix} \quad \Leftrightarrow \quad \begin{cases} x = a_1 + t \cdot u_1 \\ y = a_2 + t \cdot u_2 \\ z = a_3 + t \cdot u_3 \end{cases}$$

141. Erklären Sie anhand der Parameterdarstellung $\vec{r} = \vec{r}_A + t \cdot \vec{u}$ den Unterschied zwischen einem Ortsvektor und einem freien Vektor.

142. Veranschaulichen Sie an einer Figur, welche Punkte der Geraden $\vec{r} = \vec{r}_A + t \cdot \vec{u}$ zu den folgenden Parameterwerten gehören: $t = 0; 1; -1; 3; 0.5$.

143. Welche geometrische Figur (Punkt, Strecke, ...) wird durch die Gleichung $\vec{r} = \vec{r}_A + t \cdot \vec{u}$ und die folgenden Parameterwerte definiert?

a) $t \in \mathbb{R}^+$
b) $t \in [0; 1]$
c) $t \in [-6; 6]$
d) $t \in \mathbb{Z}$ (ganze Zahlen)

144. Ein Körper bewegt sich geradlinig mit der konstanten Geschwindigkeit $\vec{v}$ durch den Raum. Zur Zeit $t = 0$ s befindet er sich im Punkt P.
Wie lautet die Parameterdarstellung der Bahn?

145. a) Notieren Sie die Koordinatengleichungen von $\vec{r} = \begin{pmatrix} 3 \\ -5 \\ 0 \end{pmatrix} + t \begin{pmatrix} 0 \\ 7 \\ -4 \end{pmatrix}$.

b) Schreiben Sie die Gerade mit $x = 3t - 5$, $y = 12$, $z = 10t$ als Vektorgleichung.

146. Gegeben ist die Gerade g: $\vec{r} = \begin{pmatrix} 1 \\ -2 \\ 3 \end{pmatrix} + t \begin{pmatrix} 1 \\ 4 \\ -1 \end{pmatrix}$.

Bestimmen Sie drei Punkte, die auf g liegen, und drei, die nicht auf g liegen.

147. Welche der Punkte A (6/7/4), B (7/10/5), C (–0.5/–12.5/–9) liegen auf der Geraden

$\vec{r} = \begin{pmatrix} 2 \\ -5 \\ -4 \end{pmatrix} + t \begin{pmatrix} 1 \\ 3 \\ 2 \end{pmatrix}$?

148. Gegeben sei die Gerade $\vec{r} = \vec{r}_A + t \cdot \vec{u} = \begin{pmatrix} 2 \\ 5 \\ -4 \end{pmatrix} + t \begin{pmatrix} 5 \\ -1 \\ 3 \end{pmatrix}$.

Verändern Sie die Gleichung so, dass sie dieselbe Gerade beschreibt.

a) Verändern Sie nur den Richtungsvektor $\vec{u}$.
Welche Bedingung muss $\vec{u}$ erfüllen?

b) Verändern Sie nur den Stützvektor $\vec{r}_A$.
Welche Bedingung muss $\vec{r}_A$ erfüllen?

149. Schreiben Sie folgende Parametergleichung so, dass
(1) die Koordinaten des Richtungsvektors möglichst kleine natürliche Zahlen sind und
(2) die z-Koordinate des Stützvektors Null wird.

a) $\vec{r} = \begin{pmatrix} 2 \\ 4 \\ 8 \end{pmatrix} + t \begin{pmatrix} 16 \\ 12 \\ 4 \end{pmatrix}$

b) $\vec{r} = \begin{pmatrix} 1 \\ 0 \\ 1 \end{pmatrix} + t \begin{pmatrix} 0.5 \\ 0.75 \\ \frac{1}{6} \end{pmatrix}$

c) $\vec{r} = \begin{pmatrix} 1 \\ 2 \\ 3 \end{pmatrix} + t \begin{pmatrix} \sqrt{2} \\ \sqrt{8} \\ \sqrt{50} \end{pmatrix}$

150. a) Im ebenen Koordinatensystem ist eine Gerade durch $y = \frac{2}{3}x + 5$ gegeben.
Bestimmen Sie eine Parametergleichung dieser Geraden.

b) Lösen Sie dieselbe Aufgabe für den allgemeinen Fall $y = ax + b$.

151. Schreiben Sie die Parametergleichung $\vec{r} = \begin{pmatrix} 2 \\ -1 \end{pmatrix} + t \begin{pmatrix} 4 \\ 3 \end{pmatrix}$ in der Form $y = ax + b$.

152. a) Geben Sie je eine Parametergleichung für die x-, y- und z-Achse eines räumlichen Koordinatensystems an.

b) Bestimmen Sie eine Parametergleichung für eine Gerade, die durch den Ursprung und den Punkt A geht.

153. Bestimmen Sie eine Parametergleichung der Geraden AB.

a) A (1/2/3) , B (5/2/1)
b) A (4/–3/–9) , B (–3/0/–2)
c) A (–6/5/0) , B $(0.5/\frac{2}{3}/0.75)$

154. Welche spezielle Lage hat die Gerade?

a) $\vec{r} = \begin{pmatrix} 0 \\ 0 \\ 5 \end{pmatrix} + t \begin{pmatrix} 0 \\ 0 \\ 2 \end{pmatrix}$
b) $\vec{r} = \begin{pmatrix} -2 \\ 0 \\ 7 \end{pmatrix} + t \begin{pmatrix} 1 \\ 0 \\ 0 \end{pmatrix}$

c) $\vec{r} = \begin{pmatrix} 2 \\ 5 \\ 0 \end{pmatrix} + t \begin{pmatrix} -2 \\ 5 \\ 0 \end{pmatrix}$
d) $\vec{r} = \begin{pmatrix} 4 \\ 1 \\ 3 \end{pmatrix} + t \begin{pmatrix} 0 \\ 1 \\ 2 \end{pmatrix}$

155. Bestimmen Sie eine Parametergleichung der Geraden, die durch

a) A (2/–1/5) geht und die x-Achse bei x = 5 schneidet.
b) A (4/3/–3) geht und parallel zur x-Achse ist.
c) A (7/5/3) geht und parallel zur y-Achse ist.
d) A (2/1/8) geht und parallel zur x-y-Ebene ist.

156.

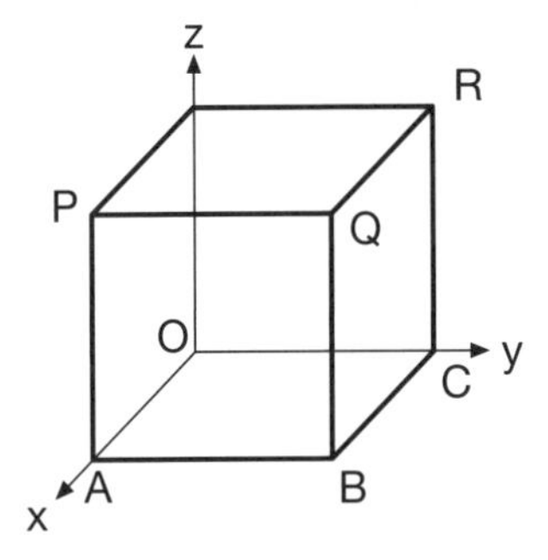

Gegeben ist ein Würfel mit der Kantenlänge 1 wie die Figur zeigt.

Bestimmen Sie eine Parametergleichung der folgenden Geraden:

a) OQ
b) PQ
c) QR
d) BQ
e) AQ
f) BP
g) PR
h) CP

157. Die Gerade g geht durch P (3/–2/1) und ist parallel zur Geraden durch A (1/4/–2) und B (3/8/–1).

a) Bestimmen Sie eine Parametergleichung für g.
b) Liegt Q (–2/–12/–1.5) auf g?

158. Berechnen Sie die Spurpunkte S_{xy}, S_{yz} und S_{xz} der folgenden Geraden:

a) $\vec{r} = \begin{pmatrix} 2 \\ 8 \\ 4 \end{pmatrix} + t \begin{pmatrix} 1 \\ 2 \\ -1 \end{pmatrix}$
b) $\vec{r} = \begin{pmatrix} 2 \\ 5 \\ 9 \end{pmatrix} + t \begin{pmatrix} 0 \\ 50 \\ 30 \end{pmatrix}$

c) $x = 5t - 5$, $y = 6$, $z = t - 2$

159. Gegeben ist die Gerade g: $\vec{r} = \begin{pmatrix} 9 \\ -2 \\ 3 \end{pmatrix} + t \begin{pmatrix} -2 \\ 2 \\ 3 \end{pmatrix}$.

Die Menge aller Punkte von g mit lauter nicht negativen Koordinaten bildet eine Strecke. Berechnen Sie die Länge dieser Strecke. ($e_x = e_y = e_z = 1$ cm)

160. Welche Beziehung muss zwischen den Punkten A $(a_1/a_2/0)$, B $(b_1/0/b_3)$ und C $(0/c_2/c_3)$ bestehen, wenn sie die Spurpunkte einer Geraden sein sollen?
$(a_n \neq 0 \,,\, b_n \neq 0 \,,\, c_n \neq 0)$

161. Die Gerade $\vec{r} = \begin{pmatrix} 2 \\ 3 \\ 7 \end{pmatrix} + t \begin{pmatrix} 4 \\ -6 \\ 5 \end{pmatrix}$ wird senkrecht auf die x-y-Ebene projiziert.

Bestimmen Sie eine Parametergleichung der Projektion.

162. Die Strecke $\overline{AB}$ mit A (–4/5/–2) und B (50/–10/40) ist in drei gleiche Teile zu zerlegen. Berechnen Sie die Koordinaten der Teilungspunkte.

163. a) Gegeben: A (4/0/–2), B (2/1/–5), C (–8/12/3), D (0/8/15)
(1) Beweisen Sie, dass die vier Punkte A, B, C und D ein Trapez bilden.
(2) Bestimmen Sie eine Parametergleichung der Mittellinie (Gerade) des Trapezes.
b) Gegeben: A (12/15/4), B (–9/–42/1), C (–16/–61/0), D (5/–4/3)
Beweisen Sie, dass die vier Punkte A, B, C und D kein Trapez bilden.

164. Vom Dreieck ABC kennt man die Punkte A (4/2/0) und B (0/3/2).

Der Punkt C liegt auf der Geraden g: $\vec{r} = t \begin{pmatrix} 1 \\ 1 \\ 4 \end{pmatrix}$. $(e_x = e_y = e_z = 1 \text{ cm})$

a) Welche Koordinaten hat C, wenn der Flächeninhalt des Dreiecks 20 cm^2 beträgt?
b) Berechnen Sie die Koordinaten von C so, dass der Flächeninhalt des Dreiecks möglichst klein wird.

165. Vom Rechteck ABCD ist Folgendes bekannt:
■ B (–8/7/–11), die Seite AB ist 15 cm lang, die Punkte A und C liegen auf der Geraden

$g: \vec{r} = \begin{pmatrix} 2 \\ 3 \\ -2 \end{pmatrix} + t \begin{pmatrix} -1 \\ 2 \\ 7 \end{pmatrix}$

Berechnen Sie den Flächeninhalt des Rechtecks. $(e_x = e_y = e_z = 1 \text{ cm})$

166. Die Gerade $g: \vec{r} = t \begin{pmatrix} 2 \\ -3 \\ 4 \end{pmatrix}$ ist Symmetrieachse eines gleichseitigen Dreiecks ABC
■ mit A (10/2/1).

Berechnen Sie die Koordinaten der Punkte B und C. (Alle Lösungen angeben!)

Gegenseitige Lage von Geraden

167. Bestimmen Sie die gegenseitige Lage der beiden Geraden.
Bei sich schneidenden Geraden sind die Koordinaten des Schnittpunktes sowie der Winkel zwischen den Geraden zu berechnen.

a) $\vec{r} = \begin{pmatrix} 6 \\ -10 \\ 24 \end{pmatrix} + t \begin{pmatrix} 4 \\ -12 \\ 6 \end{pmatrix}$ und $\vec{r} = \begin{pmatrix} 14 \\ -4 \\ 3 \end{pmatrix} + k \begin{pmatrix} -7 \\ 6 \\ 6 \end{pmatrix}$

b) $\vec{r} = \begin{pmatrix} 3 \\ -6 \\ 10 \end{pmatrix} + t \begin{pmatrix} -6 \\ 1 \\ 8 \end{pmatrix}$ und $\vec{r} = \begin{pmatrix} 6 \\ 9 \\ 4 \end{pmatrix} + k \begin{pmatrix} -3 \\ 0 \\ 4 \end{pmatrix}$

c) $\vec{r} = \begin{pmatrix} -3 \\ 5 \\ -2 \end{pmatrix} + t \begin{pmatrix} 3 \\ -5 \\ 9 \end{pmatrix}$ und $\vec{r} = \begin{pmatrix} -16 \\ -6 \\ 9 \end{pmatrix} + k \begin{pmatrix} 4 \\ 1.5 \\ -0.5 \end{pmatrix}$

d) $\vec{r} = \begin{pmatrix} 9 \\ 2 \\ 3 \end{pmatrix} + t \begin{pmatrix} 3 \\ 0 \\ -1 \end{pmatrix}$ und $\vec{r} = \begin{pmatrix} 3 \\ 2 \\ 5 \end{pmatrix} + k \begin{pmatrix} -6 \\ 0 \\ 2 \end{pmatrix}$

e) $\vec{r} = \begin{pmatrix} 9 \\ 5 \\ 0 \end{pmatrix} + t \begin{pmatrix} 2 \\ 1 \\ -2 \end{pmatrix}$ und $\vec{r} = \begin{pmatrix} 6 \\ 3 \\ 1 \end{pmatrix} + k \begin{pmatrix} -1 \\ 0 \\ -3 \end{pmatrix}$

f) $\vec{r} = \begin{pmatrix} 3 \\ 7 \\ -2 \end{pmatrix} + t \begin{pmatrix} -4 \\ -10 \\ 3 \end{pmatrix}$ und $\vec{r} = \begin{pmatrix} 2 \\ -4 \\ -3 \end{pmatrix} + k \begin{pmatrix} -1 \\ -5 \\ -7 \end{pmatrix}$

168. Bestimmen Sie die gegenseitige Lage der beiden Geraden g und h.
Bei sich schneidenden Geraden sind die Koordinaten des Schnittpunktes sowie der Winkel zwischen den Geraden zu berechnen.

a) $g: \; x = 5 + 40t \;,\; y = 51 - 10t \;,\; z = 6 + 70t$
$h: \; x = 49 - 2k \;,\; y = 4 + 5k \;,\; z = 7 + 6k$

b) $g: \; x = 5 - 2.5t \;,\; y = 9 - 5t \;,\; z = 4 + 3t$
$h: \; x = 3 + 5k \;,\; y = 5 + 10k \;,\; z = 4 - 6k$

Man darf nicht das, was uns unwahrscheinlich und unnatürlich erscheint, mit dem verwechseln, was absolut unmöglich ist.

C. F. Gauss, 1777–1855, Mathematiker

169. Berechnen Sie den Flächeninhalt des Dreiecks, das durch die drei Geraden g_1, g_2 und g_3 begrenzt wird. ($e_x = e_y = e_z = 1$ cm)

a) $g_1: \vec{r} = \begin{pmatrix} 4 \\ -3 \\ -2 \end{pmatrix} + u \begin{pmatrix} 1 \\ 2 \\ 5 \end{pmatrix}$; $g_2: \vec{r} = \begin{pmatrix} -0.5 \\ -4 \\ -13.5 \end{pmatrix} + v \begin{pmatrix} 3 \\ -2 \\ 4 \end{pmatrix}$

$g_3: \vec{r} = \begin{pmatrix} 19 \\ -13 \\ 18 \end{pmatrix} + w \begin{pmatrix} 1.8 \\ -0.4 \\ 3.5 \end{pmatrix}$

b) $g_1: \vec{r} = \begin{pmatrix} -7 \\ 8 \\ 5 \end{pmatrix} + u \begin{pmatrix} -3 \\ -5 \\ -1.5 \end{pmatrix}$; $g_2: \vec{r} = \begin{pmatrix} 4 \\ -2 \\ 0.5 \end{pmatrix} + v \begin{pmatrix} -0.5 \\ -2 \\ 10 \end{pmatrix}$

$g_3: \vec{r} = \begin{pmatrix} -19 \\ -12 \\ -1 \end{pmatrix} + w \begin{pmatrix} -3 \\ -2 \\ -1 \end{pmatrix}$

170. Die folgenden Geraden schneiden sich in einem Punkt.
Welche Geraden stehen senkrecht aufeinander?

$g_1: \vec{r} = t \begin{pmatrix} 1 \\ 1 \\ 1 \end{pmatrix}$ $\quad g_2: \vec{r} = \begin{pmatrix} -15 \\ 11 \\ 7 \end{pmatrix} + k \begin{pmatrix} -8 \\ 5 \\ 3 \end{pmatrix}$

$g_3: \vec{r} = \begin{pmatrix} -1 \\ -10 \\ 14 \end{pmatrix} + w \begin{pmatrix} -2 \\ -11 \\ 13 \end{pmatrix}$

171. Gegeben ist die Gerade g: $\vec{r} = \begin{pmatrix} -3 \\ 5 \\ 1 \end{pmatrix} + t \begin{pmatrix} 5 \\ 7 \\ -2 \end{pmatrix}$ sowie der Punkt P (18/13/17).

Bestimmen Sie eine Parametergleichung
a) der Parallelen zu g durch P.
b) der Senkrechten zu g durch P.

172. Gegeben sind die beiden Punkte A (10/0/10) und B (10/10/10) sowie die Gerade g durch R (10/0/5) und S (0/10/15).
Berechnen Sie die Koordinaten eines Punktes P auf g so, dass $\sphericalangle$ APB = 90° wird.

173. Die Punkte A (8/0/0) , B (0/6/0) und C (0/0/5) bestimmen eine schiefe Ebene; die x-y-Ebene sei horizontal. Vom Punkt C aus rollt eine Kugel die Ebene hinunter; sie treffe im Punkt P auf die x-y-Ebene.
Berechnen Sie die Koordinaten von P.

174. Gegeben sei die Gerade g: $\vec{r} = \begin{pmatrix} 1 \\ 3 \\ 2 \end{pmatrix} + t \begin{pmatrix} 5 \\ 7 \\ 1 \end{pmatrix}$ und der Punkt A mit $x_A = 11$ auf g.

Unter allen Geraden, die durch A gehen und zu g senkrecht stehen, ist diejenige auszuwählen, welche die x-Achse schneidet.
Bestimmen Sie eine Parametergleichung dieser Geraden.

Abstandsprobleme $(e_x = e_y = e_z)$

175. Welchen Abstand hat die Gerade vom Ursprung?

a) $\vec{r} = \begin{pmatrix} 2 \\ 0 \\ -5 \end{pmatrix} + t \begin{pmatrix} 3 \\ -1 \\ 0 \end{pmatrix}$ b) $\vec{r} = \begin{pmatrix} 1 \\ 2 \\ 3 \end{pmatrix} + t \begin{pmatrix} 6 \\ 2 \\ 4 \end{pmatrix}$

c) $x = t + 3$, $y = 3t - 6$, $z = 2t + 9$ d) $\vec{r} = \vec{r}_0 + t \cdot \vec{u}$

176. Berechnen Sie den Abstand des Punktes P von der Geraden g.

a) P (2/3/4) ; g: $\vec{r} = t \begin{pmatrix} 1 \\ 1 \\ 1 \end{pmatrix}$

b) P (5/–1/2) ; g: $\vec{r} = t \begin{pmatrix} 2 \\ 1 \\ -3 \end{pmatrix}$

c) P (20/–10/40) ; g: $\vec{r} = \begin{pmatrix} 1 \\ 2 \\ 3 \end{pmatrix} + t \begin{pmatrix} 1 \\ -1 \\ 0 \end{pmatrix}$

177. Ein Körper bewegt sich gradlinig mit konstanter Geschwindigkeit durch den Raum. Zur Zeit $t = 0$ s befindet er sich im Punkt A (1/–2/3) und 10 s später im Punkt B (11/10/13). $(e_x = e_y = e_z = 1 \text{ m})$

a) Geben Sie eine Parameterdarstellung der Bahnkurve an.
b) Wo befindet sich der Körper zur Zeit $t = 15$ s?
c) Wann hat er vom Ursprung die Entfernung 5 m?

178. Berechnen Sie den Abstand der beiden windschiefen Geraden g und h.

$$g: \vec{r} = \vec{r}_A + s \cdot \vec{u} = \begin{pmatrix} 3 \\ -6 \\ -3.5 \end{pmatrix} + s \begin{pmatrix} 1 \\ 1 \\ 1 \end{pmatrix}$$

$$h: \vec{r} = \vec{r}_B + t \cdot \vec{v} = \begin{pmatrix} -32 \\ -50 \\ 16.5 \end{pmatrix} + t \begin{pmatrix} -4 \\ -7.5 \\ 2 \end{pmatrix}$$

179. Bestimmen Sie den Radius der kleinstmöglichen Kugel, deren Zentrum auf der z-Achse liegt und die die Gerade

$$g: \vec{r} = \begin{pmatrix} 8.6 \\ -4.8 \\ 1.7 \end{pmatrix} + t \begin{pmatrix} -4 \\ 7 \\ 2 \end{pmatrix} \quad \text{berührt.}$$

4.7 Das Vektorprodukt

Das **Vektorprodukt** (Kreuzprodukt) $\vec{a} \times \vec{b}$ zweier linear unabhängiger Vektoren $\vec{a}$ und $\vec{b}$ des Raumes ist wieder ein *Vektor* mit folgenden drei Eigenschaften:

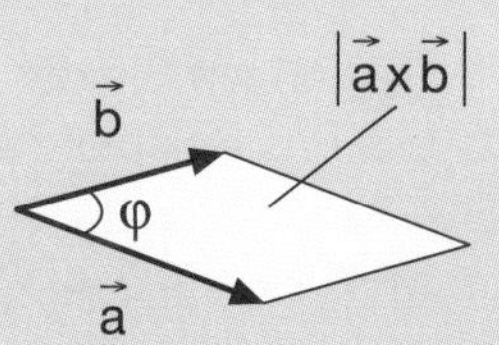

(1) Der Betrag von $\vec{a} \times \vec{b}$ ist gleich dem *Flächeninhalt* (Masszahl) des von $\vec{a}$ und $\vec{b}$ gebildeten Parallelogramms:

$$|\vec{a} \times \vec{b}| = |\vec{a}| \cdot |\vec{b}| \cdot \sin \varphi$$

(2) Die drei Vektoren $\vec{a}, \vec{b}, \vec{a} \times \vec{b}$ bilden in dieser Reihenfolge ein *Rechtssystem*;
d. h. wird $\vec{a}$ auf dem kürzeren Weg nach $\vec{b}$ gedreht, so weist $\vec{a} \times \vec{b}$ in die Richtung, in welche sich eine Rechtsschraube bei dieser Drehung bewegt.

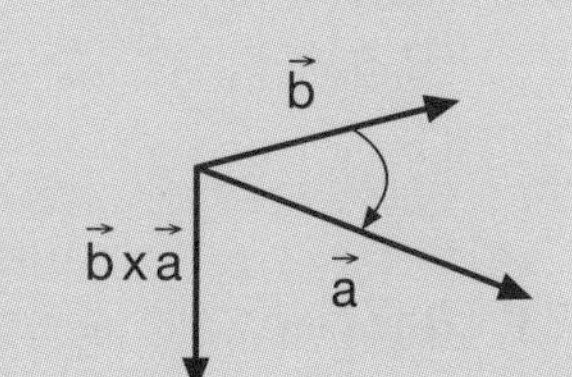

(3) Der Vektor $\vec{a} \times \vec{b}$ steht senkrecht auf der Ebene, in der $\vec{a}$ und $\vec{b}$ liegen;
d. h. $\vec{a} \times \vec{b}$ ist orthogonal zu $\vec{a}$ und zu $\vec{b}$.

Sonderfall: Sind $\vec{a}$ und $\vec{b}$ linear abhängig, so ist $\vec{a} \times \vec{b} = \vec{0}$.

Rechengesetze: $\vec{a} \times \vec{b} = -(\vec{b} \times \vec{a})$

$\vec{a} \times (\vec{b} + \vec{c}) = \vec{a} \times \vec{b} + \vec{a} \times \vec{c}$

$(m\vec{a}) \times (n\vec{b}) = mn(\vec{a} \times \vec{b})$, $m,n \in \mathbb{R}$

Im kartesischen Koordinatensystem gilt:

$$\vec{a} \times \vec{b} = \begin{pmatrix} a_1 \\ a_2 \\ a_3 \end{pmatrix} \times \begin{pmatrix} b_1 \\ b_2 \\ b_3 \end{pmatrix} = \begin{pmatrix} a_2b_3 - a_3b_2 \\ a_3b_1 - a_1b_3 \\ a_1b_2 - a_2b_1 \end{pmatrix}$$

180. Die Vektoren $\vec{a}$, $\vec{b}$ und $\vec{c}$ bilden einen Quader

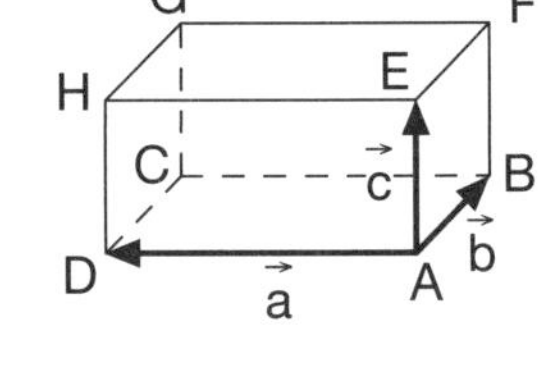

mit $|\vec{a}| = 5$, $|\vec{b}| = 3$ und $|\vec{c}| = 2$.

Berechnen Sie das folgende Vektorprodukt so, wie das Beispiel zeigt.

Beispiel: $\vec{a} \times \vec{c} = |\vec{a} \times \vec{c}| \cdot \vec{e}_b = A_{AEHD} \cdot \frac{\vec{b}}{|\vec{b}|} = \frac{10}{3}\vec{b}$

a) $\vec{a} \times \vec{b}$ b) $\vec{b} \times \vec{c}$ c) $\vec{a} \times \overrightarrow{AH}$ d) $\overrightarrow{AC} \times \overrightarrow{DB}$

181. Warum sind die folgenden Terme nicht definiert?

(1) $\begin{pmatrix} 2 \\ 3 \end{pmatrix} \times \begin{pmatrix} 5 \\ 0 \end{pmatrix}$ (2) $\begin{pmatrix} 1 \\ 6 \end{pmatrix} \times \begin{pmatrix} 8 \\ 6 \\ 0 \end{pmatrix}$ (3) $k \times \vec{a}$, $k \in \mathbb{R}$ (4) $(\vec{a} \circ \vec{b}) \times \vec{c}$

182. Bestimmen Sie die folgenden Vektorprodukte. (Es geht auch ohne Rechnung!)
(1) $\vec{e}_x \times \vec{e}_y$ (2) $\vec{e}_y \times \vec{e}_z$ (3) $\vec{e}_x \times \vec{e}_z$ (4) $\vec{e}_z \times \vec{e}_y$

183. Beweisen Sie $\vec{a} \times \vec{b} = \begin{pmatrix} a_2b_3 - a_3b_2 \\ a_3b_1 - a_1b_3 \\ a_1b_2 - a_2b_1 \end{pmatrix}$ mit Hilfe von $\vec{a} = a_1\vec{e}_x + a_2\vec{e}_y + a_3\vec{e}_z$, $\vec{b} = b_1\vec{e}_x + b_2\vec{e}_y + b_3\vec{e}_z$ und den Rechengesetzen für das Vektorprodukt.

184. Berechnen Sie das Vektorprodukt *ohne Rechner*.

a) $\begin{pmatrix} 0 \\ 1 \\ 2 \end{pmatrix} \times \begin{pmatrix} 1 \\ 4 \\ 0 \end{pmatrix}$ b) $\begin{pmatrix} 1 \\ -7 \\ 2 \end{pmatrix} \times \begin{pmatrix} -6 \\ 2 \\ -3 \end{pmatrix}$ c) $\begin{pmatrix} 1 \\ 2 \\ 3 \end{pmatrix} \times \begin{pmatrix} -1 \\ -2 \\ -3 \end{pmatrix}$ d) $\begin{pmatrix} 1 \\ 1 \\ 1 \end{pmatrix} \times \begin{pmatrix} v_1 \\ v_2 \\ v_3 \end{pmatrix}$

185. Bestimmen Sie alle Einheitsvektoren, die auf $\begin{pmatrix} 1 \\ 4 \\ 2 \end{pmatrix}$ und auf $\begin{pmatrix} 3 \\ -2 \\ 8 \end{pmatrix}$ senkrecht stehen.

186. Die drei Punkte A (12/0/0) , B (8/5/1) und C (0/0/14) bestimmen eine Ebene. Berechnen Sie die Gleichung einer Geraden, die senkrecht zu dieser Ebene steht und den Punkt B enthält.

187. Das Parallelogramm ABCD mit A (8/5/3) , B (6/2/1) und C (4/7/1) bildet die Grundfläche einer geraden Pyramide.
Berechnen Sie die Koordinaten der Pyramidenspitze S, wenn die Pyramide 12 cm hoch ist. ($e_x = e_y = e_z = 1$ cm)

188. In einem Koordinatensystem ist ein Quader ABCDEFGH so gegeben wie die Figur zeigt.
Bestimmen Sie einen Vektor mit möglichst einfachen, ganzzahligen Koordinaten, der zur folgenden Ebene orthogonal ist.

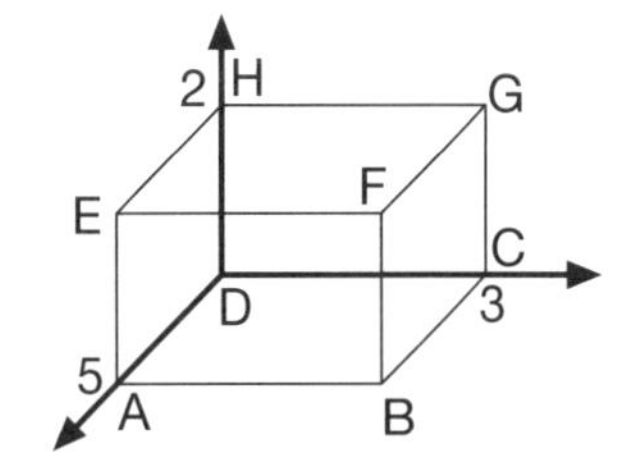

a) $\varepsilon(DEF)$ b) $\varepsilon(BCH)$ c) $\varepsilon(ACH)$ d) $\varepsilon(ACF)$

189. Beweisen Sie das folgende Gesetz.

a) $\vec{a} \times \vec{b} = -(\vec{b} \times \vec{a})$ b) $(m\vec{a}) \times \vec{b} = m(\vec{a} \times \vec{b})$ c) $\vec{a} \times (\vec{b} + \vec{c}) = \vec{a} \times \vec{b} + \vec{a} \times \vec{c}$

190. Gegeben: $\vec{a} = \begin{pmatrix} 6 \\ 1 \\ 2 \end{pmatrix}$, $\vec{b} = \begin{pmatrix} 5 \\ 8 \\ -2 \end{pmatrix}$, $\vec{c} = \begin{pmatrix} -3 \\ 4 \\ 8 \end{pmatrix}$

Berechnen Sie $(\vec{a} \times \vec{b}) \times \vec{c}$ und $\vec{a} \times (\vec{b} \times \vec{c})$. Was stellen Sie fest?

191. (1) Beweisen Sie:
Wenn zwei Vektoren linear abhängig sind, dann ist das Vektorprodukt der Nullvektor.
(2) Wie lautet die Umkehrung des obigen Satzes? Ist sie wahr? (Beweis!)

192. Vereinfachen Sie ($\vec{a}$ und $\vec{b}$ sind linear unabhängig, $\sphericalangle(\vec{a}, \vec{b}) = \varphi$):

a) $\vec{a} \times \vec{a}$ b) $\vec{a} \circ (\vec{a} \times \vec{a})$ c) $\vec{a} \circ (\vec{a} \times \vec{b})$ d) $\dfrac{|\vec{a} \times \vec{b}|}{\vec{a} \circ \vec{b}}$

193. Vereinfachen Sie:

a) $(\vec{a} - \vec{b}) \times (\vec{b} - \vec{a})$ b) $(\vec{a} - \vec{b}) \times (\vec{a} + \vec{b})$ c) $(3\vec{a} + 2\vec{b}) \times (4\vec{a} + 5\vec{b})$

d) $(\vec{a} \times \vec{b}) \circ (\vec{a} \times \vec{b}) + (\vec{a} \circ \vec{b})^2$

194. Lösen Sie die folgende Gleichung:

a) $\begin{pmatrix} 6 \\ 1 \\ 2 \end{pmatrix} \times \vec{v} = \vec{0}$ b) $\begin{pmatrix} 6 \\ 1 \\ 2 \end{pmatrix} \times \vec{v} = \begin{pmatrix} 2 \\ 8 \\ -10 \end{pmatrix}$

195. Bestimmen Sie x und $\vec{a}$, wenn gilt: $\vec{a} \times \begin{pmatrix} x \\ -2 \\ 3 \end{pmatrix} = \begin{pmatrix} -1 \\ 3 \\ 8 \end{pmatrix}$

196. Unter welchen Bedingungen gilt $|\vec{a} \times \vec{b}| = \vec{a} \circ \vec{b}$ $(\vec{a}, \vec{b} \neq \vec{0})$?

197. Beweisen Sie: Liegen die drei Punkte A, B und C auf einer Geraden, so gilt für ihre Ortsvektoren: $\vec{r}_A \times \vec{r}_B + \vec{r}_B \times \vec{r}_C + \vec{r}_C \times \vec{r}_A = \vec{0}$.

Flächeninhalt eines Dreiecks

198. Berechnen Sie den Flächeninhalt des Dreiecks ABC. ($e_x = e_y = e_z = 1$ cm)
a) A (0/0/0) , B (1/–2/3) , C (2/5/–1) b) A (2/0/–1) , B (2/4/6) , C (10/–20/30)

199. Wie gross ist die Oberfläche des Tetraeders ABCD mit A (6/4/–2) , B (2/6/4) , C (2/–4/0) und D (4/0/8)? ($e_x = e_y = e_z = 1$ m)

200. Auf den Koordinatenachsen sind die Punkte A (a/0/0) , B (0/b/0) und C (0/0/c) gegeben (a, b, c $\neq$ 0).

Beweisen Sie: $(A_{ABC})^2 = (A_{OAB})^2 + (A_{OBC})^2 + (A_{OAC})^2$

Der Punkt O ist der Ursprung des Koordinatensystems.

Volumen eines Spats

201. Die drei linear unabhängigen Vektoren $\vec{a}$, $\vec{b}$ und $\vec{c}$ spannen einen *Spat* auf. Berechnen Sie das Volumen des Spats.

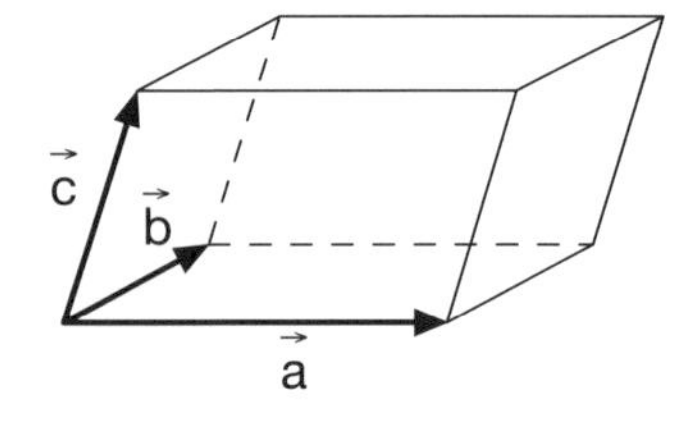

(Ein Spat ist ein Prisma, das von lauter Parallelogrammen begrenzt wird.)

a) $\vec{a} = \begin{pmatrix} 10 \\ -2 \\ 4 \end{pmatrix}$, $\vec{b} = \begin{pmatrix} 3 \\ 12 \\ 1 \end{pmatrix}$, $\vec{c} = \begin{pmatrix} 2 \\ 1 \\ 6 \end{pmatrix}$

b) allgemein aus $\vec{a}$, $\vec{b}$ und $\vec{c}$.

202. Berechnen Sie das Volumen eines *Tetraeders* ABCD mit A (9/–1/4) , B (1/6/–2) , C (–3/7/–5) , D (18/2/–18). ($e_x = e_y = e_z = 1$ m)

Hinweis: Das Volumen eines Tetraeders ist $\frac{1}{6}$ des entsprechenden Spatvolumens.

Abstandsprobleme

203. Der Punkt P hat von der Geraden AB den Abstand d.

a) Beweisen Sie: $d = \left| \vec{e}_{AB} \times \overrightarrow{AP} \right|$

b) P (5/–1/2) , AB : $\vec{r} = t \begin{pmatrix} 2 \\ 1 \\ -3 \end{pmatrix}$, d = ?

c) P (20/–10/40) , A (1/2/3) , B (11/–8/3) , d = ?

204. a) Gegeben sind zwei windschiefe Geraden:
$g: \vec{r} = \vec{r}_G + t \cdot \vec{u}$ und $h: \vec{r} = \vec{r}_H + s \cdot \vec{v}$
Zeigen Sie, dass der Abstand d der beiden Geraden mit

$$d = \frac{\left| \left(\vec{u} \times \vec{v}\right) \circ \left(\vec{r}_G - \vec{r}_H\right) \right|}{\left| \vec{u} \times \vec{v} \right|}$$ berechnet werden kann.

b) Berechnen Sie die Abstände der Geraden $g: \vec{r} = \begin{pmatrix} 1 \\ -3 \\ 4 \end{pmatrix} + t \begin{pmatrix} 4 \\ 8 \\ -5 \end{pmatrix}$ von den drei Koordinatenachsen.

c) Gegeben: $g: \vec{r} = \begin{pmatrix} 5 \\ 2 \\ -1 \end{pmatrix} + t \begin{pmatrix} 3 \\ -4 \\ 12 \end{pmatrix}$ und $h: \vec{r} = \begin{pmatrix} 1 \\ 1 \\ -3 \end{pmatrix} + k \begin{pmatrix} 2 \\ -2 \\ -1 \end{pmatrix}$

Zeigen Sie, dass die Geraden g und h windschief sind, und berechnen Sie den Abstand der beiden Geraden.

So seltsam es klingen mag, die Stärke der Mathematik beruht auf dem Vermeiden jeder unnötigen Annahme und auf ihrer grossartigen Einsparung an Denkarbeit.

E. Mach, 1838–1916, Physiker und Philosoph

4.8 Die Ebene

Die Parametergleichung einer Ebene

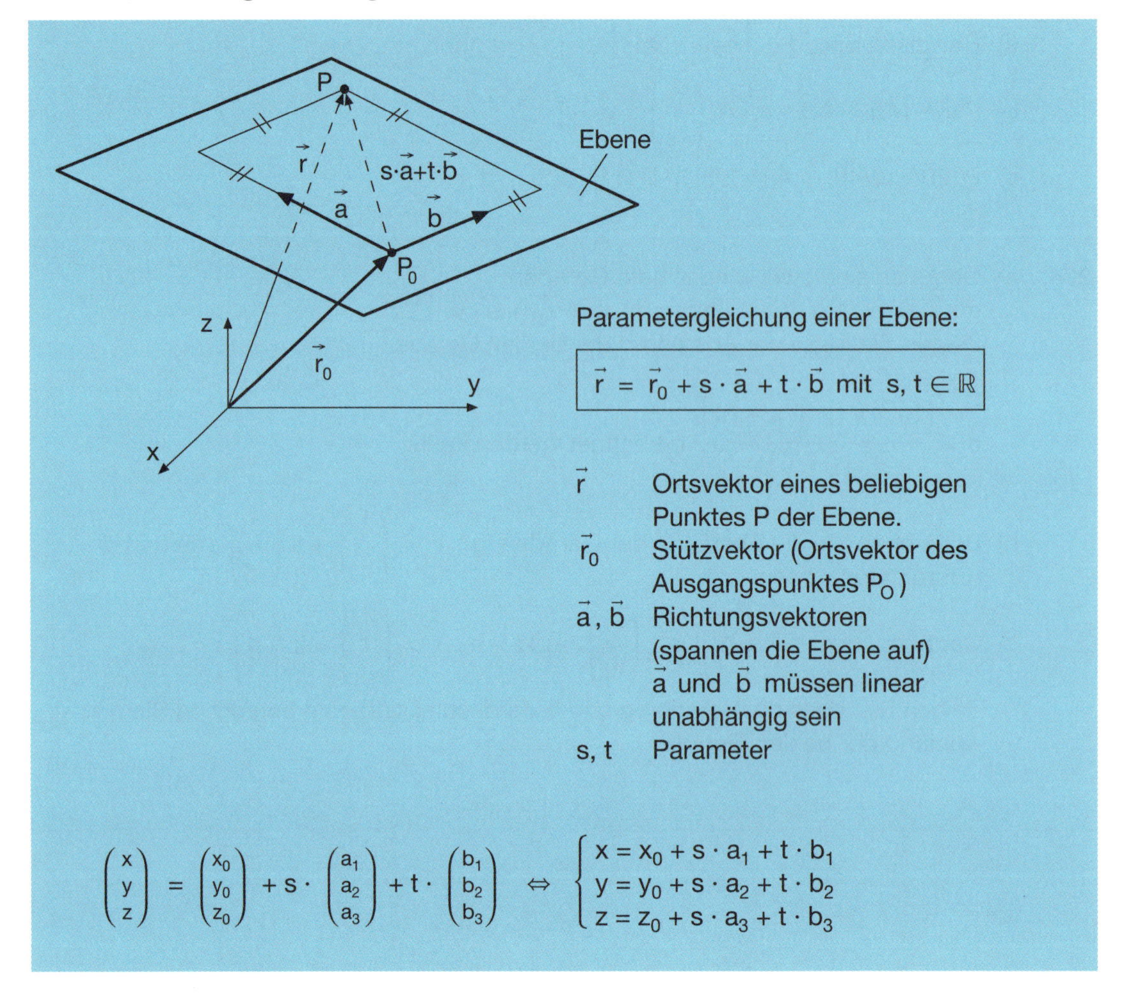

Parametergleichung einer Ebene:

$$\vec{r} = \vec{r}_0 + s \cdot \vec{a} + t \cdot \vec{b} \quad \text{mit } s, t \in \mathbb{R}$$

$\vec{r}$	Ortsvektor eines beliebigen Punktes P der Ebene.
$\vec{r}_0$	Stützvektor (Ortsvektor des Ausgangspunktes P_O)
$\vec{a}, \vec{b}$	Richtungsvektoren (spannen die Ebene auf) $\vec{a}$ und $\vec{b}$ müssen linear unabhängig sein
s, t	Parameter

$$\begin{pmatrix} x \\ y \\ z \end{pmatrix} = \begin{pmatrix} x_0 \\ y_0 \\ z_0 \end{pmatrix} + s \cdot \begin{pmatrix} a_1 \\ a_2 \\ a_3 \end{pmatrix} + t \cdot \begin{pmatrix} b_1 \\ b_2 \\ b_3 \end{pmatrix} \Leftrightarrow \begin{cases} x = x_0 + s \cdot a_1 + t \cdot b_1 \\ y = y_0 + s \cdot a_2 + t \cdot b_2 \\ z = z_0 + s \cdot a_3 + t \cdot b_3 \end{cases}$$

205. Durch welche Parameterdarstellung wird keine Ebene beschrieben? Begründen Sie Ihre Antwort.

(1) $\vec{r} = s \begin{pmatrix} 1 \\ 2 \\ 3 \end{pmatrix} + t \begin{pmatrix} 0 \\ 1 \\ -1 \end{pmatrix}$ (2) $\vec{r} = s \begin{pmatrix} 4 \\ -2 \\ 8 \end{pmatrix} + t \begin{pmatrix} -2 \\ 1- \\ 4 \end{pmatrix}$

(3) $\vec{r} = \begin{pmatrix} 3 \\ -2 \\ 0 \end{pmatrix} + s \begin{pmatrix} 1 \\ -1 \\ 0 \end{pmatrix} + t \begin{pmatrix} 2 \\ -1 \\ 0 \end{pmatrix}$ (4) $\vec{r} = \begin{pmatrix} 2 \\ 0 \\ 3 \end{pmatrix} + s \begin{pmatrix} 2 \\ 0 \\ 3 \end{pmatrix} + t \begin{pmatrix} 3 \\ -2 \\ 1 \end{pmatrix}$

(5) $\vec{r} = \begin{pmatrix} 1 \\ 1 \\ 1 \end{pmatrix} + s \begin{pmatrix} 1 \\ 2 \\ 3 \end{pmatrix} - t \begin{pmatrix} 2 \\ 3 \\ 4 \end{pmatrix}$ (6) $\vec{r} = s \begin{pmatrix} 1 \\ 1 \\ 0 \end{pmatrix} + t \begin{pmatrix} 0 \\ 1 \\ 1 \end{pmatrix} + u \begin{pmatrix} 1 \\ 0 \\ 1 \end{pmatrix}$

206. Welche Bedingungen müssen die Punkte A, B und C ($A \neq B \neq C \neq 0$) erfüllen, damit die folgende Gleichung eine Ebene beschreibt?

a) $\vec{r} = s \cdot \overrightarrow{AB} + t \cdot \overrightarrow{AC}$ b) $\vec{r} = \overrightarrow{OA} + s \cdot \overrightarrow{AB} + t \cdot \overrightarrow{BC}$

c) $\vec{r} = \overrightarrow{OC} + s \cdot \overrightarrow{OA} + t \cdot \overrightarrow{OB}$

207. Gegeben ist eine Ebene durch eine Parameterdarstellung $\vec{r} = \vec{r}_0 + s \cdot \vec{a} + t \cdot \vec{b}$.

a) Überlegen Sie allgemein, wie man hieraus eine andere Parameterdarstellung derselben Ebene gewinnen kann. Ersetzen Sie einen (zwei, drei) der Vektoren $\vec{r}_0$, $\vec{a}$, $\vec{b}$.

b) Führen Sie a) für das folgende Beispiel durch:

$$\vec{r} = \begin{pmatrix} 2 \\ 1 \\ 4 \end{pmatrix} + s \begin{pmatrix} -1 \\ 0 \\ 1 \end{pmatrix} + t \begin{pmatrix} 3 \\ -2 \\ 5 \end{pmatrix}$$

208. Gegeben ist die Ebene $\vec{r} = \begin{pmatrix} 1 \\ 4 \\ 2 \end{pmatrix} + s \begin{pmatrix} 2 \\ -1 \\ 1 \end{pmatrix} + t \begin{pmatrix} -3 \\ 2 \\ 1 \end{pmatrix}$

Bestimmen Sie zwei Punkte und drei Geraden, die in der Ebene liegen.

209. Gegeben ist die Ebene ε: $\vec{r} = \begin{pmatrix} 2 \\ 1 \\ 3 \end{pmatrix} + s \begin{pmatrix} 1 \\ -1 \\ 3 \end{pmatrix} + t \begin{pmatrix} -4 \\ 2 \\ 0 \end{pmatrix}$

Bestimmen Sie eine Parameterdarstellung der Ebene ε', die man erhält durch Spiegelung von ε.

a) am Ursprung b) am Punkt P (4/2/–6)

c) an der y-z-Ebene d) an der x-Achse

210. Bestimmen Sie eine Parametergleichung der Ebene ε(ABC).

a) A (0/0/0) , B (4/2/–1) , C (1/–2/5) b) A (1/0/0) , B (0/2/0) , C (0/0/3)

c) A (1/2/3) , B (7/0/–3) , C (8/–12/4)

211. Bestimmen Sie eine Parametergleichung der Ebene, die durch die Gerade g und den Punkt P geht.

a) $g: \vec{r} = \begin{pmatrix} 2 \\ 3 \\ 5 \end{pmatrix} + t \begin{pmatrix} 1 \\ -1 \\ 0 \end{pmatrix}$ b) $g: \vec{r} = \begin{pmatrix} 1 \\ 0 \\ 1 \end{pmatrix} + t \begin{pmatrix} 0 \\ 1 \\ 2 \end{pmatrix}$

P (4/–1/2) P (12/–10/14)

212. Bestimmen Sie eine Parametergleichung

a) der x-y-Ebene eines räumlichen Koordinatensystems.
b) der y-z-Ebene eines räumlichen Koordinatensystems.
c) der Ebene, die zur x- und z-Achse parallel ist und durch den Punkt A (4/3/–1) geht.
d) der Ebene, die zur x- und y-Achse parallel ist und die z-Achse bei –5 schneidet.
e) der Ebene, die senkrecht auf der x-y-Ebene steht und die Gerade

$g: \vec{r} = \begin{pmatrix} -3 \\ 1 \\ 2 \end{pmatrix} + t \begin{pmatrix} 1 \\ 2 \\ 3 \end{pmatrix}$ enthält.

f) der Ebene, die die x-Achse enthält und mit der y-Achse einen Winkel von 30° bildet.

213. Eine Ebene $\vec{r} = \vec{p} + s \cdot \vec{a} + t \cdot \vec{b}$ ist durch $\vec{p} = \begin{pmatrix} 2 \\ -1 \\ 3 \end{pmatrix}$, $\vec{a} = \begin{pmatrix} 4 \\ 3 \\ 2 \end{pmatrix}$ und $\vec{b} = \begin{pmatrix} 5 \\ 1 \\ 0 \end{pmatrix}$ gegeben.

Die Ortsvektoren $\vec{p}$, $\vec{p} + \vec{a}$, $\vec{p} + \vec{b}$ und $\vec{p} + \vec{a} + \vec{b}$ bestimmen ein Viereck.

(1) Um was für ein Viereck handelt es sich?
(2) Berechnen Sie alle Seiten und Winkel des Vierecks.

214. Welche Punktmenge (geometrische Figur) stellt die Parametergleichung

$\vec{r} = \begin{pmatrix} 3 \\ 2 \\ 4 \end{pmatrix} + s \begin{pmatrix} 2 \\ -1 \\ 0 \end{pmatrix} + t \begin{pmatrix} 3 \\ 0 \\ 1 \end{pmatrix}$ dar, wenn

a) $s = 2$ und $t = 1$
b) $s = 3$ und $t \in \mathbb{R}$
c) $s \geq 2$ und $t \geq 3$
d) $|s| \leq 4$ und $t \in \mathbb{R}$
e) $s \in [-1; 1]$ und $t \in [3; 4]$
f) $s, t \in \mathbb{R}_0^+$ und $s + t \leq 1$

215. Welche Punkte A (9/2/–2), B (–18/14/23), C (20/8/2) liegen in der Ebene

$\vec{r} = \begin{pmatrix} 2 \\ 4 \\ 3 \end{pmatrix} + s \begin{pmatrix} 3 \\ 0 \\ -1 \end{pmatrix} + t \begin{pmatrix} 1 \\ 1 \\ 1 \end{pmatrix}$?

216. Gegeben sind die Ebene ε: $\vec{r} = s \begin{pmatrix} 1 \\ 2 \\ -1 \end{pmatrix} + t \begin{pmatrix} 3 \\ 1 \\ 2 \end{pmatrix}$ sowie drei Punkte

A (0/4/–6), B (5/7/3), C (2/8/–7).
Welche der drei Punkte liegen oberhalb der Ebene ε?

Charlie Chaplin zu Albert Einstein:
Mir wird applaudiert, weil mich jeder versteht, und Ihnen, weil Sie niemand versteht.

Charlie Chaplin, 1889–1977, Filmschauspieler und Regisseur

217. Liegt die Gerade g in der Ebene $\vec{r} = \begin{pmatrix} 5 \\ -1 \\ 2 \end{pmatrix} + s \begin{pmatrix} 2 \\ 0 \\ 1 \end{pmatrix} + t \begin{pmatrix} 2 \\ 4 \\ 6 \end{pmatrix}$?

a) $g: \vec{r} = \begin{pmatrix} 5 \\ -1 \\ 2 \end{pmatrix} + k \begin{pmatrix} 7 \\ -6 \\ -4 \end{pmatrix}$ b) $g: \vec{r} = \begin{pmatrix} 5 \\ -1 \\ 2 \end{pmatrix} + k \begin{pmatrix} 4 \\ -4 \\ 3 \end{pmatrix}$

c) $g: \vec{r} = \begin{pmatrix} 15 \\ -5 \\ 2 \end{pmatrix} + k \begin{pmatrix} 38 \\ 16 \\ 39 \end{pmatrix}$

218. Berechnen Sie die z-Koordinate des Punktes D so, dass die vier Punkte A (2/–1/–3), B (1/0/–2), C (0/2/2), D (6/10/z) ein ebenes Viereck bilden.

219. Bestimmen Sie eine Parametergleichung einer Ebene, die zu ε parallel ist und durch P geht.

a) ε: $\vec{r} = \begin{pmatrix} 1 \\ -2 \\ 5 \end{pmatrix} + s \begin{pmatrix} -3 \\ 2 \\ 4 \end{pmatrix} + t \begin{pmatrix} 8 \\ 0 \\ 7 \end{pmatrix}$; P (10/–3/2)

b) ε: $\vec{r} = \vec{r}_0 + s \cdot \vec{a} + t \cdot \vec{b}$; P ($p_1/p_2/p_3$)

c) ε ist gegeben durch die Geraden g und h:

$g: \vec{r} = \begin{pmatrix} -3 \\ 0 \\ 2 \end{pmatrix} + t \begin{pmatrix} -15 \\ 6 \\ -3 \end{pmatrix}$ $h: \vec{r} = \begin{pmatrix} -2 \\ 3 \\ 1 \end{pmatrix} + k \begin{pmatrix} 5 \\ -2 \\ 1 \end{pmatrix}$

P (–6/5/2)

220. In welchen Punkten schneidet die Ebene $\vec{r} = \begin{pmatrix} 5 \\ 0 \\ 8 \end{pmatrix} + s \begin{pmatrix} -3 \\ 6 \\ 11 \end{pmatrix} + t \begin{pmatrix} 5 \\ 4 \\ 2 \end{pmatrix}$ die Koordinatenachsen?

221. Bestimmen Sie die Schnittgerade der Ebene $\vec{r} = \begin{pmatrix} -3 \\ 2 \\ 5 \end{pmatrix} + s \begin{pmatrix} 3 \\ -1 \\ 2 \end{pmatrix} + t \begin{pmatrix} -1 \\ -2 \\ 3 \end{pmatrix}$

a) mit der x-y-Ebene. b) mit der y-z-Ebene. c) mit der x-z-Ebene.

222. Untersuchen Sie die gegenseitige Lage der Ebene ε und der Geraden g durch Bestimmung der Schnittmenge.

a) $g: \vec{r} = \begin{pmatrix} 1 \\ 1 \\ -1 \end{pmatrix} + t \begin{pmatrix} -2 \\ 0 \\ 3 \end{pmatrix}$ $\varepsilon: \vec{r} = v \begin{pmatrix} 1 \\ 2 \\ 3 \end{pmatrix} + w \begin{pmatrix} 0 \\ 2 \\ -1 \end{pmatrix}$

b) $g: \vec{r} = \begin{pmatrix} -1 \\ 1 \\ 3 \end{pmatrix} + t \begin{pmatrix} -5 \\ -1 \\ 5 \end{pmatrix}$ $\varepsilon: \vec{r} = \begin{pmatrix} 2 \\ 0 \\ 3 \end{pmatrix} + v \begin{pmatrix} 2 \\ 1 \\ -1 \end{pmatrix} + w \begin{pmatrix} 0 \\ -1 \\ 4 \end{pmatrix}$

c) $g : \vec{r} = \begin{pmatrix} 3 \\ -1 \\ 2 \end{pmatrix} + t \begin{pmatrix} 1 \\ -1 \\ 1 \end{pmatrix}$ $\qquad$ $\varepsilon : \vec{r} = \begin{pmatrix} 2 \\ 1 \\ -1 \end{pmatrix} + v \begin{pmatrix} 1 \\ 0 \\ 2 \end{pmatrix} + w \begin{pmatrix} 0 \\ 1 \\ 1 \end{pmatrix}$

d) $g : \vec{r} = \begin{pmatrix} 0 \\ -5 \\ 1 \end{pmatrix} + t \begin{pmatrix} -2 \\ 5 \\ 1 \end{pmatrix}$ $\qquad$ $\varepsilon : \vec{r} = \begin{pmatrix} -2 \\ 0 \\ 2 \end{pmatrix} + v \begin{pmatrix} 0 \\ 1 \\ 3 \end{pmatrix} + w \begin{pmatrix} 1 \\ -2 \\ 1 \end{pmatrix}$

223. Gegeben ist das Dreieck ABC mit A (3/3/–1), B (3/5/1), C (5/–5/5).
Schneidet die Gerade g das Dreieck ABC?
Wenn ja, bestimmen Sie den Durchstosspunkt.

a) $g : \vec{r} = \begin{pmatrix} 2 \\ 1 \\ 1 \end{pmatrix} + t \begin{pmatrix} 1 \\ -1 \\ 1 \end{pmatrix}$ $\qquad$ b) $g : \vec{r} = \begin{pmatrix} 2 \\ 1 \\ 1 \end{pmatrix} + t \begin{pmatrix} 11 \\ -9 \\ 13 \end{pmatrix}$

224. Gegeben sind die Punkte A (–8/1/3), B (4/–5/–3), C (–8/5/–4) und D (4/2/8).
Bestimmen Sie einen Punkt P auf der Geraden AB sowie Q auf CD, sodass die

Gerade PQ parallel zu Vektor $\begin{pmatrix} 4 \\ 1 \\ 0 \end{pmatrix}$ ist.

225. Untersuchen Sie die gegenseitige Lage der Ebenen ε_1 und ε_2 durch Bestimmung der Schnittmenge.

a) $\varepsilon_1 : \vec{r} = s \begin{pmatrix} 1 \\ 1 \\ 1 \end{pmatrix} + t \begin{pmatrix} 1 \\ -1 \\ 2 \end{pmatrix}$ $\qquad$ $\varepsilon_2 : \vec{r} = v \begin{pmatrix} 4 \\ 0 \\ 6 \end{pmatrix} + w \begin{pmatrix} 0 \\ -6 \\ 3 \end{pmatrix}$

b) $\varepsilon_1 : \vec{r} = \begin{pmatrix} 3 \\ -1 \\ 1 \end{pmatrix} + s \begin{pmatrix} 2 \\ 0 \\ 1 \end{pmatrix} + t \begin{pmatrix} -1 \\ 1 \\ 0 \end{pmatrix}$ $\qquad$ $\varepsilon_2 : \vec{r} = \begin{pmatrix} 1 \\ -1 \\ 0 \end{pmatrix} + v \begin{pmatrix} 1 \\ 1 \\ 0 \end{pmatrix} + w \begin{pmatrix} 0 \\ 1 \\ -1 \end{pmatrix}$

c) $\varepsilon_1 : \vec{r} = \begin{pmatrix} 1 \\ 7 \\ 5 \end{pmatrix} + s \begin{pmatrix} 3 \\ 1 \\ 2 \end{pmatrix} + t \begin{pmatrix} -1 \\ 0 \\ 4 \end{pmatrix}$ $\qquad$ $\varepsilon_2 : \vec{r} = \begin{pmatrix} 3 \\ 8 \\ 15 \end{pmatrix} + v \begin{pmatrix} 5 \\ 2 \\ 8 \end{pmatrix} + w \begin{pmatrix} 1 \\ 1 \\ 10 \end{pmatrix}$

d) $\varepsilon_1 : \vec{r} = \begin{pmatrix} 2 \\ 0 \\ -5 \end{pmatrix} + s \begin{pmatrix} 1 \\ 0 \\ 4 \end{pmatrix} + t \begin{pmatrix} 0 \\ 1 \\ -2 \end{pmatrix}$ $\qquad$ $\varepsilon_2 : \vec{r} = \begin{pmatrix} 3 \\ -2 \\ 3 \end{pmatrix} + v \begin{pmatrix} 6 \\ 2 \\ 20 \end{pmatrix} + w \begin{pmatrix} -5 \\ 3 \\ -26 \end{pmatrix}$

226. Gegeben ist ein Parallelogramm ABCD mit A (2/4/5), $\overrightarrow{AB} = \begin{pmatrix} -2 \\ 3 \\ 2 \end{pmatrix}$, $\overrightarrow{AD} = \begin{pmatrix} -3 \\ 3 \\ 6 \end{pmatrix}$

und der Punkt P (–2/15/20).
Denken Sie sich die Parallelogrammfläche undurchsichtig und klären Sie ab, ob man den Nullpunkt O (0/0/0) von P aus sehen kann.

227. 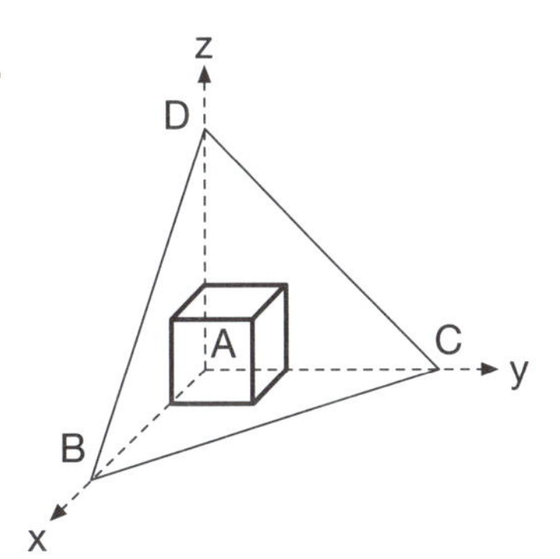

Einem Tetraeder ABCD ist gemäss Figur ein Würfel einbeschrieben.
Berechnen Sie die Länge der Würfelkante aus den folgenden Massen:
$\overline{AB} = 2$ m, $\overline{AC} = 4$ m, $\overline{AD} = 3$ m

228. Gegeben ist ein Tetraeder mit A (0/0/0), B (10/6/0), C (0/12/0), D (3/7/6).
Der Punkt A' ist der Schwerpunkt der Seitenfläche BCD, B' jener der Fläche ACD, usw.
(1) Berechnen Sie die Koordinaten von A', B', C' und D'.
(2) Bestimmen Sie eine Parameterdarstellung der Ebene ε_1 (A'B'D').
Zeigen Sie: Die Ebene ε_1 ist parallel zur Ebene ε_2 (ABD).
(3) Beweisen Sie: Die vier Geraden AA', BB', CC' und DD' schneiden sich in einem Punkt S. Wie lauten die Koordinaten von S?
(4) In welchem Verhältnis teilt der Punkt S die Strecken AA', BB', CC' und DD'?

Die Koordinatengleichung einer Ebene

Koordinatengleichung einer Ebene:

$$ax + by + cz = d$$

mit a, b, c, d $\in \mathbb{R}$ und nicht alle Faktoren a, b, c gleich Null

229. Welche Gleichung beschreibt keine Ebene?
(1) $x + y + z = 0$ (2) $\sqrt{3}\,y + z = -1$ (3) $z = 4$
(4) $0 \cdot x + 0 \cdot y + 0 \cdot z = 0$ (5) $x - 2z = 6$ (6) $2x - 0.2y + z^2 = 1$
(7) $x \cdot y = 8$ (8) $x = 0$

230. Eine Ebene sei durch eine Koordinatengleichung $ax + by + cz = d$ gegeben.
a) Wie kann man an der Gleichung ablesen, welche Koordinatenachsen geschnitten werden?
b) Welche Bedingung müssen die Parameter a, b, c, d erfüllen, damit die Ebene durch den Ursprung geht?

231. Welche spezielle Lage hat die folgende Ebene?
a) $-x + 3z = 5$ b) $-4y - 1.5z = -7$ c) $5y = 3$

232. Welche Punkte liegen in der Ebene $3x - y + 5z = 6$?
A (0/0/0); B (3/3/0); C (–2/–7/1); D (1/4/–1).

233. Bestimmen Sie eine Koordinatengleichung
a) der x-y-Ebene eines räumlichen Koordinatensystems.
b) der Ebene, die zur x-y-Ebene parallel ist und die z-Achse bei 5 schneidet.
c) der Ebene, die zur x-z-Ebene parallel ist und durch den Punkt A (3/2/5) geht.
d) der Ebene, die senkrecht auf der x-y-Ebene steht und die Spurgerade
$g: y = 8 - 2x$ enthält.

234. Die folgenden sechs Ebenen begrenzen ein 4-seitiges Prisma:
$x = 0$; $y = 0$; $x + y = 5$; $2x + y = 2$; $z = 0$; $z = 8$.
(1) Zeichnen Sie ein Schrägbild des Prismas.
(2) Berechnen Sie das Volumen.

235. Bestimmen Sie drei verschiedene Parameterdarstellungen der Ebene
ε: $x + 2y - 5z = 6$, indem Sie die Gleichung nach x, y bzw. z auflösen.

236. Bestimmen Sie eine Koordinatengleichung der Ebene ε(ABC).
a) A (0/0/0) , B (4/2/–1) , C (1/–2/5)
b) A (1/0/0) , B (0/2/0) , C (0/0/3)
c) A (9/2/–10) , B (5/–2/–20) , C 7/4/–5)
d) A (1/2/3) , B (7/0/–3) , C (8/–12/4)

237. Bestimmen Sie eine Koordinatengleichung der Ebene, die durch die Gerade g und den Punkt A geht.

a) $g: \vec{r} = t \begin{pmatrix} 1 \\ -2 \\ 3 \end{pmatrix}$; A (2/5/10) b) $g: \vec{r} = \begin{pmatrix} 2 \\ 3 \\ 5 \end{pmatrix} + t \begin{pmatrix} 3 \\ 2 \\ -5 \end{pmatrix}$; A (4/–1/–2)

238. Stellen Sie eine Koordinatengleichung der Ebene mit den Achsenabschnitten x_0, y_0 und z_0 auf.
a) $x_0 = 5$, $y_0 = 3$, $z_0 = 4$
b) allgemein mit x_0, y_0 und z_0 ($x_0 y_0 z_0 \neq 0$)
Zeigen Sie, dass man die Koordinatengleichung auf die Form
$\frac{x}{x_0} + \frac{y}{y_0} + \frac{z}{z_0} = 1$ bringen kann.

239. Die Ebene ε bildet mit den drei Koordinatenebenen ein Tetraeder. Wie gross ist das Volumen dieses Tetraeders?
a) ε: $5x + 8y + z = 80$ b) ε: $6x - y - 3z = 24$
c) ε: $ax + by + cz = d$ ($a, b, c, d \in \mathbb{R}^+$)

Schnitt von Geraden und Ebenen

240. Untersuchen Sie die gegenseitige Lage der Ebene ε und der Gerade g durch Bestimmung der Schnittmenge.

a) ε: $3x - 8y - 2z = 0$

$$g: \vec{r} = \begin{pmatrix} -1 \\ 1 \\ 3 \end{pmatrix} + t \begin{pmatrix} 5 \\ 1 \\ -5 \end{pmatrix}$$

b) ε: $x - 3y + 2z = 1$

$$g: \vec{r} = \begin{pmatrix} 2 \\ 1 \\ 1 \end{pmatrix} + t \begin{pmatrix} -1 \\ 1 \\ 2 \end{pmatrix}$$

c) ε: $2x + y - z = 2$
g = AB: A (3/–1/2), B (10/–8/9)

d) ε: $6x - 5y + 3z = 6$
g = AB: A (2/–3/10), B (3/15/4)

241. Gegeben ist ein Tetraeder ABCD mit A (3/3/–1) , B (3/5/1) , C (5/–5/5) , D (1/–1/1)

sowie eine Gerade $g: \vec{r} = \begin{pmatrix} 2 \\ 1 \\ 1 \end{pmatrix} + t \begin{pmatrix} 1 \\ -1 \\ 1 \end{pmatrix}$.

Die Gerade durchstösst das Tetraeder in den Punkten P und Q.
Berechnen Sie die Koordinaten von P und Q sowie $\overline{PQ}$.

242. Untersuchen Sie die gegenseitige Lage der folgenden beiden Ebenen durch Bestimmung der Schnittmenge.

a) $x + y - z = 0$; $4x - y - z = 1$

b) $3x - 4y + 6z = 12$; $\frac{x}{4} - \frac{y}{3} + \frac{z}{2} = 1$

c) $x + 2y - 5z = -2$; $3x + 6y - 15z = 6$

d) $2x + y - 3z = 5$; $x - 3y - 7z = 1$

243. Die Gerade $g: \vec{r} = \begin{pmatrix} 2 \\ 3 \\ 1 \end{pmatrix} + t \begin{pmatrix} 3 \\ -1 \\ 1 \end{pmatrix}$ soll in Richtung des Vektors $\vec{a} = \begin{pmatrix} 0 \\ -2 \\ 1 \end{pmatrix}$ auf die Ebene ε: $x - 2y + z = 3$ projiziert werden.
Bestimmen Sie eine Parametergleichung der Bildgeraden g'.

244. Gegeben sind drei Geraden:

$$g_1: \vec{r} = \begin{pmatrix} 4 \\ 4 \\ 18 \end{pmatrix} + t \begin{pmatrix} 3 \\ 2 \\ 4 \end{pmatrix} \qquad g_2: \vec{r} = \begin{pmatrix} -7 \\ 3 \\ 35 \end{pmatrix} + k \begin{pmatrix} -5 \\ 3 \\ 25 \end{pmatrix}$$

$$g_3: \vec{r} = \begin{pmatrix} -1 \\ 7 \\ 43 \end{pmatrix} + w \begin{pmatrix} -2 \\ 5 \\ 29 \end{pmatrix}$$

(1) Zeigen Sie, dass die drei Geraden in einer Ebene liegen.
(2) Bestimmen Sie eine Koordinatengleichung dieser Ebene.

245. Da die Lösungsmenge jeder Gleichung der Form $ax + by + cz = d$ mit $a \cdot b \cdot c \neq 0$ eine Ebene darstellt, kann man die Lösungsmenge des Gleichungssystems

$$\left| \begin{array}{l} a_1x + b_1y + c_1z = d_1 \\ a_2x + b_2y + c_2z = d_2 \\ a_3x + b_3y + c_3z = d_3 \end{array} \right|$$

als Schnittmenge von drei Ebenen betrachten.
Wie können die drei Ebenen zueinander liegen?
Skizzieren Sie alle möglichen Fälle und geben sie jeweils die Schnittmenge der drei Ebenen an. Leiten Sie daraus die Anzahl Lösungen des Gleichungssystems ab.

Die Normalen einer Ebene

Ein Vektor, der senkrecht zu einer Ebene steht, heisst **Normalenvektor.**

Der Vektor $\vec{n} = \begin{pmatrix} a \\ b \\ c \end{pmatrix}$ ist ein Normalenvektor der Ebene ε: $ax + by + cz = d$.

$ax + by + cz = d \quad \Leftrightarrow \quad \vec{n} \circ \vec{r} = d \quad$ mit $\vec{r} = \begin{pmatrix} x \\ y \\ z \end{pmatrix}$

Abstand q eines Punktes Q von einer Ebene ε

$$q = \frac{\left|\vec{n} \circ \left(\vec{r}_Q - \vec{r}_A\right)\right|}{|\vec{n}|} \quad \text{mit } A \in \varepsilon \text{ und } \vec{n} \perp \varepsilon$$

246. Bestimmen Sie einen Normalenvektor der folgenden Ebene und den Abstand der Ebene vom Ursprung.

a) $x + y + z = 1$ b) $2x - 3y - 5z = -20$ c) $2x - 4z = 76$
d) $y - 2z = 0$ e) $x = 10$ f) $3y = -7$

247. Gegeben sind die Ebene ε: $3x - 4y - 2z = 96$ und der Punkt P (6/12/–9).

a) Bestimmen Sie eine Parametergleichung jener Geraden, die durch P geht und senkrecht auf ε steht.
b) Wie gross ist der Abstand des Punktes P von der Ebene ε?

248. Bestimmen Sie eine Koordinatengleichung der Ebene ε (ABC) mit Hilfe eines Normalenvektors, z. B. $\vec{n} = \overrightarrow{AB} \times \overrightarrow{AC}$.

a) A (3/0/6), B (6/–6/–4), C (–2/–4/4)
b) A (7/0/–3), B (8/–12/4), C (1/2/3)

249. Geben Sie eine Koordinatengleichung der Ebene an.

a) $\vec{r} = s\begin{pmatrix}1\\0\\2\end{pmatrix} + t\begin{pmatrix}-4\\5\\6\end{pmatrix}$ b) $\vec{r} = \begin{pmatrix}3\\2\\1\end{pmatrix} + s\begin{pmatrix}1\\0\\-1\end{pmatrix} + t\begin{pmatrix}0\\1\\-1\end{pmatrix}$

c) $\vec{r} = \begin{pmatrix}2\\0\\0\end{pmatrix} + s\begin{pmatrix}0\\1\\2\end{pmatrix} + t\begin{pmatrix}1\\-2\\-1\end{pmatrix}$ d) $\vec{r} = \begin{pmatrix}10\\-2\\12\end{pmatrix} + s\begin{pmatrix}6\\-12\\3\end{pmatrix} + t\begin{pmatrix}-8\\-16\\-4\end{pmatrix}$

250. Bestimmen Sie eine Koordinatengleichung jener Normalebene zur Geraden g, die den Punkt P enthält.

a) $g: \vec{r} = \begin{pmatrix}3\\-2\\1\end{pmatrix} + t\begin{pmatrix}1\\1\\1\end{pmatrix}$; P (0/5/0) b) $g: \vec{r} = t\begin{pmatrix}2\\-5\\7\end{pmatrix}$; P (8/0/–6)

c) $g: \vec{r} = \begin{pmatrix}8\\-12\\3\end{pmatrix} + t\begin{pmatrix}-30\\50\\40\end{pmatrix}$; P (20/100/–60)

251. Gegeben ist die Ebene ε: $8x + 6y - 2z = 20$.
(1) Geben Sie zwei weitere Gleichungen von ε an.
(2) Die Ebene ε': $ax + by + cz = d$ sei parallel zu ε ($\varepsilon' \neq \varepsilon$).
Welche Bedingungen müssen die Parameter a, b, c, d erfüllen?

252. Bestimmen Sie den geometrischen Ort aller Punkte, die von den Punkten A (2/2/5) und B (4/6/13) den gleichen Abstand haben.

253. Bestimmen Sie den geometrischen Ort aller Punkte, die von der Ebene ε: $3x - 2y + 6z = 28$ den Abstand 2 haben.

254. Geben Sie eine Parameterdarstellung $\vec{r} = \vec{r}_0 + s \cdot \vec{a} + t \cdot \vec{b}$ der folgenden Ebene an. Gehen Sie dabei so vor: Für die Richtungsvektoren $\vec{a}$ und $\vec{b}$ bestimmen Sie zwei Vektoren, die zum Normalvektor $\vec{n}$ der Ebene orthogonal sind.
a) $2x - 3y + z = 12$ b) $x - y + 5z = -2$ c) $2x + 7z = 8$

255. Gegeben ist ein Tetraeder ABCD mit A (8/2/6), B (4/3/4), C (5/–2/5), D (4/0/5).
(1) Von jeder Ecke wird das Lot (Höhe) auf die gegenüberliegende Dreiecksfläche gelegt.
(2) Schneiden sich die vier Geraden in einem Punkt?
Wenn ja, berechnen Sie seine Koordinaten.

Winkel im Raum

256. Berechnen Sie den Winkel zwischen den Ebenen ε_1 und ε_2.

a) ε_1: $x + 3y - z = 4$ $\qquad$ ε_2: $3x - 2y + z = -2$

b) ε_1: $\vec{r} = \begin{pmatrix} 2 \\ 7 \\ -1 \end{pmatrix} + u \begin{pmatrix} 0 \\ -1 \\ 1 \end{pmatrix} + v \begin{pmatrix} 2 \\ 0 \\ 1 \end{pmatrix}$ $\qquad$ ε_2: $-2x + y + 5z = 17$

257. Berechnen Sie den Winkel zwischen der Geraden g und der Ebene ε.

a) $g: \vec{r} = \begin{pmatrix} 1 \\ -2 \\ 4 \end{pmatrix} + t \begin{pmatrix} -3 \\ 4 \\ 0 \end{pmatrix}$; $\qquad$ ε: $x - y + 2z = 8$

b) $g: \vec{r} = t \begin{pmatrix} 12 \\ -8 \\ 20 \end{pmatrix}$; $\qquad$ ε: $\vec{r} = \begin{pmatrix} 3 \\ -1 \\ 0 \end{pmatrix} + v \begin{pmatrix} 9 \\ 0 \\ 2 \end{pmatrix} + w \begin{pmatrix} -8 \\ 5 \\ 3 \end{pmatrix}$

258.

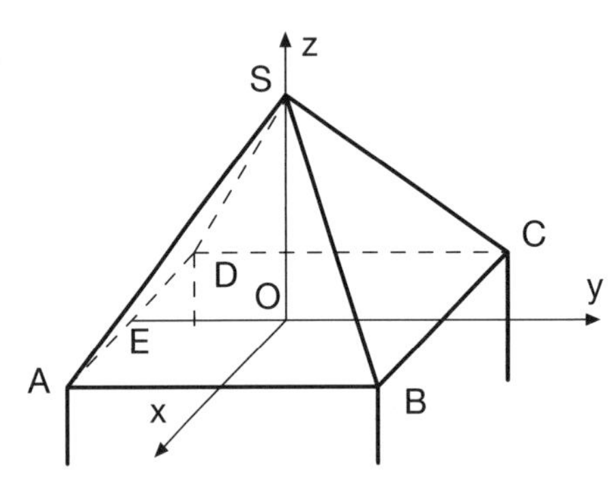

Das Dach eines Turmes hat die Form einer geraden Pyramide mit rechteckiger Grundfläche ABCD.

$\overline{AB} = 6$ m , $\overline{BC} = 10$ m , $\overline{OS} = 8$ m.

a) Bestimmen Sie eine Koordinatengleichung der Ebene ε(BCS).

b) Welchen Winkel bilden die beiden Dachflächen ΔABS und ΔBCS?

c) Zur Verstärkung des Dachstuhls werden Stützstäbe eingezogen.
   (1) Ein Stab geht von der Mitte E der Kante AD aus und stützt die Dachfläche BCS senkrecht ab. Berechnen Sie seine Länge.
   (2) Ein zweiter Stab geht von C aus und stützt die Kante AS senkrecht ab. Berechnen Sie seine Länge.

5. Anhang

5.1 Dimensionskontrolle

Der Begriff *Dimension* hat verschiedene Bedeutungen.
In diesem Kapitel geht es um die Dimension einer *physikalischen Grösse*.

Beispiele: – Die Grössen 5 m, 7 km und 4 Meilen haben die Dimension **Länge**.
– Die Grössen 84 g, 23 kg und 5 t haben die Dimension **Masse**.
– Die Grössen 7 m/s und 60 km/h haben die Dimension **Länge : Zeit**.

Unter der Dimension einer physikalischen Grösse versteht man die Beziehung (Formel) dieser Grösse zu den Basisgrössen (Länge, Zeit, Masse, el. Stromstärke, Temperatur, Lichtstärke, Stoffmenge).

Beispiele: $\text{dim (Geschwindigkeit)} = \dfrac{\text{Länge}}{\text{Zeit}}$

$$\text{dim (Kraft)} = \frac{\text{Masse} \cdot \text{Länge}}{(\text{Zeit})^2}$$

Alle in der Geometrie vorkommenden Grössen (Streckenlänge, Flächeninhalt, Volumen und Winkel) können auf die Dimension Länge (Symbol: L) zurückgeführt werden:

$$\text{dim (Streckenlänge)} = L$$
$$\text{dim (Flächeninhalt)} = L \cdot L = L^2$$
$$\text{dim (Volumen)} = L \cdot L \cdot L = L^3$$
$$\text{dim (Winkel)} = \frac{L}{L} = 1 \text{ (Winkel im Bogenmass: rad)}$$

Grössen können nur dann addiert oder subtrahiert werden, wenn sie dieselbe Dimension haben.

Beispiele:

1) 2.3 m – 80 cm + 4 yard ist definiert
2) 9 m^2 + 7 ist *nicht* definiert, weil 7 nicht die Dimension L^2 hat
3) 36 cm + 43 kg ist *nicht* definiert

Beachten Sie den Unterschied zwischen *Dimension* und *Einheit*:
«Dimension» ist der allgemeinere Begriff, denn für eine vorgegebene Dimension gibt es meistens verschiedene Einheiten.

Beispiele: dim (A) = L^2, Einheiten von A: cm^2, m^2, Are, ...
dim (V) = L^3, Einheiten von V: cm^3, m^3, Liter, ...

Im Folgenden bedeuten:

a, b, x:	Strecken
A:	Flächeninhalt
V:	Volumen

1. Kontrollieren Sie die Dimension.

a) $x = (\pi - \sqrt{2})a$ b) $b = 2a - \sqrt{3}$

c) $x = \frac{a^2}{2b} + \sqrt{3ab}$ d) $A = \pi(a + 7)a$

e) $A = \frac{2V}{a - b} + \frac{a}{2}\sqrt{b}$ f) $V = \frac{2}{3}a(a^2 + \sqrt{3}A - 2b)$

2. Bestimmen Sie die Dimension der Grösse G.

a) $a = \frac{G}{\sqrt{2A}}$ b) $A = \frac{\pi a}{G}(a + b)$ c) $V = \sqrt{3(a^2 - b^2)\,G}$

Ein Mathematiker, der nicht irgendwie ein Dichter ist, wird nie ein vollkommener Mathematiker sein.

K. Weierstrass, 1815–1897, Mathematiker

Die Phantasie arbeitet in einem schöpferischen Mathematiker nicht weniger als in einem erfinderischen Dichter.

Jean-Baptist le Rond d'Alembert

5.2 Der mathematische Lehrsatz

Die Begriffe *Aussage* und *Aussageform* werden im Folgenden vorausgesetzt.
(Theorie im Aufgabenbuch: Frommenwiler/Studer
«Mathematik für Mittelschulen – Algebra»)

5.2.1 Der Aufbau eines mathematischen Lehrsatzes

In der Mathematik ist es üblich, dass man zu einer Behauptung auch die Bedingungen nennt, unter denen sie gilt.
Deshalb bestehen mathematische Sätze häufig aus:

1. den Bedingungen, die man zugrunde legt.
   Man nennt sie **Voraussetzung** des Satzes.
2. der Folgerung, die man aus der Voraussetzung zieht.
   Sie heisst **Behauptung** des Satzes.

Um Voraussetzung und Behauptung besser zu trennen, formuliert man mathematische Sätze häufig in der **Wenn-dann-Form**.
Bezeichnen wir die Voraussetzung mit A und die Behauptung mit B, dann lautet das Schema für eine Wenn-dann-Aussage:

Wenn A, dann B

$$\mathbf{A} \Rightarrow \mathbf{B}$$

Eine Wenn-dann-Aussage nennt man Implikation.
Üblicherweise bezeichnet man eine Implikation nur dann als «Satz», wenn sie wahr ist:

Beispiele:

(1) – Eine Zahl, die durch 6 teilbar ist, ist auch durch 2 und 3 teilbar.
– **Wenn** eine Zahl durch 6 teilbar ist, **dann** ist sie auch durch 2 und 3 teilbar.

(2) – Jedes Parallelogramm ist punktsymmetrisch.
– **Wenn** ein Viereck (oder: eine Figur) ein Parallelogramm ist, **dann** ist es punktsymmetrisch.

(3) – Im Dreieck sind zwei Seiten zusammen immer länger als die dritte Seite.
– **Wenn** drei Strecken ein Dreieck bilden, **dann** sind je zwei zusammen länger als die dritte.

3. Bringen Sie die folgenden Sätze in die Wenn-dann-Form.

a) Ist das Produkt von zwei Zahlen Null, so ist mindestens ein Faktor Null.
b) In jedem rechtwinkligen Dreieck sind die Kathetenquadrate zusammen so gross wie das Hypotenusenquadrat.
c) Zwei Dreiecke, die in allen Seiten übereinstimmen, sind kongruent.
d) Ist die Quersumme einer natürlichen Zahl durch 3 teilbar, so ist die Zahl selbst durch 3 teilbar.
e) In jedem Rechteck sind die beiden Diagonalen gleich lang.
f) Das Produkt von zwei negativen Zahlen ist positiv.
g) Ein Dreieck, dessen Ecken so auf einem Kreis liegen, dass eine Seite Kreisdurchmesser ist, hat einen rechten Winkel.
h) In jedem Tangentenviereck sind die Summen zweier Gegenseiten gleich gross.
i) Jedes Polynom dritten Grades hat mindestens eine (reelle) Nullstelle.

5.2.2 Wahre und falsche Implikationen

Um zu zeigen, dass eine Implikation **wahr** ist, muss man sie beweisen.
Um zu zeigen, dass eine Implikation **falsch** ist, genügt ein einziges **Gegenbeispiel**.
Ein Gegenbeispiel erfüllt die Voraussetzung, nicht aber die Behauptung.

Beispiel:
Die Implikation «n ist durch 3 teilbar $\Rightarrow$ n ist durch 6 teilbar» ist falsch.
Gegenbeispiel: $n = 9$

Allgemein gilt:

Die Implikation $A \Rightarrow B$ ist wahr, wenn gilt:

$L_A \subset L_B$ (L_A ist Teilmenge von L_B)

L_A: Lösungsmenge der Voraussetzung A
L_B: Lösungsmenge der Behauptung B

Ist $L_A = L_B$, so sind $A \Rightarrow B$ *und* $B \Rightarrow A$ wahr. Man schreibt dann $A \Leftrightarrow B$.

Beispiel: Für jede reelle Zahl x gilt: $0 < x < 1 \Rightarrow |x| < 1$
Beachte: Die Implikation $|x| < 1 \Rightarrow 0 < x < 1$ ist falsch.
Gegenbeispiel: $x = -0.4$

4. Bestimmen Sie den Wahrheitswert.
Bei falschen Aussagen ist ein Gegenbeispiel anzugeben.

a) Wenn eine Zahl gerade ist, dann ist sie durch 4 teilbar.
b) Hat ein Viereck vier gleich lange Seiten, so ist es ein Quadrat.
c) In jedem rechtwinkligen Dreieck verhalten sich die Seitenlängen wie 3 : 4 : 5.
d) Wenn ein Dreieck gleichseitig ist, dann ist es auch gleichschenklig.
e) Für alle reellen Zahlen r gilt: $r^2 = 4 \Rightarrow r = 2$
f) Für alle reellen Zahlen r gilt: $r = 2 \Rightarrow r^2 = 4$
g) Ist die Summe von zwei reellen Zahlen negativ, so sind beide Summanden negativ.
h) Wenn ein Dreieck gleichschenklig ist, dann hat es genau eine Symmetrieachse.
i) Wenn ein Viereck zwei gleich lange Diagonalen hat, dann ist es ein Rechteck.
j) Für jede reelle Zahl x gilt: $|x| < 2 \Rightarrow x < 2$
k) Ist p eine Primzahl, so ist auch $2^p - 1$ eine Primzahl.
l) Wenn ein Viereck genau einen stumpfen Winkel hat, dann sind die drei übrigen Winkel spitz.
m) Jede lineare Bestimmungsgleichung $ax + b = 0$ $(a, b \in \mathbb{R})$ hat genau eine Lösung.
n) Jede Gleichung mit zwei Unbekannten hat mindestens eine Lösung.

5. Welche Aussage ist wahr: $A \Rightarrow B$ oder $B \Rightarrow A$ oder $A \Leftrightarrow B$?
G bedeutet Grundmenge.

a) G ist die Menge aller Vierecke
A: x hat vier gleich lange Seiten
B: x ist ein Quadrat

b) $G = \mathbb{N}$
A: x ist durch 7 teilbar
B: x ist durch 49 teilbar

c) $G = \mathbb{R}$
A: r ist nicht negativ
B: r ist positiv

d) G ist die Menge aller Dreiecke
A: x hat mindestens eine Symmetrieachse
B: x ist gleichschenklig

e) $G = \mathbb{R}$
A: $y < 5$
B: $|y| < 5$

f) G ist die Menge aller Vierecke
A: v ist punktsymmetrisch
B: v ist ein Parallelogramm

g) $G = \mathbb{N}$
A: $\frac{a}{b} = \frac{c}{d}$
B: $a = c$ und $b = d$

h) $G = \mathbb{R}$
A: $x^2 = 3$
B: $|x| = \sqrt{3}$

5.2.3 Die Umkehrung einer Implikation

Man erhält die Umkehrung einer Implikation $A \Rightarrow B$, indem man Voraussetzung und Behauptung vertauscht: $B \Rightarrow A$

Beispiel 1:
Satz:

Wenn zwei Rechtecke kongruent sind,	dann sind sie flächengleich.

Umkehrung:

Wenn zwei Rechtecke flächengleich sind,	dann sind sie kongruent.

Die Umkehrung ist falsch!
Gegenbeispiel: Länge 4 cm, Breite 3 cm und Länge 6 cm, Breite 2 cm.

Beispiel 2:
Satz:
Wenn ein Dreieck gleichseitig ist, dann sind alle Winkel gleich gross.

Umkehrung:
Wenn in einem Dreieck alle Winkel gleich gross sind, dann ist es gleichseitig.

Die Umkehrung ist wahr.

Wie die beiden Beispiele zeigen, gilt:

Die Umkehrung einer wahren Implikation kann wahr oder falsch sein.

Sind eine Implikation und ihre Umkehrung wahr (wie im 2. Beispiel), so schreibt man:

$A \Leftrightarrow B$ gesprochen: A ist **äquivalent** zu B,
oder
A gilt **genau dann, wenn** B gilt.

Beispiel 2:
Ein Dreieck ist **genau dann** gleichseitig, **wenn** alle Winkel gleich gross sind.

6. Bilden Sie die Umkehrung, und bestimmen Sie deren Wahrheitswert.
Bei falschen Aussagen ist ein Gegenbeispiel anzugeben.

a) Ist eine Zahl durch 4 teilbar, so ist sie gerade.
b) In jedem rechtwinkligen Dreieck mit der Hypotenuse c und den Katheten a und b gilt: $a^2 + b^2 = c^2$.
c) Für jede reelle Zahl r gilt: $r > 0 \Rightarrow r^2 > 0$
d) In jedem Rhombus stehen die Diagonalen senkrecht aufeinander.
e) Ist eine Zahl durch 3 teilbar, so ist deren Quersumme durch 3 teilbar.
f) Verhalten sich die Längen der Seiten eines Dreiecks wie $3 : 4 : 5$, so ist es rechtwinklig.
g) Ist das Produkt von zwei reellen Zahlen Null, so ist mindestens ein Faktor Null.
h) In jedem Rechteck sind die beiden Diagonalen gleich lang.
i) Das Produkt von zwei reellen Zahlen ist positiv, falls die beiden Faktoren positiv sind.
j) Kongruente Dreiecke sind flächengleich.
k) Wenn ein Viereck einen Umkreis hat, dann beträgt die Summe zweier Gegenwinkel 180°.
l) Jeder Rhombus hat zwei Symmetrieachsen.